FORSCHUNGSBERICHTE
DES LANDES NORDRHEIN-WESTFALEN

Herausgegeben durch das Kultusministerium

Nr. 649

Deutsche Studiengemeinschaft Hubschrauber e. V., Stuttgart-Flughafen

Bearbeiter: W. Just, H. Dathe, H. Georgi, G. Reichert

Lastenhubschrauber L-41 und L-51 für 4000 kg Nutzlast

Steuerungs- und Stabilitätsuntersuchungen. Schwingungsbeanspruchung von Rotorblättern, Konstruktionsvorschiäge

Als Manuskript gedruckt

Springer Fachmedien Wiesbaden GmbH 1959

ISBN 978-3-663-20131-1 ISBN 978-3-663-20492-3 (eBook)
DOI 10.1007/978-3-663-20492-3

Gliederung

Teil I

G l i e d e r u n g

Teil II

Gliederung

Teil III

Übersicht

In diesem Bericht wird die Längssteuerung für den gesamten Schwerpunktsbereich und bei verschiedenen Höhenleitwerkseinstellwinkeln behandelt.

Bei der anschließenden Untersuchung der Schwebestabilität werden verschiedene Beladungszustände und Flughöhen zugrunde gelegt. Außerdem wird dann der Einfluß der Geschwindigkeit auf die Stabilität im Vorwärtsflug ermittelt.

Teil I

Steuerungs- und Stabilitätsuntersuchungen

1. Einleitung

Der Pilot muß die Möglichkeit haben, dem Flugzeug im Rahmen seiner Leistungs- und Beanspruchungsgrenzen die gewünschten Fluglagen, Translationsgeschwindigkeiten und Drehgeschwindigkeiten zu geben. Dazu muß er in der Lage sein, mit Hilfe seiner Steuerhebel Kräfte in Richtung der drei Achsen x, y, z und Momente um diese drei Achsen auszuüben. Gäbe man dem Piloten entsprechend den 3 Kräften und 3 Momenten 6 Steuerungen, so dürfte er damit wohl kaum fertig werden. Es hat sich gezeigt, daß man, ohne allzu große Nachteile in Kauf nehmen zu müssen, eine Kopplung zwischen gewissen Steuerkräften und Steuermomenten vornehmen kann, und zwar zwischen Längskraft-Längsmoment und Seitenkraft-Rollmoment. Zur Erzeugung der notwendigen Kräfte und Momente für die Steuerung eines üblichen Hubschraubers stehen dem Piloten folgende Hebel zur Verfügung:

Steuerknüppel für die Längs- und Quersteuerung

Seitenruderfußhebel für die Seitensteuerung

Blattverstellhebel und Gasdrehgriff für die Vertikalsteuerung.

Im vorliegenden Bericht soll die Längssteuerung betrachtet werden. Bei der Längssteuerung wird die Lage des Rotorschubes relativ zum Schwerpunkt vom Piloten durch Drücken oder Ziehen des Knüppels verändert.

Der zu untersuchende Lastenhubschrauber hat eine übliche Blattsteuerung. Bei dieser wird die Rotorresultierende durch Drücken oder Ziehen des Knüppels um den sog. Neutralpunkt nach hinten bzw. nach vorn geschwenkt; dieses Schwenken der Rotorresultierenden wird durch die sog. periodische Blattverstellung erreicht, die sich mit Hilfe einer Taumelscheibe bewerkstelligen läßt.

Wir wollen uns hier mit der Steuerung für die stationären Flugzustände bei verschiedenen Schwerpunktslagen befassen. Für eine stationäre Gleichgewichtslage muß die Längssteuerung so betätigt werden, daß die Summe aller am Flugzeug angreifenden Längsmomente bezogen auf den Schwerpunkt gleich Null wird. Wenn dies nicht der Fall wäre, würde das Flugzeug ja eine Kippbewegung ausführen. Für den stationären Flugzustand muß natürlich auch Kräftegleichgewicht herrschen.

Den größten Einfluß auf die Flugeigenschaften eines Hubschraubers hat dessen dynamisches Verhalten. Aus verschiedenen Gründen ist es erwünscht, daß ein Hubschrauber Stabilität bzw. keine allzu große Instabilität aufweist. Erstens wird dadurch der Pilot sehr entlastet, er muß nicht dauernd mit Steuerbewegungen (dynamische Steuerung) der Aufschaukelungs- oder Ausbrechtendenz des Hubschraubers entgegenwirken. Weiter wird durch die Stabilität die Sicherheit erhöht, das Fliegen ohne Sicht erleichtert, oft sogar erst möglich gemacht. Schließlich kann ein Pilot bei einem stabilen Hubschrauber die verschiedenen Manöver wie Landung, Abfangen usw. genauer ausführen.

Es hat sich gezeigt, daß die meisten Hubschrauber im strengen Sinne die Bedingung der Stabilität nicht erfüllen. Wenn die Steuerungseigenschaften aber gut sind, dann haben die Piloten gegen eine geringe Instabilität bei noch genügend großer Schwingungsdauer nicht allzuviel einzuwenden.

Bei einem Lastenhubschrauber mit an Seilen angehängten Lasten sind für Stabilitätsuntersuchungen auch die Freiheitsgrade der Bewegungen der Last relativ zum Hubschrauber zu berücksichtigen. Bei den Stabilitätsuntersuchungen für den Lastenhubschrauber L-21/L-31, Bericht 28 der DSH, wurde der Einfluß der Pendelbewegung der Last auf die Bewegung des gesamten Hubschraubers untersucht. Dabei hat sich gezeigt, daß sich bei normalen Seillängen durch Kopplungseffekte keine gefährlichen Schwingungen ergeben.

2. Steuerungsrechnung

Die Steuerungsrechnung wird durchgeführt nach JUST, "Steuerung und Stabilität von Drehflügelflugzeugen" [1].

Beim stationären Flugzustand, den wir hier betrachten wollen, muß Kräfte- und Momentengleichgewicht bestehen. Das Kräftegleichgewicht wird bei der Leistungsrechnung betrachtet. Aus dem Momentengleichgewicht wird der Steuerwinkel bestimmt.

Für die Längssteuerung gilt die Momentenbeziehung

$$M_{Ro} + M_H + M_R + M_{Tr} + M_G + M_V + M_{Abg} + M_{Rok} + M_{HRo} = 0 \tag{2.1}$$

Die einzelnen Momente sind:

M_{Ro} = Rotormoment
M_H = Höhenleitwerksmoment
M_R = Moment des Rumpfes
M_{Tr} = Moment der Tragflächen
M_G = Moment der Motorgondeln
M_V = Moment herrührend von der V-Stellung mehrerer Rotoren
M_{Abg} = Moment des Abgasschubes der Gasturbine
M_{Rok} = Moment des Rotorkopfes
M_{HRo} = Moment des Heckrotors

Bei den normalen Hubschrauberbauweisen stammen die wesentlichen Anteile von Rotor, Höhenleitwerk, Rumpf und evtl. Abgasschub. Diese einzelnen Anteile sind jetzt zu ermitteln.

2.1 Das Rotormoment

Der zu untersuchende Hubschrauber ist mit der üblichen Blattsteuerung ausgerüstet, bei der dem konstanten Blatteinstellwinkel mit Hilfe einer Taumelscheibe ein sich periodisch ändernder Einstellwinkel überlagert wird. Dadurch wird erreicht, daß der Winkel, den die Rotorresultierende mit der Rotordrehachse bildet, verändert werden kann (s. Abb. 1).

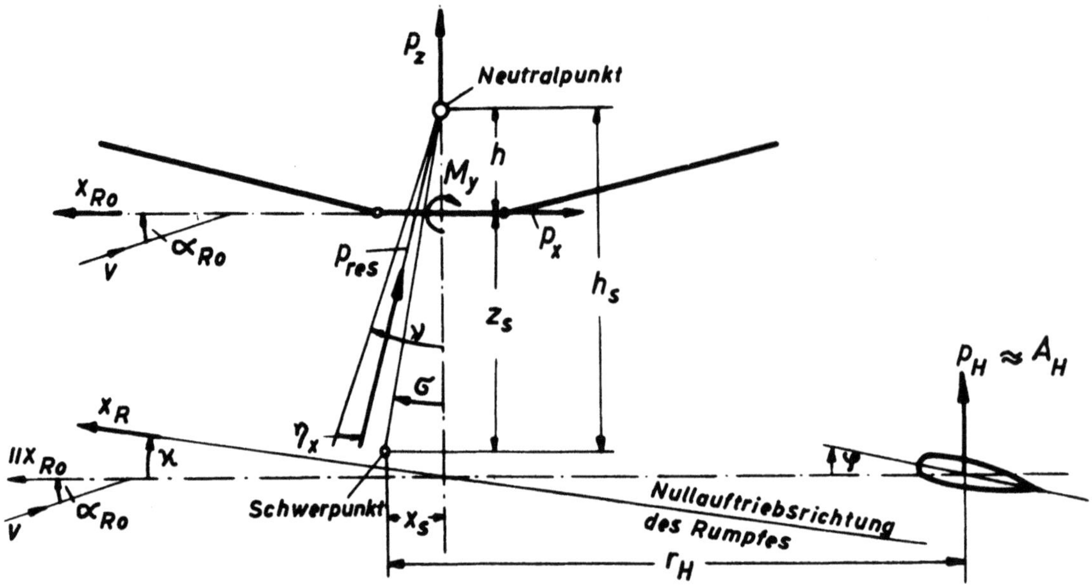

A b b i l d u n g 1

Bezeichnungen bei der Blattsteuerung

Für die Längssteuerung ergibt sich der periodische Blattwinkel zu

(2.2) $$\Delta\vartheta = \vartheta_s \cdot \sin\Psi$$

Der Steuerwinkel ist dann

(2.3) $$\eta_x = -\vartheta_s$$

Mit der Rotorresultierenden erhält man das Rotormoment in einer anschaulichen Form zu

(2.4) $$M_{Ro} = P_{res} \cdot h_s (\nu - \eta_x - \sigma)$$

wobei ν die Auswanderung der Resultierenden ohne Steuerung und σ die Schwerpunktslage bezeichnen.

Das Moment des Rotors um den Schwerpunkt des Hubschraubers läßt sich natürlich auch durch die Rotorkräfte bzw. auf Rotormittelpunkt bezogene Momente ausdrücken. Es ergibt sich

(2.5) $$M_{Ro} = M_y + P_x \cdot z_s - P_z \cdot x_s$$

dabei sind P_x, P_z, M_y die Kräfte bzw. Momente bei ausgeführtem Steuerausschlag. Nach Bericht 26 der DSH [2] erhält man dann für den Beiwert des Rotormomentes

$$(2.6)\qquad k_{M_{Ro}} = k_{my} - \frac{a}{R}\,\frac{z}{2\pi}\,\frac{1}{K_A}\eta_x + \frac{z_s}{R}\,(k_x - \eta_x k_z) - \frac{x_s}{R}\,k_z$$

wobei

a = Schlaggelenkabstand

z = Blattzahl

$$K_A = \frac{\varrho/2 \cdot R^4}{M_{GA}/g} \quad .$$

Die in Gl. (2.6) angegebenen Beiwerte k_x, k_z und k_{my} gelten wie die Beiwerte im Bericht 648 - Kräfte und Momente am Rotor - für konstante Blatteinstellwinkel. Die Beiwerte sind also auf die sog. Steuerebene bezogen, d.h. auf die Ebene, die um den Winkel η_x gegen die Schlaggelenksebene geneigt ist. Bezüglich dieser Ebene ist nämlich der Blatteinstellwinkel konstant. Wir bezeichnen den Anstellwinkel der Steuerebene mit α_{RoSt} . Zwischen dem Anstellwinkel der Schlaggelenksebene und dem der Steuerebene gilt die Beziehung

$$(2.7)\qquad \alpha_{Ro} = \alpha_{RoSt} + \eta_x \quad .$$

Der im Bericht 647, Leistungsrechnung, ermittelte Anstellwinkel ist der Anstellwinkel α_{RoSt} .

Die Leistungsrechnung liefert α_{RoSt} und $\vartheta_{0,7}$ und damit auch k_x und k_z; aus Bericht 648 kann noch k_{my} ermittelt werden. Diese Werte ermöglichen dann die Berechnung von $k_{M_{Ro}}$.

2.2 Das Moment des Rumpfes

Das aerodynamische Moment des Rumpfes ist bei einem Hubschrauber im Vorwärtsflug von großer Bedeutung. Die Berechnung ist aber äußerst schwierig und kann nur näherungsweise erfolgen. Eine der Ursachen dafür ist das sehr komplizierte Abwindfeld, in dem sich der Rumpf befindet. Bei genaueren Untersuchungen müssen daher unbedingt Windkanalversuche, welche den jeweiligen speziellen Rumpf berücksichtigen, durchgeführt werden. Bei einer Voruntersuchung im Projektstadium kann man sich mit einer groben Annäherung begnügen.

Einen Anhaltspunkt für die Größenordnung des Rumpfmomentes erhält man nach der für normale Flächenflugzeuge entwickelten MUNKschen Theorie (s. MUNK [3] oder MULTHOPP [4]).

Danach ist das Rumpfmoment

(2.8) $$M_R = \frac{\pi}{2} \cdot (K_2 - K_1) \cdot \int_0^{l_R} q_R \cdot \alpha_{Reff} \cdot b_R^2 \cdot dx$$

wobei

$K_2 - K_1$ = MUNKscher Korrekturfaktor, s. Abb. 2

q_R = Staudruck der Anströmung der verschiedenen Rumpfquerschnitte

α_{Reff} = effektiver Anstellwinkel der verschiedenen Rumpfquerschnitte

b_R = Rumpfbreite

l_R = Rumpflänge

Wenn wir annehmen, daß q_R und α_{Reff} konstant sind, bekommen wir

(2.9) $$M_R = \frac{\pi}{2} \cdot (K_2 - K_1) \cdot q_R \, \alpha_{Reff} \cdot \int_0^{l_R} b_R^2 \cdot dx \quad .$$

Ein anderer Ansatz für das Rumpfmoment ist

(2.10) $$M_R = F_R \cdot l_R \cdot q \cdot \frac{q_R}{q} \cdot c'_{MR} \, (\alpha_{Ro} - \alpha_{WR} + \varkappa)$$

mit

$F_R = l_R \cdot b_R$ = Rumpfbezugsfläche

b_R = größte Rumpfbreite

c'_{MR} = Momentenbeiwert des Rumpfes. Messungen an Rümpfen normaler Flächenflugzeuge und an Luftschiffkörpern ergaben dafür ungefähr den Wert $c'_{MR} \approx$ 0,06.

α_{WR} = Abwindwinkel am Rumpf

$\varkappa$ = Einstellwinkel des Rumpfes (Nullauftriebsrichtung) gegenüber x_{Ro} (s. Abb. 1)

Die Anströmung am Rumpf setzt sich zusammen aus der Anströmung herrührend von der Vorwärtsgeschwindigkeit und dem Abwind des Rotors. Mit dem Durchflußgrad δ und dem tangentialen Fortschrittsgrad μ ergibt sich dann folgende resultierende Anströmgeschwindigkeit

(2.11) $$v_{res} = U \cdot \sqrt{\delta^2 + \mu^2} \quad .$$

und damit

(2.12) $$q_R = \frac{\rho}{2} \cdot (\delta^2 + \mu^2) \cdot U^2 \quad .$$

Für den induzierten Anstellwinkel α_{WR} gilt:

(2.13) $$\alpha_{WR} = \frac{w}{V_{res}}$$

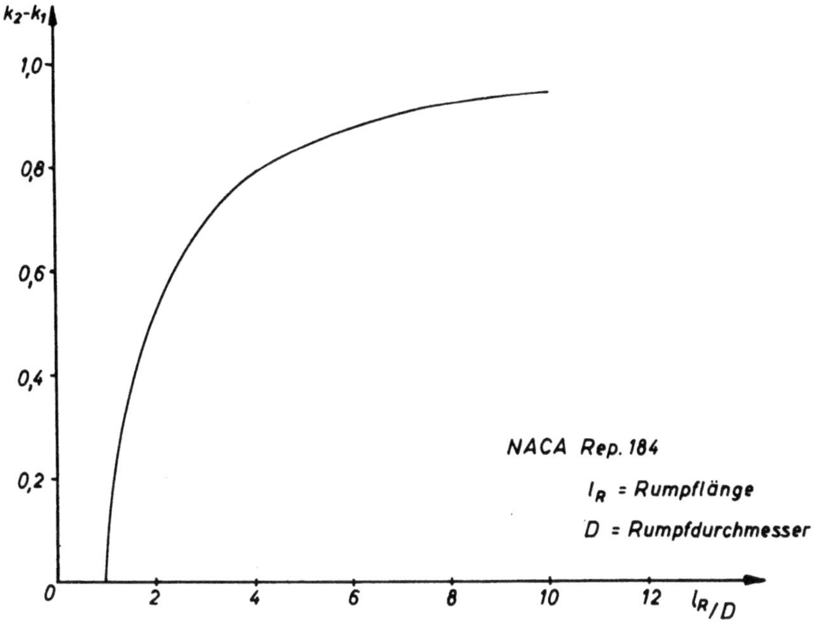

Abbildung 2

MUNKscher Korrekturfaktor zur Berechnung der Rumpfmomente

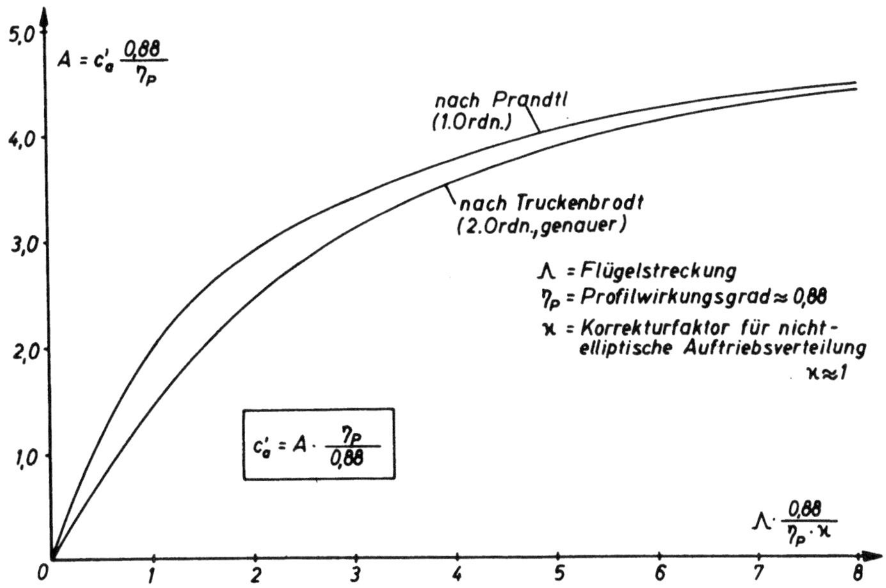

Abbildung 3

Auftriebsgradient isolierter Flügel

wobei w der Abwind ist, für den man nach Teil 3 [2], schreiben kann

(2.14)
$$w = \frac{k_z}{4} \cdot \frac{U}{\sqrt{\delta^2 + \mu^2}} \quad .$$

2.3 Das Moment des Höhenleitwerkes

Das Höhenleitwerksmoment um den Schwerpunkt ergibt sich aus seinem Auftrieb A_H und seinem Hebelarm r_H zu

(2.15)
$$M_H = - A_H \cdot r_H = - F_H \cdot r_H \cdot q \cdot c'_{aHo} \cdot \zeta_H \cdot (\alpha_{Ro} - \alpha_{WH} + \varphi)$$

mit

r_H = Entfernung zwischen Schwerpunkt des Drehflügelflugzeuges und Neutralpunkt des Höhenleitwerks (etwa bei 25 % der mittleren Höhenleitwerkstiefe)

F_H = Höhenleitwerksfläche einschließlich Rumpfanteil

q = $\varrho/2 \cdot v^2$ Flugstaudruck

c'_{aHo} = Auftriebsgradient des isolierten Höhenleitwerkes. Diese Größe erhält man aus Auftriebsverteilungsrechnungen. In Abbildung 3 sind die Ergebnisse solcher Rechnungen nach PRANDTL (Theorie 1. Ordnung) und TRUCKENBRODT (Theorie 2. Ordnung) dargestellt

ζ_H = Höhenleitwerkswirkungsgrad. Dieser Wirkungsgrad erfaßt die Staudruckänderung am Höhenleitwerk durch den Rotorstrahl. Außerdem soll damit berücksichtigt werden, daß die Anwesenheit des Rumpfes die Auftriebsverteilung am Höhenleitwerk gegenüber der Auftriebsverteilung eines isolierten Flügels ändert. Wir haben für ζ_H ungefähr folgende Größenordnung

$$\zeta_H = 0{,}9 \cdot \left[1 - \left(\frac{F_{HR}}{F_H}\right)^2\right] \cdot \frac{q_H}{q}$$

F_{HR} = Rumpfanteil in F_H

α_{WH} = Abwindwinkel am Ort des Höhenleitwerkes

φ = Einstellwinkel des Höhenleitwerkes gegenüber der Normalebene

Der Abwindwinkel am Ort des Höhenleitwerkes ist ungefähr

(2.16)
$$\alpha_{WH} \approx 1{,}8\ \alpha_i = 1{,}8 \cdot \frac{w}{V_{res}}$$
(vgl. Gl. (2.14))

Gl. (2.15) gilt nur, solange die Strömung am Höhenleitwerk nicht abgerissen ist. Für ein im Rotorstrahl liegendes Höhenleitwerk wird bei kleinen Fluggeschwindigkeiten α_{WH} relativ groß, so daß die Strömung abreißt. In diesem Falle erhält man für das Moment

(2.17) $$M_H = F_H \cdot r_H \cdot q_H \cdot c_{wH}$$

mit c_{wH} = Widerstandsbeiwert des Höhenleitwerkes, etwa 1,2.

2.4 Moment der Turbine

Das durch den Abgasstrahl der Turbine um den Schwerpunkt erzeugte Längsmoment ist

(2.18) $$M_{Abg} = - S_{Abg} \cdot z_T \quad .$$

Dabei ist

S_{Abg} = Abgasschub der Turbine

z_T = Höhe der Austrittsöffnung der Gasturbine über der Schwerpunktsachse

2.5 Bestimmung des Steuerwinkels

Wenn wir annehmen, daß außer dem Rotor nur noch das Höhenleitwerk, der Rumpf und der Abgasschub der Turbine wesentliche Beiträge zum Längsmoment liefern, muß nach Gl. (2.1) für den stationären Flugzustand folgende Gleichung erfüllt sein

(2.19) $$M_{Ro} + M_H + M_R + M_{Abg} = 0$$

bzw.

(2.20) $$k_{M_{Ro}} + k_{M_H} + k_{M_R} + k_{M_{Abg}} = 0 \quad .$$

In dieser Gleichung sind dann alle Momentenanteile durch Division mit $\frac{\varrho}{2} \cdot U^2 \cdot F \cdot R$ dimensionslos gemacht. Mit den Beziehungen (2.6), (2.10), (2.15) und (2.18) ergibt sich also

(2.21) $$k_{my} - \frac{a}{R} \frac{z}{2\pi} \frac{1}{k_A} \eta_x + \frac{z_s}{R} (k_x - \eta_x k_z) - \frac{x_s}{R} k_z - \lambda^2 \frac{F_H}{F} \frac{r_H}{R} c'_{a\,Ho} \zeta_H (\alpha_{Ro} - \alpha_{WH} + \varphi)$$
$$+ \lambda^2 \frac{F_R}{F} \frac{l_R}{R} c'_{MR} \frac{q_R}{q} (\alpha_{Ro} - \alpha_{WR} + \varkappa) - \frac{S_{Abg}}{\varrho/2 \cdot U^2 F} \frac{z_T}{R} = 0 \quad .$$

Für α_{Ro} ist Gl. (2.7) einzusetzen. Bei festem Einstellwinkel des Höhenleitwerkes erhält man somit für den Steuerwinkel

$$\eta_x = \frac{k_{my} + \frac{z_s}{R}k_x - \frac{x_s}{R}k_z - \lambda^2 \frac{F_H}{F}\frac{r_H}{R}c'_{aHo}\zeta_H(\alpha_{RoSt} - \alpha_{WH} + \varphi) + \lambda^2 \frac{F_R}{F}\frac{l_R}{R}c'_{MR}\frac{q_R}{q}(\alpha_{RoSt} - \alpha_{WR} + \varkappa)}{\frac{a}{R}\frac{z}{2\pi}\frac{1}{K_A} + \frac{z_s}{R}k_z + \lambda^2\frac{F_H}{F}\frac{r_H}{R}c'_{aHo}\zeta_H - \lambda^2\frac{F_R}{F}\frac{l_R}{R}c'_{MR}\frac{q_R}{q}}$$

(2.22)

$$- \frac{\frac{S_{Abg}}{\frac{\rho}{2}U^2F}\frac{z_T}{R}}{Nenner} \quad .$$

Es ist nun

(2.23) $$-\lambda^2 \frac{F_H}{F}\frac{r_H}{R}c'_{aHo}\cdot\zeta_H(\alpha_{RoSt} - \alpha_{WH} + \varphi) = k_{MH\eta_x=0}$$

und

(2.24) $$\lambda^2 \frac{F_R}{F}\frac{l_R}{R}c'_{MR}\cdot\frac{q_R}{q}(\alpha_{RoSt} - \alpha_{WR} + \varkappa) = k_{MR\eta_x=0} \quad .$$

Um die Schreibweise vereinfachen zu können, führen wir noch folgende Abkürzung ein

(2.25) $$\frac{F_H}{F}\frac{r_H}{R}c'_{aHo}\zeta_H - \frac{F_R}{F}\frac{l_R}{R}c'_{MR}\cdot\frac{q_R}{q} = C \quad .$$

Der Steuerwinkel η_x ist dann aus der folgenden Gleichung bestimmbar

(2.26) $$\eta_x = \frac{k_{my} + \frac{z_s}{R}k_x - \frac{x_s}{R}k_z + k_{MH\eta_x=0} + k_{MR\eta_x=0} - \frac{S_{Abg}}{\frac{\rho}{2}\cdot U F}\frac{z_T}{R}}{\frac{a}{R}\frac{z}{2\pi}\frac{1}{K_A} + \frac{z_s}{R}k_z + \lambda^2\cdot C} \quad .$$

2.6 Stabilitätsmaß des Piloten bezüglich des Knüppelweges

Wenn für eine Geschwindigkeitsaufnahme Δv ein großer Steuerausschlag $\Delta\eta_x$ nötig ist, dann nennt der Pilot den Hubschrauber sehr stabil bezüglich des Knüppelweges. Die Größe $d\eta_x/dv$ kann daher als "Stabilitätsmaß des Piloten bezüglich des Knüppelweges" bezeichnet werden. Wir haben für

(2.27)
$$\frac{d\eta_x}{dv} > 0 \quad \text{Stabilität}$$
$$= 0 \quad \text{Indifferenz}$$
$$< 0 \quad \text{Instabilität}$$

Es läßt sich zeigen, daß dieses Stabilitätsmaß und die statische Stabilität in engem Zusammenhange stehen, vgl. JUST, Steuerung und Stabilität von Drehflügelflugzeugen [1].

2.7 Steuerungsrechnung für den Lastenhubschrauber L-41

Die für Steuerungs- und Stabilitätsuntersuchungen benötigten Daten sind:

Gewichte

Leergewicht	G_L =	8700 kg
Nutzlast	G_N =	3500 ÷ 4000 kg
Zuladung	G_{zu} =	5300 kg
Abfluggewicht	G =	14000 kg

Rotor

Rotorblattzahl	z =	5
Rotordurchmesser	D =	27 m
Rotorkreisfläche	F =	573 m^2
Flächendichte	$\sigma_{0,7}$ =	8 %
Rotordrehzahl	n_{Ro} =	127 U/min
Umfangsgeschwindigkeit	U =	180 m/sec
Profil		NACA 0015
Blattform		Rechteckblatt
Verwindung	linear	-4°, von x = 0,1 bis x = 1,0
Blattiefe	t =	0,678 m
Blattbeginn	A =	0,1

Rumpf

Rumpflänge	l_R =	23,5 m
größte Rumpfbreite	b_R =	3,2 m
Hebelarm für das Abgasschubmoment	z_T =	1,2 m
Schwerpunktstieflage	z_s =	2,48 m

Höhenleitwerk

Höhenleitwerksfläche	F_H =	2,7 m^2
Höhenleitwerkshebelarm	r_H =	15,2 m

Mit diesen Werten und unter Benutzung von Ergebnissen aus dem Teil I der Berichte 647 und 648 können nun die Momente herrührend von Rotor, Abgasschub, Rumpf und Höhenleitwerk und damit auch die Steuerwinkel ermittelt werden.

Abbildung 4 zeigt den Verlauf des Steuerwinkels η_x über der Fluggeschwindigkeit für den Fall, daß außer dem Rotormoment keine anderen Momente auftreten. In der gleichen Abbildung ist für die Schwerpunktslage $\sigma = 0$ zum Vergleich auch der Steuerwinkel bei Berücksichtigung des Rotormomentes und des Abgasschubmomentes eingezeichnet (der Verlauf des Abgasschubes über der Geschwindigkeit ist aus Teil I von 647 ersichtlich). Aus der Abbildung 4 geht hervor, daß das Stabilitätsmaß bezüglich des Knüppelweges positiv ist.

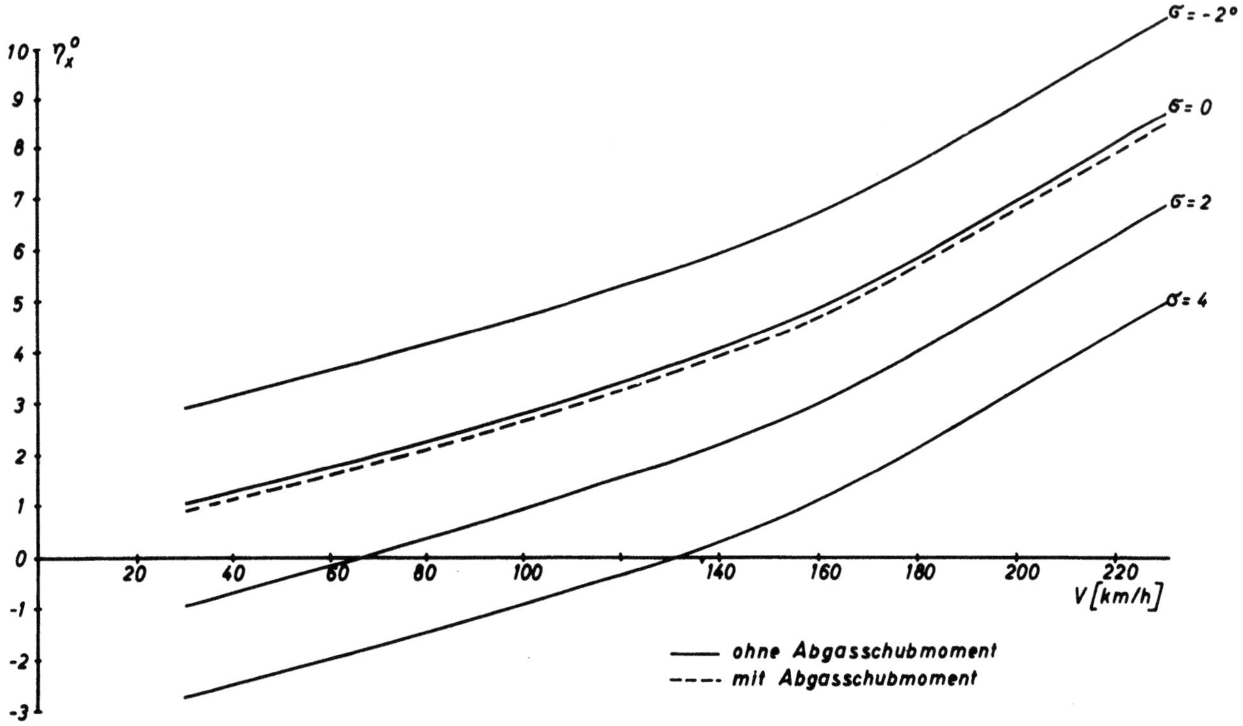

A b b i l d u n g 4

Steuerwinkel η_x über Fluggeschw. V ohne Rumpf- u. Höhenleitwerksmoment

Das Rumpfmoment M_R wurde für den Fall ohne Steuerausschlag (η_x = 0) nach den beiden Gleichungen (2.9) (MUNK) und (2.10) (c'_{MR} = 0,06) berechnet und in Abbildung 6 aufgetragen. Man stellt dabei eine große Differenz zwischen den beiden Formeln fest. Die MUNKsche Formel liefert im Vergleich zu Messungen immer zu hohe Werte, da bei ihr keinerlei Reibungs- und Grenzschichteinflüsse erfaßt werden. Die Momentenberechnung mit c'_{MR} = 0,06 ergibt bei normalen Flugzeugrümpfen einen guten Wert für die Größenordnung des Momentes, und wir wollen annehmen, daß die Verhältnisse auch beim Hubschrauber ähnlich sind. Es zeigt sich, daß das Rumpfmoment negativ wird und mit der Fluggeschwindigkeit rasch anwächst. Das Rumpfmoment wirkt also im Sinne einer Verminderung des Stabilitätsmaßes bezüglich des Knüppelweges.

Abbildung 5 zeigt den Verlauf des Höhenleitwerksmomentes M_H für $\eta_x = 0^\circ$ bei den verschiedenen Einstellwinkeln $\varphi = 0^\circ$; 10°; 20°; 30°.

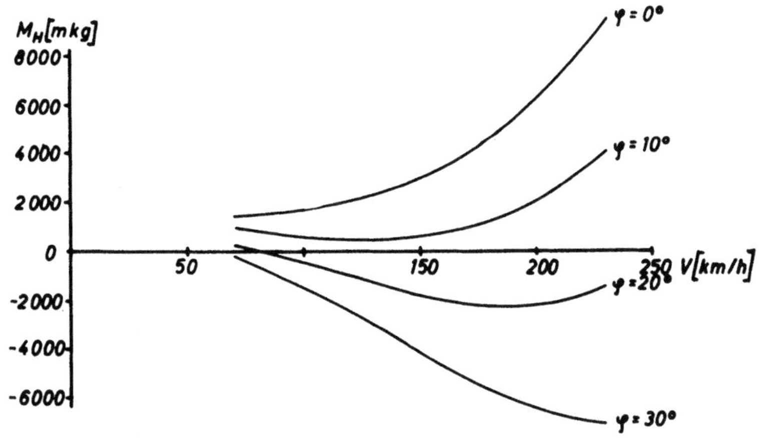

A b b i l d u n g 5

Höhenleitwerksmoment M_H für $\eta_x = 0$

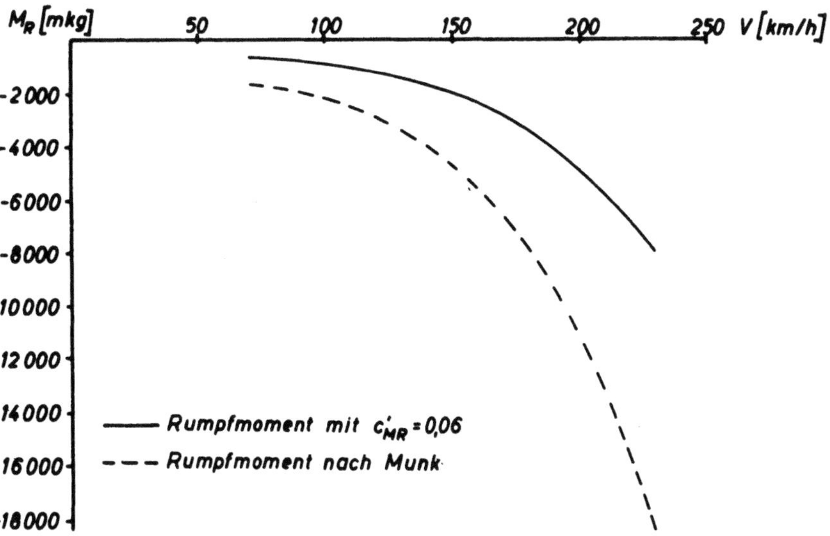

A b b i l d u n g 6

Rumpfmoment M_R für $\eta_x = 0$

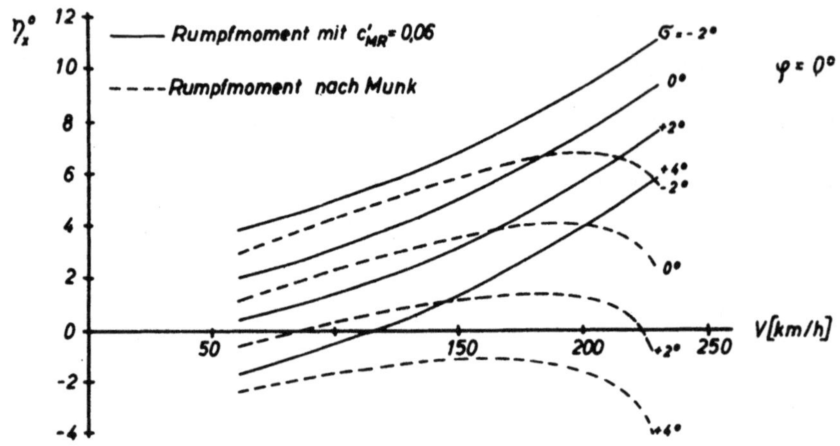

Abbildung 7

Steuerwinkel η_x mit Rumpf- und Höhenleitwerksmoment

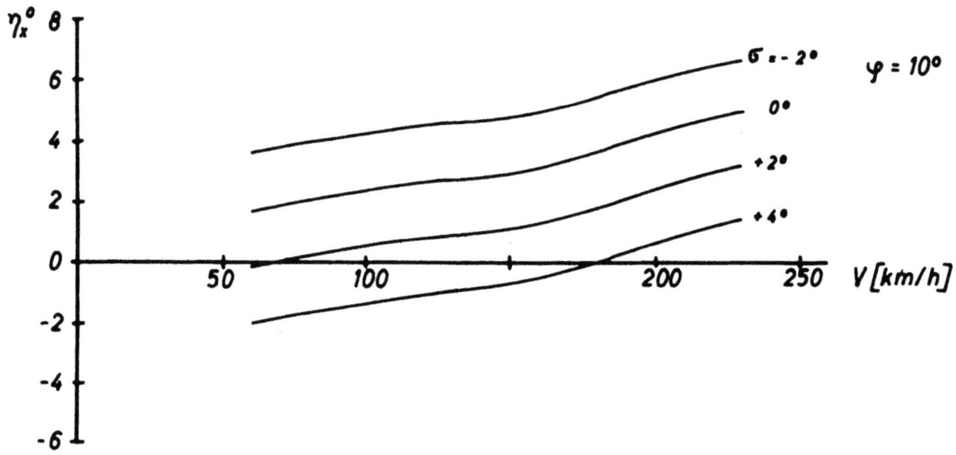

Abbildung 8

Steuerwinkel η_x mit Rumpf- und Höhenleitwerksmoment

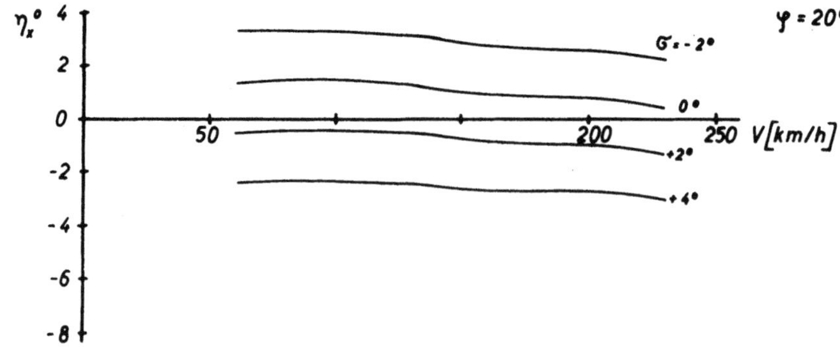

Abbildung 9

Steuerwinkel η_x mit Rumpf- und Höhenleitwerksmoment

Nach diesen vorangehenden Berechnungen können nun die Steuerwinkel bei Berücksichtigung der Momente von Rotor, Abgasstrahl der Turbine, Rumpf und Höhenleitwerk ermittelt werden. Die Ergebnisse sind in den Abbildungen 7 bis 9 dargestellt. Man sieht, daß die Steuerwinkel sehr stark von der Erfassung des Rumpfmomentes vor allem bei höheren Geschwindigkeiten abhängen.

Abbildung 7 zeigt den Verlauf des Steuerwinkels bei einem Höhenleitwerkseinstellwinkel $\varphi = 0^{\circ}$. Wenn das Rumpfmoment nach Gl. (2.10) mit $c'_{MR} = 0{,}06$ berücksichtigt wird, ergibt sich folgendes Bild: für alle Schwerpunktslagen σ und den ganzen Geschwindigkeitsbereich ist $d\eta_x/dv > 0$. Der Hubschrauber ist also stabil bezüglich der Knüppellage. Für hintere Schwerpunktslagen ist zur Erreichung der Höchstgeschwindigkeit ein verhältnismäßig großer Steuerwinkel erforderlich. Es ist also konstruktiv anzustreben, daß der Schwerpunkt normalerweise vor der Rotordrehachse liegt. Bei der Berücksichtigung des Rumpfmomentes nach der MUNKschen Theorie haben wir einen ungünstigeren Verlauf des Steuerwinkels. Hier wird für höhere Fluggeschwindigkeiten $d\eta_x/dv$ negativ. Dieser Mangel könnte nur durch eine Vergrößerung des Höhenleitwerkes behoben werden. Für einen Höhenleitwerkseinstellwinkel $\varphi = 10^{\circ}$ ist bei der Theorie mit $c'_{MR} = 0{,}06$ $d\eta_x/dv$ überall positiv, nur im mittleren Geschwindigkeitsbereich ist der Wert etwas kleiner. Ein Vorteil gegenüber einem Einstellwinkel $\varphi = 0^{\circ}$ ist darin zu sehen, daß man jetzt mit kleineren Steuerwinkeln auskommt. Für $\varphi = 20^{\circ}$ zeigt der Steuerwinkel einen ungünstigen Verlauf; diese Höhenleitwerkseinstellung ist im betrachteten Geschwindigkeitsbereich nicht brauchbar.

Unsere Untersuchungen haben gezeigt, daß die Ungenauigkeiten in der Berechnung der Steuerwinkel von der Erfassung des Rumpfmomentes herkommen. Bevor die Steuerung endgültig festgelegt wird, muß daher experimentell der Einfluß des speziellen Rumpfes untersucht werden. Im Anschluß daran kann dann die Größe und die Einstellung des Höhenleitwerkes endgültig festgelegt werden.

Eine Verbesserung des Steuerungsverlaufes läßt sich noch durch eine Kopplung zwischen dem Steuerwinkel η_x und dem Höhenleitwerkseinstellwinkel φ erzielen.

3. Stabilität im Schwebeflug und bei kleinen Geschwindigkeiten mit den Freiheitsgraden v und ϑ

3.1 Theorie

Bei einem Hubschrauber sind die Stabilitätsuntersuchungen im Schwebeflug von besonderem Interesse. In diesem Flugzustand besitzt ein Hubschrauber ohne Stabilisierungseinrichtungen nämlich keine Eigenstabilität. Im schnellen Vorwärtsflug dagegen läßt sich durch Anbringen eines Höhenleitwerkes unter Umständen Stabilität erreichen.

Wir betrachten zunächst den einfachsten Fall und nehmen an, daß der Hubschrauber nur eine horizontale Translationsbewegung mit der Geschwindigkeit v und eine Rotationsbewegung um die Querachse y mit der Winkelgeschwindigkeit $\omega_y = \dot{\vartheta}$ ausführt (s. Abb. 10).

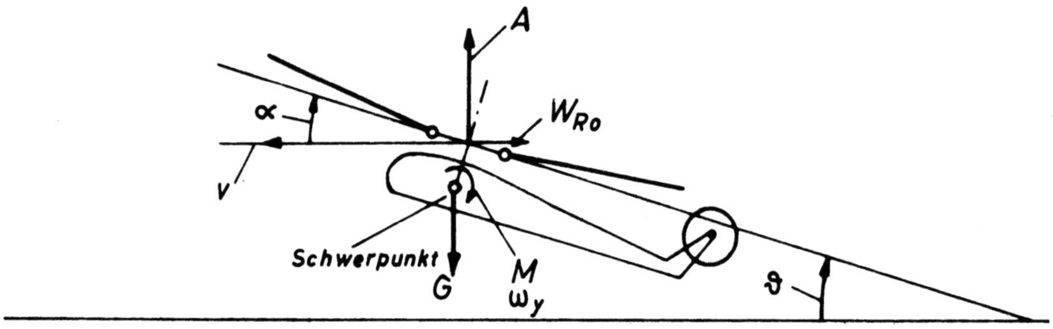

A b b i l d u n g 10

Bezeichnungen

Der Winkel zwischen v und der Schlaggelenkebene bzw. Ebene senkrecht zur Rotordrehachse (Normalebene) ist der übliche Anstellwinkel α . Nähere Untersuchungen zeigen, daß beim Schweben und bei kleinen Vorwärtsgeschwindigkeiten nur sehr geringe Änderungen des Auftriebes A, also auch geringe Bahnänderungen, stattfinden, die wir vernachlässigen können. In diesem einfachen Fall fällt also der Anstellwinkel α mit dem Längsneigungswinkel ϑ zusammen.

Um den Bewegungsverlauf des Hubschraubers nach einer Störung bzw. auf Grund eines willkürlichen Steuerausschlages des Piloten verfolgen zu können, müssen wir von den Bewegungsgleichungen ausgehen. Man erhält diese Gleichungen aus der Bedingung: Summe aller Kräfte in Bahnrichtung gleich Null und Summe aller Momente um die y-Achse gleich Null, also

(3.1) Kräfte in Bahn $$-m\frac{dv}{dt} - W = 0$$

(3.2) Momente um die y-Achse $$-J_y\frac{d^2\vartheta}{dt^2} + M = 0$$

Hierbei sind:

$m = G/g$ = Masse des Hubschraubers

t = Zeit

$W = k_W \frac{\varrho}{2} U^2 F$ = Widerstand

$M = k_M \frac{\varrho}{2} U^2 F R$ = Moment aus Luftkräften um den Schwerpunkt

Wir nehmen an, daß sich die Freiheitsgrade v und ϑ nur um kleine Beträge Δv und $\Delta\vartheta$ ändern, setzen also

(3.3) $$v = v_0 + \Delta v$$

(3.4) $$\vartheta = \vartheta_0 + \Delta\vartheta$$

wobei v_0 und ϑ_0 die Beträge für den als stationär vorausgesetzten Ausgangszustand bedeuten sollen, sie sind hier im Schwebeflug gleich Null. Wenn man außerdem an Stelle von W und M die Beiwerte k_W und k_M einführt und dabei die folgenden Abhängigkeiten

(3.5) $$k_W = k_{W_0} + k'_{W_\vartheta}\Delta\vartheta + k'_{W_\lambda}\frac{\Delta v}{U} + k'_{W_{\dot\vartheta}}\frac{\Delta\dot\vartheta R}{U} + k'_{W_{\ddot\vartheta}}\frac{\Delta\ddot\vartheta R^2}{U^2} + k'_{W_{\eta_x}}\Delta\eta_x$$

(3.6) $$k_M = k_{M_0} + k'_{M_\vartheta}\Delta\vartheta + k'_{M_\lambda}\frac{\Delta v}{U} + k'_{M_{\dot\vartheta}}\frac{\Delta\dot\vartheta R}{U} + k'_{M_{\ddot\vartheta}}\frac{\Delta\ddot\vartheta R^2}{U^2} + k'_{M_{\eta_x}}\Delta\eta_x$$

(η_x = Steuerwinkel)

berücksichtigt, erhält man nach einigen Umformungen folgende Bewegungsgleichungen (s. JUST, Steuerung und Stabilität [1]):

(3.7) $$k'_{W_\lambda}\frac{\Delta v}{U} + T_F\frac{\Delta\dot v}{U} + k'_{W_\vartheta}\Delta\vartheta + T_F w_{\dot\vartheta}\Delta\dot\vartheta + T_F^2 w_{\ddot\vartheta}\Delta\ddot\vartheta = -k'_{W_{\eta_x}}\Delta\eta_x$$

und

(3.8) $$\mu_D m_\lambda\frac{\Delta v}{U} + \mu_D m_\vartheta\Delta\vartheta + T_F m_{\dot\vartheta}\Delta\dot\vartheta - T_F^2(1 - m_{\ddot\vartheta})\Delta\ddot\vartheta = -\mu_D m_{\eta_x}\Delta\eta_x \quad .$$

Mit den Abkürzungen

(3.9) relative Massendichte $$\mu_D = \frac{m}{\varrho/2 \cdot F \cdot R}$$

(3.10) Zeitfaktor $$T_F = \frac{m}{\varrho/2 \cdot F \cdot U}$$

und

(3.11) $$w_{\dot\vartheta} = \frac{k'_{w\dot\vartheta}}{\mu_D} \quad ; \quad w_{\ddot\vartheta} = \frac{k'_{w\ddot\vartheta}}{\mu_D^2}$$

(3.12) $$m_\lambda = \left(\frac{R}{i_y}\right)^2 k'_{M_\lambda} \quad ; \quad m_{\dot\vartheta} = \left(\frac{R}{i_y}\right)^2 k'_{M_{\dot\vartheta}} \quad ; \quad m_{\eta_x} = \left(\frac{R}{i_y}\right)^2 k'_{M_{\eta_x}}$$

$$m_\vartheta = \left(\frac{R}{i_y}\right)^2 k'_{M_\vartheta} \quad ; \quad m_{\ddot\vartheta} = \left(\frac{R}{i_y}\right)^2 \frac{k_{M\ddot\vartheta}}{\mu_D} \quad .$$

Bei der reinen Stabilitätsuntersuchung betrachtet man den Fall ohne Steuerung, d.h., die Glieder mit η_x fallen weg. Zur Lösung der beiden Differentialgleichungen (3.7) und (3.8) machen wir dann die üblichen Ansätze

(3.13) $$\frac{\Delta v}{U} = v^* \cdot e^{\frac{\varkappa}{T_F} \cdot t} \qquad \Delta\vartheta = \vartheta^* \cdot e^{\frac{\varkappa}{T_F} \cdot t}$$

und erhalten aus dem System der zwei Differentialgleichungen ein System von homogenen, linearen Gleichungen mit den beiden Unbekannten v^* und ϑ^*. Dieses Gleichungssystem hat nur dann von Null verschiedene Lösungen, wenn die zugehörige Determinante gleich Null ist, also:

(3.14) $$\begin{vmatrix} k_{w_\lambda} + \varkappa & k_{w_\vartheta} + w_{\dot\vartheta}\varkappa + w_{\ddot\vartheta}\varkappa^2 \\ \mu_D m_\lambda & \mu_D m_\vartheta + m_{\dot\vartheta}\varkappa - (1 - m_{\ddot\vartheta})\varkappa^2 \end{vmatrix} = 0$$

Rechnen wir diese Determinante aus, so bekommen wir folgende charakteristische Gleichung dritten Grades

(3.15) $$\varkappa^3 + C\varkappa^2 + D\varkappa + E = 0$$

mit

$$C = \frac{1}{A}\left[k'_{w_\lambda}(1 - m_{\ddot\vartheta}) + \mu_D m_\lambda w_{\ddot\vartheta} - m_{\dot\vartheta}\right]$$

(3.16) $$D = \frac{1}{A}\left[\mu_D m_\lambda w_{\dot\vartheta} - k'_{w_\lambda} m_{\dot\vartheta} - \mu_D m_\vartheta\right]$$

$$E = \frac{\mu_D}{A}\left[m_\lambda k'_{w_\vartheta} - m_\vartheta k'_{w_\lambda}\right] \qquad A = 1 - m_{\ddot\vartheta}$$

Wenn man nur die Hauptglieder berücksichtigt, die bereits alle wesentlichen Einflüsse bringen, erhält man

$$C = - m_{\dot{\vartheta}} + k'_{w_\lambda}$$

(3.17) $$D = \mu_D m_\lambda w_{\dot{\vartheta}} - k'_{w_\lambda} m_{\dot{\vartheta}}$$

$$E = \mu_D m_\lambda k'_{w_{\vartheta}} \quad .$$

Aus der Art der Wurzeln der charakteristischen Gleichung (3.15) kann man auf den Bewegungsverlauf schließen. Aus dem Exponentialansatz läßt sich folgern:

	$\varkappa$ reell < 0	gedämpfte aperiodische Bewegung
	$\varkappa$ reell > 0	angefachte aperiodische Bewegung
(3.18)	$\varkappa = \xi \pm i\eta ; \quad \xi < 0$	gedämpfte Schwingung
	$\varkappa = \xi \pm i\eta ; \quad \xi > 0$	angefachte Schwingung
	$\varkappa = 0$	konstanter Störwert.

Beim Hubschrauber ohne Stabilisierungseinrichtungen ergeben sich in der Regel folgende Wurzeln

	$\varkappa_1$ reell < 0	gedämpfte aperiodische Bewegung
(3.19)	$\left.\begin{matrix} \varkappa_2 = \xi + i\eta \\ \varkappa_3 = \xi - i\eta \end{matrix}\right\} \xi > 0$	angefachte Schwingung

Einen guten Einblick in das Bewegungsverhalten geben die sog. Dämpfungs- und Stabilitätsmaße. Unter der Halbwertszeit t_H bzw. Doppelwertszeit t_D verstehen wir die Zeit, in welcher die Hüllkurve einer Schwingungsbewegung, oder bei einer aperiodischen Bewegung der Bewegungsverlauf selbst, auf den halben Wert herabgefallen ist. Nach JUST, Steuerung und Stabilität [1], erhält man dafür

(3.20) $$t_H = - \frac{\ln 2}{\xi / T_F} = - \frac{0{,}693}{\xi / T_F} \; [sec] \qquad \xi < 0$$

bzw.

(3.21) $$t_D = + \frac{0{,}693}{\xi / T_F} \; [sec] \qquad \xi > 0$$

Unter der Schwingungsdauer T verstehen wir die Zeit für eine Schwingungsperiode. Mit dem Imaginärteil der Wurzel haben wir dafür

(3.22) $$T = \frac{2\pi}{\eta} T_F \,[sec] \quad .$$

Die Größe t_H/T ist gleich der Anzahl der Schwingungen, in der die Hüllkurve auf den halben Wert gesunken ist, sie stellt also ein Dämpfungs- oder Stabilitätsmaß dar. Wir erhalten

(3.23) $$\frac{t_H}{T} = -\frac{0{,}693\eta}{2\pi\xi} = -0{,}1103\frac{\eta}{\xi} \qquad \xi < 0$$

Entsprechend haben wir ein Anfachungsmaß

(3.24) $$\frac{t_D}{T} = +0{,}1103\frac{\eta}{\xi} \qquad \xi > 0$$

3.2 Ermittlung der Beiwerte und Beiwertsderivativa

Die Berechnung der Luftkräfte und Luftkraftmomente, die an einem Drehflügelflugzeug angreifen, ist verhältnismäßig umfangreich. Bei den Drehflügelflugzeugen, die auch noch eine feste Tragfläche, eine Luftschraube, Höhen- und Seitenleitwerk besitzen, muß die gesamte Aerodynamik der Flächenflugzeuge mit herangezogen werden. Beiträge zu den Kräften und Momenten bzw. ihren Beiwerten geben die verschiedenen Bauteile des Drehflügelflugzeuges, für die wir entsprechende Indizes einführen:

	Indizes
Rotor	Ro
Höhenleitwerk	H bzw. Seitenleitwerk
Rumpf	R
Rotorkopf	Rok
Heckrotor	HRo
Tragfläche	Tr
Motorgondeln	G
V-Form zweier Rotoren	V
Zugpropeller	Pr bzw. Strahltriebwerk

Für normale Hubschrauber sind gewisse Beiträge für die Beiwerte gering, für Sonderbauweisen können sie jedoch einen großen Einfluß haben.

Für die Theorie mit den Freiheitsgraden v und ϑ , die für den Schwebeflug und langsamen Vorwärtsflug gilt, sind entsprechend unseren Ansätzen in Abschnitt 2.1 der Widerstandsbeiwert k_w und der Längsmomentenbeiwert k_M zu berechnen. Dabei sind folgende Abhängigkeiten zu berücksichtigen:

Geschwindigkeit	v	bzw. $\lambda = \frac{v}{U}$
Längsneigungswinkel	ϑ	
Drehgeschwindigkeit	$\dot{\vartheta}$	
Drehbeschleunigung	$\ddot{\vartheta}$	
Steuerwinkel	η_x	

Wir haben also folgende Stabilitätsderivativa zu ermitteln, vgl. Gl. (3.5) und (3.6)

$$k'_{W\lambda} \;;\; k'_{W\vartheta} \;;\; k'_{W\dot{\vartheta}} \;;\; k'_{W\ddot{\vartheta}} \;;\; k'_{W\eta_x}$$

$$k'_{M\lambda} \;;\; k'_{M\vartheta} \;;\; k'_{M\dot{\vartheta}} \;;\; k'_{M\ddot{\vartheta}} \;;\; k'_{M\eta_x}$$

Falls Messungen zur Verfügung stehen, wird man diese natürlich verwenden. Üblicherweise mißt man die Modelle, indem man den Anstellwinkel α und die Geschwindigkeit v bzw. den Fortschrittsgrad $\lambda = v/U$ variiert. Aus solchen Messungen kann man die Ableitungen nach λ und α bzw. ϑ bestimmen, wobei man aber immer den Gleichgewichtszustand als Ausgangszustand nehmen muß. Seltener wird man die Abhängigkeiten der Beiwerte von $\dot{\vartheta}$ und $\ddot{\vartheta}$ aus Messungen haben, da sich diese nur aus dynamischen Untersuchungen ergeben.

Bei der Theorie v, ϑ wird der Schlagbewegung kein eigener Freiheitsgrad zugebilligt. Die Abhängigkeit von den Schlagkoeffizienten muß deshalb im Widerstands- und im Längsmomentenbeiwert berücksichtigt werden.

Im Schwebeflug werden üblicherweise nur die Anteile des Rotors berücksichtigt. Die Beiträge der übrigen Bauteile sind nämlich im Vergleich dazu klein.

Eine genaue Herleitung der Beiwerte und ihrer Derivativa erfolgt in JUST, "Systematische Zusammenstellung der Ermittlung der Beiwerte und der Beiwertsderivativa für Steuerungs- und Stabilitätsuntersuchungen von Hubschraubern", [5].

Wegen des stationären Ausgangszustandes sind k_{W_0} und k_{M_0} gleich Null. Die Derivativa lauten:

Widerstandsderivativa

$$k'_{W_\lambda} = \sigma_0 \Bigg\{ \frac{\delta\left(D_2 - \frac{a}{R}D_1\right) + 2\vartheta_{Bl}\left(D_3 - \frac{a}{R}D_2\right)}{D_4 - 2\frac{a}{R}D_3} \left[\delta D_2\left(\frac{3}{2}c'_{a\infty} - c_{W_2}\right) + \vartheta_{Bl} D_3 \left(c'_{a\infty} - c_{W_2}\right)\right]$$

$$- \frac{a_0^2\left(D_3 - \frac{a}{R}D_2\right)}{D_4 - 2\frac{a}{R}D_3} \cdot \frac{c'_{a\infty}}{2} D_3 + a_0^2 \frac{c'_{a\infty}}{2} D_2 - \delta\left(\frac{c'_{a\infty}}{2} - c_{W_2}\right)\vartheta_{Bl} \cdot D_1$$

$$+ c_{W_0} D'_2 + c_{W_2} \vartheta_{Bl}^2 D_2 \Bigg\}$$

(3.25) $$k'_{W_\vartheta} = k_z$$

$$k'_{W_{\dot\vartheta}} = \frac{\sigma_0}{D_4 - 2\frac{a}{R}D_3} \left\{ -\frac{2}{\gamma}\left[\delta D_2\left(\frac{3}{2}c'_{a\infty} - c_{W_2}\right) + \vartheta_{Bl} D_3\left(c'_{a\infty} - c_{W_2}\right)\right] + \frac{a}{R} a_0 \frac{c'_{a\infty}}{2} D_3^2 \right\} - \frac{z_s}{R} k'_{W_\lambda}$$

$$k'_{W_{\ddot\vartheta}} = \frac{D_3}{D_4 - 2\frac{a}{R}D_3} \frac{a_0}{\gamma} \sigma_0 \frac{c'_{a\infty}}{2}$$

$$k'_{W_{\eta_x}} = -k_z$$

Momentenderivativa

$$k'_{M_\lambda} = \frac{a}{R}\left[\left(D_2 - \frac{D_3 - \frac{a}{R}D_2}{D_4 - 2\frac{a}{R}D_3} D_3\right) a_0 \sigma_0 \frac{c'_{a\infty}}{2} + \frac{z}{2\pi}\frac{1}{k_A} \frac{\left(D_2 - \frac{a}{R}D_1\right)\delta + \left(D_3 - \frac{a}{R}D_2\right) 2\vartheta_{Bl}}{D_4 - 2\frac{a}{R}D_3}\right] + \frac{z_s}{R} k'_{W_\lambda}$$

(3.26) $$k'_{M_\vartheta} \approx 0$$

$$k'_{M_{\dot\vartheta}} = \frac{a/R}{D_4 - 2\frac{a}{R}D_3}\left[\sigma_0 \frac{c'_{a\infty}}{2} \frac{a}{R} D_3^2 - \frac{z}{\pi}\frac{1}{k_A \gamma}\right] + \frac{z_s}{R}\left(k'_{W_{\dot\vartheta}} + \frac{z_s}{R} k'_{W_\lambda} - k'_{M_\lambda}\right)$$

$$k'_{M_{\ddot\vartheta}} = \frac{a}{R}\left[\frac{D_3}{D_4 - 2\frac{a}{R}D_3} \frac{1}{\gamma}\sigma_0 \frac{c'_{a\infty}}{2} - \frac{z}{2\pi}\frac{1}{k_A} - \frac{z}{2\pi}\frac{1}{k_B}\frac{a}{R}\right] + \frac{z_s}{R} k'_{W_{\ddot\vartheta}}$$

$$k'_{M_{\eta_x}} = -\frac{a}{R}\frac{z}{2\pi}\frac{1}{k_A} - \frac{z_s}{R} k_z$$

mit

$$\gamma = \frac{\varrho/2 \cdot R^4\, c'_{a\infty}\, t_0}{J_A}$$

$$k_A = \frac{\varrho/2 \cdot R^4}{M_{GA}/g}$$

(3.27) $$k_B = \frac{\varrho/2 \cdot R^3}{G_{Bl}/g}$$

$$a_0 = \gamma\left[\left(D_3 - \frac{a}{R}D_2\right)\delta + \left(D_4 - \frac{a}{R}D_3\right)\vartheta_{Bl} + \left(D_2 - \frac{a}{R}D_1\right)\frac{\mu_1^2}{2}\vartheta_{Bl}\right] - \frac{M_{GA}}{J_A \cdot \omega^2}$$

Hierbei bedeuten

k_z Schubbeiwert

ϑ_{Bl} Blatteinstellwinkel

z_s Abstand Schwerpunkt-Rotormittelpunkt (positiv nach oben)

a Abstand Rotormittelpunkt - Schlaggelenk

σ_0 Flächendichte

M_{GA} Gewichtsmoment des Blattes um die Schlagachse

G_{Bl} Blattgewicht

J_A Trägheitsmoment eines Blattes um die Schlagachse

Berücksichtigen wir nur die Hauptglieder der genauen Formeln, dann erhalten wir folgende Kurzformeln für die Derivativa, welche für überschlägliche Rechnungen genügen

$$k'_{W_\lambda} = k_z \cdot a'_{1_\lambda}$$

(3.28)

$$k'_{W_\vartheta} = k_z$$

$$k'_{W_{\dot\vartheta}} = -\frac{14{,}15\,k_z}{\gamma}\left(1 - 0{,}551\,\frac{\sigma_0 \cdot \vartheta_{Bl}}{k_z}\right)$$

$$k'_{W_{\ddot\vartheta}} \approx 0$$

und

$$k'_{W_{\eta_x}} = -k_z$$

$$k'_{M_\lambda} = k_z \frac{h_s}{R} a'_{1_\lambda}$$

$$k'_{M_\vartheta} = 0$$

(3.29)

$$k'_{M_{\dot\vartheta}} = -\frac{9{,}44}{\gamma}\left[\frac{a}{R}\,\frac{z}{2\pi}\,\frac{1}{K_A} + 1{,}5\,k_z\left(1 - 0{,}551\,\frac{\sigma_0 \cdot \vartheta_{BL}}{k_z}\right)\frac{z_s}{R}\right]$$

$$k'_{M_{\ddot\vartheta}} \approx 0$$

$$k'_{M_{\eta_x}} = -k_z \frac{h_s}{R}$$

mit

$$a'_{1_\lambda} = \frac{k_z}{1{,}19\,\sigma_0} + 1{,}39\,\vartheta_{Bl}$$

(3.30)

$$\frac{h_s}{R} = \frac{z_s}{R} + \frac{h}{R}\quad ; \quad \frac{h}{R} = \frac{a}{R}\,\frac{1}{2a_0}$$

$$a_0 = \gamma\left(\frac{k_z}{8{,}67 \cdot \sigma_0} + 0{,}0221\,\vartheta_{Bl}\right)$$

3.3 Untersuchung für den Lastenhubschrauber L-41

Die Daten des Hubschraubers sind in Abschnitt 2.7 zusammengestellt. Es werden noch die folgenden Angaben benötigt:

Gewicht eines Blattes	G_{Bl}	=	239,5	kg
Gewichtsmoment eines Blattes	M_{GA}	=	1558	mkg
Trägheitsmoment eines Blattes um die Schlagachse	J_A	=	1375	mkg s^2
Blattmassenkonstante	γ	=	5,73	
Trägheitsradius des Hubschraubers um die y-Achse	i_y	=	3,96	m

Mit diesen Angaben kann man die Derivativa nach Gl. (3.25) und (3.26) bestimmen. Die darin vorkommenden Größen Schubbeiwert k_n, Durchflußgrad δ und Blatteinstellwinkel $\vartheta_{0,7}$ erhält man aus folgenden Überlegungen: Der Schub ergibt sich aus

(3.31) $$S = \frac{G}{\eta_E} \qquad \left(\eta_E = 0{,}97 \div 0{,}98\right)$$

wobei η_E der Einbauwirkungsgrad des Rotors ist. Für den Schub kann man schreiben

(3.32) $$S = k_n \frac{\rho}{2} U^2 F$$

somit

(3.33) $$k_n = \frac{S/F}{1/16 \cdot \rho/k_0 \cdot U^2}$$

Für den Durchflußgrad im Schwebeflug gilt

(3.34) $$\delta = -\frac{1}{2}\sqrt{k_n}$$

Den Blatteinstellwinkel erhalten wir aus

(3.35) $$\vartheta_{0,7} = \frac{1}{D_3}\left(\frac{k_n}{c'_{a\infty}\,\sigma} + \frac{D_2}{2}\sqrt{k_n}\right)$$

(s. JUST, JAECKEL, Aerodynamik der Hub- und Tragschrauber Teil 2 [2]).

Für die Konstanten D_n, $c'_{a\infty}$, c_{W_0}, c_{W_2} werden die folgenden Werte benutzt

$D_1 = 0{,}8600$

$D_2 = 0{,}4558$, $D_2' = 0{,}4950$ $c'_{a\infty} = 5{,}6$

$D_3 = 0{,}2946$ $c_{W_0} = 0{,}010$

$D_4 = 0{,}2123$ $c_{W_2} = 0{,}4$

Nach Ermittlung der Derivativa kann man die charakteristische Gleichung nach Gl. (3.15) und (3.16) aufstellen. Es ergab sich

$$\varkappa^3 + 0{,}0749\,\varkappa^2 + 0{,}000\,112\,\varkappa + 0{,}000\,762 = 0$$

Um zu zeigen, inwieweit die Kurzformeln für die Derivativa nach Gl. (3.28) und (3.29) brauchbare Ergebnisse liefern, wurde auch danach gerechnet. Dabei erhielten wir als charakteristische Gleichung

$$\varkappa^3 + 0{,}06923\,\varkappa^2 + 0{,}000\,098\,5\,\varkappa + 0{,}000\,683 = 0$$

Die Wurzeln der beiden Gleichungen sind in der folgenden Tabelle nebeneinandergestellt

genaue Theorie	Kurzformeln
$\varkappa_1 = -\,0{,}124$	$\varkappa_1 = -\,0{,}118$
$\varkappa_{2,3} = 0{,}024\,4 \pm i\,0{,}0746$	$\varkappa_{2,3} = 0{,}024\,2 \pm i\,0{,}0722$

Die erste Wurzel gehört zu einem gut gedämpften aperiodischen Bewegungsanteil, das Wurzelpaar ergibt einen angefachten Schwingungsförmigen Anteil. Die Schwingungsdauern, Dämpfungs- und Stabilitätsmaße sind

1. Wurzel	$t_H = 1{,}23$ sec	$t_H = 1{,}3$ sec
2. und 3. Wurzel	$t_D = 6{,}27$ sec	$t_D = 6{,}33$ sec
	$T = 18{,}6$ sec	$T = 19{,}25$ sec
	$t_D/T = 0{,}338$	$t_D/T = 0{,}33$

Die hinteren Werte sind diejenigen, die sich nach den Kurzformeln ergeben. Man ersieht daraus, daß die Übereinstimmung der Kurzformeln mit den genauen Formeln verhältnismäßig gut ist.

Um eine eventuelle Änderung in den Stabilitätseigenschaften im unbeladenen Zustand zu erhalten, werden noch zwei weitere Fälle behandelt, bei denen ein Gesamtgewicht von 11 000 kg und 8 200 kg zugrunde gelegt wird. Damit ändern sich natürlich auch Schubbeiwert, Blatteinstellwinkel, Konuswinkel usw. Die Derivativa und die charakteristischen

Gleichungen werden nach den Kurzformeln ermittelt, was nach der vorangehenden Untersuchung gerechtfertigt sein dürfte. Bei einem Gesamtgewicht von 11 000 kg ist die charakteristische Gleichung

$$\varkappa^3 + 0{,}054\,72\,\varkappa^2 + 0{,}000\,063\,7\,\varkappa + 0{,}000\,269 = 0$$

Die zugehörigen Wurzeln und Schwingungswerte sind

$$\varkappa_1 = -\,0{,}088\,4 \qquad t_H = 1{,}36 \text{ sec}$$
$$\varkappa_{2,3} = 0{,}016\,8 \pm i\,0{,}052\,4 \qquad t_D = 7{,}15 \text{ sec}; \; T = 20{,}8 \text{ sec}$$
$$t_D/T = 0{,}344$$

Bei einem Gesamtgewicht von 8 200 kg erhalten wir

$$\varkappa^3 + 0{,}043\,38\,\varkappa^2 + 0{,}000\,038\,7\,\varkappa + 0{,}000\,092\,7 = 0$$

mit

$$\varkappa_1 = -\,0{,}064\,8 \qquad t_H = 1{,}385 \text{ sec}$$
$$\varkappa_{2,3} = 0{,}010\,7 \pm i\,0{,}036\,3 \qquad t_D = 8{,}36 \text{ sec}; \; T = 22{,}45 \text{ sec}$$
$$t_D/T = 0{,}373$$

Die Schwingungsdauern T, Doppelwertszeiten t_D und Stabilitätsmaße t_D/T sind in den Abbildungen 11 bis 13 über dem Gesamtgewicht G aufgetragen. Daraus ist ersichtlich, daß der Hubschrauber im unbeladenen Zustand etwas bessere Stabilitätseigenschaften hat. Dies ist in Übereinstimmung mit Bericht 21 der DSH [6], wo auch der Einfluß der konstruktiven Größen auf das Stabilitätsverhalten untersucht wird. Der vorliegende Fall entspricht qualitativ ungefähr der dort angestellten Untersuchung über den Einfluß der Rotorkreisflächenbelastung G/F, die sich im vorliegenden Fall von 24,4 bis 14,3 ändert. Diese Verkleinerung von G/F bringt eine Verbesserung der Stabilitätseigenschaften mit sich.

Um vollends den ganzen Bereich für die Schwingungsdauer und die Doppelwertszeit der Hubschrauberbewegung im Schwebeflug zu erhalten, werden dieselben Untersuchungen auch in einer Höhe von 3000 m durchgeführt. Durch die Dichteänderung - nach DIN 5450 ist $\varrho/\varrho_0 = 0{,}7421$ für 3000 m Höhe - werden Schubbeiwert, Blatteinstellwinkel und Konuswinkel sowie Blattmassenkonstante, relative Massendichte und Zeitfaktor geändert.

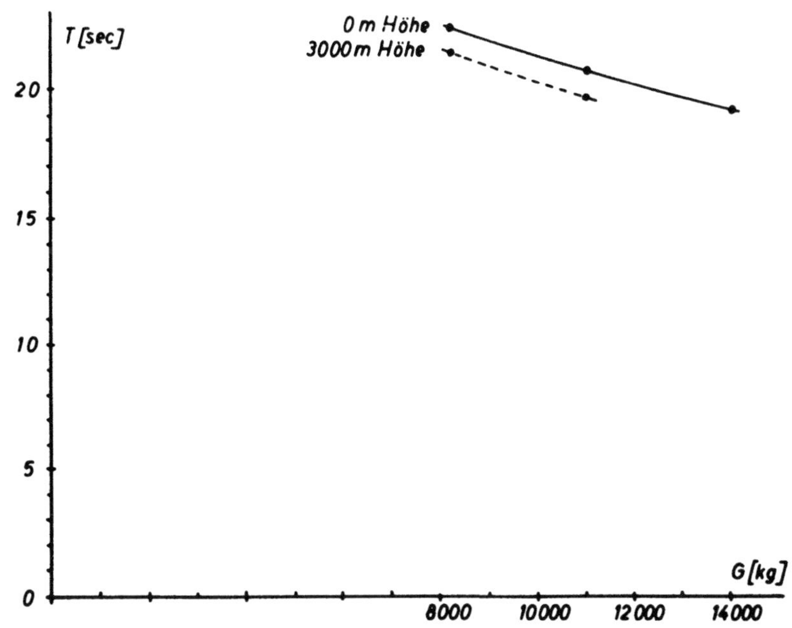

A b b i l d u n g 11
Schwingungsdauer T

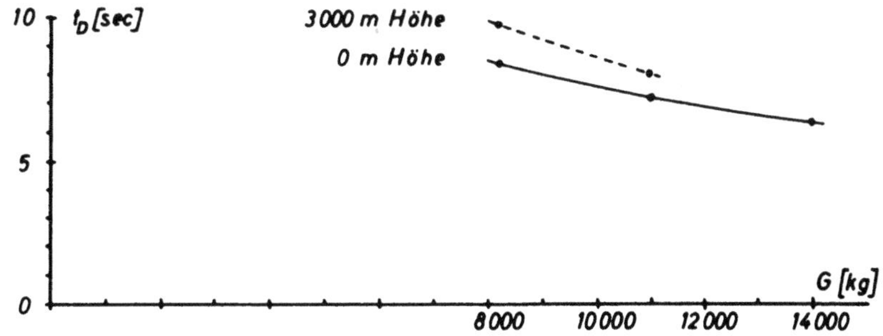

A b b i l d u n g 12
Doppelwertszeit t_D

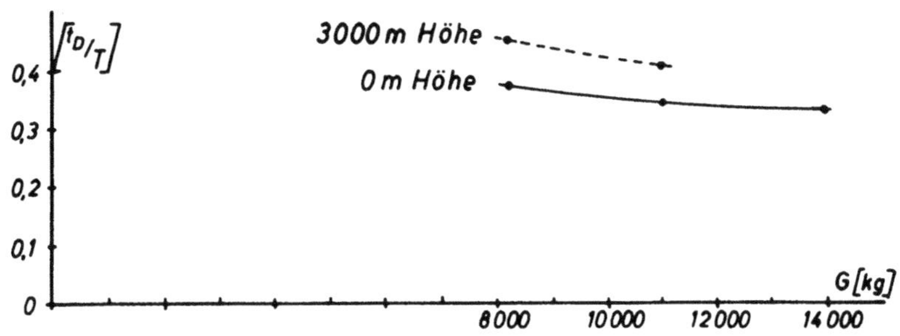

A b b i l d u n g 13
Stabilitätsmaß t_D/T

Bei einem Gesamtgewicht von 11 000 kg erhalten wir jetzt nach den Kurzformeln

$$\varkappa^3 + 0{,}102\,64\,\varkappa^2 + 0{,}000\,174\,\varkappa + 0{,}000\,858 = 0$$

mit

$$\varkappa_1 = -\,0{,}143 \qquad t_H = 1{,}13 \text{ sec}$$

$$\varkappa_{2,3} = 0{,}020\,3 \pm i\,0{,}074\,7 \qquad t_D = 7{,}99 \text{ sec}; \quad T = 19{,}7 \text{ sec}$$

$$t_D/T = 0{,}41$$

und bei 8 200 kg Gesamtgewicht

$$\varkappa^3 + 0{,}081\,77\,\varkappa^2 + 0{,}000\,106\,8\,\varkappa + 0{,}000\,293\,3 = 0$$

mit

$$\varkappa_1 = -\,0{,}107 \qquad t_H = 1{,}138 \text{ sec}$$

$$\varkappa_{2,3} = 0{,}012\,4 \pm i\,0{,}050\,98 \qquad t_D = 9{,}74 \text{ sec}; \quad T = 21{,}55 \text{ sec}$$

$$t_D/T = 0{,}452$$

Diese Schwingungsdauern und Doppelwertszeiten sind ebenfalls in den Abbildungen 11 und 12 aufgetragen, so daß dort ungefähr der gesamte im Schwebeflug vorkommende Bereich ersichtlich ist. Die Abbildungen zeigen, daß die Schwingungsdauern nur wenig durch die Höhe geändert werden. Die Doppelwertszeit t_D dagegen wird etwas größer mit zunehmender Höhe, was eine Verbesserung der Stabilitätseigenschaften bedeutet.

4. Stabilität im Vorwärtsflug

4.1 Theorie

Bei der Stabilität im Schwebeflug bzw. bei sehr kleinen Fluggeschwindigkeiten hatten wir, außer eventuell den Freiheitsgraden der Blattbewegung, nur die beiden Freiheitsgrade Geschwindigkeit v und Längsneigungswinkel ϑ, der für diesen Fall mit dem Anstellwinkel α identisch war. Bei höheren Fluggeschwindigkeiten bekommt man aber merkliche Änderungen der Auftriebskräfte. Dies hat zur Folge, daß wir das Kräftegleichgewicht auch in Auftriebsrichtung, also in einer Richtung normal zur Flugbahn, betrachten müssen. Wir bekommen dadurch noch einen weiteren Freiheitsgrad hinzu, und zwar müssen wir jetzt im Vorwärtsflug einen Unterschied zwischen dem Anstellwinkel α und dem Längsneigungswinkel ϑ machen. Den Bahnwinkel bezeichnen wir mit γ, wobei $\gamma = \vartheta - \alpha$ ist (s. Abb. 14).

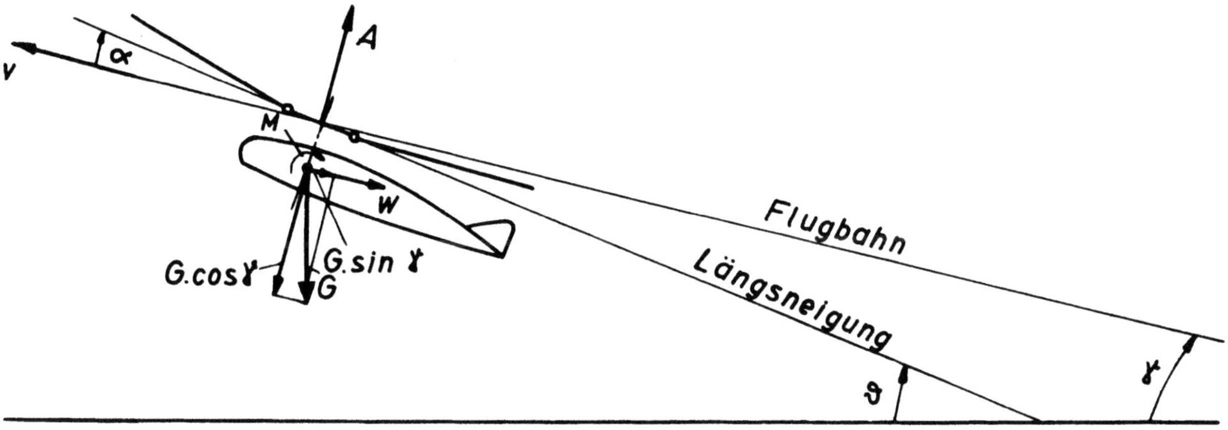

A b b i l d u n g 14

Bezeichnungen

Die Bewegungsgleichungen erhalten wir aus den Bedingungen:

Summe aller Kräfte in Bahnrichtung gleich Null

Summe aller Kräfte senkrecht zur Bahn gleich Null

Summe aller Momente um die y-Achse gleich Null.

Daraus ergeben sich nach [1] folgende Gleichungen:

Widerstandsgleichung

(4.1)
$$k'_{w_\lambda} \cdot \frac{\Delta v}{U} + T_F \cdot \frac{\Delta \dot{v}}{U} + w_\alpha \cdot \Delta\alpha + T_F \cdot w_{\dot\alpha} \cdot \Delta\dot\alpha + k_{a_0} \cdot \Delta\vartheta + T_F \cdot w_{\dot\vartheta} \cdot \Delta\dot\vartheta + T_F^2 \cdot w_{\ddot\vartheta} \cdot \Delta\ddot\vartheta = - k'_{w_{\eta_x}} \cdot \Delta\eta_x$$

mit

(4.2)
$$w_\alpha = k'_{w_\alpha} - k_{a_0} \qquad w_{\dot\vartheta} = \frac{k'_{w_{\dot\vartheta}}}{\mu_D}$$
$$w_{\dot\alpha} = \frac{k_{w_{\dot\alpha}}}{\mu_D} \qquad w_{\ddot\vartheta} = \frac{k'_{w_{\ddot\vartheta}}}{\mu_D^2}$$

Auftriebsgleichung

(4.3)
$$k'_{a_\lambda} \cdot \frac{\Delta v}{U} + a_\alpha \cdot \Delta\alpha + T_F \cdot a_{\dot\alpha} \cdot \Delta\dot\alpha + k_{a_0} \cdot tg\,\gamma_0 \cdot \Delta\vartheta - T_F \cdot a_{\dot\vartheta} \cdot \Delta\dot\vartheta + T_F^2 \cdot a_{\ddot\vartheta} \cdot \Delta\ddot\vartheta = - k'_{a_{\eta_x}} \cdot \Delta\eta_x$$

mit

(4.4)
$$a_\alpha = k'_{a_\alpha} - k_{a_0} \cdot tg\,\gamma_0 \qquad a_{\dot\vartheta} = \lambda_0 - \frac{k'_{a_{\dot\vartheta}}}{\mu_D}$$
$$a_{\dot\alpha} = \lambda_0 + \frac{k'_{a_{\dot\alpha}}}{\mu_D} \qquad a_{\ddot\vartheta} = \frac{k'_{a_{\ddot\vartheta}}}{\mu_D^2}$$

Momentengleichung

(4.5)
$$\mu_D \cdot m_\lambda \cdot \frac{\Delta v}{U} + \mu_D \cdot m_\alpha \cdot \Delta\alpha + T_F \cdot m_{\dot\alpha} \cdot \Delta\dot\alpha + T_F \cdot m_{\dot\vartheta} \cdot \Delta\dot\vartheta - T_F^2\,(1-m_{\ddot\vartheta})\,\Delta\ddot\vartheta = -\mu_D \cdot m_{\eta_x} \cdot \Delta\eta_x$$

mit

(4.6)
$$m_\lambda = \left(\frac{R}{i_y}\right)^2 \cdot k'_{M_\lambda} \qquad m_{\dot\vartheta} = \left(\frac{R}{i_y}\right)^2 \cdot k'_{M_{\dot\vartheta}}$$
$$m_\alpha = \left(\frac{R}{i_y}\right)^2 \cdot k'_{M_\alpha} \qquad m_{\ddot\vartheta} = \left(\frac{R}{i_y}\right)^2 \cdot \frac{k'_{M_{\ddot\vartheta}}}{\mu_D}$$
$$m_{\dot\alpha} = \left(\frac{R}{i_y}\right)^2 \cdot k'_{M_{\dot\alpha}} \qquad m_{\eta_x} = \left(\frac{R}{i_y}\right)^2 \cdot k'_{M_{\eta_x}}$$

Die drei Gleichungen (4.1), (4.3), (4.5) stellen ein System gekoppelter, linearer Differentialgleichungen dar. Bei reinen Stabilitätsuntersuchungen betrachtet man nur das homogene System. Der übliche Exponentialansatz führt auf die folgende Determinante.

(4.7)
$$\begin{vmatrix} k'_{w_\lambda} + \varkappa & w_\alpha + w_{\dot\alpha} \cdot \varkappa & k_{a_0} + w_{\dot\vartheta} \cdot \varkappa + w_{\ddot\vartheta} \cdot \varkappa^2 \\ k'_{a_\lambda} & a_\alpha + a_{\dot\alpha} \cdot \varkappa & k_{a_0} \cdot tg\,\gamma_0 - a_{\dot\vartheta} \cdot \varkappa + a_{\ddot\vartheta} \cdot \varkappa^2 \\ \mu_D \cdot m_\lambda & \mu_D \cdot m_\alpha + m_{\dot\alpha}\,\varkappa & m_{\dot\vartheta} \cdot \varkappa - (1-m_{\ddot\vartheta}) \cdot \varkappa^2 \end{vmatrix} = 0$$

Aus dieser Determinante ergibt sich folgende charakteristische Gleichung vierten Grades

(4.8)
$$\varkappa^4 + B.\varkappa^3 + C.\varkappa^2 + D.\varkappa + E = 0$$

mit
$$B = \frac{1}{A_1}\Big[k'_{w_\lambda} \cdot \big(a_{\dot\alpha} \cdot \{1-m_{\ddot\vartheta}\} + a_{\ddot\vartheta} \cdot m_{\dot\alpha}\big) + B_1 - k'_{a_\lambda}\big(w_{\dot\alpha}\{1-m_{\ddot\vartheta}\} + w_{\ddot\vartheta} \cdot m_{\dot\alpha}\big) - \mu_D \cdot m_\lambda\,\big(w_{\dot\alpha} \cdot a_{\ddot\vartheta} - w_{\ddot\vartheta} \cdot a_{\dot\alpha}\big)\Big]$$

(4.9)
$$C = \frac{1}{A_1}\Big[k'_{w_\lambda} \cdot B_1 + B_2 + k'_{a_\lambda}\big(-w_\alpha\{1-m_{\ddot\vartheta}\} + w_{\dot\alpha} \cdot m_{\dot\vartheta} - w_{\dot\vartheta} \cdot m_{\dot\alpha} - w_{\ddot\vartheta} \cdot \mu_D \cdot m_\alpha\big) - \mu_D \cdot m_\lambda\big(w_\alpha \cdot a_{\ddot\vartheta} - w_{\dot\alpha} \cdot a_{\dot\vartheta} - w_{\dot\vartheta} \cdot a_{\dot\alpha} - w_{\ddot\vartheta} \cdot a_\alpha\big)\Big]$$

$$D = \frac{1}{A_1}\Big[k'_{w_\lambda}\cdot B_2 + k_{a_0}\cdot tg\,\gamma_0\cdot\mu_D\cdot m_\alpha$$

$$+\ k'_{a_\lambda}\left(w_\alpha\cdot m_{\dot\vartheta} - k_{a_0}\cdot m_{\dot\alpha} - w_{\dot\vartheta}\cdot\mu_D\cdot m_\alpha\right)$$

(4.9)
$$+\ \mu_D m_\lambda\left(w_\alpha\cdot a_{\dot\vartheta} - w_{\dot\alpha}\cdot k_{a_0}\cdot tg\,\gamma_0 + k_{a_0}\cdot a_{\dot\alpha} + w_{\dot\vartheta}\cdot a_\alpha\right)\Big]$$

$$E = \frac{\mu_D\cdot k_{a_0}}{A_1}\left[-m_\alpha\left(k'_{a_\lambda} - k'_{w_\lambda}\cdot tg\,\gamma_0\right) + m_\lambda\left(a_\alpha - w_\alpha\cdot tg\,\gamma_0\right)\right]$$

wobei
$$A_1 = a_{\dot\alpha}\,(1 - m_{\ddot\vartheta}) + a_{\ddot\vartheta}\cdot m_{\dot\alpha}$$

(4.10)
$$B_1 = a_\alpha\,(1 - m_{\ddot\vartheta}) - a_{\dot\alpha}\cdot m_{\dot\vartheta} - a_{\dot\vartheta}\cdot m_{\dot\alpha} + a_{\ddot\vartheta}\cdot\mu_D\cdot m_\alpha$$

$$B_2 = -\,a_\alpha\cdot m_{\dot\vartheta} + k_{a_0}\cdot tg\,\gamma_0\cdot m_{\dot\alpha} - a_{\dot\vartheta}\cdot\mu_D\cdot m_\alpha$$

Berücksichtigen wir nur die Hauptglieder und setzen wir Horizontalflug ($\gamma = 0^\circ$) voraus, so ist

$$B = k'_{w_\lambda} + \frac{a_\alpha}{\lambda} - m_{\dot\vartheta}$$

(4.11)
$$C = \frac{1}{\lambda}\left[k'_{w_\lambda}\,(a_\alpha - \lambda\cdot m_{\dot\vartheta}) + B_2 - k'_{a_\lambda}\,(w_\alpha + w_{\dot\vartheta}\cdot m_{\dot\alpha}) + \mu_D\cdot m_\lambda\cdot w_{\dot\vartheta}\cdot\lambda\right]$$

$$D = \frac{1}{\lambda}\left[k'_{w_\lambda}\cdot B_2 + k'_{a_\lambda}\,(w_\alpha\cdot m_{\dot\vartheta} - w_{\dot\vartheta}\cdot\mu_D\cdot m_\alpha) + \mu_D\cdot m_\lambda\,(\lambda\cdot k'_{w_\alpha} + w_{\dot\vartheta}\cdot a_\alpha)\right]$$

$$E = \frac{\mu_D\cdot k_{a_0}}{\lambda}\left[-m_\alpha\cdot k'_{a_\lambda} + m_\lambda\cdot k'_{a_\alpha}\right]$$

wobei

(4.12)
$$B_2 = -\,a_\alpha\cdot m_{\dot\vartheta} - \lambda\cdot\mu_D\cdot m_\alpha$$

4.2 Untersuchung für den Lastenhubschrauber L-41

Um einen Überblick über die Stabilitätsverhältnisse im Vorwärtsflug zu bekommen, wurden Beispiele für verschiedene Fluggeschwindigkeiten durchgerechnet. Die Daten des Hubschraubers sind in Abschnitt 2.7 zusammengestellt. Bei dieser Untersuchung wurde eine Schwerpunktslage $\sigma = 2^\circ$ zugrunde gelegt. Beim Höhenleitwerk wurde ein Einstellwinkel $\varphi = 10^\circ$ gewählt und das Moment des Rumpfes nach der Theorie mit $c'_{MR} = 0{,}06$ erfaßt.

Aus den Koeffizienten der charakteristischen Gleichung (4.8) wurden die Wurzeln und daraus die Stabilitätsgrößen ermittelt. Über die Berechnung der dazu benötigten Derivatia siehe JUST, Systematische Zusammenstellung der Ermittlung der Beiwerte und der Beiwertsderivatia für Steuerungs- und Stabilitätsuntersuchungen von Hubschraubern [5].

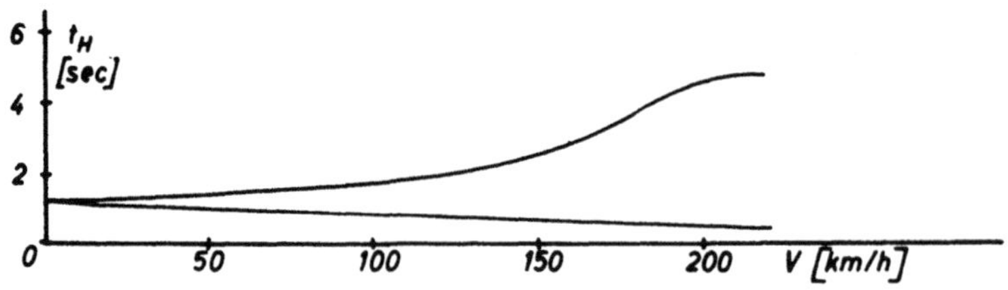

A b b i l d u n g 15

Halbwertszeiten der aperiodischen Bewegungsanteile

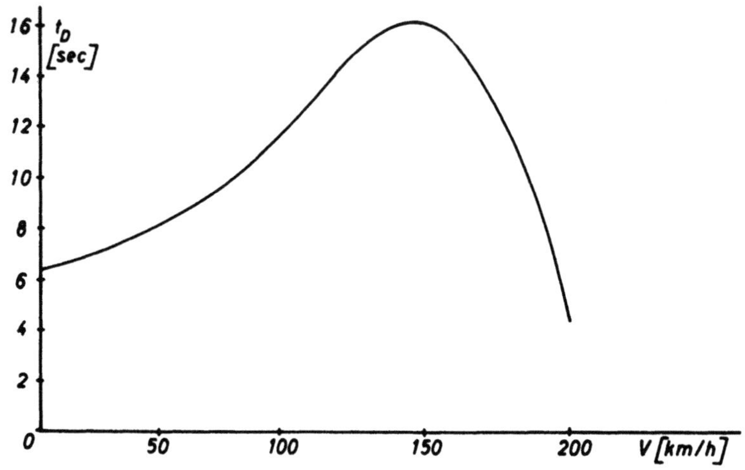

A b b i l d u n g 16

Doppelwertszeit des Schwingungsanteiles

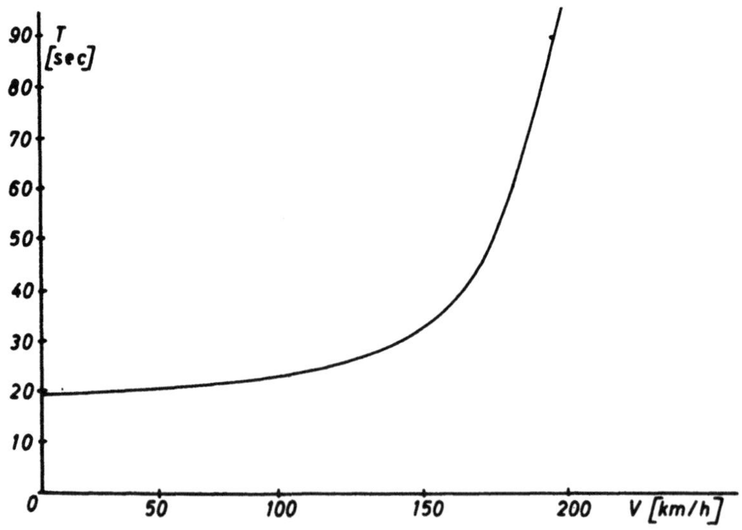

A b b i l d u n g 17

Schwingungsdauer

In den Abbildungen 15 bis 17 sind die sich aus den vier Wurzeln der Gl. (4.8) ergebenden Stabilitätsgrößen aufgetragen. Abbildung 15 zeigt die beiden aperiodischen Lösungen, Abbildung 16 die Doppelwertszeit des Schwingungsanteiles und Abbildung 17 die Schwingungsdauer. Mit zunehmender Geschwindigkeit wachsen die Schwingungsdauer und zunächst auch die Doppelwertszeit an, was eine Verbesserung der Stabilität bedeutet. Allgemein kann man sagen, daß durch Anbau eines Höhenleitwerkes die Stabilitätsverhältnisse eines Hubschraubers im Vorwärtsflug verbessert werden können. Im vorliegenden Fall ist das gewählte Höhenleitwerk für eine Stabilisierung jedoch nicht ausreichend.

Auf die Stabilität im Vorwärtsflug haben außerdem der Höhenleitwerkseinstellwinkel und im allgemeinen auch die Schwerpunktslage noch starken Einfluß. Bei einer genauen Stabilitätsuntersuchung sind daher auch diese Größen zu variieren.

Literaturverzeichnis

[1] JUST, W. — Steuerung und Stabilität von Drehflügelflugzeugen, Bericht 4 der DSH, Verlag Flugtechnik Stuttgart

[2] JUST, W. und K. JAECKEL — Aerodynamik der Hub- und Tragschrauber Teil 2, Berechnung des Rotors, Bericht 3 der DSH

[3] MUNK — The Aerodynamic Forces on Airship Hulls NACA-Report 184

[4] MULTHOPP, H. — Zur Aerodynamik des Flugzeugrumpfes Lufo XVIII, 1941

[5] JUST, W. — Systematische Zusammenstellung der Ermittlung der Beiwerte und Beiwertsderivativa für Steuerungs- und Stabilitätsuntersuchungen von Hubschraubern, Bericht 26 der DSH

[6] JUST, W. — Systematische Untersuchungen der dynamischen Längsstabilität und Längssteuerung von Hubschraubern, Bericht 21 der DSH

Teil II

Untersuchung der Schwingungsbeanspruchung von Rotorblättern

Übersicht

In diesem Bericht wird die Biegeschwingung der Rotorblätter des Lastenhubschraubers L-41 untersucht.

Zunächst werden Eigenschwingungsformen und Eigenfrequenzen bei verschiedenen Rotordrehzahlen ermittelt. Im Anschluß daran wird die erzwungene Schwingung unter dem Einfluß der Luftkräfte betrachtet. Der Berechnung wird dabei das Verfahren von P. GUILLENCHMIDT zugrunde gelegt.

1. Einleitung

Die Aerodynamik des Hubschraubers führt zu periodischen Kräften, und diese ergeben verschiedenartige Schwingungen, die von der Fluggeschwindigkeit, der Umfangsgeschwindigkeit, Zahl der Blätter, der Flächendichte, der Blattverwindung, der Rotorkreisflächenbelastung, von Materialeigenschaften usw. abhängen. Als weitere Ursachen für Schwingungserscheinungen können Ungleichmäßigkeiten in den Blättern (z.B. Unwucht) sowie der Motor und das Kraftübertragungssystem auftreten.

Diese Schwingungen lassen sich in verschiedene Gruppen einteilen: zunächst Schlag- und Schwenkbewegung der Blätter (ohne elastische Verformungen), Biege- und Torsionsschwingungen der Blätter, die sog. Bodenresonanz, Rumpfschwingungen, Schwingungen in den Steueranlagen und im Kraftübertragungssystem. Diese verschiedenen Schwingungen sind aber alle mehr oder weniger stark gekoppelt.

Schwingungen mit allen ihren Folgerungen sind eines der schwierigsten Probleme für den Hubschrauberingenieur. Die Aufgabe für ihn ist es, entsprechende Vereinfachungen für eine mathematische Behandlung zu finden; diese wiederum ist durch Versuche und Erfahrung zu überprüfen. In vielen Fällen hat man spezielle Lösungen für besondere Probleme, die auch bereits durch Versuche gefestigt sind. Weitergehende Probleme wie z.B. der gegenseitige Einfluß von Rotorblatt- und Rumpfschwingungen sind nicht so leicht einer guten Behandlung zugängig, weil hier beispielsweise der Rumpf als schwingendes Gebilde meist nur ungenau und mühsam zu erfassen ist. Da der Einfluß des Rumpfes aber ziemlich groß ist, müssen hier umfangreiche Versuche durchgeführt werden, um z.B. zu einem vorgegebenen Rumpf einen hinsichtlich Schwingungserscheinungen optimalen Rotor zu erhalten.

Schwingungsuntersuchungen sollten schon in einem frühen Entwurfsstadium einsetzen, wenn man nicht Gefahr laufen will, einen Prototyp zu erhalten, der wegen allzu starker Schwingungen eine gänzliche Umkonstruktion erfordert. Für eine erste Untersuchung im Projektstadium wird man eine getrennte Untersuchung der verschiedenen Schwingungen wählen. In diesem Entwicklungsstadium sind im allgemeinen noch keine endgültigen Angaben beispielsweise über Verteilung der Masse und Steifigkeit über die Blattlänge usw. vorhanden. Es empfiehlt sich daher eine Theorie, die diese Einflüsse zwar im wesentlichen erfaßt, aber nicht alle Feinheiten berücksichtigt. Wir wollen im folgenden die Blattbiegung untersuchen.

Zur Beurteilung der dynamischen Beanspruchung des Blattes als schwingungsfähiges System ist erstens die Kenntnis der Eigenschwingungsformen und zweitens die Kenntnis der erregenden äußeren Kräfte hinsichtlich ihrer Verteilung, Größe und Zeitabhängigkeit erforderlich. Falls Zustände in der Nähe von Resonanzen in Frage kommen, ist drittens noch die Kenntnis etwaiger innerer und äußerer Dämpfungskräfte notwendig. Wir wollen also zunächst die Eigenfrequenzen und Eigenschwingungsformen ermitteln. Im Gegensatz zu den Blattschwingungen von Propellern, die in erster Linie von periodisch veränderlichen Komponenten des Motordrehmomentes erregt werden, handelt es sich bei den Schwingungen von Drehflügeln im wesentlichen um Erregung durch Luftkräfte. Die Fourieranalyse dieser Luftkräfte liefert schwingende Kräfte, deren Schwingungszahlen gleich der einfachen, zweifachen usw. Rotordrehzahl sind. Die Schnittpunkte der Kurven der Eigenschwingungszahlen mit den Erregerschwingungszahlen im sog. Resonanzdiagramm stellen Resonanzpunkte dar. Im Anschluß daran soll eine Untersuchung gebracht werden, welche es ermöglicht, die am Blatt angreifenden wechselnden Kräfte und Momente zu ermitteln. Der Berechnung wird das Verfahren von P. GUILLENCHMIDT [1] zugrunde gelegt. Das Verfahren hat zwar einige Mängel hinsichtlich der Erfassung der Dämpfung. Eine Vernachlässigung der Dämpfung geht aber nach der sicheren Seite. Dieses Verfahren, bei dem von uns nur die

die ersten drei Eigenschwingungsformen berücksichtigt werden sollen, ermöglicht aber eine rasche und genügend genaue Abschätzung der Momente, wie sie bei einem Projekt gesucht sind.

2. Die Eigenfrequenzen und Eigenschwingungsformen der Blattbiegung des nichtrotierenden Blattes

Wenn äußere Kräfte fehlen, setzt sich die Schwingung eines Blattes aus den möglichen Eigenschwingungen zusammen. Die Bewegungsgleichung dieser Schwingungen erhält man nach dem folgenden Muster: Man geht aus von der Differentialgleichung, welche die statische Auslenkung des Blattes unter Wirkung einer verteilten Last p angibt. Diese Differentialgleichung setzen wir als bekannt, d.h. von der Festigkeitslehre geliefert, voraus. Sie lautet nach der klassischen Biegelehre bei konstanter Biegesteifigkeit

$$EJ\frac{d^4y}{d\varrho^4} = p(\varrho) \tag{2.1}$$

(y = Auslenkung, ϱ = Koordinate in Blattlängsrichtung - Blattanfang $\varrho = 0$, Blattende $\varrho = R-a$).

Die Bewegungsgleichung des schwingenden Gebildes erhält man aus dieser Differentialgleichung für die statische Auslenkung dadurch, daß man als "Last" p die Trägheitskraft $-m'\frac{\partial^2 y}{\partial t^2}$ des mit der Massenbelegung m' versehenen Elementes einsetzt.

Die Ausgangsgleichung für die statische Auslenkung ist eine gewöhnliche Differentialgleichung mit der Ortskoordinate ϱ als unabhängiger Veränderlichen; beim Übergang zu der kinetischen Aufgabe, d.h. durch die Einführung der Trägheitskraft $-m'\frac{\partial^2 y}{\partial t^2}$, tritt die Zeit als weitere unabhängige Veränderliche hinzu. Die gesuchte Auslenkung y ist jetzt Funktion von zwei unabhängigen Veränderlichen, die Bewegungsgleichung demgemäß eine partielle Differentialgleichung mit der Ortskoordinate ϱ und der Zeit t als unabhängigen Veränderlichen.

Es kommt also folgende Bewegungsgleichung des querschwingenden Blattes zustande

$$EJ\frac{\partial^4 y}{\partial\varrho^4} = -m'\frac{\partial^2 y}{\partial t^2} \tag{2.2}$$

Die gesuchte Funktion $y(\varrho,t)$ läßt sich aufspalten in ein Produkt, dessen erster Faktor nur von ϱ, dessen zweiter Faktor nur von t abhängt

(2.3) $$y(\varrho,t) = \eta(\varrho) \cdot T(t) \quad .$$

Dieser Produktansatz schafft aus (2.2)

(2.4) $$EJ \cdot T \cdot \frac{d^4\eta}{d\varrho^4} = - m'\eta \frac{d^2T}{dt^2} \qquad (m' = const.)$$

oder nach Division durch $m'\eta T$;

(2.5) $$\frac{EJ}{m'} \cdot \frac{1}{\eta} \cdot \frac{d^4\eta}{d\varrho^4} = - \frac{1}{T} \cdot \frac{d^2T}{dt^2} \quad .$$

In dieser Gleichung ist die linke Seite eine Funktion allein von ϱ, die rechte allein von t. Die beiden Ausdrücke können daher nur dadurch gleich sein, daß sie einer Konstanten gleich sind. Aus Zweckmäßigkeitsgründen nennen wir diese Konstante ν^2. Mit der Abkürzung

(2.6) $$\varkappa^4 = \frac{m'\nu^2}{EJ}$$

erhält man somit die beiden gewöhnlichen Differentialgleichungen

(2.7) $$\frac{d^2T}{dT^2} + \nu^2 \cdot T = 0$$

und

(2.8) $$\frac{d^4\eta}{d\varrho^4} - \varkappa^4 \cdot \eta = 0 \quad .$$

Die Lösung von (2.7) ist leicht zu erkennen:

(2.9) $$T = A \cdot \cos \nu t + B \sin \nu t \quad .$$

Dabei erweist sich die Konstante ν als die Kreisfrequenz; A und B sind Integrationskonstanten.

Die Lösung von (2.8) lautet

(2.10) $$\eta(\varrho) = C \cdot \cos \varkappa\varrho + D \cdot \sin \varkappa\varrho + E \cdot \mathfrak{Cof}\, \varkappa\varrho + F \cdot \mathfrak{Sin}\, \varkappa\varrho \quad .$$

Entsprechend den vier Integrationskonstanten C, D, E, F benötigt man jetzt vier Randbedingungen, an jedem Blattende zwei. Sie lauten beim üblichen Rotorblatt mit Schlaggelenken

$$(2.11)\qquad \begin{aligned} \eta &= 0 && \text{für } \varrho = 0 \\ \frac{d^2\eta}{d\varrho^2} &= 0 && \text{für } \varrho = 0 \quad \text{und } \varrho = R-a \\ \frac{d^3\eta}{d\varrho^3} &= 0 && \text{für } \varrho = R-a \; . \end{aligned}$$

Die Randbedingungen ergeben

$$(2.12)\qquad \begin{aligned} 0 &= C+E \\ 0 &= \varkappa^2(-C+E) \\ 0 &= \varkappa^2(-C\cdot\cos(R-a)\varkappa - D\cdot\sin(R-a)\varkappa + E\cdot\mathfrak{Cof}(R-a)\varkappa + F\cdot\mathfrak{Sin}(R-a)\varkappa) \\ 0 &= \varkappa^2(C\cdot\sin(R-a)\varkappa - D\cdot\cos(R-a)\varkappa + E\cdot\mathfrak{Sin}(R-a)\varkappa + F\cdot\mathfrak{Cof}(R-a)\varkappa) \; . \end{aligned}$$

Wir haben damit ein lineares homogenes Gleichungssystem zur Bestimmung der C, D, E, F, das nur dann nichttriviale Lösungen hat, wenn die zugehörige Koeffizientendeterminante = 0 ist. Diese Lösbarkeitsbedingung wird zu einer Bestimmungsgleichung für den Parameter $\varkappa$, die ganz bestimmte, dem Problem eigentümliche Parameterwerte $\varkappa_1$, $\varkappa_2$, ... , die sogenannten Eigenwerte festlegt. Zu ihnen gehören dann nichttriviale (freilich nur bis auf einen Faktor bestimmbare) sogenannte Eigenlösungen oder Eigenfunktionen $\eta_i(\varrho)$. Die Determinante führt bei unserem Problem auf die transzendente Gleichung

$$(2.13)\qquad tg\,(R-a)\varkappa = \mathfrak{Tg}\,(R-a)\varkappa \; .$$

Die Lösungen dieser Gleichung sind

$$(2.14)\qquad \varkappa_0 = 0 \; ; \; (R-a)\varkappa_1 = 3{,}927 \; ; \; (R-a)\varkappa_2 = 7{,}069 \; ; \; (R-a)\varkappa_3 = 10{,}210 \; ; \dots$$

Die Gleichung (2.13) bestimmt wegen (2.6) auch die Frequenzen ν zu

$$(2.15)\qquad \nu = \sqrt{\frac{EJ}{m'}}\,\varkappa^2 = (\varkappa\,(R-a))^2\sqrt{\frac{EJ}{m'(R-a)^4}} = \lambda^2\sqrt{\frac{EJ}{m'(R-a)^4}}$$

mit $\lambda = \varkappa\,(R-a)$

also in unserem Fall

$$(2.16) \quad \nu_0 = 0\,;\; \nu_1 = 15{,}42\sqrt{\frac{EJ}{m'(R-a)^4}}\,;\; \nu_2 = 49{,}97\sqrt{\frac{EJ}{m'(R-a)^4}}\,;\; \nu_3 = 104{,}2\sqrt{\frac{EJ}{m'(R-a)^4}}\,;\dots$$

Die Eigenlösungen sind bis auf einen konstanten Faktor bestimmbar, sie ergeben sich zu

$$(2.17) \qquad \eta_0 = A' \cdot \varrho$$

$$(2.18) \quad \eta_i = A''\left(\sin(R-a)\varkappa_i \cdot \mathfrak{Sin}\,\varkappa_i\varrho + \mathfrak{Sin}\,(R-a)\varkappa_i \cdot \sin\varkappa_i\varrho\right) \qquad \text{für } i \neq 0$$

Diese Eigenlösungen sind in Abbildung 1 dargestellt; der konstante Faktor wurde so gewählt, daß am Blattende $\eta_i = +1$ bzw. -1 ist.

Jede Eigenlösung ergibt mit dem zeitabhängigen Teil (2.9) mit der zugehörigen Eigenfrequenz ν_i nach (2.3) eine partikuläre Lösung der Differentialgleichung. Es existiert also eine unendliche Folge von partikulären Lösungen, von denen jede eine Teilschwingung y_i ist, die mit der wohlbestimmten Frequenz ν_i abläuft. Die allgemeine Lösung $y(\varrho,t)$ setzt sich aus allen möglichen partikulären Lösungen zusammen. Die Integrationskonstanten A_i und B_i der von t abhängigen Funktionen bestimmen sich aus den Anfangsbedingungen.

Die Eigenfunktionen des betrachteten Problems besitzen die bemerkenswerte Eigenschaft der Orthogonalität, d.h., es gilt allgemein

$$(2.19) \qquad \int_0^{R-a} \eta_i(\varrho)\cdot\eta_j(\varrho)\,d\varrho = 0 \qquad i \neq j \quad .$$

Sie lassen sich auch normieren, dazu müssen A' und die A'' so bestimmt werden, daß

$$(2.20) \qquad \int_0^{R-a} \eta_i^2(\varrho)\cdot d\varrho = R-a$$

In diesem Falle ergeben sich

$$(2.21) \qquad \eta_0(\varrho) = \sqrt{3}\,\frac{\varrho}{R-a}$$

$$\eta_i(\varrho) = \frac{\mathfrak{Sin}\,\varkappa_i\varrho}{\mathfrak{Sin}\,(R-a)\varkappa_i} + \frac{\sin\varkappa_i\varrho}{\sin(R-a)\varkappa_i} \quad .$$

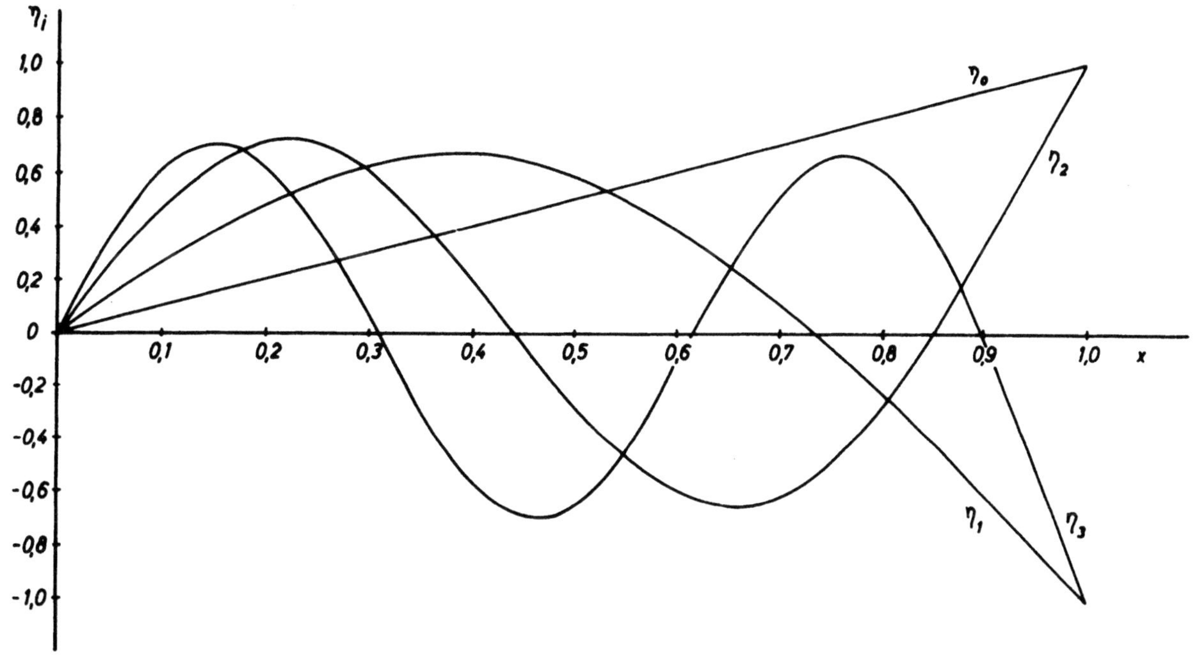

A b b i l d u n g 1

Die Eigenschwingungsformen des nichtrotierenden, gelenkig angeschlossenen Blattes

Bei variabler Verteilung von Masse und Biegesteifigkeit sind Eigenfrequenzen und Eigenschwingungsformen natürlich anders. Sie lassen sich jetzt nicht mehr durch geschlossene Ausdrücke darstellen; sie müssen also durch ein Näherungsverfahren ermittelt werden. Besonders geeignet dafür sind Iterationsverfahren in Verbindung mit der Methode von RITZ oder GALERKIN.

Für eine rasche Abschätzung der Eigenfrequenzen genügt es unter Umständen auch, die wirkliche Verteilung von Masse und Biegesteifigkeit linear anzunähern, wobei extrem hohe Werte an der Blattwurzel nicht so stark berücksichtigt werden. Die Eigenfrequenzen lassen sich in folgender Form darstellen

(2.22)
$$\nu = \lambda^2 \sqrt{\frac{EJ_0}{m_0'(R-a)^4}}$$

Dabei bezeichnet der Index o die Werte an der Blattwurzel, für das Blattende wird der Index R verwendet. In Abbildung 2 sind für linear verteilte Masse und Biegesteifigkeit errechnete λ^2 der ersten, zweiten und dritten Eigenschwingung dargestellt. Die Diagramme sind einer Arbeit von YNTEMA [2] entnommen. Dort wird auch gezeigt, daß mit linear angenäherter Massen- und Biegesteifigkeitsverteilung relativ genaue Werte für die Eigenfrequenzen zu erhalten sind.

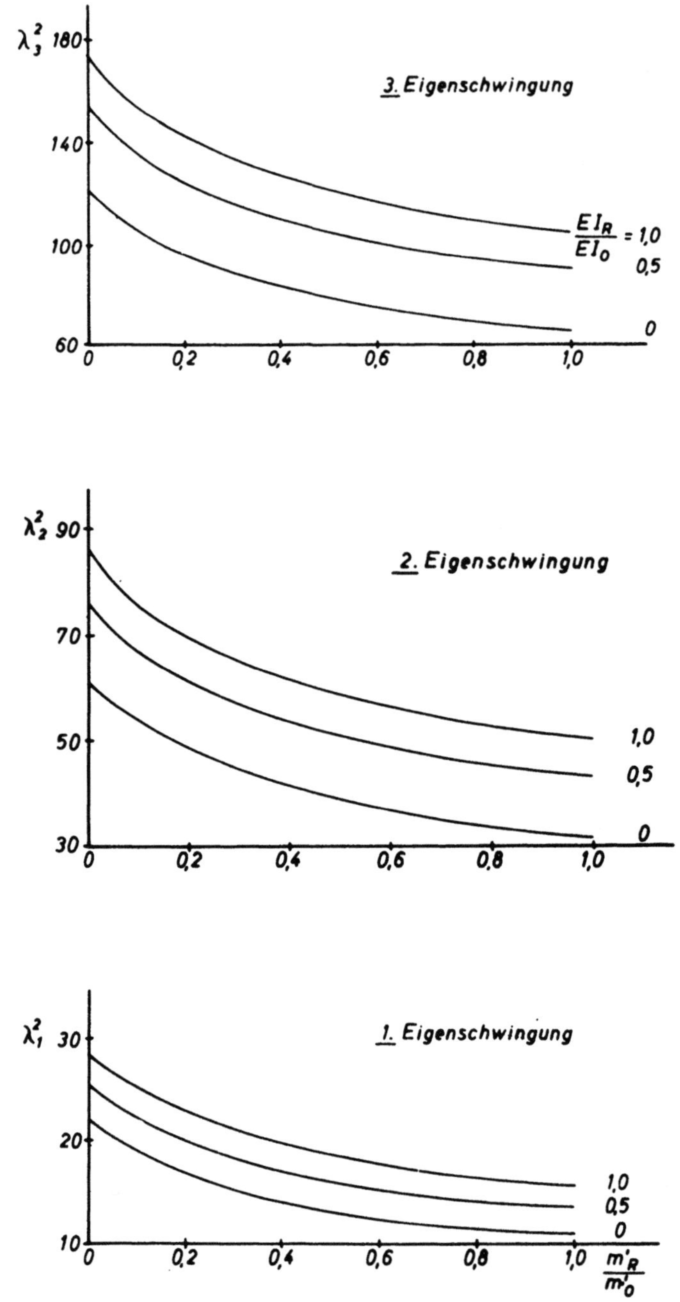

A b b i l d u n g 2

Eigenwerte von nichtrotierenden gelenkig angeschlossenen Blättern mit linearen Massen- und Biegesteifigkeitsverteilungen

3. Die Eigenfrequenzen und Eigenschwingungsformen des rotierenden Blattes

3.1 Die Differentialgleichung der Blattbiegung

Die Grundgleichung der Blattbiegung kann aus Abbildung 3 abgeleitet werden

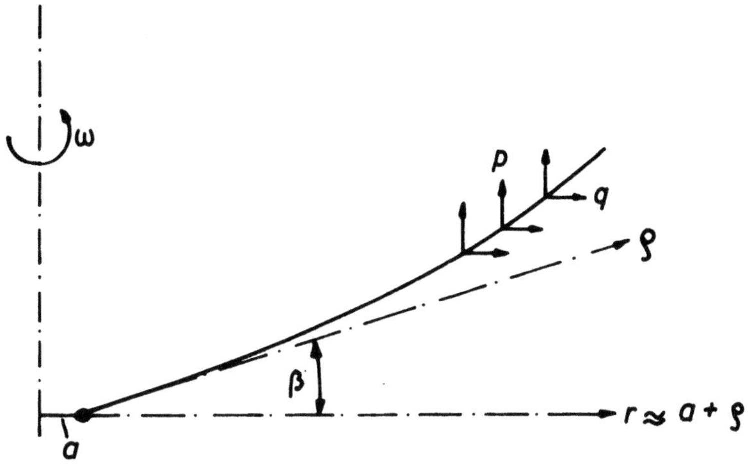

A b b i l d u n g 3
Am Blatt angreifende Kräfte

y ist die Ausbiegung des Blattes vom starren schlagenden Blatt aus gemessen. Die resultierende Transversalkraft pro Längeneinheit ist p , die Zentrifugalkraft pro Längeneinheit in axialer Richtung ist q . Im allgemeinen ist p eine Funktion von r und dem Umlaufwinkel ψ , während q bei kleinen Blattauslenkungen nur von r abhängig ist. An Stelle ϱ gilt für das Moment

(3.1)
$$M = \int_r^R p(r_1 - r)\,dr_1 - \int_r^R q\left[(r_1-r)\cdot\beta + (y_1-y)\right]dr_1$$
$$\approx \int_\varrho^{R-a} p(\varrho_1-\varrho)\,d\varrho_1 - \int_\varrho^{R-a} q\left[(\varrho_1-\varrho)\beta + (y_1-y)\right]d\varrho_1 \quad .$$

Nach der üblichen Biegelehre gilt

(3.2)
$$M = EJ\,\frac{d^2y}{d\varrho^2}$$

also

(3.3)
$$EJ\,\frac{d^2y}{d\varrho^2} = \int_\varrho^{R-a} p(\varrho_1-\varrho)\,d\varrho_1 - \int_\varrho^{R-a} q\left[(\varrho_1-\varrho)\beta + (y_1-y)\right]d\varrho_1 \quad .$$

Durch zweimaliges Differenzieren erhält man daraus

(3.4) $$\frac{d^2}{d\varrho^2}\left(EJ\frac{d^2y}{d\varrho^2}\right) = p - q\cdot\beta - q\frac{dy}{d\varrho} + \frac{d^2y}{d\varrho^2}\int_{\varrho}^{R-a} q\cdot d\varrho_1 \quad .$$

Die transversale Last p setzt sich aus zwei Anteilen zusammen, einem Luftkraftanteil und einem Anteil aus Gewichts- und Trägheitskräften

(3.5) $$p = \frac{\partial S}{\partial \varrho} - m\left(g + \varrho\frac{\partial^2\beta}{\partial t^2} + \frac{\partial^2 y}{\partial t^2}\right) \quad .$$

Bei üblichen Rotorblättern ist der Gewichtsanteil $m'g$ im Vergleich zu übrigen Kräften vernachlässigbar. Auch das Trägheitsglied $m'\frac{\partial^2 y}{\partial t^2}$ ist in vielen Fällen vernachlässigbar gegenüber $m'\varrho\frac{\partial^2\beta}{\partial t^2}$, wenn nicht die periodischen Luftkräfte in Resonanz mit einer Eigenschwingung des rotierenden Blattes sind. In diesem Zusammenhang muß erwähnt werden, daß die Luftkraft ∂S durch die Ausbiegung des Blattes etwas geändert wird. Das Blatt erhält an jeder Stelle eine zusätzliche Transversalgeschwindigkeit $\frac{\partial y}{\partial t}$, welche den örtlichen Anstellwinkel und damit die Luftkraft ändert. Diese zusätzliche Luftkraft ergibt eine Dämpfung. Die Luftkraft ∂S berechnet man aber im allgemeinen für das gelenkig angeschlossene, starre Blatt und fügt, wenn man die Luftkraftänderung durch die Verformung berücksichtigen will, ein Dämpfungsglied $D\cdot\partial\varrho\cdot\frac{\partial y}{\partial t}$ bei. Meist nimmt man auch für den Schlagwinkel β den Wert des starren Blattes, dies setzt natürlich voraus, daß y klein gegenüber $\varrho\beta$ ist. Den Wert des Schlagwinkels β erhält man aus der Bedingung, daß die Summe der Momente um das Schlaggelenk null sein muß. Also

(3.6) $$M = \int_0^{R-a} p\cdot\varrho_1\cdot d\varrho_1 - \int_0^{R-a} q\,(\varrho_1\cdot\beta + y_1)\,d\varrho_1 = 0$$

oder beim starren Blatt mit $y_1 = 0$

(3.7) $$\int_0^{R-a} p\cdot\varrho_1\cdot d\varrho_1 - \beta\int_0^{R-a} q\cdot\varrho_1\cdot d\varrho_1 = 0 \quad .$$

Man ersieht hieraus, daß einer Vernachlässigung von y_1 in (3.6) zur Bestimmung des Schlagwinkels einer Vernachlässigung des Gliedes $\frac{dy}{d\varrho}$ in Gl. (3.4) entspricht, man wird also in diesem Falle auch dieses Glied vernachlässigen. Man erhält dann folgende Differentialgleichung für die Blattbiegung

$$(3.8)\qquad \frac{\partial^2}{\partial\varrho^2}\left(EJ\frac{\partial^2 y}{\partial\varrho^2}\right) - \omega^2\frac{\partial}{\partial\varrho}\left[A_z\frac{\partial y}{\partial\varrho}\right] + m'\frac{\partial^2 y}{\partial t^2}$$
$$= \frac{\partial S}{\partial\varrho} - m'g - m'\varrho\frac{\partial^2\beta}{\partial t^2} - m'\omega^2(a+\varrho)\beta \quad .$$

Dabei ist $q = m'\cdot\omega^2\cdot r$ und $A_z = \int_{\varrho}^{R-a} m'(a+\varrho_1)\,d\varrho_1$. Gl. (3.8) ist eine partielle Differentialgleichung, weil durch die Massenkräfte auch noch die Zeit als unabhängige Veränderliche hereingekommen ist.

Durch die Differentialgleichung und die zugehörigen Randbedingungen sind die Biegeschwingungen bestimmt. Die Randbedingungen lauten für das gelenkig angeschlossene Blatt

$$(3.9)\qquad y = \frac{\partial^2 y}{\partial\varrho^2} = 0 \qquad \text{für} \quad \varrho = 0$$
$$\frac{\partial^2 y}{\partial\varrho^2} = \frac{\partial}{\partial\varrho}\left(EJ\frac{\partial^2 y}{\partial\varrho^2}\right) = 0 \qquad \text{für} \quad \varrho = R-a \quad .$$

3.2 Die Eigenfrequenzen und Eigenschwingungsformen des rotierenden Blattes

Die Eigenlösungen des rotierenden Blattes bestimmen sich aus der homogenen Differentialgleichung. Wir erhalten aus Gl. (3.8) folgende homogene Gleichung

$$(3.10)\qquad \frac{\partial^2}{\partial\varrho^2}\left(EJ\frac{\partial^2 y}{\partial\varrho}\right) - \omega^2\frac{\partial}{\partial\varrho}\left(A_z\frac{\partial y}{\partial\varrho}\right) + m'\frac{\partial^2 y}{\partial t^2} = 0 \quad .$$

Für Partikularlösungen können wir nun den Ansatz

$$(3.11)\qquad y(\varrho,t) = e^{i\nu t}\cdot\eta(\varrho)$$

machen, wobei ν die Eigenfrequenz ist. Durch die Differentialgleichung (3.10) und die Randbedingungen (3.9) sind dann die Eigenlösungen $\eta(\varrho)$

des rotierenden Blattes bestimmt. Die Eigenlösungen des rotierenden Blattes kann man nach den Eigenlösungen des nichtrotierenden Blattes entwickeln

$$(3.12) \qquad \eta(\varrho) = c_0 \cdot \eta_{00}(\varrho) + c_1 \cdot \eta_{10}(\varrho) + c_2 \cdot \eta_{20}(\varrho) + \dots$$

$\eta_{00}, \eta_{10}, \eta_{20},$ ... sind die Eigenfunktionen des nichtrotierenden Blattes, sie erfüllen die geometrischen und dynamischen Randbedingungen des Problems, d.h., es sind Ansatzfunktionen im GALERKINschen Sinne. Die c_0, c_1, c_2 sind zunächst noch freie Parameter, sie sind so zu bestimmen, daß der Ansatz für die Lösung möglichst gut ist. Für diese Bestimmung der c-Werte gibt es nun verschiedene Möglichkeiten. Am geeignetsten erscheint hier das GALERKINsche Verfahren. Man faßt dabei das ganze Problem als ein Energieproblem auf. Nach dem Prinzip der virtuellen Verrückungen muß die Summe der Verschiebungsarbeiten sämtlicher Kräfte für jede Variation des Verschiebungszustandes in einem beliebigen Zeitintervall Null sein. Nach GIGLING [3] erhalten wir für das homogene Problem

$$(3.13) \qquad \int_{t_0}^{t_1} \int_0^{R-a} \left\{ \frac{\partial^2}{\partial \varrho^2} \left(EJ \frac{\partial^2 y}{\partial \varrho^2} \right) + m' \frac{\partial^2 y}{\partial t^2} - \omega^2 \frac{\partial}{\partial \varrho} \left(A_z \frac{\partial y}{\partial \varrho} \right) \right\} \delta y \cdot d\varrho \cdot dt = 0$$

mit den Randbedingungen (3.9) und der HAMILTONschen Bedingung

$$\delta y = 0 \quad \text{für die Blattwurzel}$$

$$(3.14) \qquad \left[\int_0^{R-a} m' \cdot \frac{\partial y}{\partial t} \cdot \delta y \cdot d\varrho \right]_{t_0}^{t_1} = 0$$

Da die Variation δy bis auf die angegebenen Bedingungen beliebig ist, so wird das Integral sicher null, wenn die geschweifte Klammer verschwindet. Damit erhalten wir dann die Differentialgleichung (3.10). Als Variation wird jetzt

$$(3.15) \qquad \delta y(\varrho, t) = e^{i \cdot \nu_\omega \cdot t} \left(\delta c_0 \cdot \eta_{00}(\varrho) + \delta c_1 \cdot \eta_{10}(\varrho) + \dots \right)$$

gewählt. Mit den Ansätzen (3.12) und (3.15) liefert Gl. (3.13) ein unendliches System linearer homogener Gleichungen für die c-Werte. Seine Neunerdeterminante muß den Wert Null annehmen, wenn man die triviale Lösung für die Eigenfunktionen ausschließt. Aus dieser Bedingung ergeben sich die Eigenfrequenzen ν_i .

Für die praktische Durchführung der Rechnung ist es erforderlich, sich auf wenige Funktionen η_{io} im Ansatz (3.12) zu beschränken. Notwendig bleibt dann allerdings der Nachweis, daß durch den gewählten Ansatz die unteren Eigenwerte mit genügender Genauigkeit bestimmt sind. In [3] wurden nach diesem Verfahren diesem Verfahren die Eigenwerte und Eigenschwingungsformen ermittelt.

Das Ziel der vorliegenden Arbeit ist es mehr, eine Möglichkeit für eine rasche Abschätzung der Eigenfrequenzen des rotierenden Blattes zu erhalten. Am geeignetsten dafür ist die SOUTHWELLsche Gleichung (vgl. [2]). Die Grundform der SOUTHWELLschen Gleichung, welche die Biegefrequenzen eines rotierenden Blattes bestimmt, läßt sich aus Energiebetrachtungen gewinnen. Die Eigenfrequenzen $\nu_{i\omega}$ des rotierenden Blattes lassen sich danach näherungsweise aus den Frequenzen ν_{io} des nichtrotierenden Blattes gewinnen

(3.16) $$\nu_{\omega}^2 = \nu_o^2 + K\omega^2$$

Dabei ist ω die Drehgeschwindigkeit des Blattes und K die SOUTHWELLsche Konstante. Wenn das Schlaggelenk des rotierenden Blattes außerhalb der Drehachse ist, läßt sich zeigen, daß dann die SOUTHWELLsche Konstante in folgender Form geschrieben werden kann

(3.17) $$K = K_0 + K_1 \frac{a}{R}$$

Die SOUTHWELLschen Konstanten für $\frac{a}{R} = 0$ können aus Abbildung 4 und die Korrekturgrößen K_1 aus Abbildung 5 ermittelt werden. Den Diagrammen, die aus YNTEMA [2] entnommen wurden, sind lineare Massen- und Biegesteifigkeitsverteilungen zugrunde gelegt.

Um eine Bewertungsgrundlage für die Genauigkeit, die Brauchbarkeit und die Grenzen der SOUTHWELLschen Näherung zu erhalten, wurde in [2] systematisch eine Blattserie ausgewählt und dafür nach der SOUTHWELLschen Näherung und einem genaueren Verfahren die Frequenzen berechnet. Aus diesen kritischen Untersuchungen darf geschlossen werden, daß die SOUTHWELLschen Konstanten zu genügend genauen Biegefrequenzen des rotierenden Blattes führen.

Bei Blättern mit beliebiger Massen- und Biegesteifigkeitsverteilung erhält man durch eine lineare Annäherung der Verteilungen gute Werte für die Frequenz.

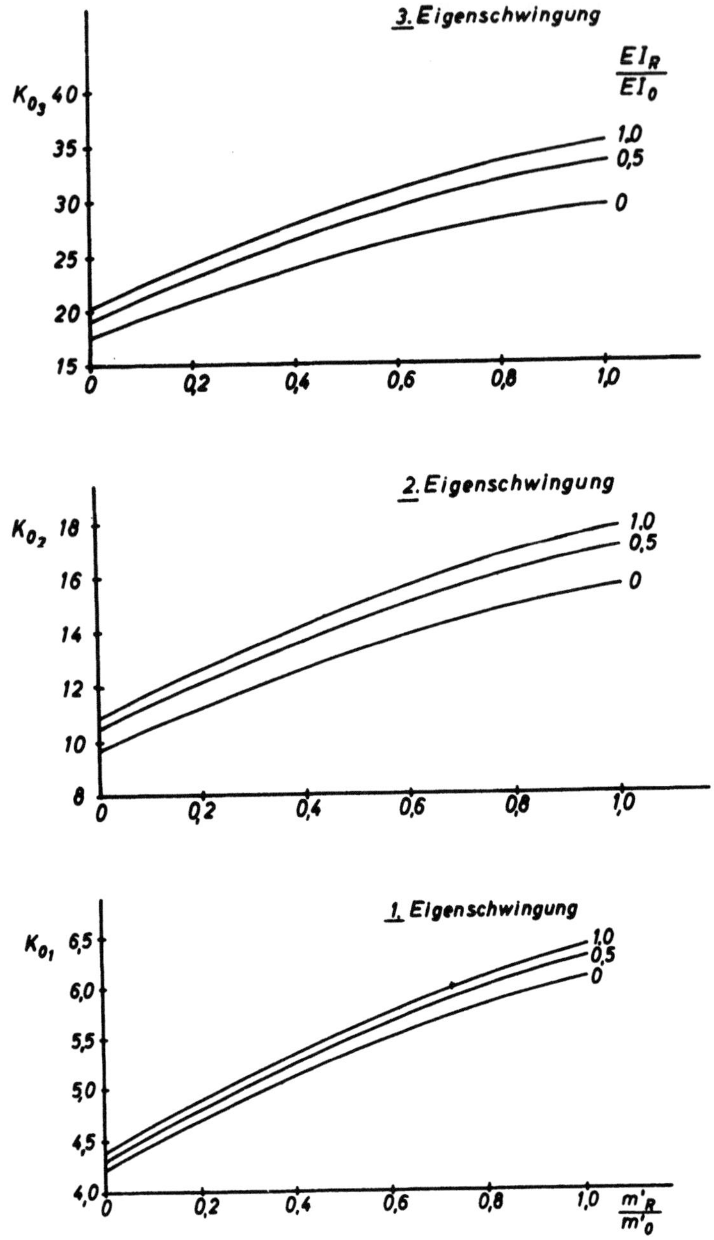

A b b i l d u n g 4

SOUTHWELLsche Konstanten K_{0_n} für gelenkig angeschlossene Blätter mit linearen Massen- und Biegesteifigkeitsverteilungen

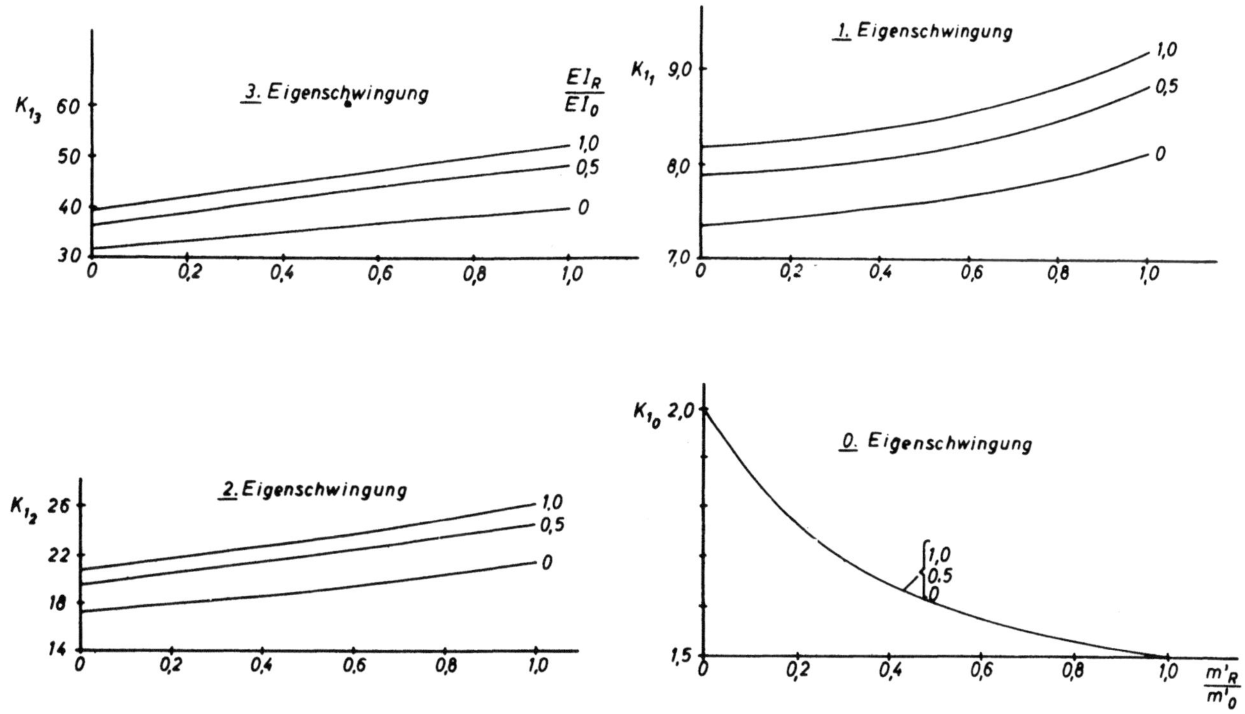

A b b i l d u n g 5

Korrekturkoeffizienten K_{1_n} für gelenkig angeschlossene Blätter mit linearen Massen- und Biegesteifigkeitsverteilungen

3.3 Das Resonanzdiagramm

Nach Gl. (3.16) sind die Eigenfrequenzen des rotierenden Blattes von ω abhängig. Bei verschwindender Rotordrehung ist die Frequenz durch die Elastizität des Blattes bestimmt. Mit zunehmender Rotorgeschwindigkeit werden dann die Frequenzen rasch größer, weil die ansteigenden Zentrifugalkräfte das Blatt versteifen. Bei hohen Blattgeschwindigkeiten wird die Zentrifugalkraft sogar zum vorherrschenden Teil.

Die Grundbiegeschwingungsform ist im wesentlichen die Schlagbewegung. Sie ist charakterisiert durch einen Knoten, der im Schlaggelenk liegt. Die Frequenz dieser Schwingung ist Null für den stillstehenden Rotor. Für übliche Blattaufhängung ist die Schlagfrequenz ungefähr gleich derjenigen des Umlaufes, so daß sich eine lineare Abhängigkeit von ω ergibt. Die nächsthöhere Schwingungsform hat einen zusätzlichen Knoten ungefähr bei 2/3 des Rotorblattes, wobei die äußere Partie in Gegenphase zur inneren schwingt. Die höheren Schwingungsformen sind durch eine größere Anzahl von Knoten und höhere Eigenfrequenzen charakterisiert. Abbildung 6 zeigt den Verlauf der 1., 2. und 3. Biegefrequenzen

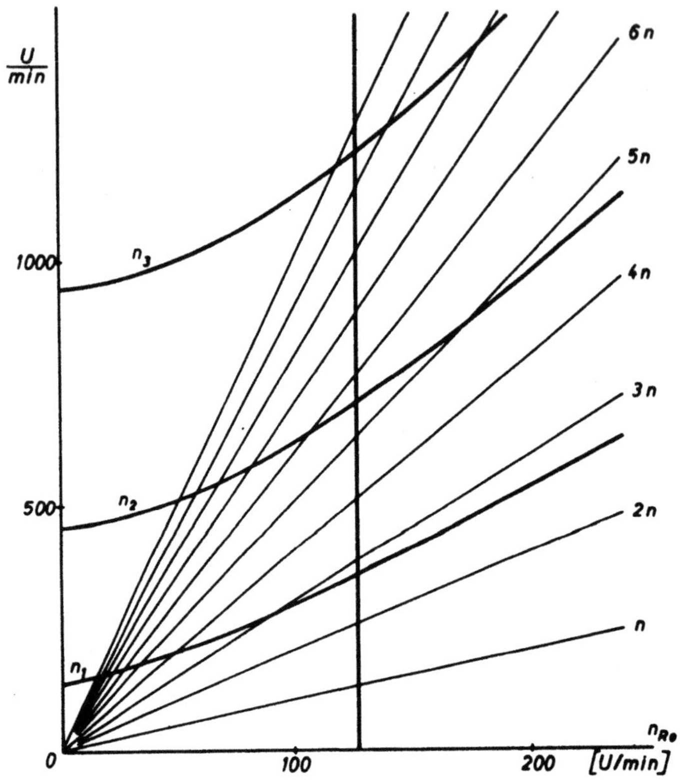

A b b i l d u n g 6
Das Resonanzdiagramm

in Abhängigkeit von ω . Der Rechnung wurden die Blattdaten des Lastenhubschraubers L-41 / L-51 zugrunde gelegt.

$$R = 13{,}5 \text{ m}$$

$$\frac{a}{R} = 0{,}035$$

$$EJ = 48\,265 \text{ kg m}^2$$

$$m' = 1{,}867 \frac{\text{kg sec}^2}{\text{m}}$$

Im Vorwärtsflug ist das Blatt aerodynamischen Kräften unterworfen, die sich in Fourierkomponenten zerlegen lassen:

$$S = S_0 + S_1 \cdot \sin(\omega t + \varphi_1) + S_2 \cdot \sin(2\omega t + \varphi_2) + S_3 \cdot \sin(3\omega t + \varphi_3) + \dots \tag{3.18}$$

Das Blatt ist also Zwangskräften mit den Frequenzen ω , 2ω , ... unterworfen. Diese Zwangsfrequenzen wurden in Abbildung 6 eingezeichnet. Es ist klar, daß die Schnittpunkte der Eigenfrequenzen und der Zwangsfrequenzen Resonanz ergeben. Die Ordinaten der Punkte geben die Resonanzfrequenz des Blattes an und die Abszissen die zugehörige kritische Rotorfrequenz (in Abb. 6 sind an Stelle der Frequenzen die Rotordrehzahl und entsprechend die Eigenschwingungszahlen aufgetragen; es ergeben sich dann kritische Rotordrehzahlen und zugehörige Eigenschwingungszahlen). Das Resonanzdiagramm ermöglicht es also, kritische Bereiche beim Blatt und bei der Rotordrehzahl aufzuzeigen. Bei dem zu untersuchenden Hubschrauber ist die normale Rotordrehzahl

$$n_{Ro} = 127 \frac{U}{min} ;$$

sie ist wegen des großen Rotordurchmessers ziemlich klein. Abbildung 6 zeigt dafür keine Resonanz.

Um den Resonanzfaktor in der unmittelbaren Umgebung einer Resonanzstelle auch nur angenähert zu erhalten, ist ein Eingehen auf die Dämpfungskräfte erforderlich; diese Dämpfungskräfte werden zwar die Schwingungsamplituden begrenzen, es können dabei aber doch erhebliche Beanspruchungen auftreten. Man soll daher nach Möglichkeit eine Blattkonstruktion wählen, die Resonanz auch der höheren Zwangsfrequenzen und Eigenfrequenzen ausschließt.

4. Die Berechnung der Blattbiegemomente nach GUILLENSCHMIDT

4.1 Die Theorie des Verfahrens

Wenn man annimmt, daß der wesentliche Einfluß der Verformung des Blattes auf die Luftkräfte durch ein aerodynamisches Dämpfungsglied (mit konstantem $D = \not{0}\, m'\omega = \frac{\omega m'}{R-a} \int_{\varrho}^{R-a} \frac{\varrho_L}{2} \frac{t_{Bl}}{m'} c'_{a\infty} \varrho\, d\varrho$, s. [1]) berücksichtigt werden kann, lautet die Differentialgleichung der Blattbiegung nach Abschnitt 3.1

$$\frac{\partial^2}{\partial \varrho^2}\left(EJ\frac{\partial^2 y}{\partial \varrho^2}\right) - \omega^2 \frac{\partial}{\partial \varrho}\left(A_z \frac{\partial y}{\partial \varrho}\right) + m' \frac{\partial^2 y}{\partial t^2} + D\frac{\partial y}{\partial t} \tag{4.1}$$

$$= \frac{\partial S}{\partial \varrho} - m' g - m' \varrho \frac{\partial^2 \beta}{\partial t^2} - m'\omega^2 (a+\varrho)\beta = F'_{St}(\varrho, t) \quad .$$

Die rechte Seite ist wegen der gemachten Vernachlässigungen von den Deformationen unabhängig. Gl. (4.1) ist eine partielle Differentialgleichung mit Störglied. Zur Lösung führen wir die Eigenfunktionen η_i der Biegung ein. Diese werden aus der homogenen Differentialgleichung ohne Dämpfung bestimmt. Die rechte Seite der Differentialgleichung läßt sich nun nach den Eigenschwingungsformen η_i entwickeln

$$F'_{St}(\varrho, t) = g_0 \cdot m' \cdot \eta_0 + g_1 \cdot m' \cdot \eta_1 + g_2 \cdot m' \eta_2 + \cdots \tag{4.2}$$

dabei sind die g_i Funktionen allein von t. Wir können nun vom Superpositionsprinzip Gebrauch machen und die Anteile in Gl. (4.2) einzeln betrachten.

Für die zu $g_i \cdot m' \cdot \eta_i$ gehörigen Deformationen gilt

$$y_i = h_i \cdot \eta_i \tag{4.3}$$

wo die h_i wieder nur von t abhängen. Mit diesem Ansatz ergibt dann die Differentialgleichung (4.1)

$$h_i \frac{\partial^2}{\partial \varrho^2}\left(EJ \frac{\partial^2 \eta_i}{\partial \varrho^2}\right) - h_i \omega^2 \frac{\partial}{\partial \varrho}\left(A_z \frac{\partial \eta_i}{\partial \varrho}\right) + \frac{\partial^2 h_i}{\partial t^2} m' \eta_i + \frac{\partial h_i}{\partial t} D \eta_i = g_i m' \eta_i \quad . \tag{4.4}$$

Die Eigenfunktionen bestimmen sich aus folgender Gleichung

$$\frac{\partial^2}{\partial \varrho^2}\left(EJ \frac{\partial^2 y}{\partial \varrho^2}\right) - \omega^2 \frac{\partial}{\partial \varrho}\left(A_z \frac{\partial y}{\partial \varrho}\right) + m' \frac{\partial^2 y}{\partial t^2} = 0 \quad . \tag{4.5}$$

Mit dem Produktansatz erhalten wir daraus für die Eigenfunktionen η_i (vgl. Abschn. 3)

$$\frac{\partial^2}{\partial \varrho^2}\left(EJ \frac{\partial^2 \eta_i}{\partial \varrho^2}\right) - \omega^2 \frac{\partial}{\partial \varrho}\left(A_z \frac{\partial \eta_i}{\partial \varrho}\right) = \nu_{i,\omega}^2 \, m' \eta_i \quad . \tag{4.6}$$

Aus den Gl. (4.4) und (4.6) folgt

$$h_i \, \nu_{i,\omega}^2 + \frac{\partial^2 h_i}{\partial t^2} + \frac{\partial h_i}{\partial t} \varnothing \, \omega = g_i \quad . \tag{4.7}$$

Die Funktionen $g_i(t)$ und $h_i(t)$ sind periodisch, sie lassen sich daher in Fourier-Reihen entwickeln

$$\begin{aligned} h_i(t) = h_{i_0} &+ h_{i_{1c}} \cdot \cos\psi + h_{i_{2c}} \cdot \cos 2\psi + \cdots \\ &+ h_{i_{1s}} \cdot \sin\psi + h_{i_{2s}} \cdot \sin 2\psi + \cdots \end{aligned} \tag{4.8}$$

und

$$g_i(t) = g_{i_0} + g_{i_{1c}} \cdot \cos\psi + g_{i_{2c}} \cdot \cos 2\psi + \dots \tag{4.9}$$
$$+ g_{i_{1s}} \cdot \sin\psi + g_{i_{2s}} \cdot \sin 2\psi + \dots$$

Setzt man diese Ausdrücke in die Differentialgleichung ein, so erhält man aus einem Koeffizientenvergleich

$$h_{i_{nc}}(\nu_{i,\omega}^2 - n^2 \cdot \omega^2) + h_{i_{ns}} \cdot n \cdot \omega^2 \cdot \emptyset = g_{i_{nc}} \qquad n = 0, 1, 2, \dots \tag{4.10}$$
$$h_{i_{ns}}(\nu_{i,\omega}^2 - n^2 \cdot \omega^2) - h_{i_{nc}} \cdot n \cdot \omega^2 \cdot \emptyset = g_{i_{ns}} \qquad n = 1, 2, \dots$$

Die Auflösung dieses Gleichungssystems ergibt

$$h_{i_{nc}} = \frac{g_{i_{nc}} \cos\psi_{i_n} - g_{i_{ns}} \sin\psi_{i_n}}{\sqrt{(\nu_{i,\omega}^2 - n^2\omega^2)^2 + n^2\omega^4\emptyset^2}}$$

$$\operatorname{tg}\psi_{i_n} = \frac{n\,\omega^2 \emptyset}{\nu_{i,\omega}^2 - n^2\omega^2} \tag{4.11}$$

$$h_{i_{ns}} = \frac{g_{i_{nc}} \cdot \sin\psi_{i_n} + g_{i_{ns}} \cdot \cos\psi_{i_n}}{\sqrt{(\nu_{i,\omega}^2 - n^2\omega^2)^2 + n^2\omega^4\emptyset^2}}$$

Zur Bestimmung der g_i geht man aus von der Gleichung

$$F'_{St}(\varrho, t) = g_0 \cdot m' \cdot \eta_0 + g_1 \cdot m' \cdot \eta_1 + g_2 \cdot m' \cdot \eta_2 + \dots \tag{4.12}$$

Man multipliziert beide Seiten mit η_i und integriert über das ganze Blatt. Wegen der Orthogonalitätsbedingung

$$\int_0^{R-a} m' \eta_i(\varrho)\, \eta_j(\varrho)\, d\varrho = 0 \qquad \text{für } i \neq j \tag{4.13}$$

ergibt sich dann

$$g_i(t) = \frac{\int_0^{R-a} F'_{St}(\varrho, t)\, \eta_i(\varrho)\, d\varrho}{\int_0^{R-a} m' \cdot \eta_i^2(\varrho) \cdot d\varrho} \tag{4.14}$$

Daraus lassen sich die $g_{i_{nc}}$ und $g_{i_{ns}}$ durch harmonische Analyse bestimmen.

Die n - te Harmonische der als Störfunktion wirkenden äußeren Belastung lautet

(4.15) $$\sum_i \left[g_{i_{nc}} \cdot m' \cdot \eta_i (\varrho) \cdot \cos n\psi + g_{i_{ns}} m' \cdot \eta_i (\varrho) \cdot \sin n\psi\right] .$$

Sie bewirkt folgende Ausbiegung

(4.16) $$y_n = \sum_i \left[h_{i_{nc}} \cdot \eta_i \cdot \cos n\psi + h_{i_{ns}} \cdot \eta_i \cdot \sin n\psi\right] .$$

Wenn man die Werte für h_i einführt, wird daraus

(4.17) $$y_n = \sum_i \left\{ \frac{\eta_i}{\sqrt{(\nu_{i,\omega}^2 - n^2\omega^2)^2 + n^2\omega^4\phi^2}} \left[\left(g_{i_{nc}} \cdot \cos\psi_{i_n} - g_{i_{ns}} \cdot \sin\psi_{i_n}\right) \cos n\psi + \left(g_{i_{nc}} \cdot \sin\psi_{i_n} + g_{i_{ns}} \cdot \cos\psi_{i_n}\right) \sin n\psi\right]\right\} .$$

Für das elastische Moment gilt

(4.18) $$M_{el} = EJ \frac{\partial^2 y}{\partial \varrho^2}$$

also in unserem Fall für die n - te Harmonische

(4.19) $$M_{el_n} = \sum_i \left\{ \frac{EJ \frac{\partial^2 \eta_i}{\partial \varrho^2}}{\sqrt{(\nu_{i,\omega}^2 - n^2\omega^2)^2 + n^2\omega^4\phi^2}} \left[\left(g_{i_{nc}} \cos\psi_{i_n} - g_{i_{ns}} \sin\psi_{i_n}\right) \cos n\psi + \left(g_{i_{nc}} \sin\psi_{i_n} + g_{i_{ns}} \cos\psi_{i_n}\right) \sin n\psi\right]\right\}$$

Wir nehmen jetzt an, daß die Eigenschwingungsformen η_i des rotierenden Blattes hinreichend mit denen des nichtrotierenden Blattes übereinstimmen (diese Annahme gilt dann entsprechend auch bei der Bestimmung der g_i).

(4.20) $$\eta_{i,\omega} \approx \eta_{i,o}$$

In diesem Falle ist dann

(4.21) $$M_{el_n} = \sum_i \left\{ \frac{\nu_{i,o}^2 \int_{\varrho}^{R-a} \int_{\varrho_1}^{R-a} m' \eta_i \, d\varrho \, d\varrho_1}{\sqrt{(\nu_{i,\omega}^2 - n^2\omega^2)^2 + n^2\omega^4\phi^2}} \left[\left(g_{i_{nc}} \cos\psi_{i_n} - g_{i_{ns}} \sin\psi_{i_n}\right) \cos n\psi + \left(g_{i_{nc}} \sin\psi_{i_n} + g_{i_{ns}} \cos\psi_{i_n}\right) \sin n\psi\right]\right\}$$

oder nach Anwendung der Additionssätze für trigonometrische Funktionen

$$(4.22)\qquad M_{el_n} = \sum_i \left\{ \frac{\nu_{i,o}^2 \int\limits_{\varrho_1}^{R-a}\int\limits_{\varrho}^{R-a} m'\eta_i \, d\varrho \, d\varrho_1}{\sqrt{(\nu_{i,\omega}^2 - n^2\omega^2)^2 + n^2\omega^4\emptyset^2}} \left[g_{i_{nc}} \cos(n\psi - \psi_{i_n}) + g_{i_{ns}} \sin(n\psi - \psi_{i_n}) \right] \right\}$$

Für das gesamte elastische Moment ergibt sich dann wegen des Superpositionsprinzipes

$$(4.23)\qquad \begin{aligned} M_{el}(\varrho) = \sum_i \int\limits_{\varrho_1}^{R-a}\int\limits_{\varrho}^{R-a} m'\eta_i \, d\varrho \, d\varrho_1 \Big[& E_{i_0} + E_{i_1}\cos(\psi - \psi_{i_1} - \varphi_{i_1}) \\ & + E_{i_2}\cos(2\psi - \psi_{i_2} - \varphi_{i_2}) \\ & + E_{i_3}\cos(3\psi - \psi_{i_3} - \varphi_{i_3}) + \dots \Big] \end{aligned}$$

mit

$$(4.24)\qquad E_{i_n} = \frac{\nu_{io}^2 \sqrt{g_{i_{nc}}^2 + g_{i_{ns}}^2}}{\sqrt{(\nu_{i,\omega}^2 - n^2\omega^2)^2 + n^2\emptyset^2\omega^4}} \qquad\qquad E_{i_0} = \frac{\nu_{i,o}^2}{\nu_{i,\omega}^2} g_{i_0}$$

und

$$(4.25)\qquad tg\ \psi_{i_n} = \frac{n\emptyset\omega^2}{\nu_{i,\omega}^2 - n^2\omega^2} \qquad\qquad tg\ \varphi_{i_n} = \frac{g_{i_{ns}}}{g_{i_{nc}}}$$

wobei die ψ_{i_n} und φ_{i_n} so bestimmt werden, daß

$$(4.26)\qquad \frac{\nu_{i,\omega}^2 - n^2\omega^2}{\cos\psi_{i_n}} > 0 \qquad \text{und} \qquad \frac{g_{i_{nc}}}{\cos\varphi_{i_n}} > 0$$

4.2 Anwendung auf den Lastenhubschrauber L-41

Im folgenden wird nun dieses Verfahren auf den Lastenhubschrauber L-41 angewendet. Der zugrunde gelegte Flugzustand ist ein Horizontalflug mit $V = 220\ \frac{km}{h}$, für den im Bericht 648, Teil II, die Luftkraftverteilungen ermittelt worden sind. Die Abbildungen 7 bis 10 zeigen den Verlauf der Blattbiegemomente über der Blattlänge bei verschiedenen Umlaufwinkeln ψ . Aus den Abbildungen 11 und 12 ist der Verlauf über dem Umlaufwinkel an verschiedenen Blattstellen ersichtlich; aus diesen Abbildungen ergibt sich die Wechselbeanspruchung beim Umlauf des Blattes. Bei der Untersuchung wurde keine Dämpfung berücksichtigt.

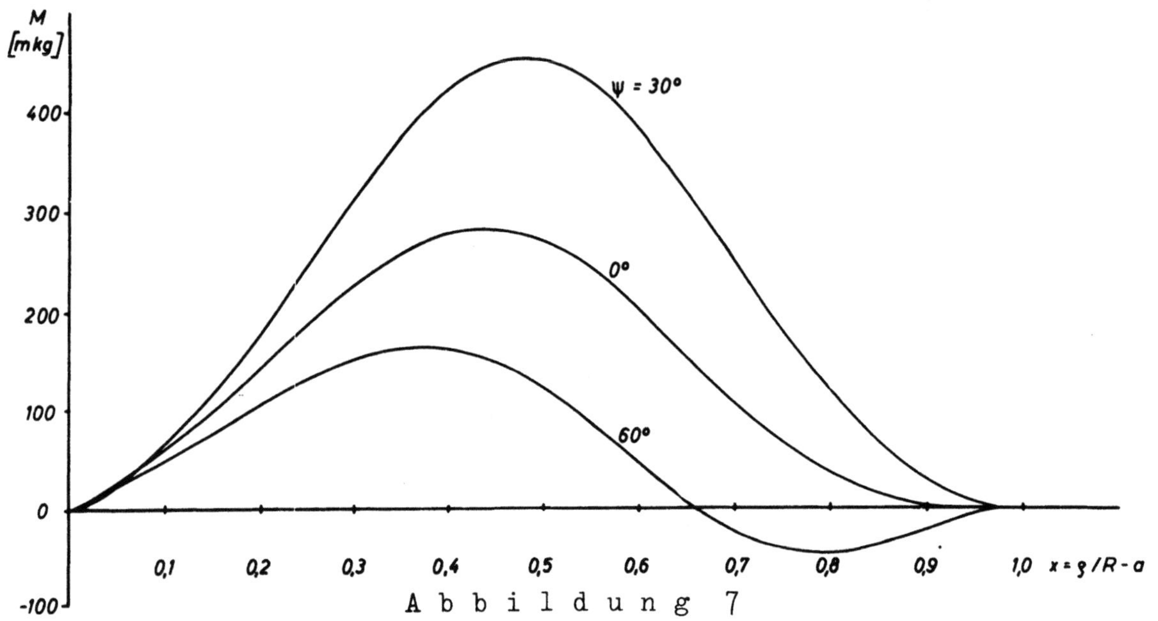

A b b i l d u n g 7

Blattbiegemoment über Blattlänge

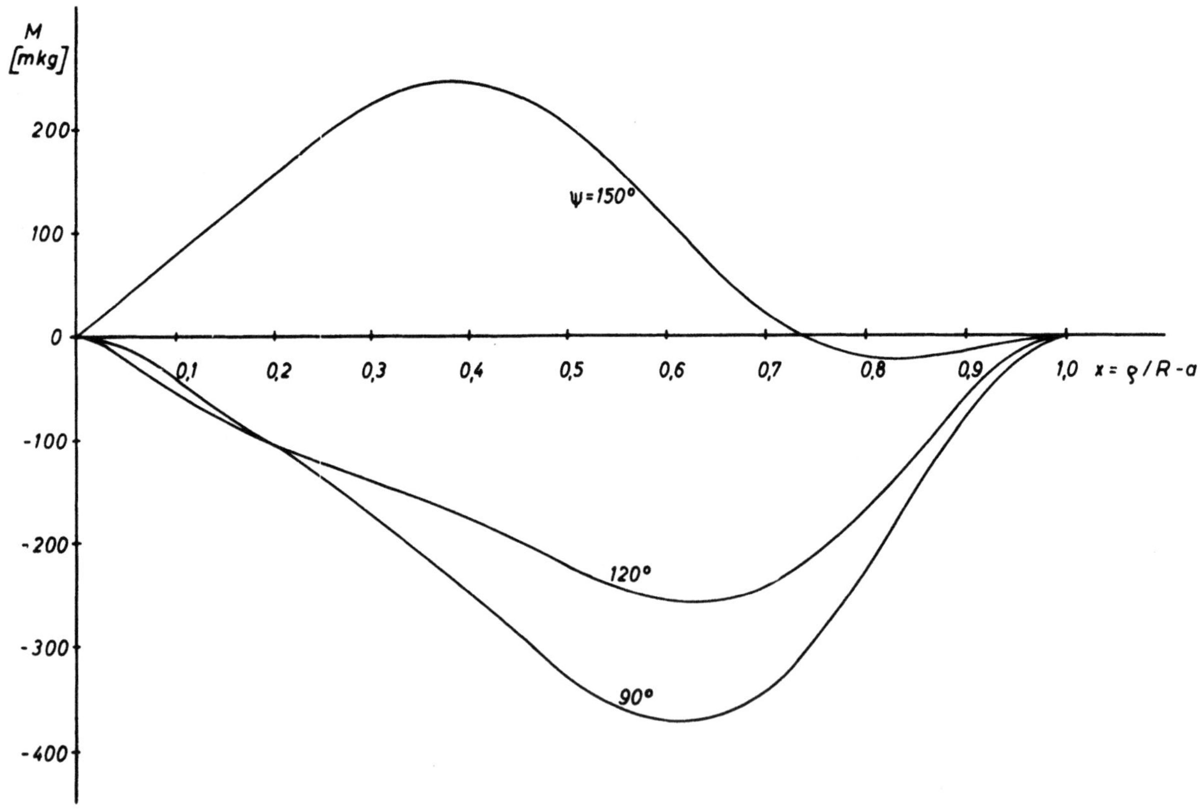

A b b i l d u n g 8

Blattbiegemoment über Blattlänge

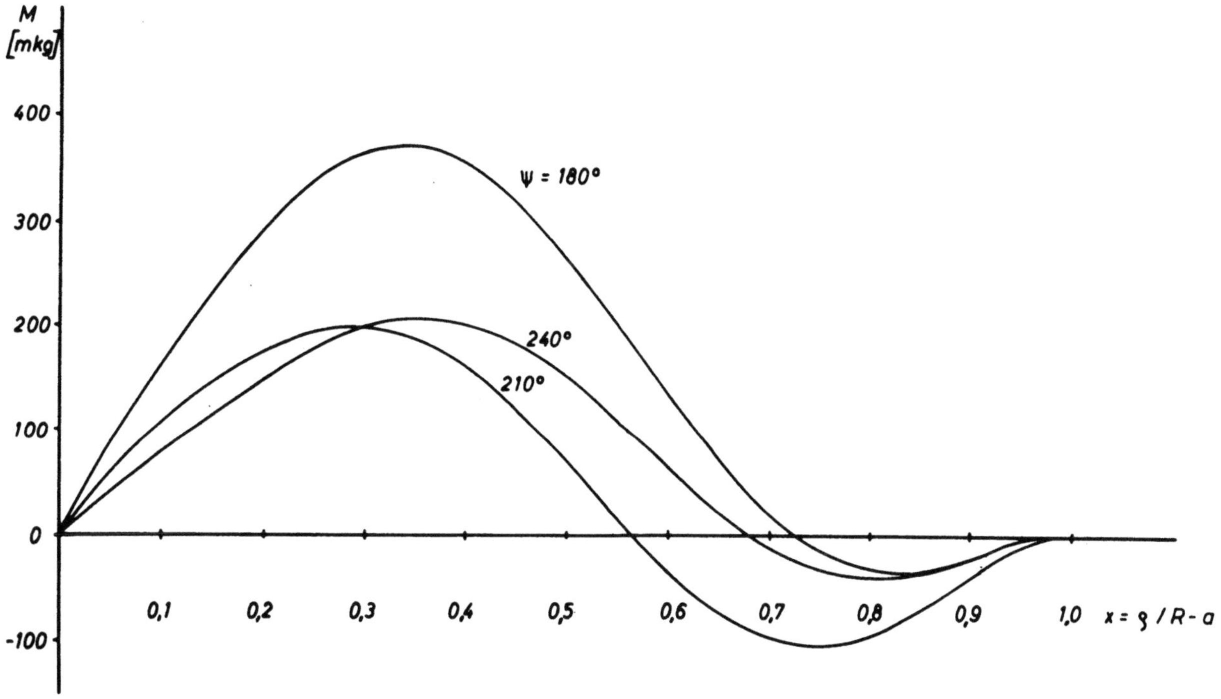

A b b i l d u n g 9
Blattbiegemoment über Blattlänge

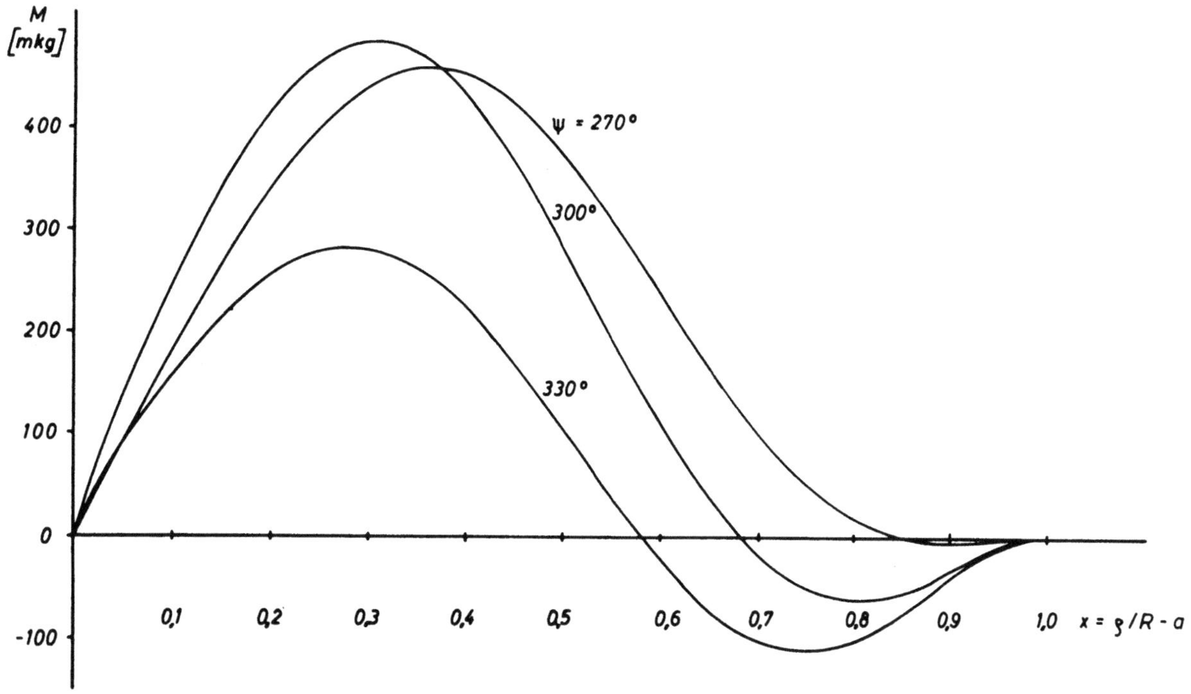

A b b i l d u n g 10
Blattbiegemoment über Blattlänge

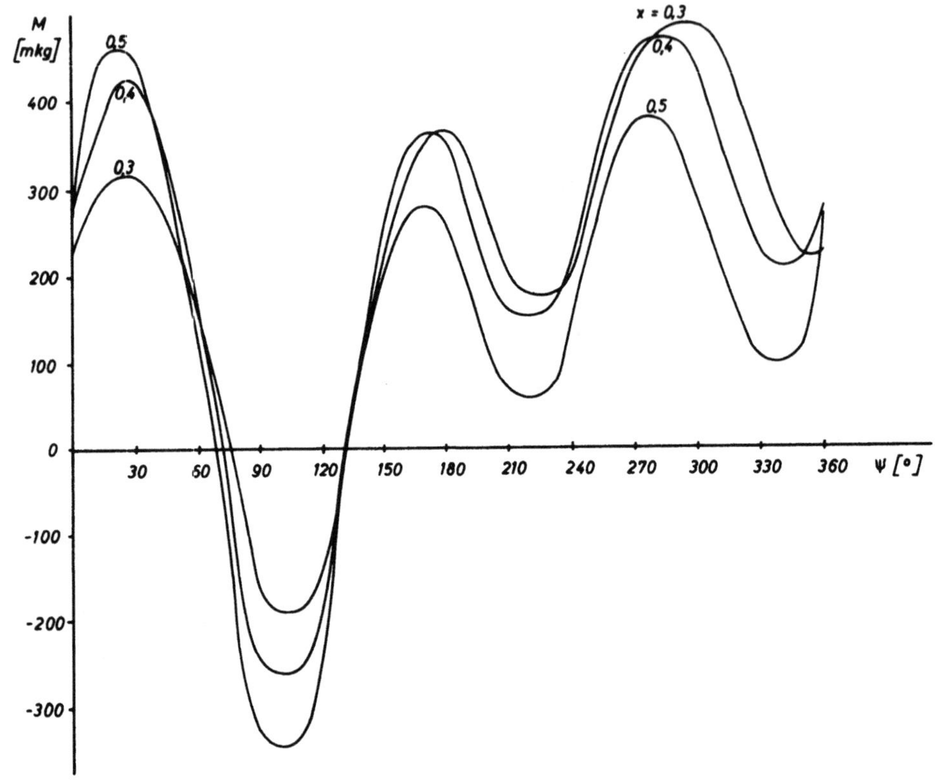

A b b i l d u n g 11
Blattbiegemoment über Umlaufwinkel

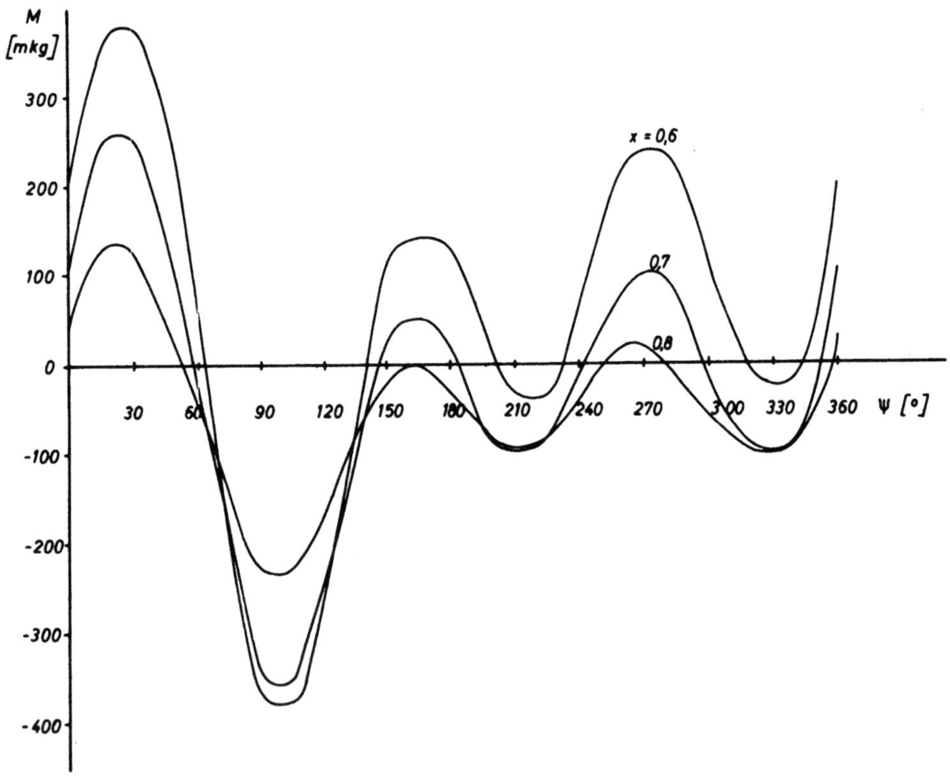

A b b i l d u n g 12
Blattbiegemoment über Umlaufwinkel

Literaturverzeichnis

[1] GUILLENSCHMIDT, P. de — Calcul en Flexion de Pales de Giravions, Giravions Dorand. Doc. He 3-0,03, 1948 oder NACA TM 1312

[2] YNTEMA, R.T. — Rapid Estimation of Bending Frequencies of Rotating Beams NACA RM L54 G02, 1954

[3] GIGLING, U. — Untersuchung der Schwingungsbeanspruchung von Rotorblättern Bericht 28-6, DSH, 1957

Teil III

Vorschläge für die Konstruktion der wichtigsten Bauelemente

1. Allgemeines

Dieser Bericht befaßt sich mit Vorschlägen zur Auslegung und Konstruktion der wichtigsten Bauelemente des Lastenhubschraubers L-41 und des Arbeitshubschraubers L-51. Die folgenden Konstruktionsvorschläge dürfen nur als Grundlage für eine anschließend durchzuführende, genauere Berechnung und Auslegung der Bauelemente gewertet werden. Der Weg von diesen konstruktiven Vorschlägen bis zur Werkstattzeichnung führt meist über Stellen außerhalb des Konstruktions- und Entwurfsbüros einer Hubschrauberfirma und kann aus finanziellen Gründen im allgemeinen nur bei Projekten beschritten werden, deren Produktionsreife unmittelbar gewünscht wird. Oft ist es auch notwendig, dieses oder jenes Bauelement einer vorherigen genauen Erprobung zu unterziehen. Bei einem Getriebeentwurf dürfte es vorteilhaft sein, sich mit dem Hersteller des Getriebes auseinanderzusetzen und dessen spezielle Erfahrungen bei der Getriebeauslegung mit zu verwerten. Auch bezüglich der zahlreichen in den Getrieben enthaltenen hochbelasteten Wälzlager sind grundsätzlich gutachtliche Bearbeitungen von Seiten des Wälzlagerlieferanten meist in Zusammenarbeit mit dem Getriebehersteller erforderlich. Da man im Flugzeugbau aus Gründen der Gewichtsersparnis die volle Werkstoffestigkeit ausnutzen muß, sind Ratschläge der Herstellerfirmen unerläßlich.

Als Anlage werden folgende Zeichnungen gebracht:

Blatt 1	:	Lastenhubschrauber L-41	Maßstab 1 : 100
Blatt 2	:	Arbeitshubschrauber L-51	Maßstab 1 : 100
Blatt 3	:	Antrieb und Rotorkopf mit Steuerung, zweistufiges Planetengetriebe	Maßstab 1 : 10
Blatt 4	:	Draufsicht auf Rotorkopf	Maßstab 1 : 10

2. Getriebe

Das Getriebe hat die Aufgabe, die Drehzahl der Turbine auf die Rotordrehzahl herabzusetzen. Bei den Mustern L-41 und L-51 werden zum Antrieb 2 Gasturbinen Napier "Gazelle" mit einer Abtriebsdrehzahl von n_T = 3000 U/min verwendet. Die Rotordrehzahl ist n_{Ro} = 127 U/min, was bei einem Rotordurchmesser von D = 27 m einer Umfangsgeschwindigkeit von $U \approx 180$ m/sec entspricht.

Die gesamte Untersetzung von den Turbinen bis zum Rotor ist:

$$i = \frac{n_T}{n_{Ro}} = \frac{3000}{127} = \frac{23{,}62}{1}$$

Die größte vom Getriebe zu übertragende Leistung ist 2 x 2030 PS. Bei einem Verlustfaktor von η_v = 0,9 ist durch den Heckrotor ein Drehmoment von 15120 mkg im Schwebeflug auszugleichen. Bei den Festigkeitsrechnungen sind die Drehmomentenschwankungen durch einen gewissen Zuschlag zum Drehmoment zu berücksichtigen (bei Kolbenmotoren ~ 1,5 ÷ 2; bei Gasturbinen ~ 1,2 ÷ 1,5).

Am Getriebe ist ein Abtrieb für den Heckrotor vorgesehen, der im Schwebeflug 230 PS Leistung aufnimmt. Bei Steuerung um die Hochachse ist kurzzeitig eine Leistung von 550 PS zu übertragen.

In der Entwurfszeichnung Blatt 3 ist eine Übersicht über ein zweistufiges Planetengetriebe enthalten.

Die beiden Antriebs-Turbinen (1) sind horizontal eingebaut und liegen unter einem Winkel von 40° zueinander. Sie geben ihre Leistung zuerst über ein einfaches Kegelradgetriebe ohne Untersetzung auf eine gemeinsame Welle ab. Die beiden Ritzel (3) sind hierbei fliegend gelagert. Zwischen jedem Ritzel und der Turbine ist zur Erhöhung der Flugsicherheit ein Freilauf (2) eingebaut. Dieser tritt in Tätigkeit, wenn die Turbine ausfällt. Ohne diesen Freilauf müßte der autorotierende Rotor die freie Stufe der Turbine mit antreiben, wobei eine erhebliche Leistung verbraucht wird, da die freie Stufe der Turbine mit einer Drehzahl von etwa 17000 U/min läuft. Bei der Anordnung des Freilaufes auf der gemeinsamen Welle nach dem Kegelradgetriebe ist der Nachteil vorhanden, daß bei Ausfall einer Turbine auch die andere Turbine automatisch abgeschaltet wird. Bei zwei getrennt angeordneten Freiläufen kann aber dann die zweite Turbine ihre volle Leistung immer noch an den Rotor abgeben. Eine Anordnung des Freilaufes an der Rotorwelle, wie es bei kleineren Hubschraubern der Fall ist, kommt wegen des dort herrschenden sehr großen Drehmomentes nicht in Betracht, da er gewichts- und dimensionsmäßig viel zu groß ausfallen würde. Außerdem müßte der Antrieb des Heckrotors auch an der Hauptrotorwelle erfolgen. Dies hätte wiederum zur Folge, daß der Durchmesser der Heckrotorwelle wegen der niederen Drehzahl und dem damit verbundenen großen Drehmoment sehr groß ausfallen würde und außerdem wieder ein Übersetzungsgetriebe notwendig wäre. Es zeigt sich also, daß der Anordnung des Freilaufes kurz hinter der Turbine der Vorzug zu geben ist.

Wie schon vorher erwähnt, werden die beiden Ritzel der Antriebswellen fliegend gelagert. Wenn es konstruktiv möglich ist, so soll versucht werden, die Ritzel beidseitig zu lagern, da sehr große Radialkräfte auftreten. Der Antrieb zum Kegelraduntersetzungsgetriebe ist so ausgeführt, daß es jederzeit vom Antrieb getrennt werden kann, ohne eine Veränderung im Achsabstand vorzunehmen. Dies wird durch die beiderseitige Lagerung des Ritzels erreicht. Die Antriebswelle (4) des Ritzels (5) ist durchgehend und wird gleichzeitig zum Antrieb des Heckrotors verwendet. Da die Heckrotorwelle sehr lang ist, so kann sie infolge der hohen Drehzahl (n_{HRW} = 3000 U/min) gewichtsmäßig günstig ausgeführt werden. Der Nachteil besteht darin, daß dann das Untersetzungsgetriebe für den Heckrotorantrieb im Heckrotorträger eingebaut werden muß. Welcher Anordnung, Untersetzung am Hauptgetriebe oder am Heckrotorträger, nun der Vorzug zu geben ist, muß durch eingehende Untersuchung noch festgestellt werden.

Die erste Untersetzung findet nun im Kegelradgetriebe statt und zwar

$$i_K = 2{,}05 : 1$$

Dann wird die Abgangsdrehzahl n_{KAbg} = 1465 U/min.

Gleichzeitig erfolgt hier nun eine Umlenkung aus der Horizontalen in die Vertikale. Zur Aufnahme der Längskräfte und zum besseren und genaueren Zusammenbau sind die Lager als Kegelrollenlager ausgebildet.

Die Welle (7) des Tellerrades (6) ist gleichzeitig die Welle des Sonnenrades der 1. Stufe des Planetengetriebes. Dieses Sonnenrad (8) ist jedoch nicht starr mit der Welle verbunden, sondern "schwimmend" gelagert. Dies geschieht durch eine Nutverzahnung der Welle, auf welche das Sonnenrad aufgeschoben ist. Als Sicherung gegen axiales Verschieben ist ein Sicherungsring eingelassen, welcher schon vor dem Zusammenbau eingelegt wird. Durch die schwimmende Anordnung kann sich das Sonnenrad radial etwas verschieben. Damit wird bewirkt, daß die 3 in der 1. Stufe befindlichen Planetenräder sich gleichmäßig einstellen können und keiner einseitigen Belastung ausgesetzt sind. Die Untersetzung in der 1. Stufe des Planetengetriebes ist

$$i_{P_1} = 3{,}6 : 1$$

Dann wird die Abgangsdrehzahl dort $n_{P_{1Abg}}$ = 406 U/min. Das Außenrad (10) des Planetengetriebes ist mit dem Gehäuse fest verbunden. Da in der 1. Stufe noch eine verhältnismäßig hohe Drehzahl vorhanden ist, sind die auftretenden Momente und somit auch die an den Zahnflanken herrschenden Umfangskräfte verhältnismäßig niedrig. Daher genügt auch eine Anordnung von 3 Planeten in der 1. Stufe. Der Käfig der Planeten ist unterhalb der ersten Stufe durch ein Kugellager gelagert und ist gleichzeitig als Welle für das Sonnenrad der 2. Stufe ausgebildet. Eine Lagerung mit Schrägrollenlagern oder Kegelrollenlagern erübrigt sich, da ja keine axialen Kräfte auftreten. Dies wird durch eine Geradverzahnung gewährleistet.

Das Sonnenrad der 2. Stufe (11) ist wiederum mittels einer Nutverzahnung schwimmend mit der Welle verbunden. Bei der Herstellung muß hier auf genaueste Bearbeitung Wert gelegt werden, da nun die Momente und Umfangskräfte wesentlich größer werden. Aus diesem Grund sind auch in der 2. Stufe 7 Planeten (12) vorgesehen, da die Umfangskräfte z.B. an den Planeten der 2. Stufe die Größenordnung von etwa 10 000 kg haben. Abgestützt wird wiederum auf das Außenrad (13), welches mit dem Gehäuse fest verbunden ist. Als Werkstoff für die Zahnräder wird hochwertiger Stahl verwendet, z.B. ECN 45 oder EC 100. Zu beachten ist auch, daß die Sonnenräder und die Außenräder sehr oft im Eingriff stehen und demzufolge die Lastwechselzahl erheblich größer ist als bei normalen Getrieben. Dies macht sich dann in der zulässigen Betriebsstundendauer bemerkbar, welche dann merklich verringert wird. Die Untersetzung in der 2. Stufe ist

$$i_{P_2} = 3{,}2 : 1$$

und die Abgangsdrehzahl, welche nun zugleich die Rotordrehzahl ist, beträgt $n_{P_{2Abg}} = n_{Ro}$ = 127 U/min. Der Käfig der Planetenräder der 2. Stufe ist wiederum unterhalb der Stufe gelagert und läuft nach oben in die Hauptrotorwelle aus. Die Lagerung der Hauptrotorwelle (14) geschieht durch 2 Kegelrollenlager. Die Axialkräfte in der Rotorwelle werden durch ein Axiallager (15) aufgenommen. Um ein Kippen der Welle zu verhindern, wird die Welle nach unten durchgeführt und im Tellerrad des Kegelradgetriebes gelagert (16). Dieser Wellenstumpf kann aber keine Axialkräfte aufnehmen. Zur Aufnahme des Rotorkopfes ist die Hauptrotorwelle oben mit einer Nutverzahnung versehen.

3. Rotorkopf

Der Aufbau des Rotorkopfes ist aus Blatt 3 und 4 zu ersehen. Es zeigt die mit der Rotorwelle verbundenen Stahlplatten (20), die aus Festigkeitsgründen durch Stege abgestützt werden. Die mittlere Stütze dient gleichzeitig zur Befestigung auf der Hauptrotorwelle. Die Stahlplatten tragen an ihren 5 Enden die Gelenkköpfe (21), welche gleichzeitig eine Schlag- und Schwenkbewegung ermöglichen. Der Abstand der Schwenkgelenke von der Rotorachse darf aus flugmechanischen Gründen nicht zu klein sein. Der hier gewählte Wert von $\frac{a}{R} = 3{,}5\ \%$ wurde rechnerisch ermittelt und entspricht guten Erfahrungswerten. Die Schlagbewegung wird durch das Nadellager (22), die Schwenkbewegung durch die Nadellager (23) ermöglicht. Der durch den Gelenkkopf gehende Bolzen, welcher gleichzeitig die Drehachse für die Schlagbewegung ist, dient auf der einen Seite gleichzeitig als Hebelarm für den hydraulischen Schwenkdämpfer.

Zur Ermöglichung der konstanten Blattverstellung für die Vertikalsteuerung und der periodischen Winkelbewegung für die Längs- und Quersteuerung ist ein Kegelrollenlager (24) vorgesehen. Dieses Kegelrollenlager muß auch die hohen Blattzentrifugalkräfte aufnehmen und ist nachstellbar. Die Schmierung erfolgt mittels Schmiernippel. Zur Dämpfung der Schwenkbewegung, die für einen ruhigen Flug notwendig ist und besonders die gefährliche Bodenresonanz verhindern soll, sind hydraulische Schwenkdämpfer (25) vorgesehen, die im Schlaggelenkbolzen angreifen. Reibungsdämpfer sind wegen der erforderlichen Größe nicht zu empfehlen. Um jedoch die hydraulischen Dämpfer zu entlasten, können Reibungsdämpfer auf der oberen Stahlplatte vorgesehen werden. Anschläge für das Schlaggelenk werden an der oberen und unteren Stahlplatte angebracht. Der verwendete Werkstoff für alle diese Lager ist Stahl, bis auf die Lagerabdeckungen. Die Blattanschlußstege werden in der Hauptsache durch die Zentrifugalkräfte, aber auch allgemein durch die 6 Rotorkomponenten beansprucht. Diese weisen bei den Abfangfällen große Schwankungen auf. Da diese Fälle aber nur kurzzeitig auftreten, so braucht beim Festigkeitsnachweis nur eine gewisse Zeitfestigkeit angesetzt werden. Für den Reiseflug ergeben sich wesentlich geringere Beanspruchungen, die aber wechselnde Form haben und als Dauerfestigkeit nachgewiesen werden. Durch Aussparungen und Bohrungen kann am Rotorkopf noch an Gewicht eingespart werden.

4. Steuerung

Die Vertikalsteuerung, Längssteuerung und Quersteuerung wird durch eine Blattsteuerung bewirkt. Im Gegensatz zur Kopfkippsteuerung wird der Rotorkopf gegenüber dem Hubschrauber nicht gekippt, sondern das Schwenken der Rotorresultierenden wird durch die sog. periodische Blattverstellung erreicht. Hierzu ist eine Taumelscheibe vorgesehen. Die Taumelscheibe besteht aus einem feststehenden, sich vertikal verschiebbaren Innenring und einem umlaufenden Außenring.

4.1 Vertikalsteuerung

Beim Verstellen des Blattverstellhebels durch den Piloten wird die Taumelscheibe über die Steuerstangen (30) nach oben und unten verschoben und gibt den Blättern über die Stoßstangen (31) und die Blatthebel (32) eine konstante Einstellwinkeländerung. Damit wird bewirkt, daß die Blätter einen Einstellwinkelbereich von 2° bis 15° erhalten. Für den Autorotationszustand werden die kleinen Einstellwinkel von 2° bis 4° benötigt, während man für den Hubschrauberzustand die Einstellwinkel von 8° bis 12° verwendet. Die hohen Blatteinstellwinkel bis 15° sind für den Abfangfall.

4.2 Längssteuerung

Durch Betätigung des Steuerknüppels wird mit Hilfe der Steuerstangen (30) die Taumelscheibe gekippt, wodurch die Blätter, die sich um ihre Längsachse (Holmachse) drehen können, eine periodische Einstellwinkeländerung erfahren. Die Achse, um welche die Taumelscheibe kippen muß, muß nun so liegen, daß bei der Längssteuerung, also beim Drücken und Ziehen, die Amplitude der Blatteinstellwinkeländerung bei $\psi = 90^{o}$ und 270°, also rechts und links, sich ergibt. Damit wird erreicht, daß die Rotorresultierende in einem gewissen Grad nach vorn und hinten geschwenkt werden kann. Die maximale Amplitude der Winkelbewegung des

Blattes beträgt $\pm 8^{\circ}$. Durch diese Bewegung der Taumelscheibe können verschiedene Schwerpunktslagen ausgesteuert sowie die verschiedenen Geschwindigkeiten einreguliert und Abfangbewegungen eingeleitet werden. Zur extremen Abfangbewegung muß auch gleichzeitig der Blattverstellhebel mit betätigt werden. Hierbei ergeben sich dann die größten Lastvielfachen etwa in der Größenordnung von 2,5.

Das Kippen der Taumelscheibe geschieht um das Pendellager (33), die Drehung um die Rotorachse wird durch das Lager (34) ermöglicht. Wegen des Abstandes des Punktes Blatthebelgelenk bis Blattdrehachse liegt die Kippachse der Taumelscheibe beim Drücken nicht in Rumpflängsrichtung. Damit der feste Teil der Taumelscheibe (35) durch die Rotation nicht mitgenommen wird, ist noch eine Schere (36) vorgesehen. Eine weitere Schere fixiert die Lage des mitdrehenden Teils der Taumelscheibe gegenüber der Rotorwelle.

4.3 Quersteuerung

Mit dem Steuerknüppel kann durch seitliche Bewegung die Taumelscheibe ebenfalls um eine zweite Achse gekippt werden, womit sich die Quersteuerung ergibt. Hierbei wird wieder eine Winkelbewegung den Blättern aufgezwungen, aber so, daß bei $\psi = 0^{\circ}$ und 180° die Amplituden auftreten. Die Größe dieser Amplituden beträgt $\pm 6^{\circ}$. Auf diese Weise können die notwendigen Rollmomente dem Hubschrauber aufgeprägt werden.

5. Rotorblätter

Die Rotorblätter bestehen aus einem Duralprofilholm, auf dem eine Duralbeplankung von etwa 0,5 bis 1 mm aufgeklebt ist. Der hintere Profilabschnitt wird durch eine Schaumstoffüllung versteift. Das spez. Gewicht des Schaumstoffes ist so abgestimmt, daß der Schwerpunkt des Rotorblattes bei etwa 24,6 % liegt. Das ist notwendig, um keine gefährlichen Torsionsschwingungen des Blattes aufkommen zu lassen. Das Profilende wird durch eine eingeklebte Duralleiste versteift. Das gewählte Profil NACA 0015, das aus Festigkeitsgründen gewählt wurde, hat symmetrischen Aufbau. Aus Fertigungsgründen hat das Blatt rechteckige Form, aber mit einer linearen Verwindung von -4°. Der hohlgezogene Holm wird so bearbeitet, daß die Anschlußquerschnitte, die für die Befestigung des Blattbeschlages erforderlich sind, an der Blattwurzel stehen bleiben. Die Klebung des Blattes wird nach modernen Klebeverfahren ausgeführt. Eine Berechnung des Rotorblattes wurde in Bericht 648, Teil I, vorgenommen.

6. Rumpf

Die zur Zeit im Hubschrauberraum üblichen Rumpfbauweisen sind in den Projekten L-41 und L-51 angewendet worden. Der Lastenhubschrauber L-41 ist in Schalenbauweise ausgeführt (s. Blatt 1). Hierdurch errreicht man eine für hohe Leistungen günstige glatte Oberfläche, eine Anpassung der Konstruktion an die aerodynamisch günstigste Umrißform und einen von Auskreuzungen freien Innenraum. Zur Einleitung von Kräften in die Schale (Fahrwerkskräfte, Höhenleitwerkskräfte u. dgl.) sind besondere Überleitungskonstruktionen erforderlich.

In Blatt 2 ist eine gegenüber der Schalenbauweise in der Herstellung wesentlich billigere Ausführung des Arbeitshubschraubers L-51 in Fachwerkbauweise aufgezeichnet. Nachteilig ist die u.U. erhebliche Verschlechterung des schädlichen Widerstandes und des Einbauwirkungsgrades. Für ein Arbeitsgerät als fliegender Kran, bei dem es nicht auf große Geschwindigkeiten ankommt, ist es doch wirtschaftlicher, den Rumpf als Fachwerk auszuführen. Für den in Blatt 2 aufgezeichneten Arbeitshubschrauber L-51 mit Fachwerkrumpf ist ohne weiteres eine andere Version mit Schalenrumpf denkbar; eine solche Abwandlung würde sich durch die damit erzielbare Gewichtseinsparung und die vergrößerte Torsionssteifigkeit des Rumpfendes lohnen. Nachteil ist jedoch der dabei größere bautechnische und finanzielle Aufwand.

Die notwendige Begrenzung der Rotorflächenbelastung und der Umfangsgeschwindigkeit bedingt einen großen Rotordurchmesser mit kleiner Drehzahl. Zum Ausgleich des dadurch entstehenden großen Drehmomentes ist eine um so kleinere Leistung aufzubringen, je länger der Hebelarm für den Heckrotorschub ist. Mit zunehmender Länge des Hebelarmes wächst jedoch das Rumpfgewicht erheblich, da bei langem Rumpfende auch der Vorderrumpf verlängert werden muß, um den Gesamtschwerpunkt des Hubschraubers in die Nähe der Rotorachse zu bringen, was aus steuerungstechnischen Gründen erforderlich ist.

Pilotenkabinen

Die Beförderung der Nutzlast am Seil erfordert eine besondere Überwachung der Last bei Start, Landung und während des Fluges. Zur Kontrolle des Aufnehmens und Abhängens im Fluge und der Pendelbewegungen der Last gibt es bezüglich der Anordnung der Pilotensitze zwei Möglichkeiten:

1. Beide Piloten werden in der Bugkabine untergebracht, einer davon auf einem Drehsitz. Nachteil dieser Anordnung ist, daß der die Last beobachtende Pilot mit dem Rücken zur Flugrichtung sitzt. Außerdem ist die Sicht nach unten zur Last wegen der im Rumpf eingebauten Ausrüstungsteile behindert; die Steuerungselemente für den Drehsitz werden kompliziert.

2. Der die Last kontrollierende Pilot wird in einer separaten Kabine im Rumpfende untergebracht, die abmontierbar sein kann. Vorteil einer solchen seitlich angebrachten Heckkabine ist, daß die Last und evtl. Hindernisse in Flugrichtung im Gesichtsfeld des Heckpiloten liegen. Das Gewichtsmoment der Heckkabine mit dem Piloten fällt dabei nicht sehr ins Gewicht, denn sie kann auf derjenigen Rumpfseite angebracht werden, daß das durch den Abstand des Heckrotors vom Rumpf hervorgerufene Gewichtsmoment um die Längsachse bezüglich des Schwerpunktes ganz oder teilweise kompensiert wird. Nachteil einer Heckkabine ist das zusätzliche Gewicht, die Vergrößerung der schädlichen Fläche, Vermehrung des Instrumenten- und Steuerungsteils, größere Belastung des Rumpfendes und größere Länge des Vorderrumpfes aus Schwerpunktsgründen.

7. Triebwerk

Als Triebwerk für beide Baumuster L-41 und L-51 wurde die speziell für den Antrieb von Hubschraubern entwickelte Gasturbine Napier "Gazelle" ausgewählt, die in 4 Versionen für folgende Wellenleistungen entwickelt wird:

		2,5-min-Leistung	max. Dauerleistung
"Gazelle"	N.Ga. 1	1280 PS	930 PS
	N.Ga. 2	1670 PS	1065 PS
	N.Ga. 3	1825 PS	1230 PS
	N.Ga. 4	2030 PS	1370 PS

Wie sich aus den Untersuchungen in Bericht 647, Teil II, ergibt, werden leistungsmäßig 2 Ausführungen der Gasturbine N.Ga. 4 benötigt.

Die Gasturbine "Gazelle" ist 1,78 m lang, besitzt einen größten Durchmesser von 0,85 m und hat als Version N.Ga. 4 ein Trockengewicht von 410 kg, also einen sehr günstigen Wert G/N = 0,2 kg/PS. Das Triebwerk ist für den Einbau in jeder Winkellage geeignet. Für die beiden Baumuster L-41 und L-51 werden die beiden Gasturbinen horizontal eingebaut und laufen unter einem Winkel von 40° mit ihren Antriebswellen im Untersetzungsgetriebe zusammen. Der Lufteinlaß für die Turbine liegt nicht wie üblich an der Stirnseite, sondern am äußeren Umfang des vorderen Triebwerksendes, was dem Einbau hinter der Pilotenkabine sehr zustatten kommt. Die eintretende Luft durchströmt nach einer Umlenkung in die axiale Richtung den 11-stufigen Axialverdichter und gelangt in die 6 Einzelbrennkammern (s. Abb. 1 und 2).

Die Verdichterwelle wird durch eine zweistufige Turbine angetrieben, der die einstufige Arbeitsturbine nachgeschaltet ist. Zwischen beiden Turbinenteilen besteht keine feste mechanische Verbindung. Auf gleicher Welle mit der Arbeitsturbine sitzt das Planetengetriebe mit einer Untersetzung von 6 : 1 ; die Drehzahl wird also von etwa 18 000 auf 3 000 U/min bei Maximalleistung herabgesetzt. Beiderseits des Getriebes werden die von der Turbine abströmenden Gase in zwei gekrümmten Auslaßkanälen mit denen der zweiten Turbine zusammengeführt und treten dann seitlich, in Flugrichtung nach hinten umgelenkt, an beiden Seiten des Rumpfes aus.

Die meisten Zusatzgeräte wie Starter, Ölpumpe und Ölkühler sind auf dem flachen Einlaßgehäuse montiert. Zum Regelungssystem gehört ein am Untersetzungsgetriebe angeordneter Drehmomentenmesser, der die geförderte Brennstoffmenge beeinflußt. Eine auf die Drehzahl der Arbeitswelle ansprechende Regelung verstellt die Leitschaufeln am Verdichtereintritt, um verändertem Leistungsbedarf Rechnung zu tragen. Ein mit Quecksilberdampf arbeitendes Gerät überwacht die höchstzulässige Temperatur.

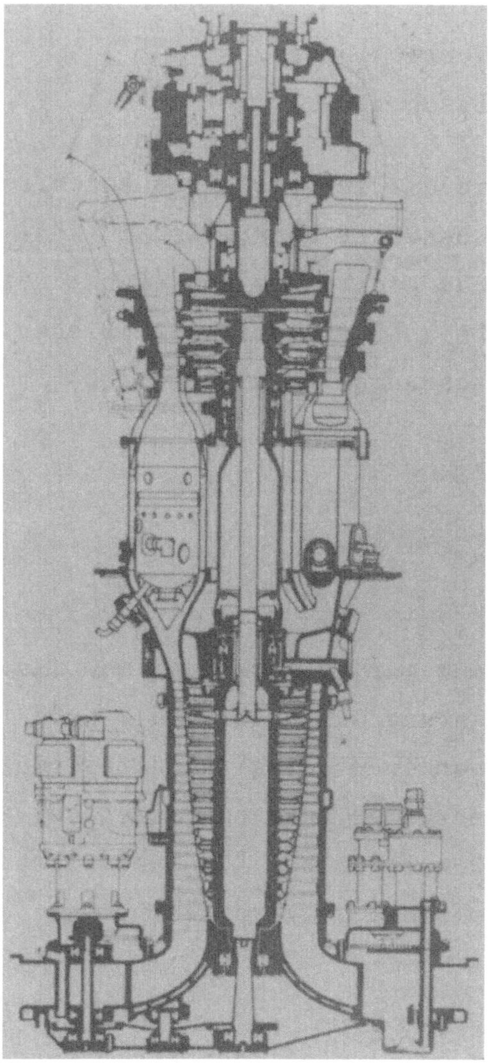

A b b i l d u n g 1
Schnittzeichnung der
Napier "Gazelle"

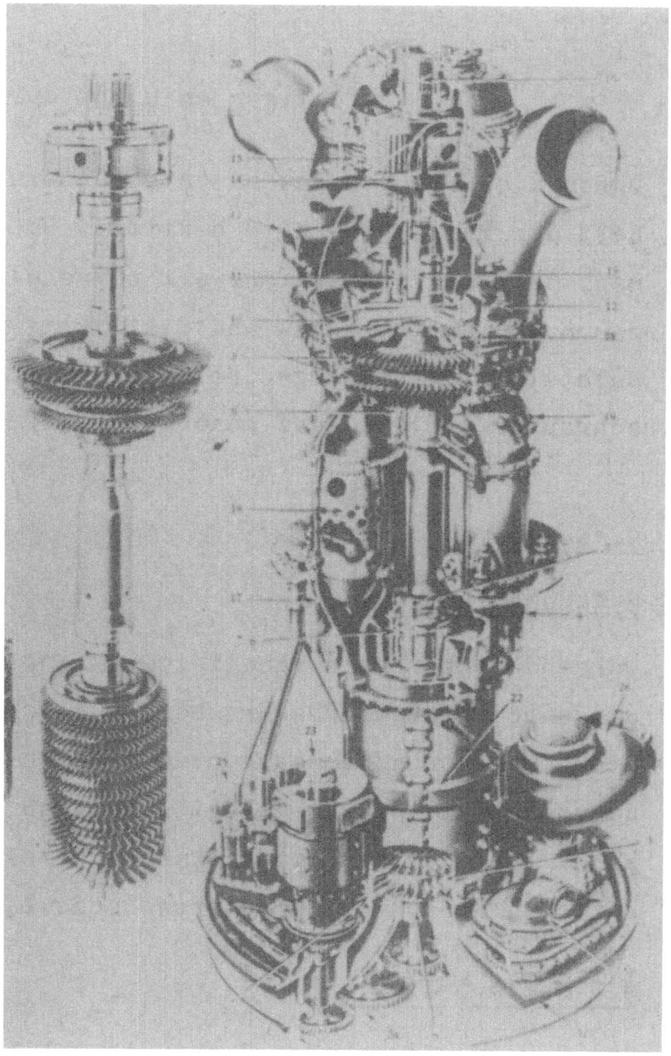

A b b i l d u n g 2
Perspektivische Zeichnung der
Napier "Gazelle"

8. Fahrwerk

Für den Arbeitshubschrauber L-51 ist auf die Möglichkeit der schnellen und billigen Unterbringung der Last ohne Spezialhebevorrichtungen, die wohl am Startplatz, nicht aber am Bestimmungsort zur Verfügung stehen können, geachtet worden. Der Hubschrauber muß in der Lage sein, den großen und schweren Behälter selbständig aufzunehmen. Der Arbeitsgang der Lastaufnahme ist dabei etwa wie folgt vorgesehen:

Abstellen des Behälters auf dem Rollfeld.
Überrollen durch den Hubschrauber.

Hochziehen an den Rumpf mittels der
Lastseilvorrichtungen.
Befestigen am Rumpf durch Laschen.

Durch die Höhe des gewählten Behälters wird die erforderliche Bodenfreiheit der Rumpfunterseite bestimmt. Um den Behälter überrollen zu können, ist ein Vierbeinfahrwerk notwendig, das hochbeinig ausgeführt werden muß, was gewichts- und festigkeitstechnisch ungünstig ist. Dieser Nachteil muß aber wegen der erörterten Forderungen beim Lastenhubschrauber L-51 in Kauf genommen werden.

9. Leitwerk

9.1 Höhenleitwerk

Während früher kein Höhenleitwerk angewendet wurde, verwendet man neuerdings bei großen Hubschraubern zur Verbesserung der Stabilitäts- und Steuereigenschaften ausgeprägte Höhenleitwerke. Wichtig ist dabei, daß das Höhenleitwerk so gelegt wird, daß es entweder ganz oder erst bei hoher Fahrt in den Rotorstrahl zu liegen kommt, um bei Böen plötzlich auftretende schwer zu beherrschende Längsmomente zu verhindern.

9.2 Seitenleitwerk

Zur Gewährleistung der Richtungsstabilität bei Ausfall des Heckrotors im Vorwärtsflug wird der Heckrotorträger durch eine Verkleidung als Seitenflosse ausgebildet, die gleichzeitig eine gute Dämpfung der Seitenbewegung ergibt.

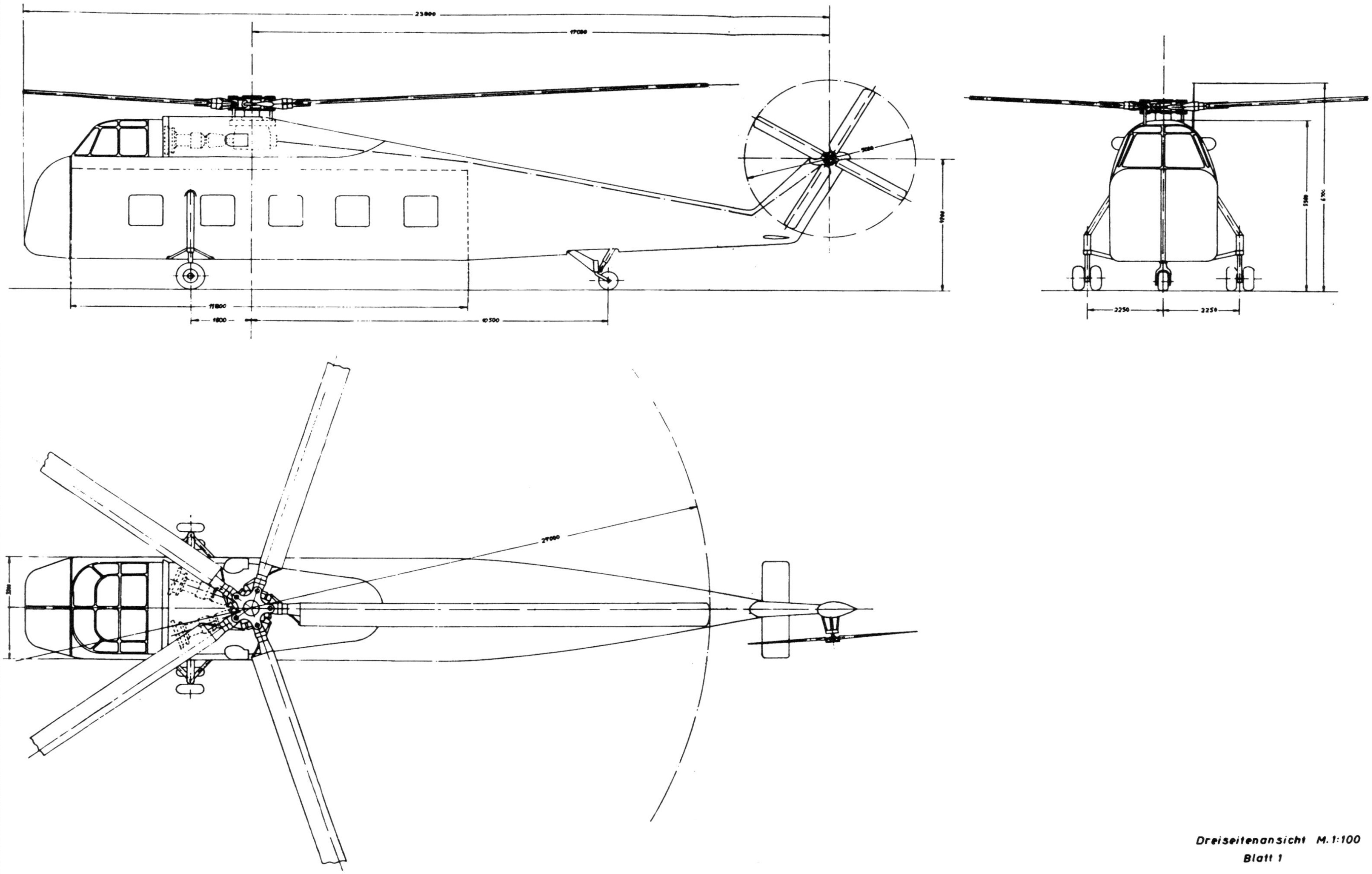

Dreiseitenansicht M.1:100
Blatt 1

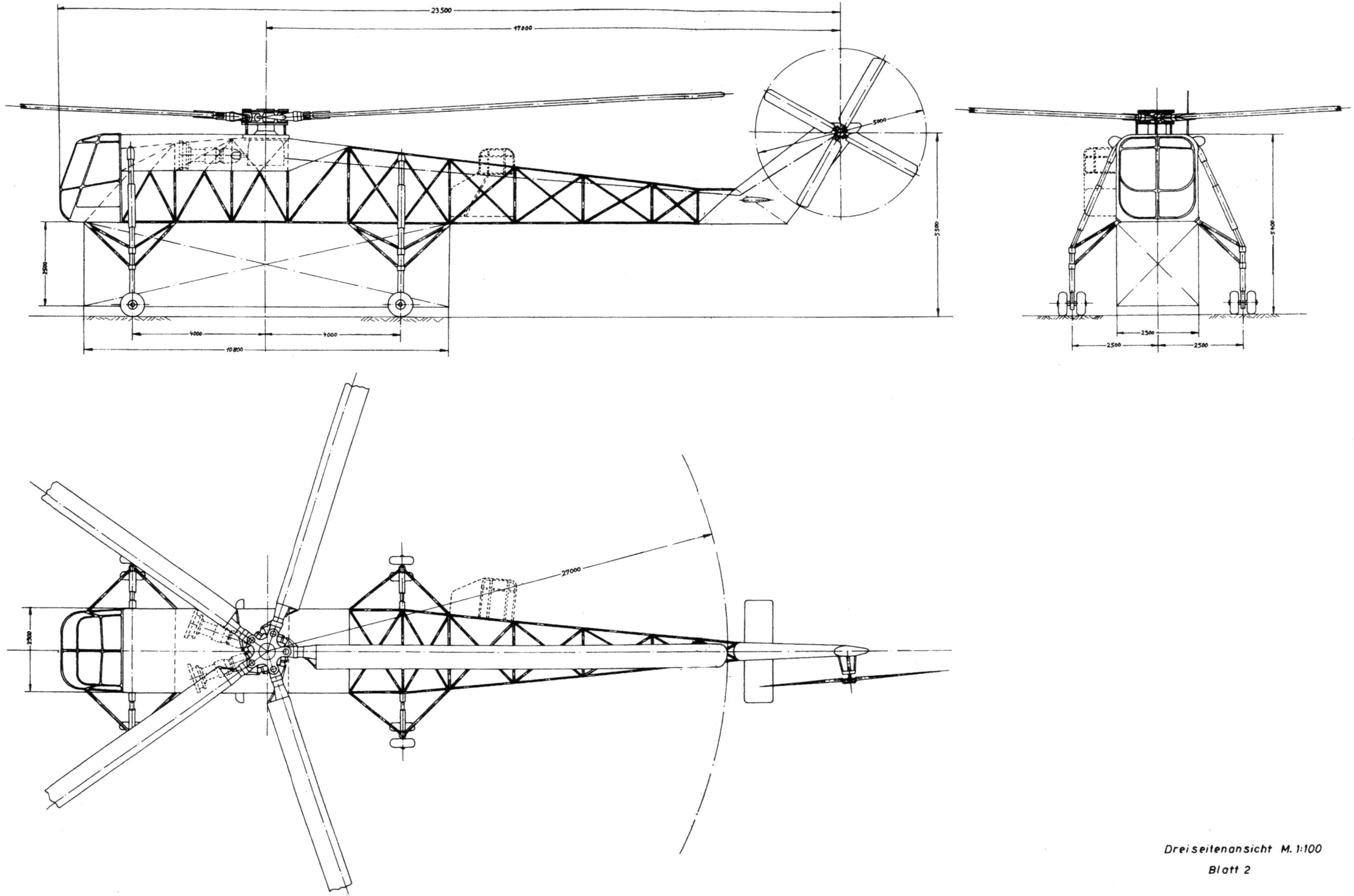

Dreiseitenansicht M. 1:100

Blatt 2

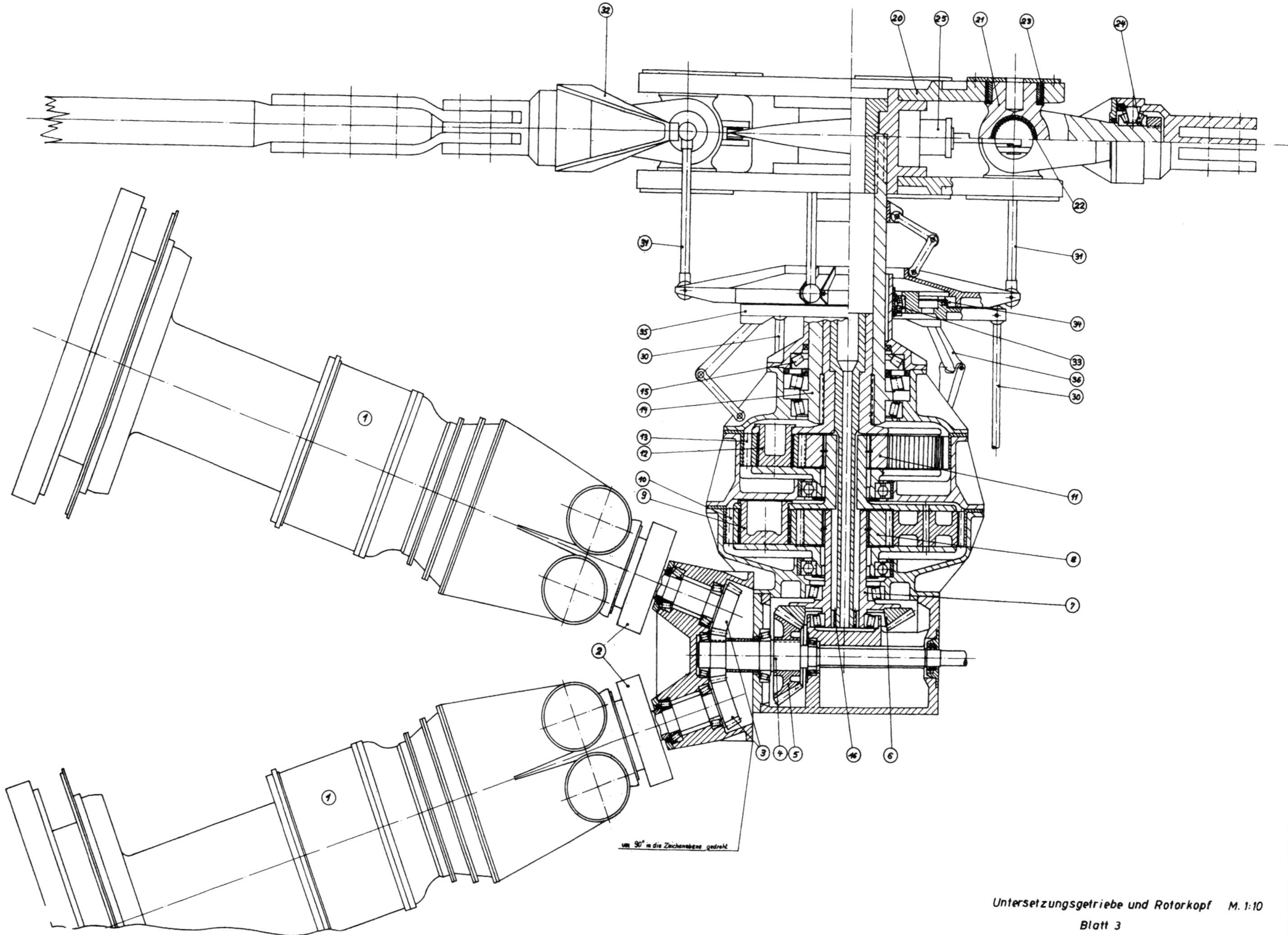

Untersetzungsgetriebe und Rotorkopf M. 1:10

Blatt 3

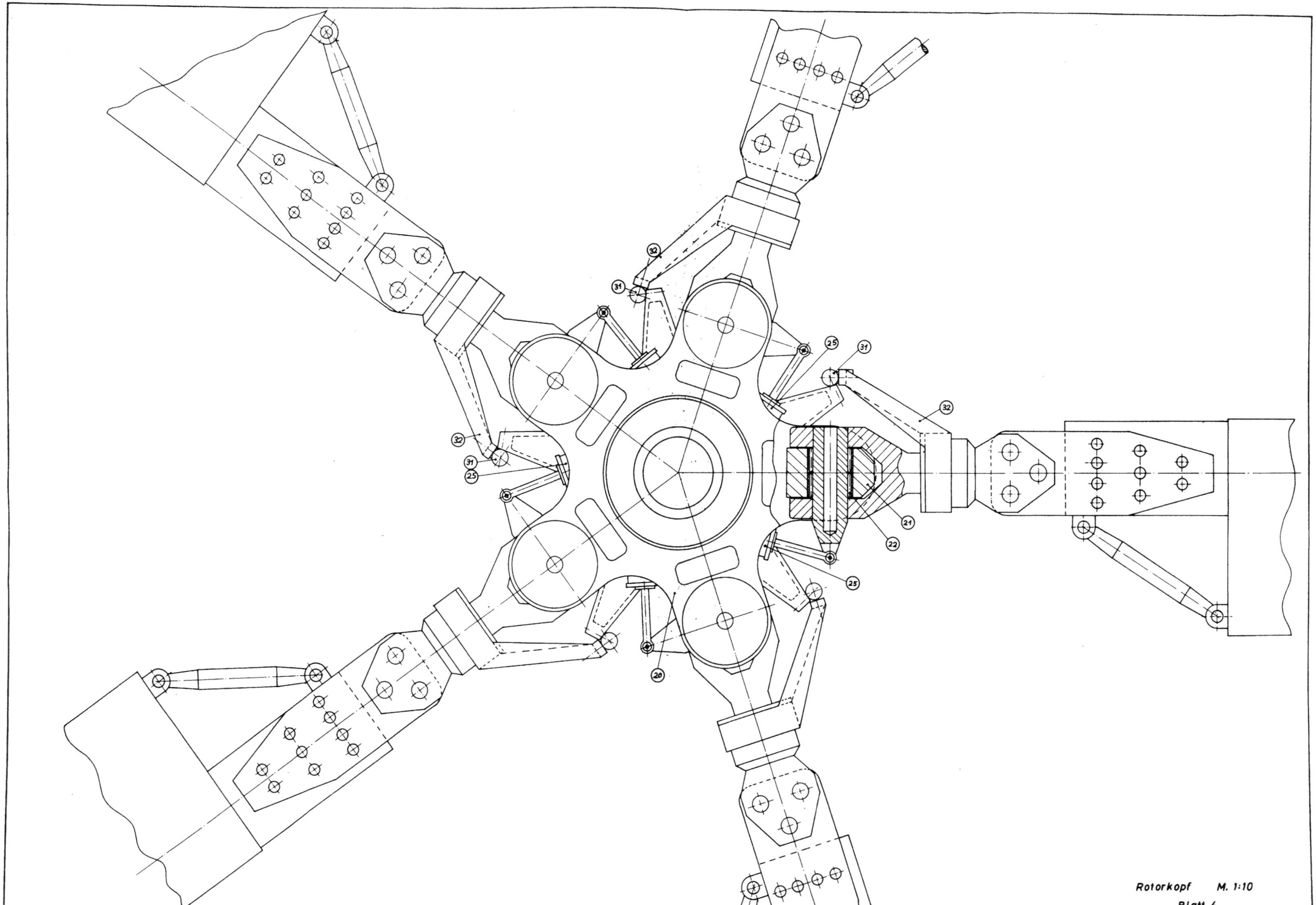

Rotorkopf M. 1:10
Blatt 6

FORSCHUNGSBERICHTE DES LANDES NORDRHEIN-WESTFALEN

Herausgegeben durch das Kultusministerium

LUFTFAHRT · FLUGWISSENSCHAFTEN

HEFT 140
Dr.-Ing. G. Hausberg, Essen
Modellversuche an Zyklonen
1955, 78 Seiten, 24 Abb., DM 15,70

HEFT 191
Dr. H. Söhngen, Darmstadt
Schwingungsverhalten eines Schaufelkranzes im Vakuum *1955, 36 Seiten, 7 Abb., DM 7,80*

HEFT 195
Dozent Dr.-Ing. E. Rößger, Köln
Gedanken über einen neuen deutschen Luftverkehr
1955, 342 Seiten, 29 Abb., 122 Tabellen, DM 50,—

HEFT 198
Prof. Dr. J. Weissinger, Karlsruhe
Zur Aerodynamik des Ringflügels. Die Druckverteilung dünner, fast drehsymmetrischer Flügel in Unterschallströmung
1955, 42 Seiten, 5 Abb., 1 Tabelle, DM 9,—

HEFT 201
Dr.-Ing. E. W. Pleines, Frankfurt/Main
Die Sicherheit im Luftverkehr
1956, 194 Seiten, 39 Abb., 19 Tabellen, DM 39,45

HEFT 202
Dipl.-Ing. D. Fiecke, Stuttgart/Zuffenhausen
Die Bestimmung der Flugzeugpolaren für Entwurfszwecke. I Teil: Unterlagen
1956, 216 Seiten, 171 Diagramme, DM 52,—

HEFT 214
Dr.-Ing. J. Endres, München
Berechnung der optimalen Leistungen, Kraftstoffverbräuche und Wirkungsgrade von Einkreis-Turbolader-Strahltriebwerken am Boden und in der Höhe bei Fluggeschwindigkeiten von 0—2000 km/h
1956, 72 Seiten, 18 Abb., 8 Tabellen, DM 15,40

HEFT 247
Dr. H. Söhngen, Darmstadt
Strömung vor einem Überschall-Laufrad
1956, 26 Seiten, 4 Abb., DM 7,60

HEFT 255
Ing. B. v. Schlippe, Mannheim-Neckarau
Strömung von Flüssigkeiten mit temperaturabhängiger Zähigkeit (Kühlung von Öfen)
1956, 54 Seiten, 12 Abb., 4 Tabellen, DM 11,70

HEFT 256
Prof. Dr. C. Schmieden und Dipl.-Math. K. H. Müller, Darmstadt
Die Strömung einer Quellstrecke im Halbraum — eine strenge Lösung der Navier-Stokes-Gleichungen
1956, 40 Seiten, 9 Abb., DM 8,80

HEFT 279
Dr. F. Keune, Aachen
Der gewölbte und verwundene Tragflügel ohne Dicke in Schallnähe
1956, 42 Seiten, 15 Abb., DM 9,25

HEFT 280
Dipl.-Ing. J. Stelter und Dipl.-Ing. E. Pfende, Aachen
Über Störerscheinungen bei Schallgeschwindigkeitsmessungen mittels der Interferometermethode
1956, 42 Seiten, 13 Abb., DM 9,60

HEFT 281
Prof. Dr.-Ing. K. Lürenbaum, Aachen
Der Meßwagen des Instituts für Maschinen-Dynamik der Deutschen Versuchsanstalt für Luftfahrt, Aachen
1956, 34 Seiten, 17 Abb., DM 8,60

HEFT 316
Dr. F. Keune, Aachen
Zusammenfassende Darstellung und Erweiterung des Aequivalenzsatzes für schallnahe Strömung
1956, 80 Seiten, 22 Abb., DM 17,90

HEFT 347
Prof. Dr. med. S. Ruff, Dr. med. F. Kipp, Dr. med. H. Hansteen und Dipl.-Phys. G. Müller, Bonn
Untersuchungen zur Frage der Gehörschädigungen des fliegenden Personals der Propellerflugzeuge
1957, 50 Seiten, 27 Abb., 3 Tabellen, DM 11,10

HEFT 363
Dr.-Ing. U. Domm, Frankenthal (Pfalz)
Über eine Hypothese, die den Mechanismus der Turbulenz-Entstehung betrifft
1956, 28 Seiten, 4 Abb., DM 6,45

HEFT 390
Dr.-Ing. J. Endres und Dr.-Ing. G. Hiebel, München
Berechnung der optimalen Leistungen, Kraftstoffverbräuche und Wirkungsgrade von Luftfahrt-Gasturbinen-Triebwerken am Boden und in der Höhe bei Fluggeschwindigkeiten von 0—2000 km/h und bei vorgegebenen Düsenausströmgeschwindigkeiten
1958, 88 Seiten, 16 Abb., z. T. auf großformatigen Falttafeln, 7 Tabellen, DM 24,90

HEFT 402
Prof. Dr. habil. W. Linke, Aachen
Die Wärmeübertragung durch Thermopane-Fenster
1958, 30 Seiten, 17 Abb., 2 Tabellen, DM 10,80

HEFT 417
Prof. Dr.-Ing. habil. E. Rößger, Berlin
I. Teil: Die Entwicklung des Weltluftverkehrs, Ergänzungsbericht 1954
II. Teil: Die zivile Luftfahrtpolitik der USA
1957, 230 Seiten, 6 Abb., 83 Tabellen, DM 48,—

HEFT 418
O. Gdaniec, Essen
Über die Randlochkarte als Hilfsmittel in der Dokumentation
1957, 36 Seiten, 15 Abb., 8 Tabellen, DM 10,10

HEFT 425
Dipl.-Ing. H. Lübke, Hamburg
Gasturbinen und Strahlantriebe für Hubschrauber
1958, 122 Seiten, 70 Abb., 9 Falttafeln, 1 Tab., DM 30,40

HEFT 462
Prof. Dr. rer. nat. J. Weissinger, Karlsruhe
Zur Aerodynamik des Ringflügels — II. Die Ruderwirkung
Zur Aerodynamik des Ringflügels — III. Der Einfluß der Profildicken
1957, 44 Seiten, 12 Abb., 10 Tabellen, DM 18,20

HEFT 470
Dr.-Ing. O. Wehrmann, Berlin
Hitzdrahtmessungen in einer aufgespaltenen Kármánschen Wirbelstraße
1957, 36 Seiten, 14 Abb., 4 Tabellen, DM 10,90

HEFT 471
Prof. Dr. phil. habil. A. Naumann, Dr.-Ing. A. Heyser und Dr. phil. Dipl.-Ing. W. Trommsdorf, Aachen
Der Überdruck-Windkanal in Aachen
1957, 44 Seiten, 20 Abb., DM 11,—

HEFT 481
Priv.-Dozent Oberbaurat Dr.-Ing. W. Meyer zur Capellen, Aachen
Fünf- und sechspunktige Geradführung in Sonderlagen des ebenen Gelenkvierecks
1958, 62 Seiten, 53 Abb., 1 Tabelle, DM 18,80

HEFT 487
Prof. Dipl.-Ing. W. Blume, Duisburg
Festigkeitseigenschaften kombinierter Leichtbaustoffe im Hinblick auf die Verkehrstechnik, insbesondere des Flugzeugbaus
1958, 88 Seiten, 31 Abb., 2 Tabellen, DM 25,50

HEFT 489
Dipl.-Math. K. H. Müller, Darmstadt
Strenge Lösungen der Navier-Stokes-Gleichung für rotationssymmetrische Strömungen
1957, 64 Seiten, 23 Abb., DM 14,85

HEFT 493
Prof. Dr. phil. habil. A. Naumann und Dipl.-Ing. H. Pfeiffer, Aachen
Versuche an Wirbelstraßen hinter Zylindern bei hohen Geschwindigkeiten
1958, 32 Seiten, 19 Abb., DM 11,65

HEFT 561
Prof. Dipl.-Ing. W. Sturtzel und Dr.-Ing. H. Schmidt-Stiebitz, Duisburg
Verbesseruhg des Wirkungsgrades von Düsenpropellern durch zusätzlich angeordnete Mischdüsen
in Vorbereitung

HEFT 577
Prof. Dr. med. S. Ruff, Bonn, Dr. med. K. Krieger, Bonn Dr. med. G. Schäfer, Bonn, Dr. med. W. Hartwich, Bonn, Dr. med. O. Wünsche, Bad Godesberg, Dr. med. H. Braun, Bonn, und Dr. med. H. Hansteen, Bonn
Untersuchungen zur therapeutischen Anwendung des Sauerstoffmangels. 1. Mitteilung
1958, 118 Seiten, 30 Abb., 8 Tabellen, DM 29,10

HEFT 578
Dr.-Ing. G. Fellner, Aachen
Der Einfluß der Fluggeschwindigkeit auf die Wirtschaftlichkeit von Durch- und Ausstromtriebwerk
in Vorbereitung

HEFT 647
Deutsche Studiengemeinschaft Hubschrauber e. V., Stuttgart-Flughafen
Lastenhubschrauber L-41 und L-51 für 4000 kg Nutzlast. Teil I

HEFT 648
Deutsche Studiengemeinschaft Hubschrauber e. V., Stuttgart-Flughafen
Lastenhubschrauber L-41 und L-51 für 4000 kg Nutzlast. Teil II *in Vorbereitung*

HEFT 649
Deutsche Studiengemeinschaft Hubschrauber e. V., Stuttgart-Flughafen
Lastenhubschrauber L-41 und L-51 für 4000 kg Nutzlast. Teil III

Ein Gesamtverzeichnis der Forschungsberichte, die folgende Gebiete umfassen, kann bei Bedarf vom Verlag angefordert werden:

Acetylen / Schweißtechnik – Arbeitspsychologie und -wissenschaft – Bau / Steine / Erden – Bergbau – Biologie – Chemie – Eisenverarbeitende Industrie – Elektrotechnik / Optik – Fahrzeugbau / Gasmotoren – Farbe / Papier / Photographie – Fertigung – Gaswirtschaft – Hüttenwesen / Werkstoffkunde – Luftfahrt / Flugwissenschaften – Maschinenbau – Medizin / Pharmakologie / Physiologie – NE-Metalle – Physik – Schall / Ultraschall – Schiffahrt – Textiltechnik / Faserforschung / Wäschereiforschung – Turbinen – Verkehr – Wirtschaftswissenschaften.

Berichtigungszettel zu FB 649

	muß heißen:
Seite 44 Zeile 14	$\frac{d^2T}{dt^2} + \nu^2 \cdot T = 0$
Seite 14 Zeile 1	Bericht 3 [2]
Seite 53 Zeile 5	nach diesem Verfahren die Eigenwerte

GPSR Compliance

The European Union's (EU) General Product Safety Regulation (GPSR) is a set of rules that requires consumer products to be safe and our obligations to ensure this.

If you have any concerns about our products, you can contact us on ProductSafety@springernature.com

In case Publisher is established outside the EU, the EU authorized representative is:

Springer Nature Customer Service Center GmbH
Europaplatz 3
69115 Heidelberg, Germany

Batch number: 10585057

Printed by Printforce, the Netherlands

FORSCHUNGSBERICHTE
DES LANDES NORDRHEIN-WESTFALEN

Herausgegeben durch das Kultusministerium

Nr. 648

Deutsche Studiengemeinschaft Hubschrauber e.V., Stuttgart-Flughafen

Bearbeiter: W. Just, H. Dathe, H. Georgi, G. Reichert

Lastenhubschrauber L-41 und L-51 für 4000 kg Nutzlast

Gewichte, Festigkeitsnachweis, Kräfte und Momente am Rotor

Als Manuskript gedruckt

Springer Fachmedien Wiesbaden GmbH 1959

ISBN 978-3-663-20131-1 ISBN 978-3-663-20492-3 (eBook)
DOI 10.1007/978-3-663-20492-3

Bearbeitet im Auftrag des Ministeriums für
Wirtschaft und Verkehr des Landes Nordrhein-Westfalen
Oktober 1957

G l i e d e r u n g

Teil I

G l i e d e r u n g

Teil II

Übersicht

Der vorliegende Bericht 648 befaßt sich mit der Ermittlung der Gewichte, Schwerpunktslagen und Massenträgheitsmomente des projektierten Lastenhubschraubers, wobei die Daten bereits gebauter Muster Verwendung finden.

Als Unterlage für eine erste konstruktive Auslegung des Entwurfs werden die getroffenen Annahmen durch Nachrechnung einiger wesentlicher Luftkraft- und Bodenfälle überprüft. Die Ergebnisse können damit für die genauere und umfangreiche konstruktive Bearbeitung des Lastenhubschraubers zugrunde gelegt werden.

Teil I

Gewichte, Schwerpunkte, Trägheitsmomente, Belastungsermittlung, Festigkeitsnachweis

1. Gewichte, Schwerpunktslagen und Massenträgheitsmomente

1.1 Gewichte

Gewichtsermittlung

Das Fluggewicht G des Lastenhubschraubers wird bestimmt durch die Forderung einer Reichweite von etwa $R \approx 300$ km bei einer Nutzlast von $G_N = 4000$ kg. Bei der zur Ermittlung der größten Reichweite erforderlichen Horizontalgeschwindigkeit von $V = 210$ km/h (s. Bericht 647, Abb. 47) ergibt sich ein stündlicher Brennstoffverbrauch für die beiden zum Antrieb vorgesehenen Napier-"Gazelle" - N.Ga.4- Gasturbinen von $\dot{G} = 770$ kg/h. Für 300 km Reichweite muß das Brennstoffgewicht dann betragen

$$G_K = \frac{R}{V} \cdot \dot{G} = 1100 \, kg$$

Reichweite R [km]
Fluggeschwindigkeit V [km/h]
Stündl. Brennstoffverbrauch $\dot{G}$ [kg/h]

Die gesamte Zuladung des Hubschraubers wird dann:

Nutzlast	=	4000 kg
2 Piloten mit Gepäck	=	200 kg
Kraftstoffgewicht	=	1100 kg
Zuladung	=	5300 kg

Da der Gasturbinenantrieb im Vergleich zum Kolbenmotorenantrieb einen hohen Nutzlastanteil ermöglicht, kann gesetzt werden:

$$\frac{G_{zu}}{G} = 0,38.$$

Daraus ergibt sich das Abfluggewicht $G = G_{zu}/0,38 = 14000$ kg. Das Leergewicht beträgt $G_L = G - G_{zu} = 8700$ kg.

Gewichtsaufteilung

Zur Bestätigung des gewählten Zuladungsanteils sowie für die Berechnung der Schwerpunktslage und der Massenträgheitsmomente ist eine Aufteilung des Leergewichts in Teilgewichte erforderlich.

Die Gewichtsaufteilung des Leergewichts erfolgt an Hand einer Statistik, in der die prozentualen Gewichtsanteile der einzelnen Hubschrauberteile gegenübergestellt sind.

Tabelle 1

Prozentuale Aufteilung des Leergewichts einiger Hubschraubertypen

Hubschraubermuster	Skeeter Mark 6	Doman LZ- 5	Bristol 192
Leergewicht in kg	738	1468	4466
Rumpf	15 %	22 %	23 %
Fahrwerke	4	6	6
Rotorblätter	8	12	9
Rotornabe	6	6	10
Getriebe	12	5	13
Heckrotor mit Getriebe und Wellen	3	4	--
Triebwerk (trocken)	25	19	15+)
Triebwerkszubehör, Gerüst, Verkleidung, Steuerung	7	5	4
Brennstoff- und Ölrest	2	(2)	1
Brennstofftanks und -Anlage	2	3	2
Schmieranlage	2	2	1
Elektrische Ausrüstung	4	5	7
Flugsteuerung und Hydraulik	3	3	3
Instrumente	2	1	(1)
Einrichtung	3	3	3
Verschiedenes (Feuerschutz-, Erste Hilfe-, Anstrich etc.)	2	2	2
Leergewicht in % = Σ Gewichtsanteile	100 %	100 %	100 %

+) 2 Gasturbinen "Gazelle"

Mit Hilfe dieser Zusammenstellung kann unter Berücksichtigung der Besonderheiten des vorliegenden Projektes die folgende Gewichtsaufteilung vorgenommen werden:

Tabelle 2

Gewichtsaufteilung der Lastenhubschrauber L-41 und L-51

	L-41		L-51		Änderung L-51 gegen L-41
	%	kg	%	kg	kg
Rumpf einschließlich Heckrotorträger 40 kg und Leitwerk 25 kg	16,10	1400	11,50	1000	- 400
Fahrwerke, davon					
vorderes Fahrwerk	4,70	408	4,60	400	- 8
hinteres Fahrwerk	0,85	74	4,60	400	+ 326
Rotorblätter	13,78	1198	13,78	1198	0
Rotornabe	5,51	480	5,51	480	0
Rotorgetriebe	14,93	1300	14,93	1300	0
Heckrotor mit 108 kg Getriebe und Wellen	2,30	200	2,30	200	0
Triebwerke (trocken) 2 "Gazelle" N.Ga.4	9,42	820	9,42	820	0
Triebwerkszubehör, Gerüst, Verkleidung	5,51	480	5,51	480	0
Brennstoffrest und Öl	1,38	120	1,38	120	0
Brennstofftanks und Brennstoffanlage	1,84	160	1,84	160	0
Schmieranlage	1,38	120	1,38	120	0
Elektr. Ausrüstung	3,68	320	3,68	320	0
Flugsteuerung u.Hydraulik	3,22	280	3,22	280	0
Instrumente	0,92	80	0,92	80	0
Einrichtung	3,22	280	3,22	280	0
Verschiedenes: Feuerschutz, Erste Hilfe, Anstrich etc.	2,30	200	1,38	120	- 80
Fußboden	7,35	640	1,84	160	- 480
Behälter mit Befestigung	--	--	7,36	640	+ 640
Reserve (zur Aufrundung)	1,61	140	1,63	142	+ 2
Leergewicht	100,00%	8700	100,00%	8700+)	

T a b e l l e 2 (Fortsetzung)

	L-41		L-51		Änderung L-51 gegen L-41
	%	kg	%	kg	
Besatzung (2 Mann mit Gepäck)		200		200	
Brennstoff (Reichweite 300 km)		1100		1100	
Nutzlast		4000		4000	
Abfluggewicht		14000		14000	

+) mit Rumpfbehälter

Aus Tabelle 2 ist ersichtlich, daß das Leergewicht des Musters L-51 ohne den Rumpfbehälter um 640 kg kleiner ist als beim L-41. Gegenüber der Schalenbauweise kann an Rumpf-, Fußboden- und Anstrichgewicht eingespart werden; vergrößert wird dagegen das Gewicht des Fahrwerks, weil dieses als hochbeiniges 4-Rad-Fahrwerk ausgeführt werden muß, damit der Hubschrauber zur wirtschaftlichen und schnellen Beladung den abgestellten Behälter überrollen kann.

Gewichtsgruppen

Zur Bestimmung der Schwerpunktslagen der Hubschrauber L-41 und L-51 muß die Lage der einzelnen Teilgewichte zunächst geschätzt werden. Eine genaue Berechnung ist erst möglich, wenn die Konstruktion vorliegt. Als Bezugsachsensystem wird ein rechtwinkeliges Koordinatensystem gewählt (s. Abb. 1).

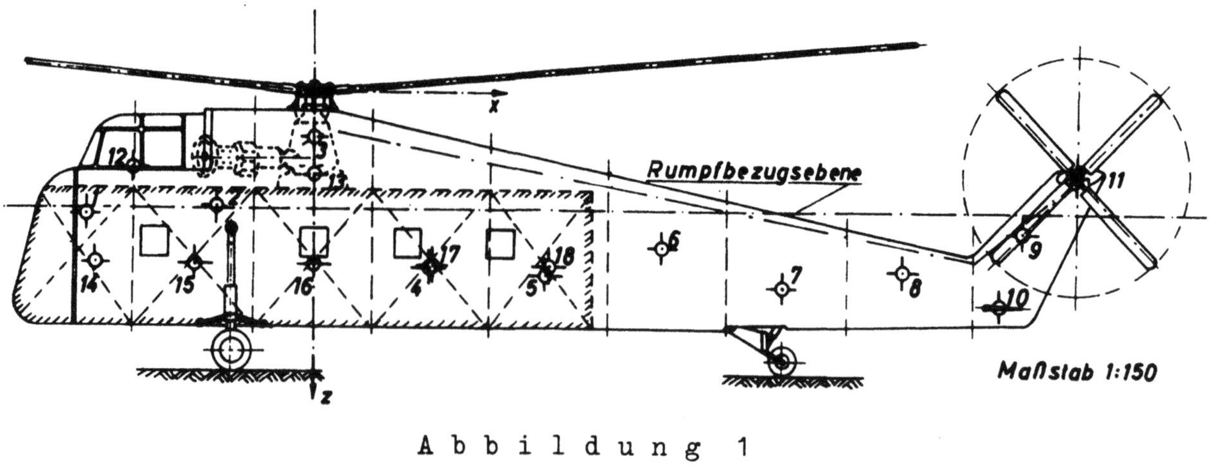

A b b i l d u n g 1
Gewichtsgruppen des Lastenhubschraubers L-41

Tabelle 3

Berechnung der Gewichtsgruppen aus den Einzelgewichten des L-41

	ΔG (kg)	x_i (m)	z_i (m)	$x_i \cdot \Delta G$ (mkg)	$z_i \cdot \Delta G$ (mkg)	Schwerpunkt x_s [m]	z_s [m]
Pos.1: Rumpf mit Einrichtg., Verschiedenes	355	- 5,115	3,065	- 1818	1088		
Fußboden, Reserve	60	- 5,125	4,930	- 308	296		
Instrumente	80	- 5,115	1,790	- 410	143		
Flugsteuerung	100	- 4,625	1,800	- 463	180		
Elektr. Ausrüstung	240	- 5,115	2,000	- 1228	480		
Vorderrumpf	835			- 4227	2187	- 5,06	2,62
Pos.2: Rumpf mit Einrichtg., Verschiedenes	368	- 2,910	2,675	- 1071	985		
Fußboden, Reserve	180	- 2,675	4,930	- 481	888		
Flugsteuerung	90	- 2,680	2,000	- 242	180		
Triebwerke, Gerüst etc.	1300	- 2,000	1,320	- 2600	1715		
Schmieranlage	60	- 2,000	1,320	- 120	79		
Fahrwerk	408	- 1,775	5,000	- 724	2040		
Vorderrumpf	2406			- 5238	5887	- 2,175	2,443
Pos.3: Rumpf mit Einrichtg., Verschiedenes	323	0	2,900	0	936		
Fußboden	180	0	4,930	0	888		
Flugsteuerung	90	- 0,15	0,465	- 14	42		
Elektr. Ausrüstung	80	0	1,700	0	136		
Rotorgetriebe	1300	0	1,400	0	1820		
Rotornabe, Rotorblätter	1678	0	0	0	0		
Brennstofftanks, -rest	280	0	1,940	0	542		
Schmieranlage	60	0	0,300	0	18		
Rumpfstück mit Rotorkopf	3991			- 14	4382	- 0,0035	1,10
Pos.4: Rumpf mit Einrichtg., Verschiedenes	230	2,500	2,930	575	674		
Fußboden	180	2,675	4,930	481	888		
Heckrotorwelle, Lager	18	2,675	1,390	48	25		
Hinterrumpf	428			1104	1587	2,58	3,71
Pos.5: Rumpf mit Einrichtg., Verschiedenes	210	5,140	3,180	1079	668		
Fußboden	180	5,300	4,930	954	888		
Heckrotorwelle, Lager	18	5,300	1,710	95	31		
Hinterrumpf	408			2128	1587	5,21	3,88
Pos.6: Rumpf	160	7,775	3,400	1243	544		
Heckrotorwelle, Lager	18	7,950	2,140	143	39		
Hinterrumpf	178			1386	583	7,78	3,27
Pos.7: Rumpf	107	10,440	3,600	1119	386		
Heckrotorwelle, Lager	18	10,590	2,675	191	48		
Spornrad	74	10,450	5,075	773	376		
Hinterrumpf	199			2083	810	10,49	4,07
Pos.8: Rumpf	62	13,125	3,825	813	237		
Heckrotorwelle, Lager	18	13,260	3,225	238	58		
Hinterrumpf	80			1051	295	13,16	3,69

T a b e l l e 4

Gewichtsgruppen für die verschiedenen Beladungszustände

Pos.Nr.	Benennung	Beladungs-zustand	Δ G [kg]	x [m]	y [m]	z [m]
1	Vorderrumpf	1 und 2	835	- 5,06		2,62
2	Vorderrumpf	1 und 2	2406	- 2,175		2,443
3	Rumpfmittelstück	1 und 2	3991	- 0,0035		1,10
4	Hinterrumpf	1 und 2	428	2,58		3,71
5	Hinterrumpf	1 und 2	408	5,21		3,88
6	Hinterrumpf	1 und 2	178	7,78		3,27
7	Hinterrumpf	1 und 2	199	10,49		4,07
8	Hinterrumpf	1 und 2	80	13,16		3,69
9	Heckrotorträger etc.	1 und 2	58	15,80		2,88
10	Stabilisierungs-fläche	1 und 2	25	15,32	± 0,75	4,20
11	Heckrotor	1 und 2	92	17,00		1,665
12	Besatzung	1 und 2	200	- 4,02		1,65
13	Brennstoff	1	1100	0		1,89
14	Nutzlast	1 v	1400	- 4,86		3,65
14	Nutzlast	1 m	800	- 4,86		3,65
14	Nutzlast	1 h	650	- 4,86		3,65
15	Nutzlast	1	800	- 2,65		3,65
16	Nutzlast	1	800	0		3,65
17	Nutzlast	1	800	- 2,65		3,65
18	Nutzlast	1 v	200	5,30		3,65
18	Nutzlast	1 m	800	5,30		3,65
18	Nutzlast	1 h	950	5,30		3,65

Beladungszustand: 1 : Abfluggewicht | v vorderste S - Lage
2 : leergeflogen | m mittlere S - Lage
h hinterste S - Lage

Für die Ermittlung der Schwerpunkte und Massenträgheitsmomente werden zur Vereinfachung der Rechnung die Einzelgewichte in 18 Gewichtsgruppen zusammengefaßt. Das Leergewicht ist in den Gewichtsgruppen 1 bis 11, die Zuladung in den Gewichtsgruppen 12 bis 18 enthalten. Um Schwerpunktsverschiebungen bei ungleichmäßger Verteilung der Nutzlast im Laderaum zu erfassen, werden 3 Beladungszustände untersucht:

Beladungszustand B.Z.	1 m :	Nutzlast gleichmäßig im Laderaum verteilt
Beladungszustand B.Z.	1 v :	Schwerpunkt der Nutzlast nach vorn verlagert
Beladungszustand B.Z.	1 h :	Schwerpunkt der Nutzlast nach hinten verlagert

Aus Gründen der Steuerung soll der Winkel σ zwischen der Rotorachse und der Verbindungslinie Neutralpunkt - Schwerpunkt etwa in folgenden Grenzen liegen:

vorderste Schwerpunktslage $\sigma \leqq 5^{\circ}$

hinterste Schwerpunktslage $\sigma \geqq -2^{\circ}$

Tabelle 3 zeigt die Berechnung der Gewichtsgruppen des Leergewichts und deren Schwerpunktsabmessungen, wobei gilt

$$x_s = \frac{\Sigma \Delta G \cdot x}{\Sigma \Delta G} \quad ; \qquad z_s = \frac{\Sigma \Delta G \cdot z}{\Sigma \Delta G} \quad .$$

In Tabelle 4 sind die Gewichtsgruppen für alle betrachteten Beladungszustände mit ihren Schwerpunktslagen zusammengefaßt. Die Lage der Gewichtsgruppen im Hubschrauber ist aus Abbildung 1 ersichtlich.

1.2 Schwerpunktslagen und Massenträgheitsmomente des L-41

Die für die Berechnung der Massenträgheitsmomente und der Schwerpunktslagen des Musters L-41 bei den verschiedenen Beladungszuständen benötigten Werte sind in Tabelle 5 zusammengestellt. Um die Rechnung nicht für jede Schwerpunktslage wiederholen zu müssen, werden die Werte auf das Koordinatensystem x,y,z bezogen, das seinen Ursprung im Schnittpunkt der Rumpfbezugsebene mit der Rotordrehachse hat. Die Trägheitsmomente werden dann nach dem Satz von STEINER auf die Schwerpunkte der jeweiligen Beladungszustände umgerechnet. Damit erhält man die Trägheitsmomente, bezogen auf ein Koordinatensystem x^*, y^*, z^*, dessen Ursprung im jeweiligen Schwerpunkt liegt und dessen z-Achse parallel zur Rotordrehachse ist.

Tabelle 5

Massenträgheitsmomente und Schwerpunktslagen des L-41

Pos.	B.Z.	ΔG	x	z	$\Delta G \cdot x$	$\Delta G \cdot z$	$\Delta G \cdot x^2$	$\Delta G \cdot z^2$	$\Delta G \cdot x \cdot z$	$\Delta(g \cdot J_{x\,eig})$	Δ (g·J_y eigen) $\approx\Delta$ (g·J_z eigen)
		kg	m	m	mkg	mkg	m^2kg	m^2kg	m^2kg	m^2kg	m^2kg
1	1,2	835	-5,06	2,62	-4227	2187	21400	5740	-11090	550	170
2	1,2	2406	-2,175	2,443	-5238	5887	11390	14380	-12800	1800	1600
3	1,2	3991	-0,0035	1,10	- 14	4375	-	4830	- 15	650	190
4	1,2	428	2,58	3,71	1105	1587	2855	5890	4100	400	140
5	1,2	408	5,21	3,88	2128	1587	11110	6150	8260	300	120
6	1,2	178	7,78	3,27	1386	583	10780	1904	4535	150	100
7	1,2	199	10,49	4,07	2083	810	21850	3300	8505	80	80
8	1,2	80	13,16	3,69	1051	295	13850	1089	3882	30	30
9	1,2	58	15,80	2,88	916	167	14480	480	2640	50	50
10	1,2	25	15,32	4,20	384	105	5890	441	1612	20	20
11	1,2	92	17,00	1,665	1563	153	26600	255	2603		
12	1,2	200	-4,02	1,65	- 804	330	3240	544	- 1328	20	50
13	1	1100	0	1,89	0	2075	0	3950	0	30	1000
14	1 v	1400	-4,86	3,65	-6800	5105	33050	18650	24800	1400	1400
14	1 m	800	-4,86	3,65	-3890	2920	18920	10660	-14200	800	800
14	1 h	650	-4,86	3,65	-3160	2375	15380	8670	-11530	650	650
15	1	800	-2,65	3,65	-2120	2920	5620	10660	- 7740	800	800
16	1	800	0	3,65	0	2920	0	10660	0	800	800
17	1	800	2,65	3,65	2120	2920	5620	10660	7740	800	800
18	1 v	200	5,30	3,65	1060	734	5615	2670	3870	200	200
18	1 m	800	5,30	3,65	4240	2920	22450	10660	15490	800	800
18	1 h	950	5,30	3,65	5030	3465	26650	12650	18370	950	950
	1 v	14000	-0,388	2,480	-5407	34740	193350	102253	-10024	8080	7550
	1 m	14000	0,0488	2,480	683	34740	196055	102253	12196	8080	7550
	1 h	14000	0,157	2,480	2203	34740	196715	102253	17746	8080	7550
	2	8900	0,0374	2,030	333	18066	143445	45003	10906	4050	2550

Für die Berechnung gelten die Formeln:

$$g \cdot J_{x*} = \Sigma \Delta G \cdot y^2 + \Sigma \Delta G \cdot z^2 - G \cdot z_s^2$$

$$g \cdot J_{y*} = \Sigma \Delta G \cdot z^2 + \Sigma \Delta G \cdot x^2 - G(z_s^2 + x_s^2)$$

$$g \cdot J_{z*} = \Sigma \Delta G \cdot x^2 + \Sigma \Delta G \cdot y^2 - G \cdot x_s^2$$

$$g \cdot J_{z*x*} = \Sigma \Delta G \cdot z \cdot x - G \cdot z_s \cdot x_s$$

Zur genaueren Bestimmung der Trägheitsmomente sind in den beiden letzten Spalten der Tabelle 5 noch die Eigenträgheitsmomente der Gewichtsgruppen durch Abschätzung ihrer Trägheitsradien berechnet worden.

Aus diesen Werten werden nun die Massenträgheitsmomente für die Konstruktionsachsen und für die Hauptträgheitsachsen berechnet.

Tabelle 6

Massenträgheitsmomente

	B.Z.	1 v	1 m	1 h	2
g-fache Trägheitsmomente in m^2kg bezogen auf Konstruktionsachsen	$g \cdot J_{x*}$	24230	24230	24230	12380
	$g \cdot J_{y*}$	214950	219720	220070	154310
	$g \cdot J_{z*}$	198800	203570	203920	145980
	$g \cdot J_{z*x*}$	3456	10500	12300	10220
g-fache Trägheitsmomente in m^2kg bezogen auf Hauptträgheitsachsen	$g \cdot J_{\bar{x}}$	24120	23800	23525	11600
	$g \cdot J_{\bar{y}}$	214950	219720	220070	154310
	$g \cdot J_{\bar{z}}$	198920	204000	204625	146750
	φ^o	1,13	3,35	3,91	4,35

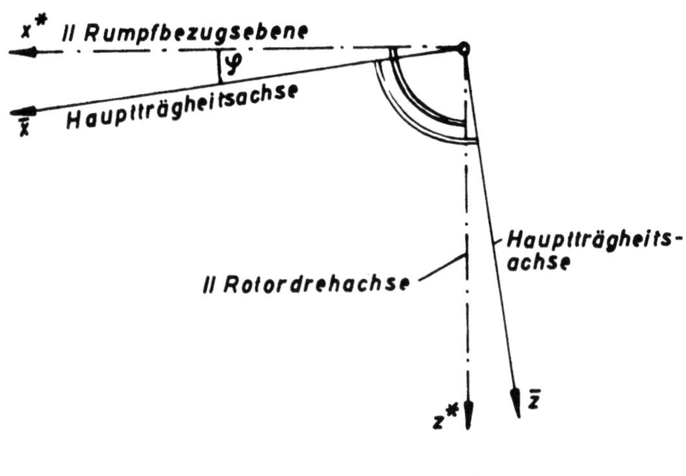

Abbildung 2

Achsensysteme

Umrechnung auf Hauptträgheitsachsen: $J_{\bar{y}} = J_{y^*}$

$$J_{\bar{x}} = \frac{J_{x^*} + J_{z^*}}{2} - \sqrt{\left[\frac{J_{z^*} - J_{x^*}}{2}\right]^2 + J^2_{x^* z^*}}$$

$$\operatorname{tg} 2\varphi_0 = \frac{2 \cdot J_{z^* x^*}}{J_{z^*} - J_{x^*}}$$

$$J_{\bar{z}} = \frac{J_{x^*} + J_{z^*}}{2} + \sqrt{\left[\frac{J_{z^*} - J_{x^*}}{2}\right]^2 + J^2_{x^* z^*}}$$

1.3 Überprüfung der berechneten Werte.

Zulässigkeit der Schwerpunktsverschiebung bei den verschiedenen Beladungszuständen

Zur steuermäßigen Beherrschung des Hubschraubers soll der Winkel zwischen Rotorachse und Verbindungslinie Schwerpunkt-Neutralpunkt sein:
$\sigma = +5^{\circ}$ bis -2°.

Für das vorliegende Projekt (vgl. auch Kap. 4) ist:

Blattmassenkonstante	γ	=	5,73
Schubbeiwert	k_z	=	0,01245
Flächendichte	σ	=	8 %
Einstellwinkel	$\vartheta_{0,7}$	=	10°; $\widehat{\vartheta_{0,7}} = 0{,}1746$
Blattgewichtsmoment	$M_{GBL \cdot \bar{A}}$		1558 mkg
Blattmassenträgheitsmoment	J_A	=	1375 mkg s^2
Winkelgeschwindigkeit	ω_{Ro}	=	13,33 s^{-1}
Schwerpunktshöhe	z_s	=	2,48 m

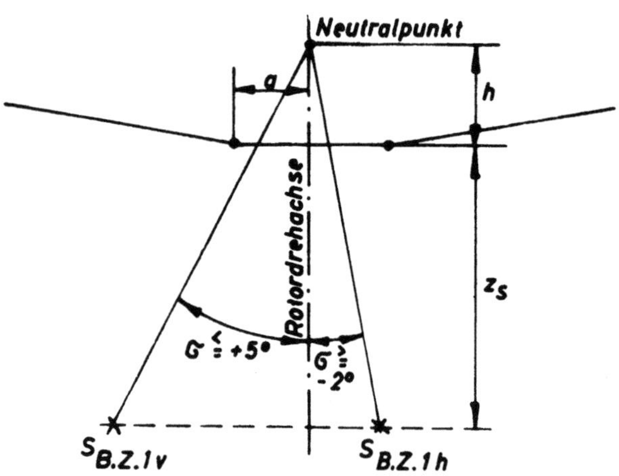

Abbildung 3
Neutralpunktshöhe

Der Neutralpunktabstand berechnet sich aus:

$$h = \frac{a}{2 a_0}$$

Darin ist a = 0,47 m der Abstand des Schlaggelenkes von der Rotordrehachse, der sich nach konstruktiven Gesichtspunkten ergibt.

Der Schlagkoeffizient a_0 ist im Schwebeflug: (Ber. 3 der DSH, S. 57):

$$a_0 = \gamma \left[\frac{K_z}{8{,}67 \cdot \sigma_{0,7}} + 0{,}0221 \cdot \vartheta_{0,7} - 0{,}00081 \right] - \frac{M_{GBL \cdot A}}{J_A \cdot \omega^2} = 0{,}114$$

Damit ist der Neutralpunktsabstand:

$$h = \frac{a}{2a_0} = 2{,}06\,m$$

Damit werden die Winkel σ für die vorderste und hinterste Schwerpunktslage:

$$\sin\sigma = \frac{x_s}{h + z_s}$$

Beladungszustand

1 v :	x_s =	0,388 m;	sin σ =	0,0855;	σ = 4,9°
1 h :	x_s =	-0,157 m;	sin σ =	-0,0346;	σ = -1,98°

Die angenommenen Beladungszustände sind damit zulässig.

Überprüfung der Trägheitsmomente

Als Richtwert kann nach Erfahrungswerten gesetzt werden:

Trägheitsradius $i_y \approx 0{,}17 \cdot l_R$ $\qquad$ l_R = Rumpflänge

Für den Beladungszustand 1 m erhält man den Trägheitsradius zu

$$i_y = \sqrt{\frac{g \cdot J_y}{G}} = 3{,}98\,m$$

Aus der Näherungsformel ergibt sich $i_y \approx 0{,}17 \cdot 23{,}5 = 4$ m, also gute Übereinstimmung.

Damit sind die für die Festigkeits- und Stabilitätsuntersuchungen erforderlichen Daten des Musters L-41 festgelegt. Für den Lastenhubschrauber L-51 mit Gitterrumpf sind keine wesentlichen Abweichungen von den berechneten Schwerpunktslagen und Trägheitsmomenten zu erwarten.

2. Lastannahmen

Der folgenden Bearbeitung des Projektes für den Festigkeitsnachweis ist der Bericht 22 der DSH "Entwurf zur Neufassung der Lastannahmen für Hubschrauber" von Dr.-Ing. habil. W. JUST zugrunde gelegt.

Für den überschlägigen Festigkeitsnachweis werden einige Lastfälle betrachtet, die erfahrungsgemäß ausschlaggebend für die festigkeitsmäßige

Auslegung sind; für eine genauere Berechnung ist jedoch für sämtliche Lastfälle die Zulässigkeit der auftretenden Beanspruchung nachzuweisen.

2.1 Luftkraftfälle

Kräfte und Beschleunigungen

Steuerbetätigung im Schwebeflug

Es wird angenommen, daß der Pilot im Schwebeflug volle Steuerausschläge gibt und gleichzeitig auch noch den Blattverstellhebel hochfährt, so daß ein Lastvielfaches von $n = n_{Tr}$ erreicht wird. Das Kräfte- und Momentengleichgewicht ist durch Massenkräfte herzustellen.

Daten:

Die für die Durchführung der Lastfälle benötigten Daten sind (vgl. S. 16 und S. 56)

Fluggewicht	G	=	14000 kg
Rotordurchmesser	D	=	27 m
Rotorkreisflächenbelastung	$\frac{G}{F}$	=	24,45 kg/m^2
Blattanzahl	z	=	5
Blattiefe	t	=	0,678 m
Flächendichte	σ	=	8 %
Blattgewicht für 1 Blatt	G_{BL}	=	239,5 kg
Massenträgheitsmoment eines Blattes um seine Schlagachse	J_A	=	1375 mkg s^2
Gewichtsmoment	$M_{GBL \cdot A}$	=	1558 mkg
Blattkonstante	γ	=	5,73

Für den Ausgangszustand Schwebeflug gilt weiter:

Schubbeiwert	k_z	=	0,01245
Einstellwinkel	$\widehat{\vartheta_{0,7}}$	=	0,1746; $\vartheta_{0,7} = 10,0^\circ$
Umfangsgeschwindigkeit	U	=	180 m/s
Einbauwirkungsgrad	η_E	=	0,97

Lage der Luftkraftresultierungen

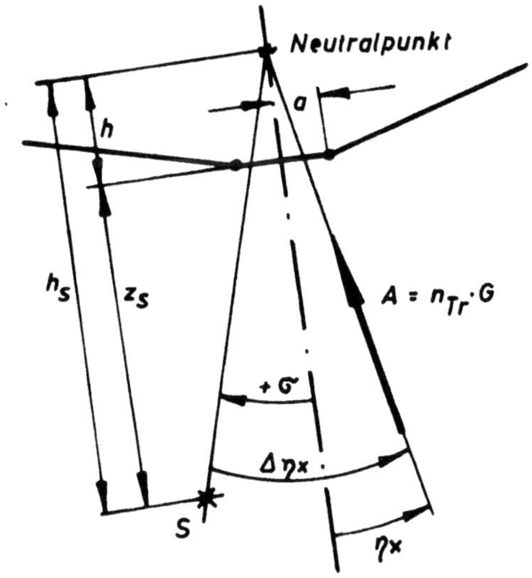

A b b i l d u n g 4
Luftkraftresultierende

Im stationären Ausgangszustand geht die Luftkraftresultierende durch Schwerpunkt und Neutralpunkt, d.h., das Moment um den Schwerpunkt muß gleich Null sein. Die Neutralpunktshöhe im Schwebeflug, also für den Fortschrittsgrad $\mu = 0$, wurde bereits auf Seite 16 berechnet.

Für den Momentenbeiwert gilt:

$$k_{m_0} = \frac{h_s}{R} \cdot k_z \left[a_1 - \eta_x - \sigma\right]$$

Darin ist:

$\frac{h_s}{R} = \frac{h + z_s}{R} = 0{,}336$

z_s = 2,48 m Abstand Schwerpunkt - Schlaggelenkebene

a_1 = Schlagkoeffizient, hier $a_1 = 0$, da $\mu = 0$.

σ = Winkel zwischen Rotordrehachse und Verbindungslinie Schwerpunkt - Neutralpunkt.

Nach Seite 17 ist (aufgerundet) für die

vorderste Schwerpunktslage $\sigma = +5^{\circ}$ und für die
hinterste Schwerpunktslage $\sigma = -2^{\circ}$

Aus der Bedingung, daß im stationären Ausgangszustand das Moment um den Schwerpunkt gleich Null sein muß, also $k_{m_0} = 0$, ergibt sich der Steuerwinkel des Ausgangszustandes:

$\eta_{x_0} = -\sigma = -5^{\circ}$ vorderste Schwerpunktslage

$\eta_{x_0} = -\sigma = +2^{\circ}$ hinterste Schwerpunktslage

Heckrotorschub im Ausgangszustand

Durch den Heckrotorschub ist das im Ausgangszustand Schwebeflug entstehende Drehmoment um die Rotordrehachse auszugleichen.

$$M_z = k_d \cdot \frac{\varrho}{2} \cdot F \cdot U^2 \cdot R = 15\,120\,mkg$$

$$k_d = 0{,}000966 \text{ (s. Ber. 647)}$$

Der Heckrotorschub ist damit:

$$P_{HR0} = \frac{M_z}{l_{HR0}} = 890\,kg$$

l_{HR0} = 17,0 m = Abstand Hauptrotor - Heckrotor

Längssteuerung

Fall H 130 a

Volle Steuerbetätigung im Sinne "Drücken".

Steuerausschlag: $\eta_x = + 8^0$ festgelegt

Tragwerkslastvielfaches: $n_{Tr} = 3$

Schubbeiwert: $k_z = n_{Tr} \cdot k_{z\,(n=1)}$ = 0,03735

Zugehöriger Momentenbeiwert:

B.Z. 1 v : $k_{My} = \frac{h_s}{R} \cdot k_z \cdot (a_1 - \eta_x - \sigma)$ = - 0,002845

B.Z. 1 h : k_{My} = - 0,001312

Dabei ist $a_1 = 0$ da $\mu = 0$

Das dazugehörige Moment, das eine Drehbeschleunigung um die y-Achse hervorruft, ist:

$$M_y = k_{My} \cdot \frac{\varrho}{2} \cdot F \cdot U^2 \cdot R$$

B.Z. 1 v : My = - 44 600 mkg

B.Z. 1 h : My = - 20 550 mkg

Mit dem Tragwerksvielfachen und dem Moment aus dem Steuerausschlag ergeben sich die folgenden Beschleunigungsvielfachen:

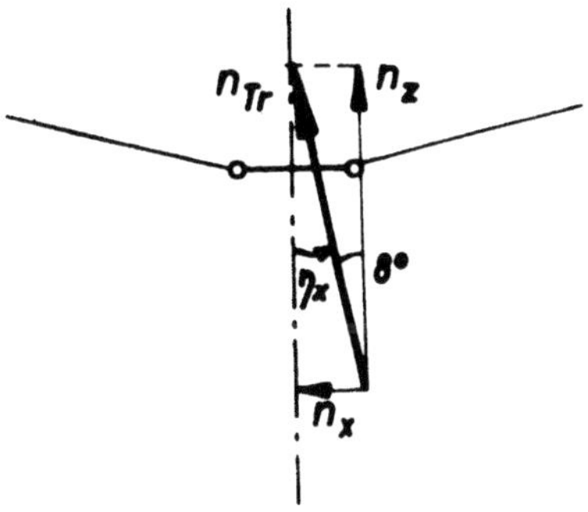

Beschleunigungsvielfache für B.Z. 1 v u. 1 h:

$$n_x = - n_{Tr} \cdot \sin 8^\circ = - 0{,}417$$

$$n_z = n_{Tr} \cdot \cos 8^\circ = 2{,}97$$

Drehbeschleunigungen:

B.Z. 1 v : $\left[\frac{\varepsilon y}{g}\right]_{1v} = \left[\frac{My}{g \cdot Jy}\right]_{1v} = - \frac{44600}{214950} = - 0{,}2075$

B.Z. 1 h : $\left[\frac{\varepsilon y}{g}\right]_{1h} = \left[\frac{My}{g \cdot Jy}\right]_{1h} = - \frac{20500}{220070} = - 0{,}0931$

Das durch Hochfahren des Blattverstellhebels in diesen und auch in den nachfolgenden Fällen entstehende Moment M_z wird in der Hauptsache durch Massenkräfte im Rotor ausgeglichen und wirkt sich nicht auf den Rumpf aus.

Fall H 130 b

Volle Steuerbetätigung im Sinne "Ziehen"

Steuerausschlag: $\eta_x = - 8^\circ$ festgelegt

Es ist wieder: $k_z = 0{,}03735$ (unverändert)

B.Z. 1 v : $k_{My} = 0{,}000656$; My = 10290 mkg

B.Z. 1 h : $k_{My} = 0{,}002188$; My = 34350 mkg

	k_{My}	M_y	$g \cdot Jy$	n_x	n_z	$\varepsilon y/g$
	--	mkg	m^2kg	--	--	--
B.Z. 1 v	0,000656	10290	214950	0,417	2,97	0,0478
B.Z. 1 h	0,002188	34350	220070	0,417	2,97	0,1561

Seitensteuerung

Fall H 131 a

Voller Seitensteuerausschlag für Linksdrehung.
Der dabei auftretende Heckrotorschub ist dabei mit dem doppelten Heckrotorschub für Schweben oder gleich Null anzusetzen.

Im stationären Ausgangszustand ist (s.S. 20)

$$P_{HRo} = 890 \text{ kg}$$

Im Fall 131 a somit:

$$P^*_{HRo} = P_{HRo} \pm P'_{HRo} = 1780 \text{ kg bzw. } 0 \text{ kg}$$

Dabei ist $P'_{HRo} = P_{HRo}$ der Schaltanteil des Heckrotorschubs, dessen von der Schwerpunktslage abhängigen Momente um Längs- und Hochachse von Massenkräften auszugleichen sind.

Sind l_s der Abstand vom Schwerpunkt bis Heckrotordrehachse

h_s die Höhe der Heckrotordrehachse über dem Schwerpunkt,

so ist

Moment um Hochachse: $M_z^* = \mp P'_{HRo} \cdot l_s$

Moment um Längsachse: $M_x^* = \mp P'_{HRo} \cdot h_s$

Zur Berechnung der Drehbeschleunigungen werden die folgenden Bewegungsgleichungen bezüglich der Konstruktionsachsen angesetzt:

$$-J_{x^*} \cdot \varepsilon_{x^*} + J_{x^*z^*} \cdot \varepsilon_{z^*} + M_{x^*} = 0$$

$$-J_{z^*} \cdot \varepsilon_{z^*} + J_{x^*z^*} \cdot \varepsilon_{x^*} + M_{z^*} = 0$$

Daraus erhält man:

$$\frac{\varepsilon_{x^*}}{g} = - \frac{M_{x^*} \cdot (g \cdot J_{z^*}) + M_{z^*} \cdot (g \cdot J_{x^*z^*})}{(g \cdot J_{x^*z^*})^2 - (g \cdot J_{x^*})(g \cdot J_{z^*})}$$

$$\frac{\varepsilon_{z^*}}{g} = - \frac{M_{x^*} \cdot (g \cdot J_{x^*z^*}) + M_{z^*} \cdot (g \cdot J_{x^*})}{(g \cdot J_{x^*z^*})^2 - (g \cdot J_{x^*}) \cdot (g \cdot J_{z^*})}$$

Ein Drehmoment um die x*-Konstruktionsachse hat z.B. zwei Drehbeschleunigungen ε_{x^*} und ε_{z^*} zur Folge. Ein Drehmoment um die y^* -Konstruktionsachse hat dagegen nur ein ε_{y^*} zur Folge, da hier Hauptträgheits- und Konstruktionsachse zusammenfallen, also

$$\frac{\varepsilon_{y^*}}{g} = \frac{M_{y^*}}{g \cdot J_{y^*}}$$

Für die vorderste (B.Z. 1 v) und die hinterste Schwerpunktslage (B.Z. 1 h) ergeben sich im Fall 131 a folgende Werte:

	l_s	n_s	P'_{HRo}	M_x^*	M_z^*	n_y^*	n_z^* +)	ε_x^*/g	ε_z^*/g
	m	m	kg	mkg	mkg	---	-	---	---
B.Z. 1 v	17,388	0,815	890	∓ 725	∓ 15480	∓ 0,0636	3	∓ 0,0410	∓ 0,0788
B.Z. 1 h	16,843	0,815	890	∓ 725	∓ 15000	∓ 0,0636	3	∓ 0,0688	∓ 0,0782

+) Längsneigung der Luftkraftresultierenden vernachlässigt

Trägheitsmomente s.S.15 ; Vorzeichen s.S.28

Quersteuerung

Fall H 132 a

Voller Querruderausschlag linksrollend.

Steuerausschlag $\eta_y = +6^{\circ}$ festgelegt.

Das durch Massenkräfte auszugleichende Moment wird:

$$M_x{*} = k_{Mx} \cdot \frac{\rho}{2} \cdot U^2 \cdot F \cdot R = 20600\,mkg$$

Momentenbeiwert infolge Querruderausschlag:

$$k_{Mx} = \frac{h_s}{R} \cdot k_z \cdot \eta_y = 0{,}001314$$

Die Beschleunigungsvielfachen sind:

$$n_y{*} = n_{Tr} \cdot \sin \eta_y = 0{,}314$$

$$n_z{*} = n_{Tr} \cdot \cos \eta_y = 2{,}98$$

Die Drehbeschleunigungen sind für die Beladungszustände 1 v und 1 h verschieden:

Vorderste Schwerpunktslage: $\frac{\varepsilon_x{*}}{g} = 0{,}852$; $\frac{\varepsilon_z{*}}{g} = 0{,}0148$

Hinterste Schwerpunktslage: $\frac{\varepsilon_x{*}}{g} = 0{,}876$; $\frac{\varepsilon_z{*}}{g} = 0{,}0529$

2.2 Bodenfälle - Kräfte und Beschleunigungen

Fall H 200 - Dreipunktlandung

Die Bodenberührung erfolgt gleichzeitig mit allen Rädern.

Bezeichnungen:

P_H Statische Radlast je Hauptgrad

P_B Statische Radlast auf das Spornrad

λ_1, λ_2 Fallversuchsstoßfaktoren am Haupt- bzw. Heckfahrwerk bei 1,8 m/s vertikaler Sinkgeschwindigkeit.

Für die hier durchgeführten Landefälle im Hubschrauberzustand wird angenommen, daß das Gewicht des Hubschraubers beim Aufsetzen durch den Auftrieb des Rotors getragen wird. Werden die Fallversuch-Stoßfaktoren so angenommen, daß sich ein gesamtes Lastvielfaches von $n_z = 3$ ergibt, dann ist das auf die Fahrwerke entfallende Stoßlastvielfache

$$n_{St} = n_z - 1 = 2$$

Die Beanspruchung des Projektes im Fall H 200 ist in Abbbildung 5 veranschaulicht.

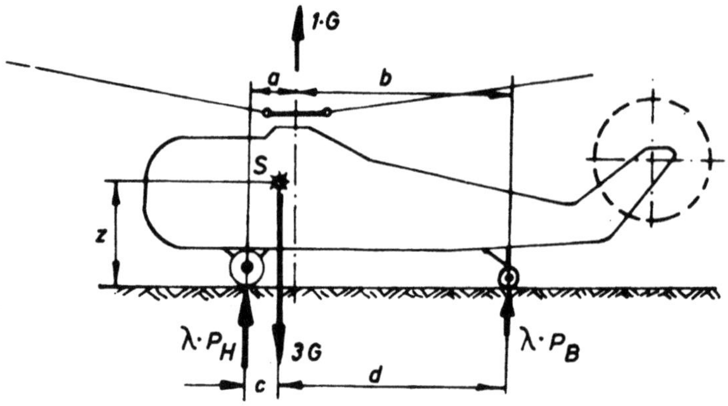

A b b i l d u n g 5

Dreipunktslandung

Aus der Entwurfszeichnung (s. Bericht 649) ergeben sich mit den Werten der Tabelle 5 auf Seite 14 für die vorderste und hinterste Schwerpunktslage folgende Abmessungen:

	a (m)	b (m)	c (m)	d (m)	z (m)	x_s (m)
vorderste Schwerpunktslage	1,80	10,55	1,412	10,938	3,42	-0,388
hinterste Schwerpunktslage	1,80	10,55	1,957	10,393	3,42	0,157

Die bei der Landung am Hubschrauber angreifenden Kräfte und Momente müssen miteinander im Gleichgewicht stehen. Es muß dann gelten:

Kräftegleichgewicht:

$$\lambda_1 \cdot P_H + \lambda_2 \cdot P_B + A = n_z \cdot G$$

Wie oben angenommen, ist beim Aufsetzen der Auftrieb gleich dem Gewicht: A = G

Mit $G\,(n_z - 1) = n_{St} \cdot G = 2 \cdot G$ wird:

$$\lambda_1 \cdot P_H + \lambda_2 \cdot P_B = n_{St} \cdot G = 2\,G$$

Werden weiter die Fallversuchstoßfaktoren für Haupt- und Heckfahrwerk von gleicher Größe angenommen, also

$$\lambda_1 = \lambda_2 = \lambda$$

so ergibt sich

$$\lambda (P_H + P_B) = 2 \cdot G$$

und da

$$P_H + P_B = G$$

ist, wird der Stoßfaktor für Haupt- und Heckfahrwerk

$$\lambda = 2$$

Außer den durch λ festgelegten vertikalen Lasten sind nach den Lastannahmen noch nach hinten und seitlich gerichtete Lasten vom 0 bis 0,3-fachen Wert der vertikalen Last anzusetzen.

Damit werden bei den verschiedenen Beladungszuständen die Kräfte auf das Fahrwerk (vgl. Abb. 5):

Kräfte je Hauptrad: P_z

$$\lambda \cdot P_H = 2 \cdot P_z \quad ; \quad P_H = P_z \quad , da \ \lambda = 2$$

Momentengleichgewicht:

$$\lambda \cdot P_H \cdot (c + d) - G \cdot b + 3 \cdot G \cdot d = 0$$

$$\lambda \cdot P_H = \frac{G(b - 3d)}{c + d}$$

$$P_z = \frac{G}{\lambda} \cdot \frac{b - 3d}{c + d}$$

vorderste Schwerpunktslage: $P_{z\,1v}$ = - 12620 kg;

hinterste Schwerpunktslage: $P_{z\,1h}$ = - 11710 kg;

Kräfte auf das Spornrad:

$$-\lambda \cdot P_B = P_{Sp} = 3G - G - 2P_z = 2(G - P_z)$$

vorderste Schwerpunktslage: $P_{Sp\,1v}$ = - 2760 kg

hinterste Schwerpunktslage: $P_{Sp\,1h}$ = - 4580 kg

Zusammenstellung:

Beladungszustand 1 v:

Hauptfahrwerk:	P_z	= - 12620 kg
	P_x	= (0 bis 0,3) $\cdot P_z$ = 0 bis - 3790 kg
	P_y	= (0 bis 0,3) $\cdot P_z$ = 0 bis - 3790 kg
Spornrad	P_z	= - 2760 kg
	P_x	= (0 bis 0,3) $\cdot P_z$ = 0 bis - 830 kg
	P_y	= (0 bis 0,3) $\cdot P_z$ = 0 bis - 830 kg

Beladungszustand 1 h:

Hauptfahrwerk:	P_z	$= -11710$ kg
	P_x	$= (0 \text{ bis } 0{,}3) \cdot P_z = 0 \text{ bis } -3520$ kg
	P_y	$= (0 \text{ bis } 0{,}3) \cdot P_z = 0 \text{ bis } -3520$ kg
Spornrad	P_z	$= -4580$ kg
	P_x	$= (0 \text{ bis } 0{,}3) \cdot P_z = 0 \text{ bis } -1375$ kg
	P_y	$= (0 \text{ bis } 0{,}3) \cdot P_z = 0 \text{ bis } -1375$ kg

Die Beschleunigungsvielfachen werden bei Vernachlässigung der Längsneigung der Luftkraftresultierenden:

$$n_x = (0 \text{ bis } 0{,}3) \cdot n_{St} = 0 \text{ bis } 0{,}6$$

$$n_y = (0 \text{ bis } 0{,}3) \cdot n_{St} = 0 \text{ bis } 0{,}6$$

$$n_z = n_{St} + 1 = 3$$

Fall H 201 Hauptfahrwerkslandung

Die Bodenberührung findet nur mit dem Hauptfahrwerk statt. Für die Arbeitsaufnahme ist der gleiche Stoßfaktor wie im Fall H 200 anzusetzen.

Kräfte auf ein Hauptrad im Fall H 201

$$P_z = -\lambda \cdot \frac{G}{2} = -14\,000 \text{ kg}$$

$$P_x = (0 \text{ bis } 0{,}3) \cdot P_z = 0 \text{ bis } -4200 \text{ kg}$$

$$P_y = (0 \text{ bis } 0{,}3) \cdot P_z = 0 \text{ bis } -4200 \text{ kg}$$

Die Beschleunigungsvielfachen sind abhängig von der Schwerpunktslage; die Radkräfte sind unabhängig vom Beladungszustand.

Für die vorderste und hinterste Schwerpunktslage wird somit:

	x_s	M_x	M_y	M_z	n_x	n_y	n_z	ε_x^*/g	ε_y^*/g	ε_z^*/g
	m	mkg	mkg	mkg	-	-	-	-	-	-
B.Z. 1 v	-0,388	28740 0+)	11110 39850	-11960 0	0,6 0	0,6 0	3	1,18 0	0,0518 0,1853	-0,0396 0
B.Z. 1 h	0,157	28740 0+)	26360 55100	-16510 0	0,6 0	0,6 0	3	1,18 0	0,1196 0,2502	-0,0097 0

+) untere Reihen für $P_x = P_y = 0$

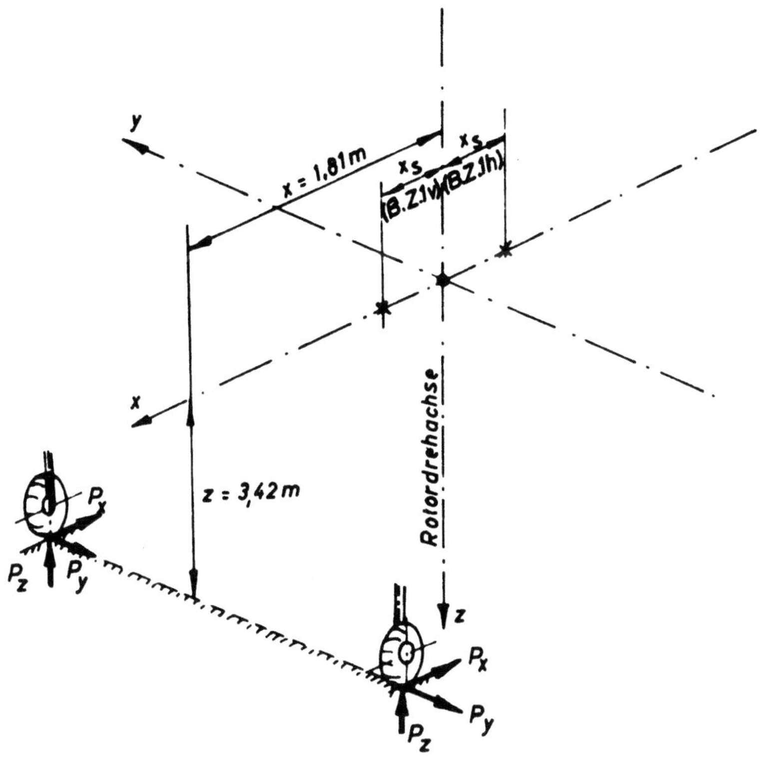

A b b i l d u n g 6
Hauptfahrwerkslandung

Momente:

$$M_x = -\ 2 \cdot P_y \cdot z$$

$$M_y = -\ 2 \cdot P_z \cdot (x + x_s) + 2 \cdot P_x\ z$$

$$M_z = \ 2 \cdot P_y \cdot (x + x_s)$$

Damit sind einige der voraussichtlich maßgebenden Lastfälle nach den Lastannahmen ausgeführt; für einen allgemeinen Festigkeitsnachweis sind auch die übrigen Lastfälle durchzuführen.

Im folgenden wird die Beanspruchung des Rumpfes aus einigen der Lastfälle berechnet.

3. Beanspruchung des Rumpfes

Zur Bestimmung der Rumpfbeanspruchung wird zunächst die Einheitsermittlung durchgeführt, bei der für die verschiedenen Schwerpunktslagen die Längs- und Querkräfte sowie die Biegemomente berechnet werden, die sich bei Einheitsbeschleunigungsvielfachen von

$n_x = 1$; $n_y = 1$; $n_z = 1$ und $\varepsilon_x/g = 1$, $\varepsilon_y/g = 1$; $\varepsilon_z/g = 1$ ergeben.

Aus den Tabellen der Einheitsermittlungen lassen sich dann leicht die Beanspruchungen des Rumpfes bei den verschiedenen Lastfällen durch Multiplikation der Tabellenwerte mit den tatsächlich auftretenden Vielfachen bei den Lastfällen berechnen.

Der somit erhaltenen Beanspruchung des Rumpfes sind dann zur Bestimmung der Gesamtbelastung des Rumpfes noch die äußeren Kräfte und Momente (z.B. aus dem Heckrotorschub) zu überlagern.

Die Belastungen werden jeweils für die Querwände der Rumpfteilabschnitte, wie sie bei der Gewichts- und Trägheitsmomentenberechnung verwendet wurden, berechnet (vgl. Maßstabskizze Abb. 1, S. 10).

3.1 Einheitsermittlung

Vorzeichenfestlegung

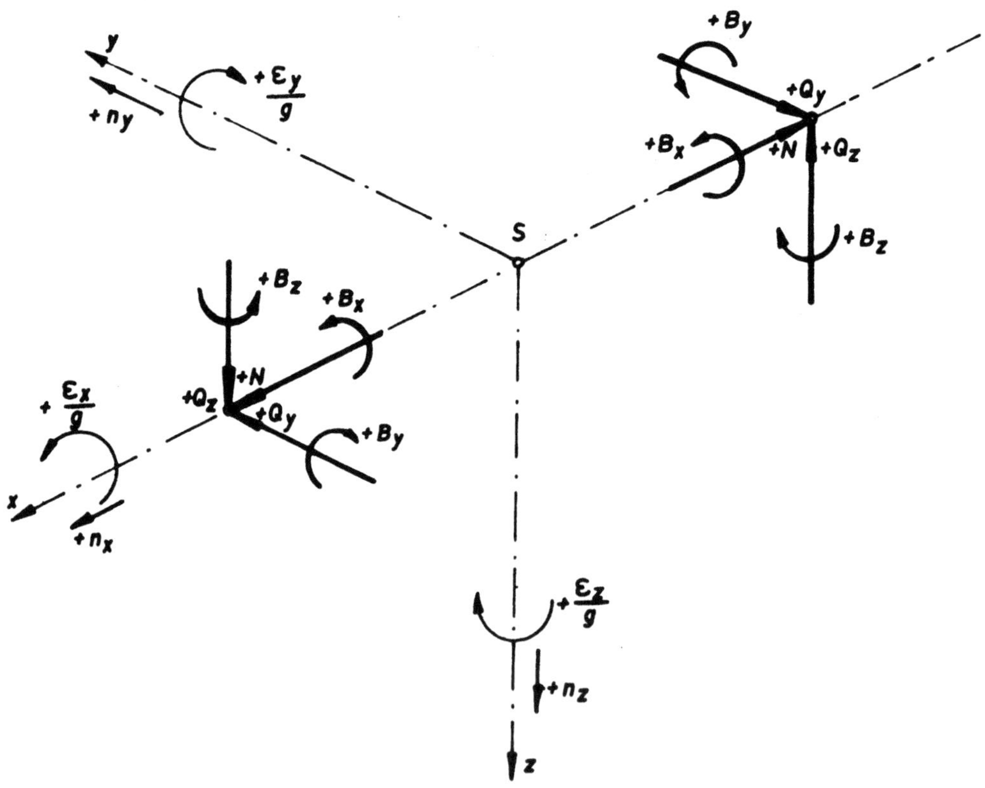

A b b i l d u n g 7
Vorzeichensystem

Tabelle 7

Einheitsermittlung für $n_x = 1$

Beladungszustand 1 v, vorderste Schwerpunktslage

Stelle x	ΔG	$\Delta N = \Delta G \cdot 1$	N	z	$\Delta B_y = \Delta N \cdot z$	B_y
(m)	(kg)	(kg)	(kg)	(m)	(mkg)	(mkg)
			0			0
	835			0,14	117	
	200	2435		-0,83	- 166	
	1400			1,17	1638	
3,975			2435			1589
	2406	3206		-0,037	- 89	
	800			1,17	936	
1,325			5641			2436
	900			-0,73	- 657	
	400	2945,5		1,17	468	
	1645,5			-1,482	-2438	
0			8586,5 -5413,5			- 191 - 185
	1645,5			-1,482	+2438	
	400	-2945,5		1,17	- 468	
	900			-0,73	+ 657	
- 1,325			-2468			-2812
	428	-1228		1,23	- 526	
	800			1,17	- 936	
- 3,975			-1240			-1350
	408	- 608		1,40	- 571	
	200			1,17	- 234	
- 6,625			- 632			- 545
	178	- 178		0,79	- 141	
- 9,275			- 454			- 404
	199	- 199		1,59	- 316	
-11,925			- 255			- 88
	80	- 80		1,21	- 97	
-14,78			- 175			+ 9
	58			0,40	- 23	
	25	- 175		1,72	- 43	
	92			-0,815	+ 75	
			0			0

Vorzeichen:

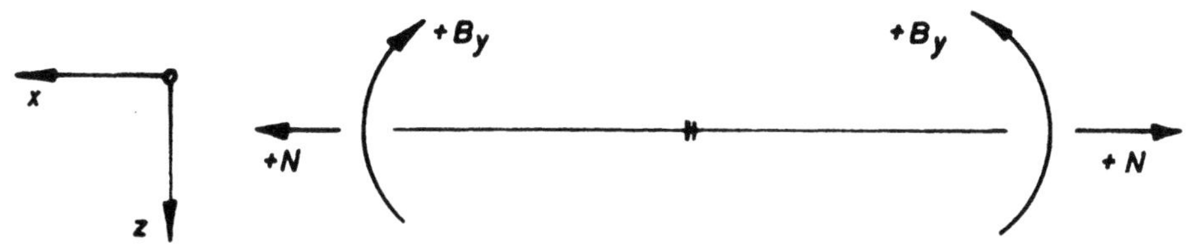

T a b e l l e 8

Einheitsermittlung für $n_x = 1$

Beladungszustand 1 h, hinterste Schwerpunktslage

Stelle x	ΔG	ΔN	N	z	ΔB_y	B_y
(m)	(kg)	(kg)	(kg)	(m)	(mkg)	(mkg)
			0			0
	835 200 650	1685		0,14 -0,83 1,17	117 - 166 761	
3,975			1685			712
	2406 800	3206		-0,037 1,17	- 89 936	
1,325			4891			1559
	900 400 1645,5	2945,5		-0,73 1,17 -1,482	- 657 468 -2438	
0			7836,5 -6163,5			-1068 -1062
	1645,5 400 900	-2945,5		-1,482 1,17 -0,73	2438 - 468 657	
- 1,325			-3218			-3689
	428 800	-1228		1,23 1,17	- 526 - 936	
- 3,975			-1990			-2227
	408 950	-1358		1,40 1,17	- 571 -1111	
- 6,625			- 632			- 545
	178	- 178		0,79	- 141	
- 9,275			- 454			- 404
	199	- 199		1,59	- 316	
-11,925			- 255			- 88
	80	- 80		1,21	- 97	
-14,78			- 175			+ 9
	58 25 92	- 175		0,40 1,72 -0,815	- 23 - 43 75	
			0			0

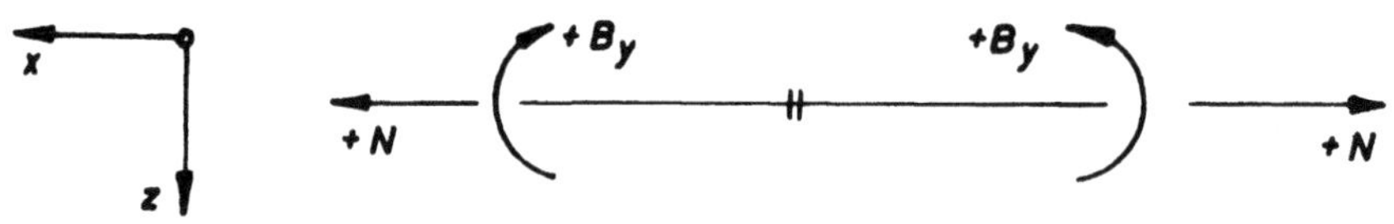

T a b e l l e 9

Einheitsermittlung für $n_y = 1$ und $n_z = 1$

Beladungszustand 1 v - vorderste Schwerpunktslage

Stelle x	$\|\Delta Q\|$ $= \Delta G \cdot 1$	Q	Δx	$\|\Delta B\|$ $= Q \cdot \Delta x$	B
(m)	(kg)	(kg)	(m)	(mkg)	(mkg)
		0			0
	2435		1,81	- 2200	
3,975		2435			- 2200
	3206		2,65	-10700	
1,325		5641			-12900
	2945,5		1,325	- 9426	
0		8586,5 -5413,5			-22326 -15875
	-2945,5		1,325	- 5210	
- 1,325		-2468			-10665
	- 1228		2,65	- 4910	
- 3,975		-1240			- 5755
	- 608		2,65	- 2480	
- 6,625		- 632			- 3275
	- 178		2,65	- 1438	
- 9,275		- 454			- 1837
	- 199		2,65	- 940	
-11,925		- 255			- 897
	- 80		2,855	- 615	
-14,78		- 175			- 282
	- 175		3,22	- 282	
		0			0

Vorzeichen:

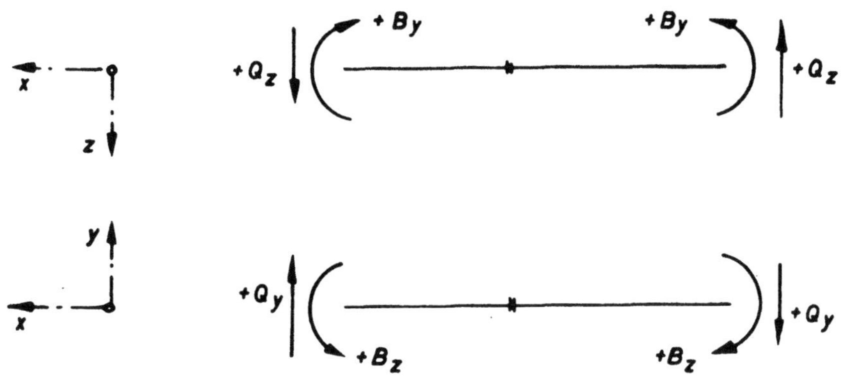

T a b e l l e 10

Einheitsermittlung für $n_y = 1$ und $n_z = 1$

Beladungszustand 1 h - hinterste Schwerpunktslage

Stelle x	$\|\Delta Q\|$	Q	Δx	ΔB	B
(m)	(kg)	(kg)	(m)	(mkg)	(mkg)
.....		0			0
	1685		1,77	- 1490	
3,975		1685			- 1490
	3206		2,65	- 8710	
1,325		4891			-10200
	2949,5		1,325	- 8430	
0		7836,5 -6163,5			-18630 -19860
	-2949,5		1,325	- 6210	
- 1,325		-3218			-13650
	-1228		2,65	- 6900	
- 3,975		-1990			- 6750
	-1358		2,65	- 3475	
- 6,625		- 632			- 3275
	- 178		2,65	- 1438	
- 9,275		- 454			- 1837
	- 199		2,65	- 940	
-11,925		- 255			- 897
	- 80		2,855	- 615	
-14,78		- 175			- 282
	- 175		3,22	- 282	
		0			0

Vorzeichen:

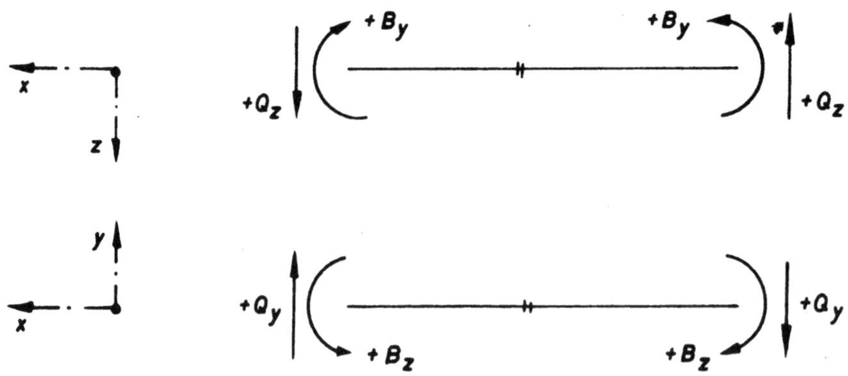

Tabelle 11

Einheitsermittlung für $\frac{\varepsilon_y}{g} = 1$ Beladungszustand 1 v - vorderste Schwerpunktslage

Stelle x	ΔG	n_z	n_x	ΔN_x	N_x	ΔQ_z	Q_z	Δx	$\Delta B'_y = Q_z \cdot \Delta x$	z_s^*	$\Delta B''_y = \Delta N_x \cdot z_s^*$	B_y
(m)	(kg)	$= \frac{\varepsilon_y}{g} \cdot x_s^*$	$= \frac{\varepsilon_y}{g} \cdot z_s^*$	(kg)	(kg)	(kg)	(kg)	(m)	(mkg)	(m)	(mkg)	(mkg)
.....					0		0					0
	835 200 1400	+ 4,672 3,632 4,472	0,14 -0,83 1,17	- 117 166 -1638		3905 726 6260			-10650	0,14 -0,83 1,17	- 16 - 138 - 1916	
3,975					-1589		10891					- 12720
	2406 800	1,787 2,262	-0,037 1,17	89 - 936		4300 1810		2,65	-36980	-0,037 1,17	- 3 - 1096	
1,325					-2436		17001					- 50799
	900 400 1645,5	0,512 0,512 0,512	-0,73 1,17 -1,482	657 468 2438		461 205 843		1,325	-23550	-0,73 1,17 -1,482	- 480 - 548 - 3618	
0					191 185		18510 18536					- 78995 135943
	1645,5 400 900	-1,288 -1,288 -1,288	-1,482 1,17 -0,73	-2438 468 - 657		2118 515 1158		1,325	22050	-1,482 1,17 -0,73	3618 548 480	
- 1,325					2812		14745					109247
	428 800	-2,968 -3,038	1,23 1,17	526 936		1271 2425		2,65	34150	1,23 1,17	647 1096	
- 3,975					1350		11049					73354
	408 200	-5,598 -5,688	1,40 1,17	571 234		2282 1138		2,65	24750	1,40 1,17	800 274	
- 6,625					545		7629					47530
	178	-8,168	0,79	141		1454		2,65	18300	0,79	111	
- 9,275					404		6175					29119
	199	-10,878	1,59	316		2162		2,65	13505	1,59	503	
-11,925					88		4013					15111
	80	-13,548	1,21	97		1083		2,855	9900	1,21	117	
-14,78					- 9		2930					5094
	58 25 92	-16,188 -15,708 -17,388	0,40 1,72 -0,815	23 43 - 75		939 393 1598			4950	0,40 1,72 -0,815	9 74 61	
.....					0		0					0

Tabelle 12

Einheitsermittlung für $\frac{\varepsilon_y}{g} = 1$ - Beladungszustand 1 h - hinterste Schwerpunktslage

Stelle x (m)	ΔG (kg)	$n_z = \frac{\varepsilon_y}{g} \cdot x_s^*$	$n_x = \frac{\varepsilon_y}{g} \cdot z_s^*$	ΔN_x (kg)	N_x (kg)	ΔQ_z (kg)	Q_z (kg)	Δx (m)	$\Delta B'_y = Q_z \cdot \Delta x$ (mkg)	z_s^* (m)	$\Delta B''_y = \Delta N_x \cdot z_s^*$ (mkg)	B_y (mkg)
.....					0		0					0
	835 200 650	5,217 4,177 5,017	0,14 -0,83 1,17	- 117 166 - 761		4360 836 3262		--	- 7930	0,14 -0,83 -1,17	- 16 - 138 - 891	
3,975					- 712		8458					- 8975
	2406 800	2,332 2,807	-0,037 1,17	89 - 936		5605 2245		2,65	-32800	-0,037 1,17	- 3 -1096	
1,325					-1559		16308					- 42874
	900 400 1645,5	1,057 1,057 1,057	-0,73 1,17 -1,482	657 - 468 2438		950 422 1738		1,325	-23630	-0,73 1,17 -1,482	- 480 - 548 -3618	
0					1068 1062		19418 19465					- 71150 148925
	1645,5 400 900	-0,743 -0,743 -0,743	-1,482 1,17 -0,73	-2438 468 - 657		1222 298 669		1,325	24350	-1,482 1,17 -0,73	3618 548 480	
- 1,325					3689		17276					119929
	428 800	-2,423 -2,493	1,23 1,17	526 936		1038 1994		2,65	41700	1,23 1,17	647 1096	
- 3,975					2227		14244					76486
	408 950	-5,053 -5,143	1,40 1,17	571 1111		2062 4890		2,65	28520	1,40 1,17	800 1301	
- 6,625					545		7292					45865
	178	-7,623	0,79	141		1358		2,65	17550	0,79	111	
- 9,275					404		5934					28204
	199	-10,333	1,59	316		2058		2,65	13010	1,59	503	
-11,925					88		3876					14691
	80	-13,003	1,21	97		1040		2,855	9570	1,21	117	
-14,78					- 9		2836					5004
	58 25 92	-15,643 -15,163 -16,843	0,40 1,72 -0,815	23 43 - 75		908 379 1549		--	4860	0,40 1,72 0,815	9 74 61	
.....					0		0					0

Tabelle 13

Einheitsermittlung für $\frac{\varepsilon_z}{g} = 1$

Beladungszustand 1 v

vorderste Schwerpunktslage

Stelle x (m)	ΔQ_y (kg)	Q_y (kg)	ΔB_z (mkg)	B_z (mkg)
.....		0		0
	-10891		10650	
3,975		-10891		10650
	- 6110		36980	
1,325		-17001		47630
	- 1509		23550	
0		-18510 -18536		71180 -127605
	- 3791		-22050	
- 1,325		-14745		-105555
	- 3696		-34150	
- 3,975		-11049		- 71405
	- 3420		-24750	
- 6,625		- 7629		- 46655
	- 1454		-18300	
- 9,275		- 6175		- 28355
	- 2162		-13505	
-11,925		- 4013		- 14850
	- 1083		- 9900	
-14,78		- 2930		- 4950
	- 2930		- 4950	
.....		0		0

Tabelle 14

Einheitsermittlung für $\frac{\varepsilon_z}{g} = 1$

Beladungszustand 1 h

hinterste Schwerpunktslage

Stelle x (m)	ΔQ_y (kg)	Q_y (kg)	ΔB_z (mkg)	B_z (mkg)
.....		0		0
	-8458		+ 7930	
3,975		- 8458		7930
	-7850		+32800	
1,325		-16308		40730
	-3110		+23630	
0		-19418 -19465		64360 -139560
	-2189		-24350	
- 1,325		-17276		-115210
	-3032		-41700	
- 3,975		-14244		- 73510
	-6952		-28520	
- 6,625		- 7292		- 44990
	-1358		-17550	
- 9,275		- 5934		- 27440
	-2058		-13010	
-11,925		- 3876		- 14430
	-1040		- 9570	
-14,78		- 2836		- 4860
	-2836		- 4860	
.....		0		0

Die Werte ΔQ_y bzw. ΔB_z entsprechen den Werten ΔQ_z bzw. $\Delta B'_y$ des Falles $\varepsilon_y / g = 1$

T a b e l l e 15

Einheitsermittlung für $\frac{\varepsilon_x}{g} = 1$ Beladungszustand 1 v - vorderste Schwerpunktslage

Stelle x	ΔG	$= \frac{\varepsilon_x}{g}^{n_y} \cdot z_s^*$	ΔQ_y	Q_y	Δx	$\Delta B_z = Q_y \cdot \Delta x$	B_z	$\Delta B_x = \Delta Q_y \cdot z_s^*$	B_x	B_x +)
(m)	(kg)		(kg)	(kg)	(m)		(mkg)		(mkg)	(mkg)
.....				0			0		0	0
	835 200 1400	0,14 -0,83 1,17	117 - 166 1638		--	-1440		- 16 - 138 -1916		
3,975				+1589			- 1440		-2070	- 4040
	2406 800	-0,037 1,17	- 89 936		2,65	-5330		- 3 -1096		
1,325				+2436			- 6770		-3169	- 7739
	900 400 1645,5	-0,73 1,17 -1,482	- 657 468 -2438		1,325	-1555		- 480 548 -3618		
0				- 191 - 185			- 8325 -12013		-7815 -8338	-13125 -11108
	1645,5 400 900	-1,482 1,17 -0,73	+2438 - 468 + 657		1,325	-1985		-3618 - 548 - 480		
- 1,325				-2812			-10028		-3692	- 5722
	428 800	1,23 1,17	- 526 - 936		2,65	-5510		- 647 -1096		
- 3,975				-1350			- 4518		-1949	- 2779
	408 200	1,40 1,17	- 571 - 234		2,65	-2510		- 800 - 274		
- 6,625				- 545			-2008		- 875	- 1205
	178	0,79	- 141		2,65	-1258		- 111		
- 9,275				- 404			- 750		- 764	- 944
	199	1,59	- 316		2,65	- 651		- 503		
-11,925				- 88			- 99		- 261	- 361
	80	1,21	- 97		2,855	- 113		- 117		
-14,78				+ 9			14		- 144	- 214
	58 25 92	0,40 1,72 -0,815	- 23 - 43 + 75		--	+ 14		- 9 - 74 - 61		
.....				0		0			0	0

+) Biegemomente B_x bei Berücksichtigung der Eigenträgheitsmomente

Tabelle 16

Einheitsermittlung für $\frac{\varepsilon_x}{g} = 1$ Beladungszustand 1 h - hinterste Schwerpunktslage

Stelle x	ΔG	n_y	ΔQ_y	Q_y	Δx	ΔB_z	B_z	ΔB_x	B_x	B_x +)
(m)	(kg)		(kg)	(kg)	(m)	(mkg)	(mkg)	(mkg)	(mkg)	(mkg)
.....				0			0		0	0
	835 200 650	0,14 -0,83 1,17	117 - 166 760		--	- 644		- 16 - 138 - 889		
3,975				711			- 644		-1043	- 2263
	2406 800	-0,037 1,17	- 89 936		2,65	- 3005		- 3 -1096		
1,325				1558			- 3649		-2142	- 4962
	900 400 1645,5	-0,73 1,17 -1,482	- 657 468 -2438		1,325	- 324		- 480 - 548 -3618		
0				-1069 -1062			- 3973 -16658		-6788 -9366	-11348 -12886
	1645,5 400 900	-1,482 1,17 -0,73	+2438 - 468 + 657		1,325	-3140		-3618 - 548 - 480		
- 1,325				-3689			-13518		-4720	- 7500
	428 800	1,23 1,17	- 526 - 936		2,65	-7840		- 647 -1096		
- 3,975				-2227			- 5678		-2977	- 4557
	408 950	1,40 1,17	- 571 -1111		2,65	-3670		- 800 -1302		
- 6,625				- 545			- 2008		- 875	- 1205
	178	0,79	- 141		2,65	-1258		- 111		
- 9,275				- 404			- 750		- 764	- 944
	199	1,59	- 316		2,65	- 651		- 503		
-11,925				- 88			- 99		- 261	- 361
	80	1,21	- 97		2,855	- 113		- 117		
-14,78				+ 9			14		- 144	- 214
	58 25 92	0,40 1,72 -0,815	- 23 - 43 + 75		--	14		- 9 - 74 - 61		
.....				0			0		0	0

+) bei Berücksichtigung der Eigenträgheitsmomente

3.2 Längskräfte, Querkräfte und Biegemomente am Rumpf

Mit den Tabellen der Einheitsermittlung können nun die Beanspruchungen des Rumpfes in den einzelnen Lastfällen und bei den verschiedenen Beladungszuständen berechnet werden.
Die Längskräfte, Querkräfte und Biegemomente sind in den Tabellen 17 bis 21 ermittelt und in den Abbildungen 8, 9 und 10 im graphischen Zusammenhang über der Rumpflänge aufgetragen. Es zeigt sich, daß die größte Beanspruchung des Rumpfes durch das Biegemoment B_y gegeben ist. Damit kann jeder beliebige Rumpfquerschnitt auf Festigkeit nachgerechnet werden.

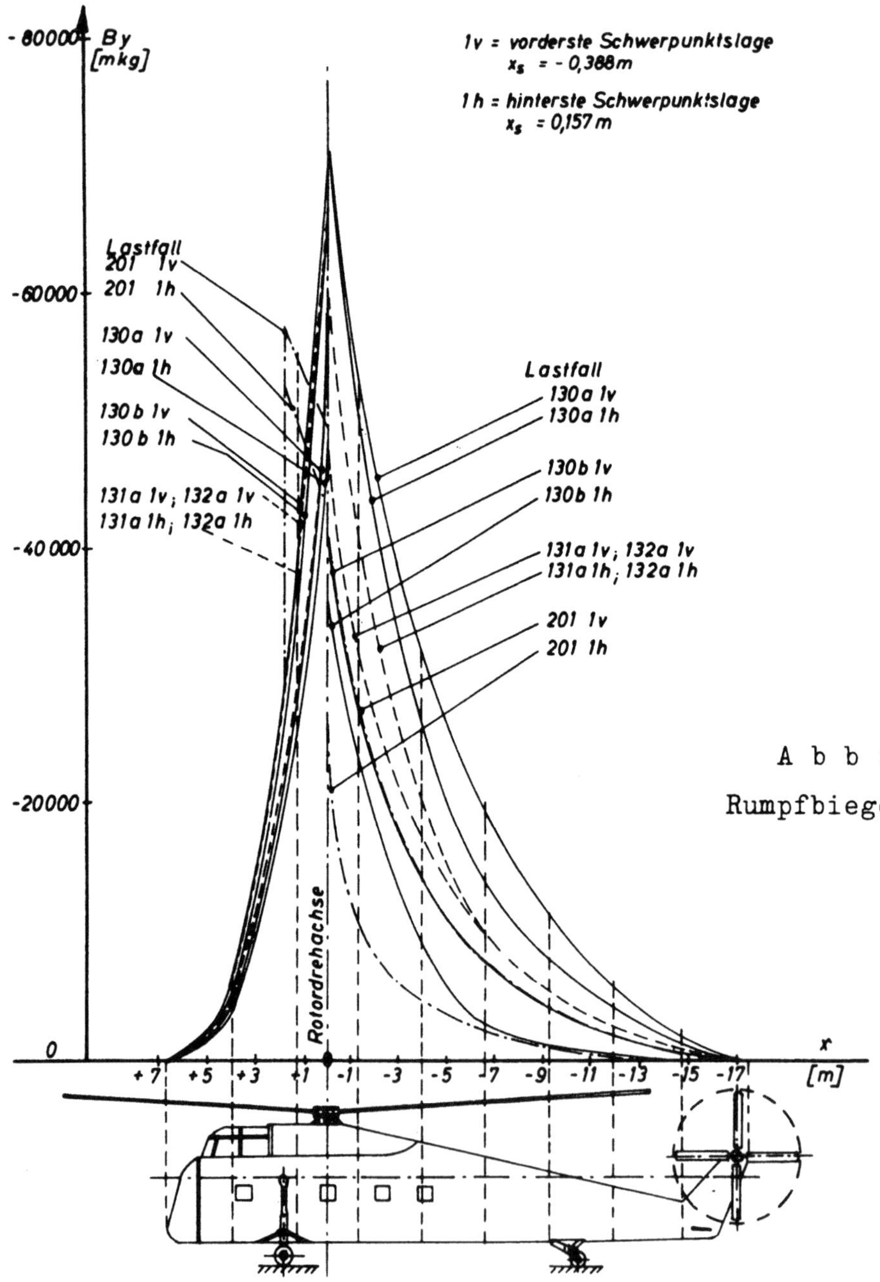

Abbildung 8

Rumpfbiegemomente B_y über x

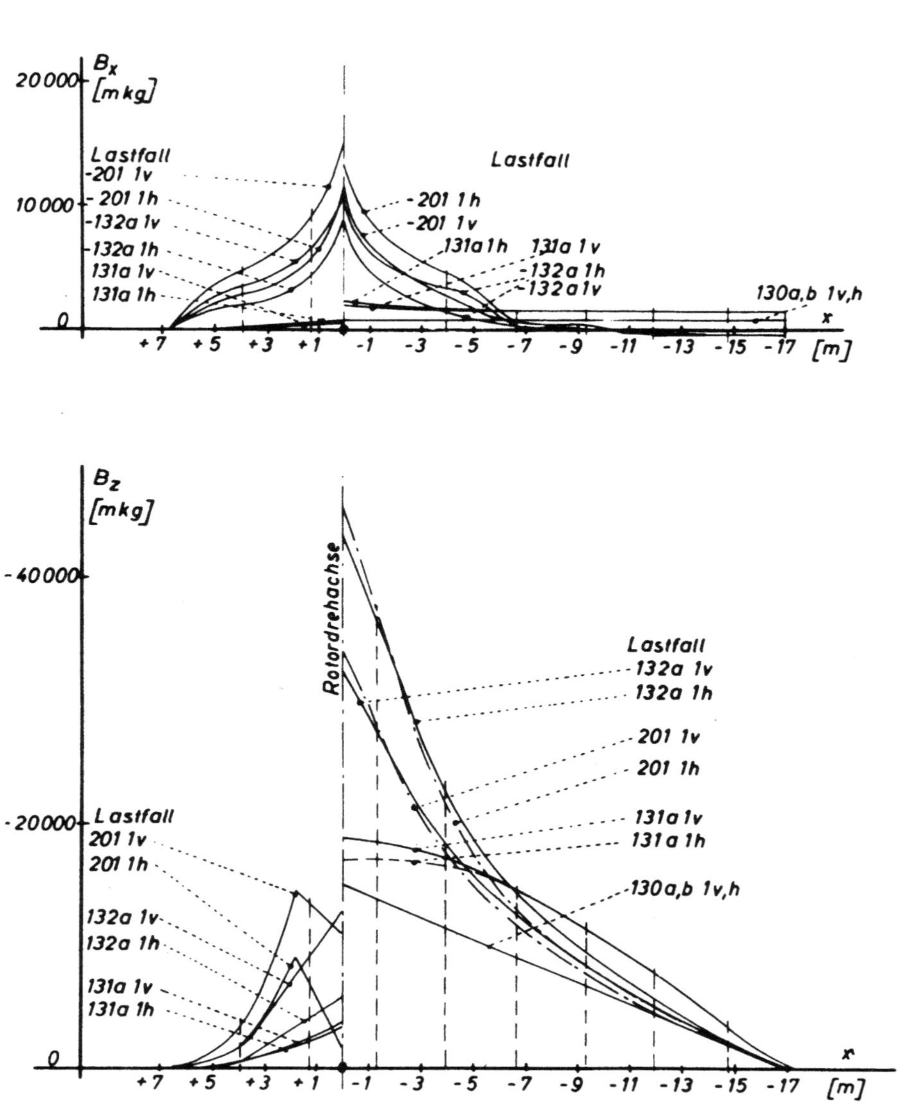

A b b i l d u n g 9

Rumpftorsionsmoment B_x und Rumpfbiegemoment B_z

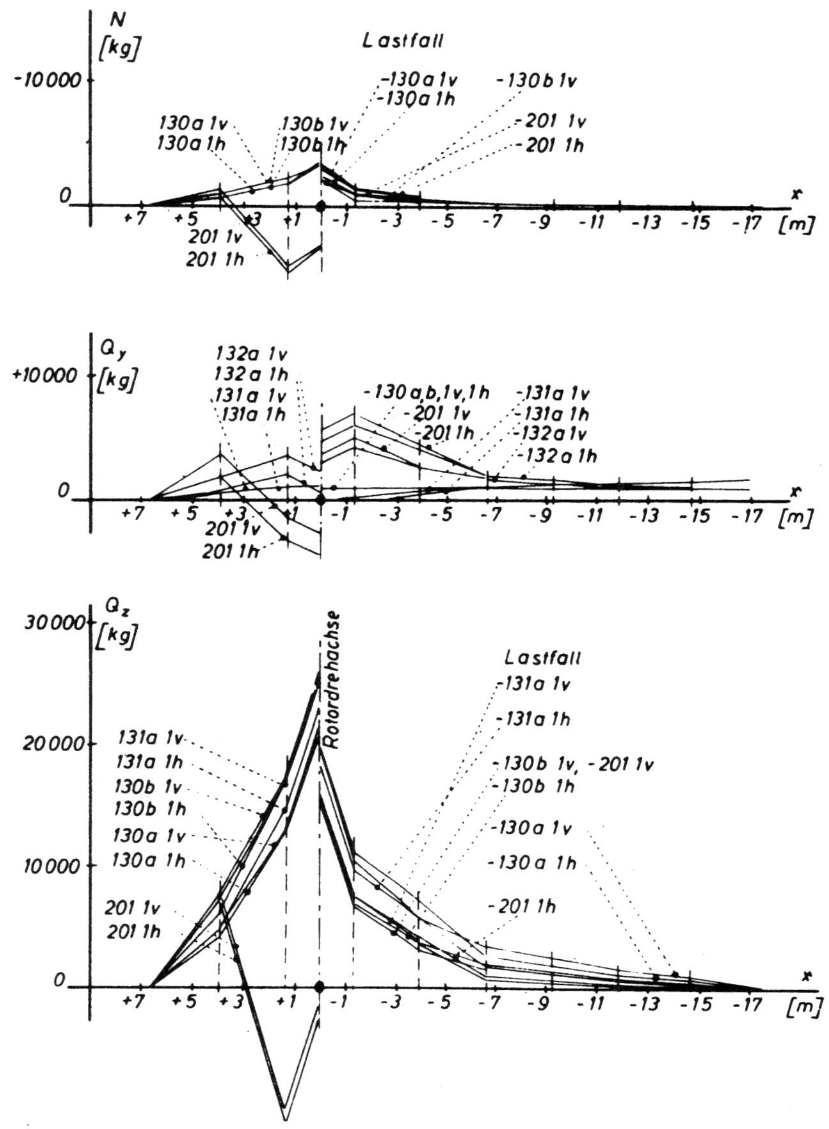

A b b i l d u n g 10

Längskraft N, Querkräfte Q_y und Q_z über x

Tabelle 17

Fall H 130 a — Längssteuerung: "Ziehen"

Beladungszustand 1 v - vorderste Schwerpunktslage

Stelle x	Längskräfte kg: N_x infolge n_x	N_x infolge $\frac{\varepsilon_y}{g}$	N_x	Querkräfte kg: Q_y	Q_z infolge n_z	Q_z infolge $\frac{\varepsilon_y}{g}$	Q_z	Biegemomente mkg: B_y infolge n_x	B_y infolge n_z	B_y infolge $\frac{\varepsilon_y}{g}$	B_y	B_z
.....	0	0	0	0	0	0	0	0	0	0	0	0
3,975	-1015	330	- 685	0	7230	-2258	4972	- 663	- 6530	2640	- 4553	0
1,325	-2355	505	-1850	0	16730	-3523	13207	-1015	-38320	10520	-28815	0
0	-3580	- 40	-3620	0	25460	-3840	21620	80	-66250	16380	-59790	0
	2260	- 38	2222	-890	-16100	-3845	-19945	77	-47050	-28180	-75153	-15120
- 1,325	1030	-583	447	-890	- 7340	-3060	-10400	1172	-31620	-22670	-53118	-13925
- 3,975	517	-280	237	-890	- 3680	-2292	- 5972	563	-17100	-15200	-31737	-11610
- 6,625	264	-113	151	-890	- 1878	-1582	- 3460	228	- 9720	- 9860	-19352	- 9230
- 9,275	189	- 84	105	-890	- 1349	-1280	- 2628	169	- 5450	- 6035	-11316	- 6880
-11,925	106	- 18	88	-890	- 757	- 833	- 1590	37	- 2662	- 3138	- 5763	- 4510
-14,780	73	2	75	-890	- 519	- 608	- 1127	- 4	- 837	- 1057	- 1898	- 1978
.....	0	0	0	0	0	0	0	0	0	0	0	0

$n_x = -0,417$
$n_z = 2,97$
$\frac{\varepsilon_y}{g} = -0,2075$
$P_{HRo} = 890$ kg
$l_{HRo} = 17,0$ m

Beladungszustand 1 h - hinterste Schwerpunktslage

Stelle x	Längskräfte kg: N_x infolge n_x	N_x infolge $\frac{\varepsilon_y}{g}$	N_x	Querkräfte kg: Q_y	Q_z infolge n_z	Q_z infolge $\frac{\varepsilon_y}{g}$	Q_z	Biegemomente mkg: B_y infolge n_x	B_y infolge n_z	B_y infolge $\frac{\varepsilon_y}{g}$	B_y	B_z
.....	0	0	0	0	0	0	0	0	0	0	0	0
3,975	- 703	66	- 637	0	5000	- 788	4212	- 298	- 4420	836	- 3882	0
1,325	-2040	145	-1895	0	14520	-1520	13000	- 650	-30280	3985	-26945	0
0	-3270	- 99	-3369	0	23250	-1810	21440	445	-55400	6630	-48325	0
	2575	- 99	2476	-890	-18310	-1812	-20122	444	-59000	-13860	-72416	-15120
- 1,325	1300	-344	956	-890	- 9550	-1608	-11158	1540	-40550	-11170	-50180	-13925
- 3,975	830	-208	622	-890	- 5910	-1328	- 7238	930	-20030	- 7110	-26210	-11610
- 6,625	264	- 51	213	-890	- 1878	- 679	- 2557	228	- 9720	- 4265	-13757	- 9230
- 9,275	189	- 38	151	-890	- 1348	- 552	- 1900	169	- 5450	- 2625	- 7906	- 6880
-11,925	106	- 8	98	-890	- 757	- 360	- 1117	37	- 2662	- 1368	- 3993	- 4510
-14,780	73	1	74	-890	- 519	- 264	- 783	- 4	- 837	- 465	- 1306	- 1978
.....	0	0	0	0	0	0	0	0	0	0	0	0

$n_x = -0,417$
$n_z = 2,97$
$\frac{\varepsilon_y}{g} = -0,0931$
$P_{HRo} = 890$ kg
$l_{HRo} = 17,0$ m

Das Biegemoment B_x aus dem Heckrotorschub im Fall H 130 ist $B_x = S_{HRo} \cdot h_s$ = 725 mkg = const. für $x < 0$

T a b e l l e 18

F a l l H 130 b

Längssteuerung: "Drücken"

Stelle x	Längskräfte kg: N_x infolge n_x	N_x infolge $\frac{\varepsilon_y}{g}$	N_x	Q_y	Querkräfte kg: Q_z infolge n_z	Q_z infolge $\frac{\varepsilon_y}{g}$	Q_z	Biegemomente mkg: B_y infolge n_x	B_y infolge n_z	B_y infolge $\frac{\varepsilon_y}{g}$	B_y	B_z
Beladungszustand 1 v - vorderste Schwerpunktslage												
.....	0	0	0	0	0	0	0	0	0	0	0	0
3,975	1015	- 76	939	0	7230	520	7750	663	- 6530	- 609	- 6476	0
1,325	2355	-116	2239	0	16730	812	17542	1015	-38320	- 2425	-39730	0
0	3580	9	3589	0	25460	885	26345	- 80	-66250	- 3770	-70100	
	-2260	9	-2251	-890	-16100	886	-15214	- 77	-47050	6495	-40632	-15120
- 1,325	-1030	134	- 896	-890	- 7340	705	- 6635	-1172	-31620	5225	-27567	-13925
- 3,975	- 517	65	- 452	-890	- 3680	528	- 3152	- 563	-17100	3505	-14158	-11610
- 6,625	- 264	26	- 238	-890	- 1878	364	- 1514	- 228	- 9720	2275	- 7673	- 9230
- 9,275	- 189	19	- 170	-890	- 1348	295	- 1053	- 169	- 5450	1391	- 4228	- 6880
-11,925	- 106	4	- 102	-890	- 757	192	- 565	- 37	- 2662	722	- 1977	- 4510
-14,780	- 73	0	- 73	-890	- 519	140	- 379	4	- 837	244	- 589	- 1978
.....	0	0	0	0	0	0	0	0	0	0	0	0
Beladungszustand 1 h - hinterste Schwerpunktslage												
.....	0	0	0	0	0	0	0	0	0	0	0	0
3,975	703	-111	592	0	5000	1322	6322	298	- 4420	- 1402	- 5524	0
1,325	2040	-244	1796	0	14520	2550	17070	650	-30280	- 6700	-36330	0
0	3270	167	3437	0	23250	3038	26288	- 445	-55400	-11120	-66965	0
	-2575	166	-2409	-890	-18310	3040	-15270	- 444	-59000	23230	-36214	-15120
- 1,325	-1300	576	- 724	-890	- 9550	2698	- 6852	-1540	-40550	18710	-23380	-13925
- 3,975	- 830	348	- 482	-890	- 5910	2225	- 3685	- 930	-20030	11930	- 9030	-11610
- 6,625	- 264	85	- 179	-890	- 1878	1138	- 740	- 228	- 9720	7160	- 2788	- 9230
- 9,275	- 189	63	- 126	-890	- 1348	926	- 422	- 169	- 5450	4405	- 1214	- 6880
-11,925	- 106	14	- 92	-890	- 757	605	- 152	- 37	- 2662	2295	- 404	- 4510
-14,780	- 73	1	- 74	-890	- 519	443	- 76	4	- 837	781	- 52	- 1978
.....	0	0	0	0	0	0	0	0	0	0	0	0

Beladungszustand 1 v:

n_x = + 0,417

n_z = 2,97

$\frac{\varepsilon_y}{g}$ = 0,0478

P_{HRo} = 890 [kg]

l_{HRo} = 17,0[m]

Beladungszustand 1 h:

n_x =+ 0,417

n_z = 2,97

$\frac{\varepsilon_y}{g}$ = 0,1561

P_{HRo} = 890[kg]

l_{HRo} = 17,0[m]

T a b e l l e 19

F a l l H 131 a

Seitensteuerung

Stelle x	Querkräfte kg: Q_y infolge P_{HRo}	Q_y infolge n_y	Q_y infolge $\frac{\varepsilon_z}{g}$	Q_y infolge $\frac{\varepsilon_x}{g}$	Q_y	Q_z	Biegemomente mkg: *) B_x	B_y	B_z infolge P_{HRo}	B_z infolge n_y	B_z infolge $\frac{\varepsilon_x}{g}$	B_z infolge $\frac{\varepsilon_z}{g}$	B_z
Beladungszustand 1 v - vorderste Schwerpunktslage													
.....	0	0	0	0	0	0	0	0	0	0	0	0	0
3,975	0	-155	856	- 65	+ 636	7300	166	- 6600	0	140	59	- 839	- 640
1,325	0	-358	1340	-100	882	16910	317	-38700	0	820	278	- 3760	- 2662
0	0	-546	1459	+ 8	921	25750	539	-66950	0	1420	342	- 5605	- 3843
	-1780	344	1462	+ 8	34	-16250	456	-47600	-30220	1010	494	10030	-18686
- 1,325	-1780	157	1162	+115	- 346	- 7410	235	-31980	-27850	678	411	8310	-18451
- 3,975	-1780	79	871	+ 55	- 775	- 3720	114	-17280	-23200	366	186	5630	-17018
- 6,625	-1780	40	601	+ 22	-1117	- 1898	49	- 9820	-18460	208	82	3680	-14490
- 9,275	-1780	29	486	+ 17	-1248	- 1362	39	- 5505	-13740	117	31	2233	-11349
-11,925	-1780	16	316	+ 4	-1444	- 765	15	- 2695	- 9030	57	4	1170	- 7799
-14,78	-1780	11	231	~ 0	-1538	- 525	9	- 876	- 3950	18	- 1	390	- 3543
.....	0	0	0	0	0	0	0	0	0	0	0	0	0
Beladungszustand 1 h - hinterste Schwerpunktslage													
.....	0	0	0	0	0	0	0	0	0	0	0	0	0
3,975	0	-107	613	- 49	457	5055	156	- 4465	0	95	44	- 620	- 481
1,325	0	-310	1278	-107	861	14680	342	-30600	0	649	251	- 3185	- 2285
0	0	-498	1520	+ 73	1095	23500	781	-55950	0	1187	274	- 5035	- 3574
	-1780	392	1521	+ 73	206	-18500	885	-59550	-30220	1262	1146	10910	-16902
- 1,325	-1780	204	1351	+254	29	- 9650	516	-40950	-27850	868	931	9025	-17026
- 3,975	-1780	127	1115	+153	- 385	- 5970	314	-20230	-23200	429	390	5750	-16631
- 6,625	-1780	40	570	+ 38	-1132	- 1898	83	- 9820	-18460	208	137	3520	-14595
- 9,275	-1780	29	464	+ 28	-1259	- 1362	65	- 5505	-13740	117	52	2148	-11423
-11,925	-1780	16	303	+ 6	-1455	- 765	25	- 2695	- 9030	57	7	1130	- 7836
-14,78	-1780	11	222	- 1	-1548	- 525	15	- 876	- 3950	18	1	380	- 3553
.....	0	0	0	0	0	0	0	0	0	0	0	0	0

Beladungszustand 1 v:

$n_y = -0{,}0636$
$n_z \cong 3{,}0$
$\frac{\varepsilon_x}{g} = -0{,}0410$
$\frac{\varepsilon_z}{g} = -0{,}0788$
$P_{HRo} = 1780$ kg
$l_{HRo} = 17{,}0$ m

Beladungszustand 1 h:

$n_y = -0{,}0636$
$n_z \cong 3{,}0$
$\frac{\varepsilon_x}{g} = -0{,}0688$
$\frac{\varepsilon_z}{g} = -0{,}0782$
$P_{HRo} = 1780$ kg
$l_{HRo} = 17{,}0$ m

*) Zusätzliches Moment aus Heckrotorschub für $x<0: \Delta B_x = 1450$ mkg

Tabelle 20

Fall H 132 a

Quersteuerung

Beladungszustand 1 v - vorderste Schwerpunktslage

Stelle x	Querkräfte kg: Q_y infolge P_{HRo}	Q_y infolge n_y	Q_y infolge $\frac{\varepsilon_x}{g}$	Q_y infolge $\frac{\varepsilon_z}{g}$	Q_y	Q_z	Biegemomente mkg: B_x *)	B_y	B_z infolge P_{HRo}	B_z infolge n_y	B_z infolge $\frac{\varepsilon_x}{g}$	B_z infolge $\frac{\varepsilon_z}{g}$	B_z
.....	0	0	0	0	0	0	0	0	0	0	0	0	0
3,975	0	764	1353	- 161	1956	7250	- 3445	- 6560	0	- 691	- 1229	158	- 1762
1,325	0	1770	2075	- 252	3593	16810	- 6600	-38450	0	-4050	- 5780	706	- 9124
0	0	2695	- 163	- 274	2258	25600	-11210	-66500	0	-7050	- 7100	1040	-13110
	-890	-1702	- 158	- 274	-3024	-16170	- 9490	-47300	-15120	-4980	-10270	-1888	-32258
- 1,325	-890	- 776	-2398	- 218	-4282	- 7360	- 4885	-31760	-13925	-3345	- 8560	-1561	-27391
- 3,975	-890	- 389	-1151	- 164	-2594	- 3695	- 2368	-17180	-11610	-1809	- 3860	-1058	-18337
- 6,625	-890	- 199	- 465	- 113	-1667	- 1883	- 1029	- 9755	- 9230	-1029	- 1712	- 691	-12662
- 9,275	-890	- 143	- 345	- 91	-1469	- 1352	- 805	- 5470	- 6880	- 576	- 640	- 419	- 8515
-11,925	-890	- 80	- 75	- 60	-1105	- 760	- 308	- 2975	- 4510	- 282	- 84	- 220	- 5096
-14,78	-890	- 55	- 8	- 43	- 980	- 521	- 183	- 841	- 1978	- 89	12	- 73	- 2128
.....	0	0	0	0	0	0	0	0	0	0	0	0	0

n_y = 0,314
n_z = 2,98
$\frac{\varepsilon_x}{g}$ = 0,852
$\frac{\varepsilon_z}{g}$ = 0,0148
P_{HRo} = 890 kg
l_{HRo} = 17,0 m

Beladungszustand 1 h - hinterste Schwerpunktslage

Stelle x	Querkräfte kg: Q_y infolge P_{HRo}	Q_y infolge n_y	Q_y infolge $\frac{\varepsilon_x}{g}$	Q_y infolge $\frac{\varepsilon_z}{g}$	Q_y	Q_z	Biegemomente mkg: B_x *)	B_y	B_z infolge P_{HRo}	B_z infolge n_y	B_z infolge $\frac{\varepsilon_x}{g}$	B_z infolge $\frac{\varepsilon_z}{g}$	B_z
.....	0	0	0	0	0	0	0	0	0	0	0	0	0
3,975	0	529	623	- 448	704	5015	- 1987	- 4340	0	- 468	- 564	419	- 613
1,325	0	1536	1363	- 863	2036	14580	- 4350	-30400	0	-3205	- 3198	2158	- 4245
0	0	2458	- 936	-1028	495	23370	- 9940	-55550	0	-5855	- 3480	3400	- 5935
	-890	-1938	- 931	-1029	-4788	-18400	-11280	-59100	-15120	-6230	-14590	-7380	-43320
- 1,325	-890	-1010	-3235	- 913	-6048	- 9590	- 6560	-40600	-13925	-4290	-11860	-6100	-36175
- 3,975	-890	- 625	-1952	- 754	-4221	- 5930	- 3995	-20130	-11610	-2120	- 4970	-3895	-22595
- 6,625	-890	- 199	- 477	- 385	-1951	- 1885	- 1056	- 9755	- 9230	-1029	- 1760	-2380	-14399
- 9,275	-890	- 143	- 354	- 314	-1701	- 1352	- 826	- 5470	- 6880	- 576	- 657	-1452	- 9565
-11,925	-890	- 80	- 77	- 204	-1251	- 760	- 316	- 2975	- 4510	- 282	- 87	- 764	- 5643
-14,78	-890	- 55	8	- 150	-1087	- 521	- 187	- 841	- 1978	- 89	12	- 257	- 2312
0	0	0	0	0	0	0	0	0	0	0	0	0	0

n_y = 0,314
n_z = 2,98
$\frac{\varepsilon_x}{g}$ = 0,876
$\frac{\varepsilon_z}{g}$ = 0,0529
P_{HRo} = 890 kg
l_{HRo} = 17,0 m

+) zusätzliches Moment aus Heckrotorschub für $x<0 : \Delta B_x$ = 725 mkg = const.

T a b e l l e 21

F a l l H 201

Hauptfahrwerkslandung

Beladungszustand 1 v - vorderste Schwerpunktslage

Stelle x	Längskräfte kg: N_x infolge P_x	n_x	$\frac{\varepsilon_y}{g}$	N_x	Querkräfte kg: Q_y infolge P_y	n_y	$\frac{\varepsilon_x}{g}$	$\frac{\varepsilon_z}{g}$	P_{HRo}	Q_y	Q_z infolge P_z	n_z	$\frac{\varepsilon_y}{g}$	Q_z
.....	0	0	0	0	0	0	0	0	0	0	0	0	0	0
3,975	0	1460	- 82	1378	0	1460	1873	431	0	3764	0	7300	564	7864
1,325	-8400	3382	-126	-5144	-8400	3382	2868	624	0	-1526	-28000	16920	881	-10199
0	-8400	5150	10	-3240	-8400	5150	- 226	734	0	-2742	-28000	25750	960	- 1290
	0	-3255	10	-3245	0	-3255	- 218	735	-890	-3628	0	-16250	960	-15290
- 1,325	0	-1482	146	-1336	0	-1482	-3318	584	-890	-5106	0	- 7410	764	- 6646
- 3,975	0	- 744	70	- 674	0	- 744	-1592	437	-890	-2789	0	- 3720	572	- 3148
- 6,625	0	- 380	23	- 352	0	- 380	- 643	302	-890	-1611	0	- 1896	395	- 1501
- 9,275	0	- 272	21	- 251	0	- 272	- 476	244	-890	-1394	0	- 1362	320	- 1042
-11,925	0	- 153	5	- 148	0	- 153	- 104	159	-890	- 988	0	- 765	208	- 557
-14,78	0	- 105	0	- 105	0	- 105	11	116	-890	- 868	0	- 525	152	- 373
.....	0	0	0	0	0	0	0	0	0	0	0	0	0	0

n_x = 0,6
n_y = 0,6
n_z = 3
$\frac{\varepsilon_x}{g}$ = 1,18
$\frac{\varepsilon_y}{g}$ = 0,0518
$\frac{\varepsilon_z}{g}$ =-0,0396
P_x =-8400 kg
P_y =-8400 kg
P_z =-28000 kg
P_{HRo} = 890 kg

Beladungszustand 1 h - hinterste Schwerpunktslage

Stelle x	P_x	n_x	$\frac{\varepsilon_y}{g}$	N_x	P_y	n_y	$\frac{\varepsilon_x}{g}$	$\frac{\varepsilon_z}{g}$	P_{HRo}	Q_y	P_z	n_z	$\frac{\varepsilon_y}{g}$	Q_z
.....	0	0	0	0	0	0	0	0	0	0	0	0	0	0
3,975	0	1011	- 85	926	0	1011	840	82	0	1933	0	5060	1011	6071
1,325	-8400	2932	-186	-5654	-8400	2932	1838	158	0	-3472	-28000	14670	1952	-11378
0	-8400	4700	128	-3572	-8400	4700	-1260	188	0	-4772	-28000	23500	2322	- 2178
	0	-3700	127	-3573	0	3700	-1252	189	-890	-5653	0	-18500	2325	-16175
- 1,325	0	-1930	441	-1489	0	1930	-4350	167	-890	-7003	0	- 9640	2063	- 7577
- 3,975	0	-1193	266	- 927	0	1193	-2630	138	-890	-4575	0	- 5970	1703	- 4267
- 6,625	0	- 379	65	- 314	0	- 379	- 643	71	-890	-1841	0	- 1898	871	- 1027
- 9,275	0	- 272	48	- 224	0	- 272	- 476	58	-890	-1580	0	- 1362	709	- 653
-11,925	0	- 153	11	- 142	0	- 153	- 104	38	-890	-1109	0	- 765	463	- 302
-14,78	0	- 105	1	- 106	0	- 105	11	27	-890	- 957	0	- 525	339	- 186
.....	0	0	0	0	0	0	0	0	0	0	0	0	0	0

n_x = 0,6
n_y = 0,6
n_z = 3
$\frac{\varepsilon_x}{g}$ = 1,18
$\frac{\varepsilon_y}{g}$ = 0,1196
$\frac{\varepsilon_z}{g}$ =-0,0097
P_x =-8400 kg
P_y =-8400 kg
P_z =-28000 kg
P_{HRo} = 890 kg

T a b e l l e 21 (Fortsetzung)

F a l l H 201 — **Hauptfahrwerkslandung**

Beladungszustand 1 v - vorderste Schwerpunktslage

Stelle x	B_y infolge P_x	B_y infolge P_z	n_x	n_z	$\frac{\varepsilon_y}{g}$	B_y	B_z infolge P_y	B_z infolge P_{HRo}	n_y	$\frac{\varepsilon_x}{g}$	$\frac{\varepsilon_z}{g}$	B_z	*) B_x
.....	0	0	0	0	0	0	0	0	0	0	0	0	0
3,975	0	0	953	- 6600	- 659	- 6306	0	0	- 1320	- 1698	- 421	- 3439	- 4760
1,325	-28750	13580	1460	-38700	- 2635	-55045	4070	0	- 7740	- 7990	-1890	-13550	- 9130
0	-28750	50600	- 115	-66978	- 4095	-49338	15210	0	-13396	- 9825	-2820	-10831	-15500
	0	0	- 111	-47625	7040	-40696	0	-15120	- 9525	-14200	5050	-33795	-13110
- 1,325	0	0	-1685	-31995	5665	-28015	0	-13925	- 6340	-11840	4180	-27925	- 6750
- 3,975	0	0	- 810	-17265	3800	-14275	0	-11610	- 3455	- 5335	2825	-17575	- 3278
- 6,625	0	0	- 327	- 9825	2462	- 7690	0	- 9230	- 1962	- 2370	1850	-11712	- 1421
- 9,275	0	0	- 242	- 5511	1508	- 4245	0	- 6880	- 1102	- 885	1121	- 7746	- 1112
-11,925	0	0	- 53	- 2691	783	- 1961	0	- 4510	- 538	- 117	588	- 4577	- 426
-14,78	0	0	5	- 846	264	- 577	0	- 1978	- 169	17	196	- 1934	- 252
.....	0	0	0	0	0	0	0	0	0	0	0	0	0

$n_x = 0{,}6$
$n_y = 0{,}6$
$n_z = 3$
$\frac{\varepsilon_x}{g} = 1{,}18$
$\frac{\varepsilon_y}{g} = 0{,}0518$
$\frac{\varepsilon_z}{g} = -0{,}0396$
$P_x = -8400$ kg
$P_y = -8400$ kg
$P_z = -28000$ kg
$P_{HRo} = 890$ kg

Beladungszustand 1 h - hinterste Schwerpunktslage

Stelle x	B_y infolge P_x	B_y infolge P_z	n_x	n_z	$\frac{\varepsilon_y}{g}$	B_y	B_z infolge P_y	B_z infolge P_{HRo}	n_y	$\frac{\varepsilon_x}{g}$	$\frac{\varepsilon_z}{g}$	B_z	*) B_x
.....	0	0	0	0	0	0	0	0	0	0	0	0	0
3,975	0	0	427	- 4470	- 1072	- 5115	0	0	- 894	- 760	- 77	- 1731	- 2678
1,325	-28750	13580	935	-30600	- 5120	-49955	4070	0	- 6120	- 4305	- 396	- 6751	- 5855
0	-28750	50600	- 640	-55890	- 8510	-43190	15210	0	-11190	- 4690	- 624	- 1294	-13390
	0	0	- 638	-59580	17900	-42318	0	-15120	-11910	-19650	1353	-45327	-15190
- 1,325	0	0	-2215	-40950	14320	-28845	0	-13925	- 8190	-15980	1119	-36976	- 8850
- 3,975	0	0	-1338	-20250	9140	-12448	0	-11610	- 4050	- 6700	714	-21646	- 5390
- 6,625	0	0	- 327	- 9825	5490	- 4662	0	- 9230	- 1963	- 2370	435	-13127	- 1421
- 9,275	0	0	- 242	- 5511	3375	- 2378	0	- 6880	- 1101	- 885	266	- 8600	- 1112
-11,925	0	0	- 53	- 2691	1755	- 989	0	- 4510	- 539	- 117	140	- 5026	- 426
-14,78	0	0	5	- 846	599	- 242	0	- 1978	- 169	17	47	- 2083	- 252
.....	0	0	0	0	0	0	0	0	0	0	0	0	0

$n_x = 0{,}6$
$n_y = 0{,}6$
$n_z = 3$
$\frac{\varepsilon_x}{g} = 1{,}18$
$\frac{\varepsilon_y}{g} = 0{,}1196$
$\frac{\varepsilon_z}{g} = -0{,}0097$
$P_x = -8400$ kg
$P_y = -8400$ kg
$P_z = -28000$ kg
$P_{HRo} = 890$ kg

3.3 Festigkeitsnachweis des Rumpfes

Der Rumpffestigkeitsnachweis wird im folgenden für die Stelle $x = -6{,}625$ m erbracht. An dieser Stelle ist nach den Abbildungen 8 bis 10 die Beanspruchung aus dem Lastfall 130 a - vorderste Schwerpunktslage - am größten.

Belastung im Fall 130 a an der Stelle $x = -6{,}625$ m:

Längskraft :	N	$= 151$	kg
Querkräfte :	Q_y	$= -890$	kg
	Q_z	$= -3460$	kg
Biegemomente:	B_y	$= -19352$	mkg
	B_z	$= -9230$	mkg

Querschnittswerte

Die Abmessungen des Querschnitts an der betrachteten Rumpfstelle sind aus Abbildung 11 ersichtlich. Für den Festigkeitsnachweis ist die Bestimmung der Widerstandsmomente um Quer- und Hochachse erforderlich.

Die Haut der auf Druck beanspruchten Unterseite der Schale ist nicht voll wirksam, da die Schale ausbeult. Die Querschnittswerte müssen zunächst mit einer geschätzten mittragenden Breite der Haut berechnet werden; die Annahme muß dann nach der Rechnung überprüft und diese evtl. korrigiert werden.

Die Abmessungen des Rumpfquerschnitts an der Stelle $x = -6{,}625$ m sind aus Abbildung 11 ersichtlich. Auf der Zugseite trägt die Haut zwischen zwei Längsprofilen voll mit: $b = 200$ mm. Der Querschnittsanteil je Längsprofil ist somit:

$$\Delta F = F_{Pr} + b \cdot s_H \quad .$$

Als Profil wird gewählt: $(20 \times 30 \times 5) \cdot 1 = 55 \text{ mm}^2$
Hautdicke $S_H = 0{,}8$ mm. Dann ist:

$$\Delta F = 55 + 200 \cdot 0{,}8 = 215 \text{ mm}^2$$

Auf der Druckseite wird die mittragende Breite der Haut geschätzt zu $b' = 10 \cdot S_H = 60$ mm. Dann ist der Querschnittsanteil je Profil:

$$\Delta F' = F_{Pr} + b' \cdot S_H$$
$$= 55 + 60 \cdot 0{,}8 = 103 \text{ mm}^2$$

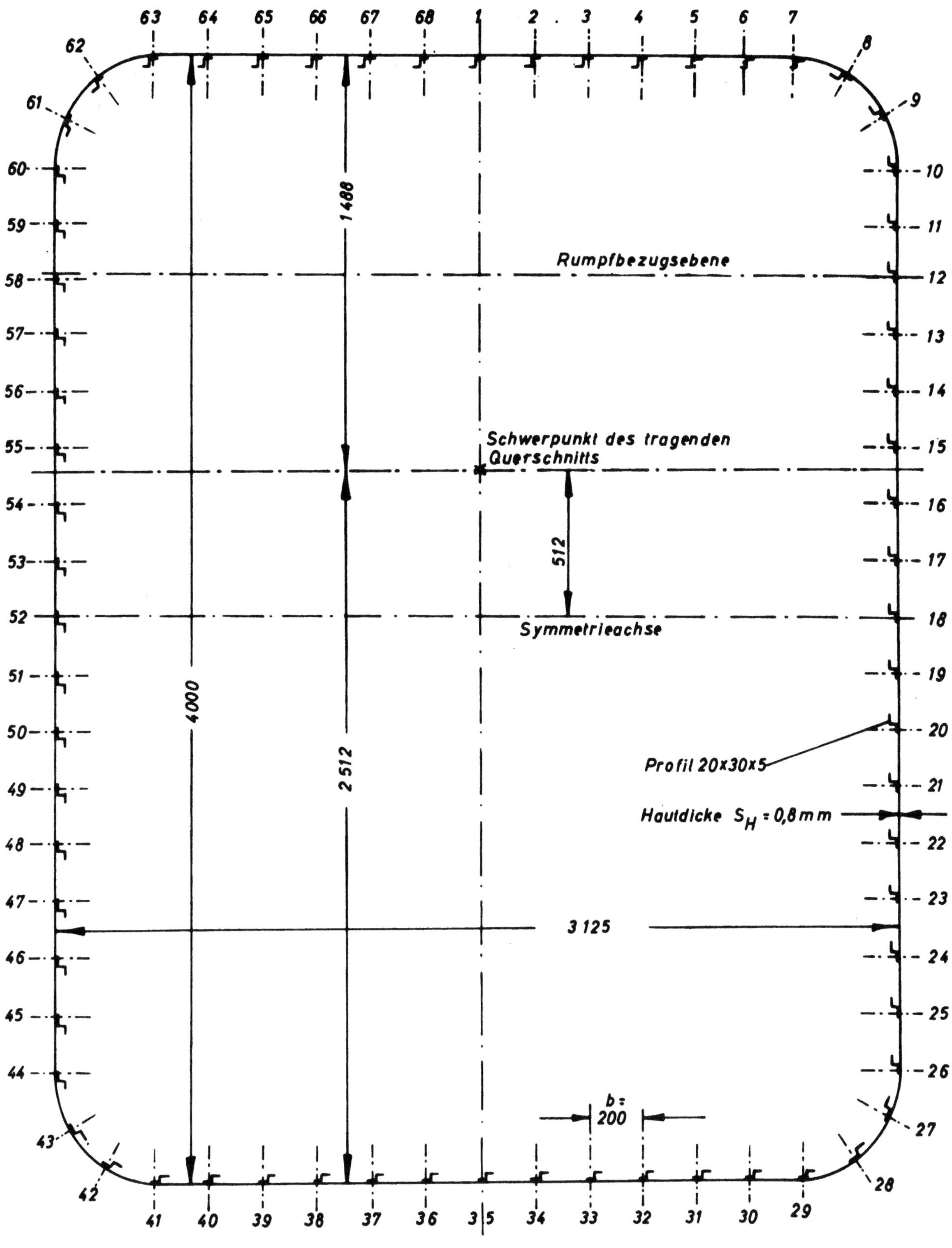

A b b i l d u n g 11
Rumpfquerschnitt an der Stelle x = - 6,625 m

Die Abmessungen sind aus Abbildung 12 ersichtlich.

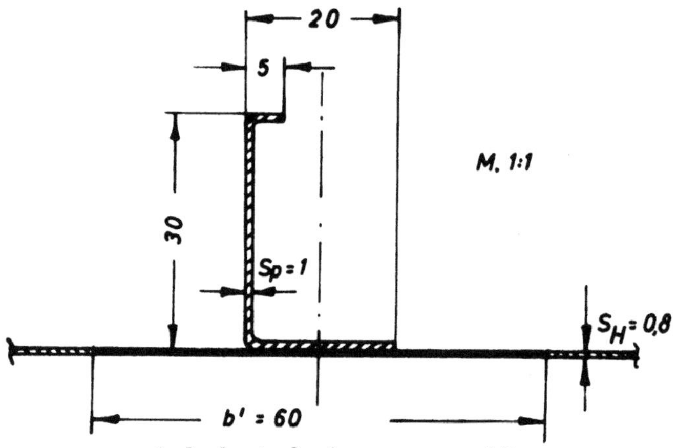

Abbildung 12

Längsprofil

Für die gewählte Anordnung mit je 34 Profilen auf der Zug- und Druckseite wird die gesamte Querschnittsfläche:

$$F = 34 \left(\Delta F + \Delta F' \right) = 10480 \text{ mm}^2$$

Damit können nun mit den auf Abbildung 11 angegebenen Maßen die Trägheitsmomente und Widerstandsmomente berechnet werden. Sie ergeben sich in Bezug auf den Schwerpunkt des tragenden Querschnitts zu

$$J_y = 17700 \cdot 10^6 \text{ mm}^4$$

$$J_z = 16860 \cdot 10^6 \text{ mm}^4$$

$$W_y = \frac{J_y}{z} = 7050 \cdot 10^3 \text{ mm}^3$$

$$W_z = \frac{J_z}{y} = 10790 \cdot 10^3 \text{ mm}^3$$

Damit kann nun die größte Druckspannung in der Unterseite der Rumpfschale bestimmt werden.

Druckfestigkeit der Rumpfschale

Die Druckfestigkeit des isolierten Längsprofiles ist von der Wendigkeit, d.h. vom Verhältnis seiner Schenkellängen zur Blechdicke abhängig. Für das vorliegende Profil ist:

$$\sigma_{St} = \sigma_B - C \cdot \alpha = 24 \text{ kg/mm}^2$$

Dabei ist:

σ_{St} = Druckfestigkeit des Profils bei verschwindender Länge; "Stauch"-Spannung.

σ_B = 40 kg/mm^2 die Bruchfestigkeit von Dural

$\alpha = \frac{b_p + h_p}{s_p}$ = 50 die Wendigkeit des Profils

C = 0,32 eine aus Versuchen ermittelte Werkstoffkonstante

Schlankheitsgrad des Profiles

$$\lambda = \frac{l}{i} = 50$$

i = 10 mm Trägheitsradius des Profiles mit anliegendem Hautabschnitt (b' = 60 mm).

l = 500 mm Spantabstand.

Der Schlankheitsgrad an der Grenze Euler-Tetmajer-Knickung ist:

$$\lambda_g = \pi \cdot \sqrt{\frac{E}{\sigma_{St}/2}} = 76$$

Die Knickfestigkeit des Längsprofiles liegt also im unelastischen Bereich. Wird der Verlauf der Knickspannung in Übereinstimmung mit Teilschalenversuchen entsprechend Abbildung 13 angenommen, erhält man für die Knickfestigkeit:

$$\sigma_K = \sigma_{St}\left(1 - \frac{1}{2} \cdot \frac{\lambda}{\lambda_g}\right) = -\ 16,1\ \frac{kg}{mm^2}$$

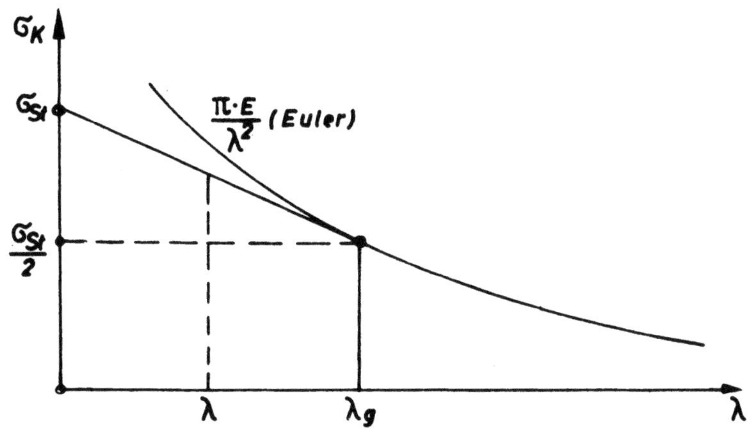

A b b i l d u n g 13

Knickfestigkeit

Mit dem Ansatz nach MARGUERRE läßt sich nur die angenommene mittragende Breite der Haut überprüfen. Es gilt

$$\frac{b'}{b} \approx k \cdot \sqrt[3]{\frac{(S_H/b)^2}{\sigma_k}} = 0{,}32$$

Darin ist

b = 200 mm Profilteilung

S_H = 0,8 mm Hautdicke

σ_k = 1610 kg/cm² Knickfestigkeit

k = 155, ein vom Werkstoff und den Randbedingungen des zwischen den Längsprofilen liegenden ausbeulenden Blechfeldes abhängiger Faktor, der aus Teilschalenversuchen ermittelt wurde.

Die mittragende Breite ergibt sich danach zu

$$b' \approx b \cdot 0{,}32 = 64 \text{ mm}$$

und stimmt gut mit dem der Rechnung zugrundegelegten Wert überein.

Bruchsicherheit

Nach den Bauvorschriften muß die Bruchsicherheit sein

$$j_B \geqq 1{,}5$$

Für den betrachteten Querschnitt an der Stelle x = - 6,625 m wird im Fall 130 a bei vorderster Schwerpunktslage die größte Druckspannung:

$$\sigma_{max} = \frac{N_x}{F} + \frac{B_y}{W_y} + \frac{B_z}{W_z} = -3{,}61 \text{ kg/mm}^2$$

Die Sicherheit gegen Bruch wird:

$$j_B = \frac{\sigma_k}{\sigma_{max}} = \frac{16{,}1}{3{,}61} = 4{,}46$$

Die Schubspannung infolge der Querkräfte wird gering.

Wie die Rechnung zeigt, kann der hintere Rumpfteil leichter gebaut werden, falls durch einen anderen Lastfall keine größere Belastung hervorgerufen wird.

4. Blattberechnung

4.1 Ausgangswerte

Rotordurchmesser	$D = 27$ m; $R = 13,5$ m
Flächendichte	$\sigma = 8$ %; (σ pro Blatt 1,6 %)
Blattzahl	$z = 5$
Blattiefe	$t = \sigma \cdot \frac{\pi}{z} \cdot R = 0,08 \cdot \frac{3,14}{5} \cdot 13,5 = 0,677$ m
Schlaggelenkabstand	$\frac{a}{R} = 3,5$ %;
	$a = 0,47$ m
Anschlagsabstand von Drehachse	0,65 m

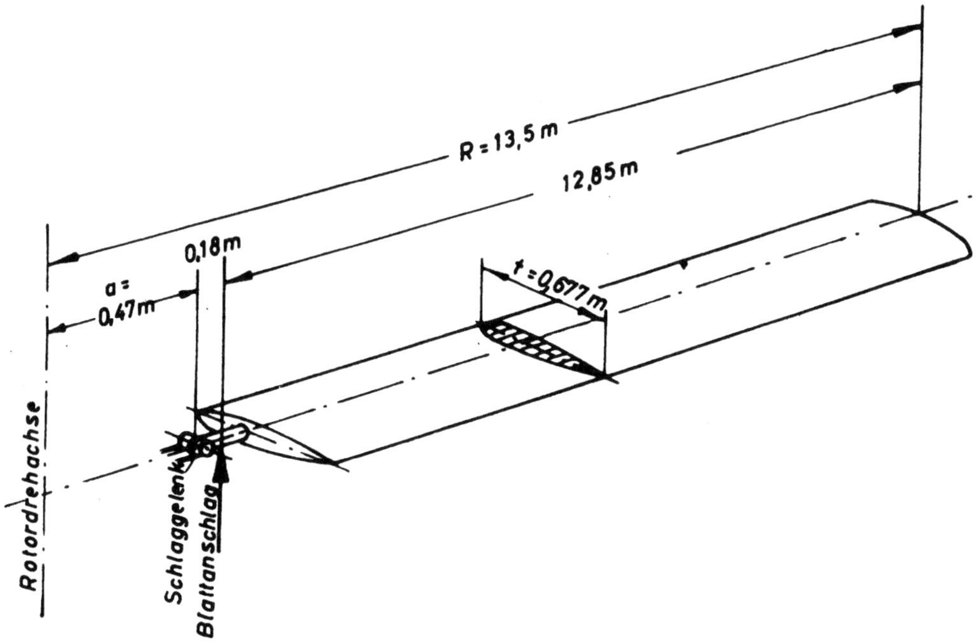

A b b i l d u n g 14
Blattabmessungen

Profil:
Symmetrisches Profil NACA 0015

4.2 Blattgewichte

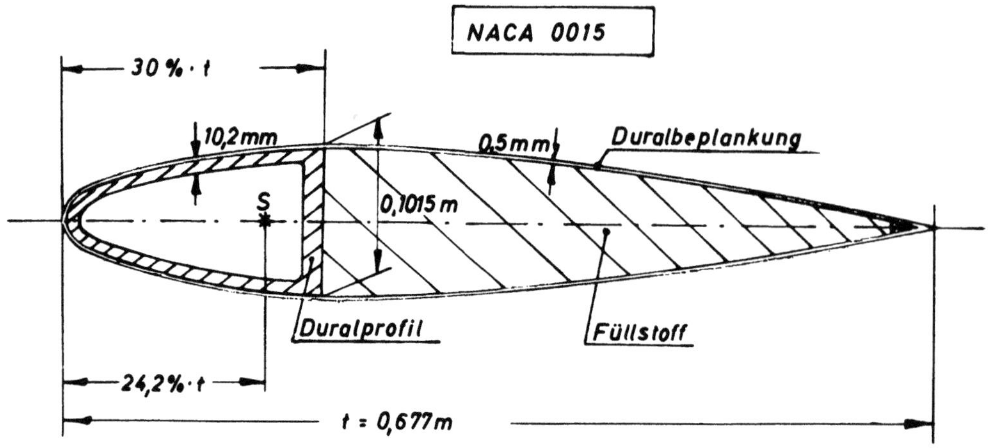

A b b i l d u n g 15

Blattaufbau

Durch Aufteilung der Profilfläche in Teilflächen ergeben sich für den in Abbildung 15 gezeigten Blattaufbau folgende Werte:

	f cm^2	γ g/cm^3	ΔG g/cm
Duralprofil	52,11	2,8	146,10
Beplankung+)	6,85	2,8	19,19
Füllstoff	297,20	0,05	14,83
Endleiste	1,09	2,8	3,06

Blattgewicht je cm Blattlänge: 183,18 [g/cm]

f = Fläche

γ = Spez. Gewicht

ΔG = Teilgewicht je Längeneinheit

+) Die Beplankungsdicke kann wegen der stützenden Wirkung des Duralprofiles und des Füllstoffes mit 0,5 mm ausgeführt werden.

Gewicht eines Blattes ab Schlaggelenk: (l = 1303 cm)

$$G_{Bl} = \frac{183,18}{1000} \cdot 1303 = 239,5 \text{ kg}$$

$$z \cdot G_{Bl} = 5 \cdot 239,5 = 1197,5 \text{ kg} \mathrel{\hat{=}} 13,78 \% \cdot G_1$$

Die Blätter werden infolge des großen Rotordurchmessers relativ schwer.

4.3 Blattschwerpunkt

	x_s cm	x_s^* %
Duralprofil	11,53	17,0
Beplankung	28,95	42,8
Füllstoff	37,55	55,3
Endleiste	66,2	98,0
Blattschwerpunkt	16,38	24,2

Der Blattschwerpunkt liegt bei 24,2 % der Profiltiefe, von der Profilnase aus gemessen.

4.4 Blattträgheitsmoment und Widerstandsmoment

Die mittragende Breite der Beplankung wird zu b = 100 mm angenommen. Die Umrißform wird durch Rechtecke angenähert. Damit ergibt sich das Trägheitsmoment zu:

$$J_x = 689{,}5 \text{ cm}^4$$

Blattwiderstandsmoment:

$$W_{x_{min}} = 137{,}8 \text{ cm}^3$$

4.5 Beanspruchung und Festigkeitsnachweis der Blätter in einigen maßgebenden Lastfällen

Fall T 105 a Abfangen im Tragschrauberflug

Zugelassen $M \leq 0{,}8$

$$U \leq 0{,}8 \cdot V_c = 272 \text{ m/s} \qquad V_c = 340 \text{ m/s}$$

Fliehkraft:

$$Z = \frac{G_{Bl}}{g} \cdot r_s \cdot \omega^2 \qquad \frac{239}{9{,}81} \cdot 6{,}98 \cdot 20{,}15^2 = 69000 \text{ kg}$$

r_s = Schwerpunktsabstand des Blattgewichts von der Drehachse.

$r_s = 6{,}98$ m

$$\omega = \frac{U}{R} = \frac{272}{13{,}5} = 20{,}15 \text{ s}^{-1}$$

Bruchfestigkeit von Dural $\sigma_B = 4000\ kg/cm^2$

Sicherheit $j_B = 1{,}5$

$$\sigma_{zul} = \frac{4000}{1{,}5} = 2665\ kg/cm^2$$

Erforderlicher tragender Blattquerschnitt:

$$F = \frac{Z}{\sigma_{zul}} = \frac{69000}{2665} = 25{,}85\ cm^2$$

Ausgeführt: $52{,}1\ cm^2$

Fall H 245 Beanspruchung der Blätter am Boden

Biegemoment beim Blattanschlag:

$$B = n_z \cdot G^*_{Bl} \cdot \frac{l^2}{2}$$

Darin ist:

n_z = Lastvielfaches

G^*_{Bl} = 183,18 [g/cm] Blattgewicht je Längeneinheit

l = 1285 cm Blattlänge außerhalb des Blattanschlages

$B = n_z \cdot 0{,}1832 \cdot \frac{1285^2}{2} = 151200 \cdot n_z$ [cmkg]

Größte Biegebeanspruchung in der Randfaser:

$$\sigma_{max} = \frac{B}{W_{min}} = \frac{151200}{137{,}8}\, n_z = 1100 \cdot n_z\ [kg/cm^2]$$

Vorgeschriebene Bruchsicherheit $j_B \geqq 1{,}5$; dann wird das Lastvielfache

$$n_z = \frac{\sigma_B}{j_B \cdot 1100} = \frac{4000}{1{,}5 \cdot 1100} = 2{,}42$$

Dieser Wert reicht aus.

4.6 Blattdurchbiegung unter Eigengewicht

Biegepfeil: $f = \frac{G_{Bl}}{E \cdot J_x} \cdot \frac{l^3}{8}$

E = Elastizitätsmodul für Dural = 700 000 kg/cm²

G_{Bl} = Blattgewicht = 240 kg

l = Länge des Blattes ab Anschlag = 1285 cm

$$f = \frac{240 \cdot 1285^3}{700000 \cdot 689{,}5 \cdot 8} = 132{,}0\ cm$$

4.7 Blattträgheitsmoment um die Schlagachse

$$J_A = \int_a^R (r-a)^2 \cdot dm$$

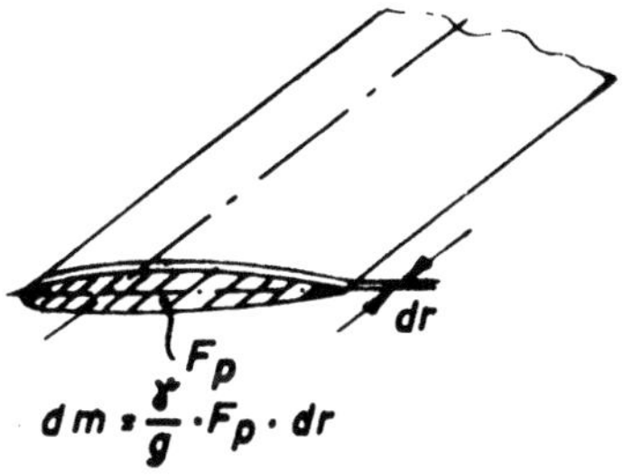

$$= \frac{\gamma}{g} \cdot F_P \cdot \int_a^R (r-a)^2 \cdot dr$$

$$= \frac{\gamma}{g} \cdot F_P \cdot 0{,}2995 \cdot R^3$$

Für überschlägige Berechnung ist $G_{Bl} \approx \frac{\gamma}{g} \cdot F_P \cdot R$

Genauer ist:

$$\gamma \cdot F_P = \Sigma\, \gamma_i \cdot F_{Pi}$$

$$= 183{,}18 \text{ g/cm}$$

$$= 0{,}1832 \text{ kg/cm}$$

Dann wird:

$$J_A = \frac{0{,}1832 \cdot 1350^3 \cdot 0{,}2995}{981}$$

$$J_A = 1375 \text{ kg m s}^2$$

4.8 Blattgewichtsmoment

$$M_{G_{Bl \cdot A}} = g \cdot \int_a^R (r-a) \cdot dm \; ; \qquad dm = \frac{\gamma}{g} \cdot F_P \cdot dr$$

$$M_{GBl \cdot A} = \gamma \cdot F_P \cdot R^2 \cdot 0{,}4656$$

$$M_{GBl \cdot A} = 0{,}1832 \cdot 13{,}5^2 \cdot 10^4 \cdot 0{,}4656$$

$$M_{GBl.A} = 1558 \text{ mkg}$$

4.9 Blattkonstante

$$\gamma = \frac{\rho/2 \cdot R^4 \cdot c'_{a\infty} \cdot t_o}{J_A} = \frac{1 \cdot 13{,}5^4 \cdot 5{,}6 \cdot 0{,}677}{16 \cdot 1375} = 5{,}73$$

4.10 Zusammenstellung

Blattgewicht	G	= 239,5 kg ($z \cdot G$ = 13,78 % $\cdot G_1$)
	G^*	= 0,1832 kg/cm
Blattschwerpunkt	x_s	= 24,2 % $\cdot$ t
Trägheitsmoment	J_x	= 689,5 cm^4
Widerstandsmoment	W_x	= 154,9 cm^3
Bruchsicherheit (H245)	j_B	= 1,50
Durchbiegung	f	= 1,32 m
Massenträgheitsmoment	J_A	= 1375 $mkgs^2$
Gewichtsmoment	$M_{G_{Bl \cdot A}}$	= 1558 mkg
Blattkonstante	γ	= 5,73
Blattiefe	t	= 0,678 m
Blattform	Rechteck	
Verwindung	$- 4^o$	
Schlaggelenkabstand	$\frac{a}{R}$	= 3,5 %
Anschlagabstand von Rotorachse	65,0 cm	(18,0 cm von Schlaggelenk)

Übersicht

Die rechnerische Behandlung der Flugleistungs-, Steuerungs-, Stabilitäts- und Festigkeitsprobleme am Hubschrauber macht die Kenntnis der am Rotor angreifenden Kräfte und Momente erforderlich. Die Berechnung der jeweils drei Kraft- und Momentenkomponenten ist im vorliegenden Bericht 648 durchgeführt. Die theoretischen Grundlagen für die Berechnung der Beiwerte entstammen dem Bericht 3 der DSH:

JUST, JAECKEL "Aerodynamik der Hub- und Tragschrauber, Teil 2, Berechnung des Rotors".

Die Ergebnisse sind in Form von Kurvenblättern wiedergegeben, auf denen im wesentlichen für die Blatteinstellwinkel $\vartheta_{0,7} = 4^\circ$ (Tragschrauberzustand) und $\vartheta_{0,7} = 8^\circ$, 10°, 12° und 16° (Hubschrauberzustand) die Schlagkoeffizienten a_0, a_1, b_1, a_2, b_2 sowie der Durchflußgrad δ und die Rotorbeiwerte k_x, k_y, k_{m_x}, k_{m_y} und k_{m_z} über dem Fortschrittsgrad μ beim Parameter k_z/σ aufgetragen wurden; der Normalkraftbeiwert k_z ist als Funktion des Rotoranstellwinkels α für verschiedene Fortschrittsgrade μ aufgezeichnet. Auftriebsbeiwert k_a und Widerstandsbeiwert k_w sind in Abhängigkeit vom Fortschrittsgrad $\lambda = \mu/\cos\alpha$ bzw. Rotoranstellwinkel wiedergegeben.

Die gebrachten Abbildungen gelten mit Ausnahme der Kurven für k_z, k_{m_x}, k_{m_y}, k_a, k_w für alle Flächendichten. Für die Berechnung von k_z, k_{m_x}, k_{m_y}, k_a, k_w wurde die für die Lastenhubschrauber L-41 und L-51 festgelegte Flächendichte $\sigma = 8\ \%$ verwendet.

Für einen bestimmten Flugzustand werden außerdem noch Schub- und Tangentialkraftverteilungen über die Blattlänge sowie Schub und Tangentialkraft in Abhängigkeit vom Umlaufwinkel ermittelt.

Teil II

Kräfte und Momente am Rotor

1. Allgemeines

Für eine rechnerische Ermittlung der Flugleistungen, der Steuerungs- und Stabilitätseigenschaften sowie für die Festigkeitsberechnung eines Drehflügelflugzeuges sind die am Rotor angreifenden Kräfte und Momente die wichtigste Grundlage. Während für Flächenflugzeuge Auftrieb, Widerstand und Längsmoment des Tragflügels verhältnismäßig einfach ermittelt werden können, erfordert die entsprechende Aufgabe bei Hubschraubern ungleich mehr Aufwand. Man muß von der Bestimmung der Luftkräfte am Einzelblatt ausgehen und die Blattbewegungen ermitteln, aus denen die Massenkräfte für ein Blatt zu erhalten sind. Damit sind dann die Voraussetzungen für die kraft- und momentenmäßige Untersuchung des Rotors geschaffen.

Am Rotor greifen im allgemeinen 3 Kraft- und 3 Momentenkomponenten an, deren Richtungen im rotorfesten, nichtrotierenden Koordinatensystem x, y, z wie folgt festgelegt sind (s. Abb. 1):

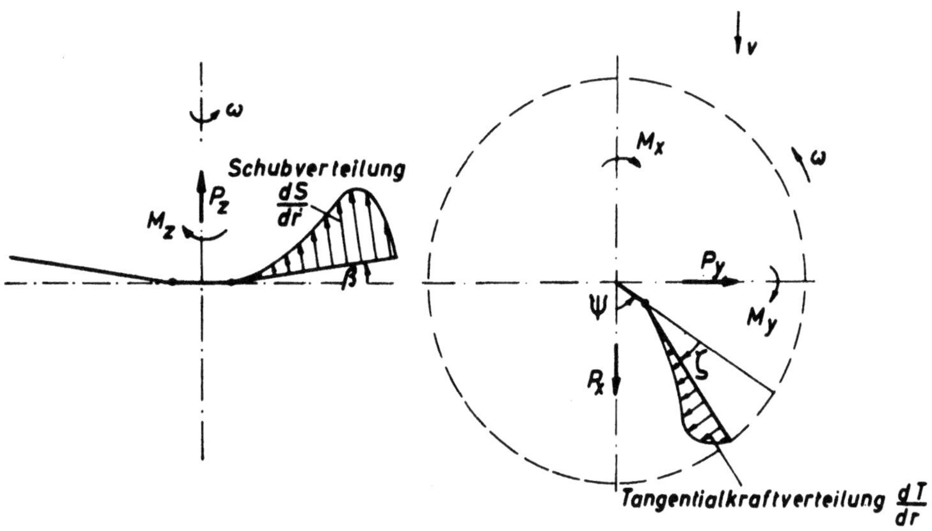

A b b i l d u n g 1
Die 6 Rotorkomponenten

Rotorkräfte

P_x = Tangentialkraft, positiv in Richtung der negativen x-Achse
P_y = Seitenkraft, positiv in Richtung der positiven y-Achse
P_z = Normalkraft, positiv in Richtung der negativen z-Achse

Rotormomente

M_x = Rollmoment
M_y = Längsmoment
M_z = Drehmoment

} positiv bei Rechtsschraubung um die positiven Achsrichtungen

Im folgenden sollen nun die einzelnen Teilaufgaben bei der Ermittlung der Rotorkomponenten kurz behandelt werden.

Schlagbewegung

Im Schwebeflug nimmt das Rotorblatt während des Umlaufes eine konstante Lage ein, so daß sich die angreifenden Luftkräfte nicht ändern. Im Vorwärtsflug sind dagegen die Anströmgeschwindigkeiten und die Luftkräfte je nach Stellung ψ des Blattes verschieden. Bei starrem Blattanschluß entstehen dadurch an der Blattwurzel unzulässig hohe Wechselbeanspruchungen. Man verwendet daher Schlaggelenke (s. Abb. 2).

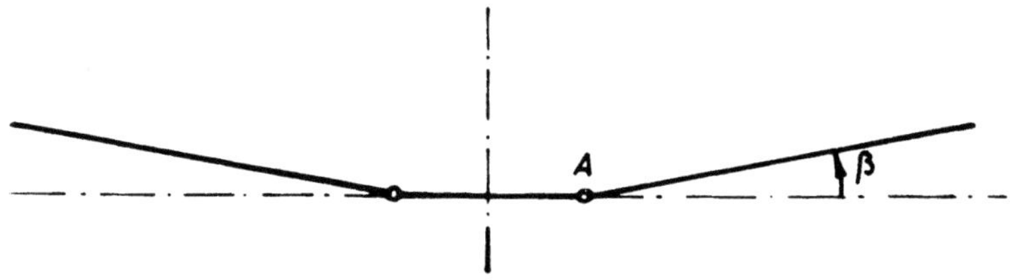

A b b i l d u n g 2
Schlaggelenk A und Schlagwinkel β

Die wechselnden Luftkräfte am Blatt beim Vorwärtsflug bewirken eine periodische Auf- und Abwärtsbewegung des Blattes, die mit "Schlagbewegung" bezeichnet wird. Für den Schlagwinkel gilt also:

$$\beta = \beta(\psi).$$

Die am Blattelement auftretenden Kräfte sind in Abbildung 3 dargestellt.

Die Differentialgleichung für die Schlagbewegung β läßt sich aus der Bedingung, daß die Summe aller Momente der Blattelemente um das Schlaggelenk gleich Null sein muß, aufstellen. Zu ihrer Lösung kann der Ansatz gemacht werden:

$$\beta = a_0 - a_1 \cdot \cos\psi - b_1 \cdot \sin\psi - a_2 \cdot \cos 2\psi - b_2 \cdot \sin 2\psi - a_3 \cdot \cos 3\psi - b_3 \cdot \sin 3\psi \ldots$$

Die Größen a_0, a_1, b_1, a_2, b_2, a_3, b_3 ... nennt man die Schlagkoeffizienten. Für die Berechnung der Beiwerte genügt es im allgemeinen, die Schlagkoeffizienten a_0, a_1, b_1, a_2 und b_2 zu bestimmen, da die übrigen keinen wesentlichen Einfluß haben.

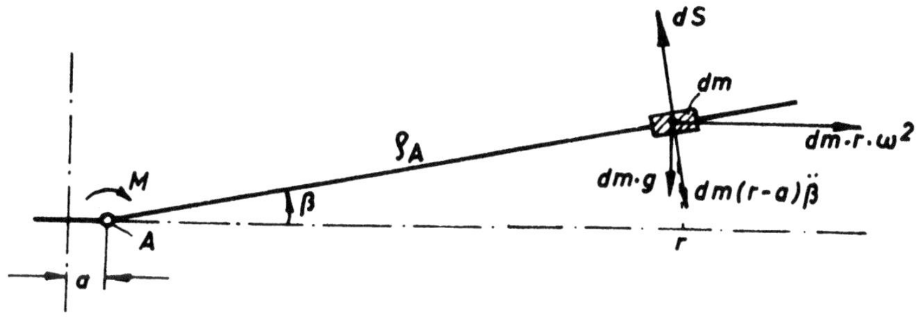

A b b i l d u n g 3

Kräfte am Blattelement

dS Luftkraft (Schub) $dm \cdot r \cdot \omega^2$ Zentrifugalkraft

$dm \cdot g$ Blattgewicht $dm(r-a) \cdot \ddot{\beta}$ Massenträgheitskraft

Der konstante Anteil wird mit Konuswinkel bezeichnet; a_1 kann man als Längs- und b_1 als Seitenneigung der von den Blattspitzen beschriebenen Kurve deuten.

Schwenkbewegung

Außer Luftkräften wirken in der Rotordrehebene infolge des Corioliseffektes Massenkräfte aus der Schlagbewegung des Blattes. Um unerwünscht hohe Beanspruchungen an der Blattwurzel zu vermeiden, sowie zur Verringerung der periodischen Schwankungen der 6 Rotorkomponenten, besitzen zahlreiche Hubschrauber außer den Schlaggelenken noch sog. Schwenkgelenke E (s. Abb. 4).

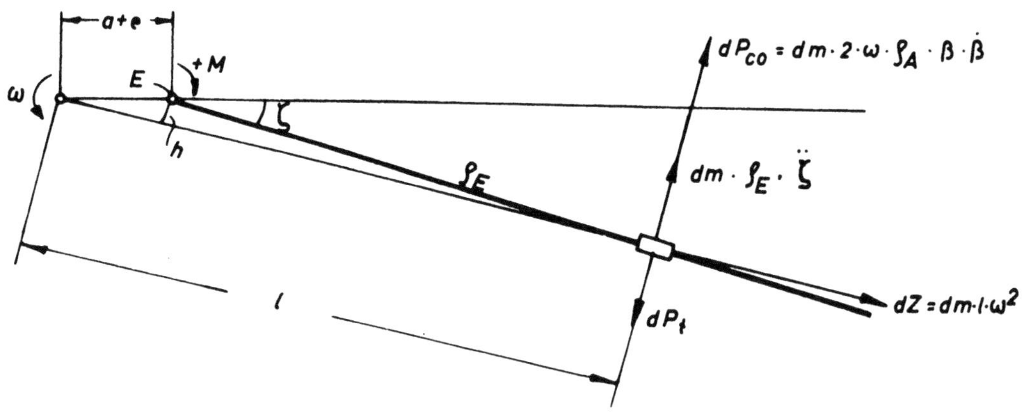

A b b i l d u n g 4

Kräfte am Blattelement in der Drehebene

Für die Schwenkbewegung $\zeta = \zeta(\psi)$ sind die folgenden Kräfte am Blattelement maßgebend:

dT	Luftkraft (Tangentialkraft)
$dm \cdot l \cdot \omega^2$	Zentrifugalkraft
$dm \cdot \varrho_E \cdot \ddot{\zeta}$	Massenträgheitskraft
$dm \cdot 2 \cdot \omega \cdot \varrho_A \cdot \beta \cdot \dot{\beta}$	Corioliskraft

Die Differentialgleichung für die Schwenkbewegung erhält man aus der Bedingung des Momentengleichgewichtes um das Schwenkgelenk. Zur Lösung führt der folgende Fourier-Ansatz (s. Bericht 3 der DSH):

$$\zeta = a_{0\zeta} + a_{1\zeta} \cdot \cos\psi + b_{1\zeta} \cdot \sin\psi + a_{2\zeta} \cdot \cos 2\psi + b_{2\zeta} \cdot \sin 2\psi + \ldots\ldots$$

Die Schwenkkoeffizienten werden zur Berechnung der Schwankungen der 6 Rotorkomponenten benötigt, die in diesem Bericht nicht durchgeführt wird.

Schubverteilung, Tangentialkraftverteilung

Die Komponenten der Luftkräfte am Rotorblatt berechnen sich nach Bericht 3 der DSH aus Normal- und Tangentialkomponente der Anströmgeschwindigkeit sowie aus Auftriebs- und Widerstandsbeiwert des Blattprofiles nach den Fourierreihen:

Schub:

$$S(\psi) = \frac{\varrho}{2} \cdot U^2 \cdot R \cdot c'_{a\infty} \cdot t_0 \cdot (m_{0S} + m_{1S} \cdot \cos\psi + n_{1S} \cdot \sin\psi + m_{2S} \cdot \cos 2\psi + \ldots\ldots)$$

Tangentialkraft:

$$T(\psi) = \frac{\varrho}{2} U^2 \cdot R \cdot c'_{a\infty} \cdot t_0 \cdot (m_{0T} + m_{1T} \cdot \cos\psi + n_{1T} \cdot \sin\psi + m_{2T} \cdot \cos 2\psi + \ldots\ldots)$$

Zur Berechnung der Mittelwerte der 6 Rotorkomponenten genügt die Kenntnis der ersten drei Koeffizienten dieser beiden Reihenentwicklungen.

Mittelwerte der 6 Rotorkomponenten

Für die genaue Berechnung eines Hubschraubers und des Schwingungsverhaltens der Rotorblätter ist die Ermittlung der Schwankungen der 6 Rotorkomponenten mit dem Umlaufwinkel ψ und dessen Vielfachen, die z.B. bei Abfangfällen beträchtliche Amplituden erreichen können, wesentlich. Für viele Untersuchungen genügt es jedoch, die Mittelwerte der 6 Rotorkomponenten, die in diesem Bericht berechnet werden, der Rechnung zugrundezulegen.

Die Beiwerte dieser Mittelwerte sind wie folgt definiert:

$$k_x = \frac{\overline{P_x}}{\rho/2 \cdot U^2 \cdot F} \qquad k_{m_x} = \frac{\overline{M_x}}{\rho/2 \cdot U^2 \cdot F \cdot R}$$

$$k_y = \frac{\overline{P_y}}{\rho/2 \cdot U^2 \cdot F} \qquad k_{m_y} = \frac{\overline{M_y}}{\rho/2 \cdot U^2 \cdot F \cdot R}$$

$$k_z = \frac{\overline{P_z}}{\rho/2 \cdot U^2 \cdot F} \qquad k_{m_z} = \frac{\overline{M_z}}{\rho/2 \cdot U^2 \cdot F \cdot R}$$

Auftrieb und Widerstand

Zur Durchführung von Leistungsrechnungen sind erforderlich

Drehmomentenbeiwert k_{m_z}
Auftriebsbeiwert k_a
Widerstandsbeiwert k_w

Die Rotorbeiwerte k_a und k_w erhält man durch einfache Umrechnung aus dem Normalkraftbeiwert k_z und dem Tangentialkraftbeiwert k_x mit dem Anstellwinkel des Rotors α . k_a und k_w beim Hubschrauber entsprechen den Beiwerten c_a und c_w bei Drachenflugzeugen.

2. Konstanten

Für die Berechnung der Schlagkoeffizienten und der Rotorbeiwerte gelten folgende Konstanten:

Blattform	: Rechteckblatt ; $p = 0$; $t_{0,7} = t_0$
Blattverwindung	: $-4°$ linear verw., d.h. $\vartheta_1 = -4{,}44°$; $\vartheta_2 = 0$
Profilwiderstand	: $c_{wp} = c_{wo} + c_{w2} \cdot \alpha_{eff}^2$; $c_{wo} = 0{,}01$; $c_{w2} = 0{,}40$
Auftriebsgradient	: $c_{a\infty} = 5{,}6$

Integrationskonstanten:

$$D_n = \int_A^B x^{n-1} \cdot (1 + p \cdot x) \cdot dx \; ; \qquad D_n' = \int_A^1 x^{n-1} \cdot (1 + p \cdot x) \cdot dx$$

Für die Integrationsgrenzen des Blattes wird gesetzt:

A = 0,1 ; B = 0,96

$D_1 = 0{,}8600$
$D_2 = 0{,}4558$ $\qquad D_2' = 0{,}4950$
$D_3 = 0{,}2946$
$D_4 = 0{,}2123$ $\qquad D_4' = 0{,}2500$
$D_5 = 0{,}1631$
$D_6 = 0{,}1305$

Blattmassenkonstante: $\gamma = \frac{\varrho/\varrho_0 \cdot R^4 \cdot c'_{a\infty} \cdot t_0}{16 \cdot J_A} = 5{,}0$

(falls auf den Abb. nicht anders angegeben)

dabei ist

R = Rotorhalbmesser [m]

t_0 = Blattiefe [m]

J_A = Trägheitsmoment des Blattes bezogen auf das Schlaggelenk A . [mkg sec^2]

ϱ/ϱ_0 = 1 Luftdichteverhältnis

Rotorkreisflächendichte: $\sigma_{0,7} = \sigma = \frac{z \cdot t_0}{R \cdot \pi}$

Bei den meisten Diagrammen ist es nicht notwendig, die Flächendichte festzulegen, da der Parameter k_z/σ verwendet werden kann. Für die Berechnung der Beiwerte k_z, k_{m_x}, k_{m_y}, k_a, k_w ist jedoch die Kenntnis der Flächendichte notwendig. Bei den Lastenhubschraubern L-41 und L-51 ist:

$$\sigma = 8\ \%$$

Die Beiwerte werden im folgenden gebracht für die Einstellwinkel

$\vartheta_{0,7} = 8^\circ,\ 10^\circ,\ 12^\circ$ .... Hubschrauberzustand

$\vartheta_{0,7} = 4^\circ$ .... Tragschrauberzustand

Die Beiwerte für $\vartheta_{0,7} = 4^\circ$ werden bei der Betrachtung des Autorotationszustandes benötigt, wenn bei gleichzeitigem Ausfall der beiden Turbinen eine Notlandung erforderlich ist.

Den für die Berechnung der Beiwerte benötigten Einstellwinkel ϑ_0 erhält man aus dem vorgegebenen Einstellwinkel an der Stelle 0,7 ($\vartheta_{0,7}$) aus dem Einstellwinkelverlauf unter Berücksichtigung der Verwindung

$$\vartheta = \vartheta_0 + \vartheta_1 \cdot x$$

zu

$$\vartheta_0 = \vartheta_{0,7} - \vartheta_1 \cdot 0{,}7$$

3. Schlagkoeffizienten

Zur Ermittlung der 6 Rotorkomponenten ist zunächst die Berechnung der Schlagkoeffizienten durchzuführen. Sie erfolgt nach den in Bericht 3 der DSH, Kap. 5, abgeleiteten Formeln.

Schlagkoeffizient a_0

$$a_0 = \gamma \left\{ \frac{k_z}{c'_{a\infty} \cdot \sigma_0} \cdot \frac{D_3}{D_2} + \vartheta_0 \left[D_4 + \frac{\mu^2}{2} D_2 - \frac{D_3}{D_2} \left(D_3 + \frac{\mu^2}{2} D_1 \right) \right] + \vartheta_1 \left[D_5 - \frac{D_3 D_4}{D_2} \right] \right\} - \frac{M_{GBl} \cdot A}{J_A \cdot \omega^2}$$

Der Anteil aus dem Gewichtsmoment der Blätter $M_{GBl} \cdot A$ ist erfahrungsgemäß klein und kann vernachlässigt werden.

Die berechneten Schlagkoeffizienten a_0 sind für die Winkel $\vartheta_{0,7}$= 4, 6, 8, 10, 12 und 16° mit k_z/σ als Parameter in Abbildung 5 bis 10 über dem tangentialen Fortschrittsgrad μ aufgetragen.

Tangentialer Fortschrittsgrad

$$\mu = \frac{v \cdot \cos\alpha}{U}$$

v = Fluggeschwindigkeit [m/s]
U = Umfangsgeschwindigkeit des Rotors [m/s]
α = Anstellwinkel des Rotors, vgl. Abschn. 5

Schlagkoeffizient a_1

$$a_1 = \frac{\mu}{D_4 - \frac{\mu^2}{4} D_2} \left[\frac{1}{c'_{a\infty}} \cdot \frac{k_z}{\sigma} + \vartheta_0 \left(D_3 - \frac{\mu^2}{2} D_1 \right) + \vartheta_1 \left(D_4 - \frac{\mu^2}{2} D_2 \right) \right]$$

Die Auftragungen von a_1 für $\vartheta_{0,7}$ = 4, 8, 10, 12 und 16° zeigen die Abbildungen 11 bis 15.

Schlagkoeffizienten b_1, a_2, b_2

$$b_1 = \frac{\mu}{D_4 + \frac{\mu^2}{4} D_2} \cdot a_0 \cdot D_3$$

$$a_2 = \frac{\gamma}{3 + \frac{4}{3} \gamma^2 \cdot D_4^2} \left[\mu \cdot a_1 \cdot D_3 - \frac{\mu^2}{2} \cdot \vartheta_0 \cdot D_2 - \frac{\mu^2}{2} \cdot \vartheta_1 \cdot D_3 - \frac{\gamma}{3} \mu^2 \cdot a_0 \cdot D_2 \cdot D_4 + \frac{2}{3} \cdot \gamma \cdot \mu \cdot b_1 D_3 D_4 \right]$$

$$b_2 = \frac{\gamma}{3} \left[-\frac{\mu^2}{2} \cdot a_0 \cdot D_2 + \mu \cdot b_1 \cdot D_3 - 2 a_2 \cdot D_4 \right]$$

Diese 3 Schlagkoeffizienten sind, geordnet nach den Blatteinstellwinkeln, in den Abbildungen 16 bis 30 dargestellt.

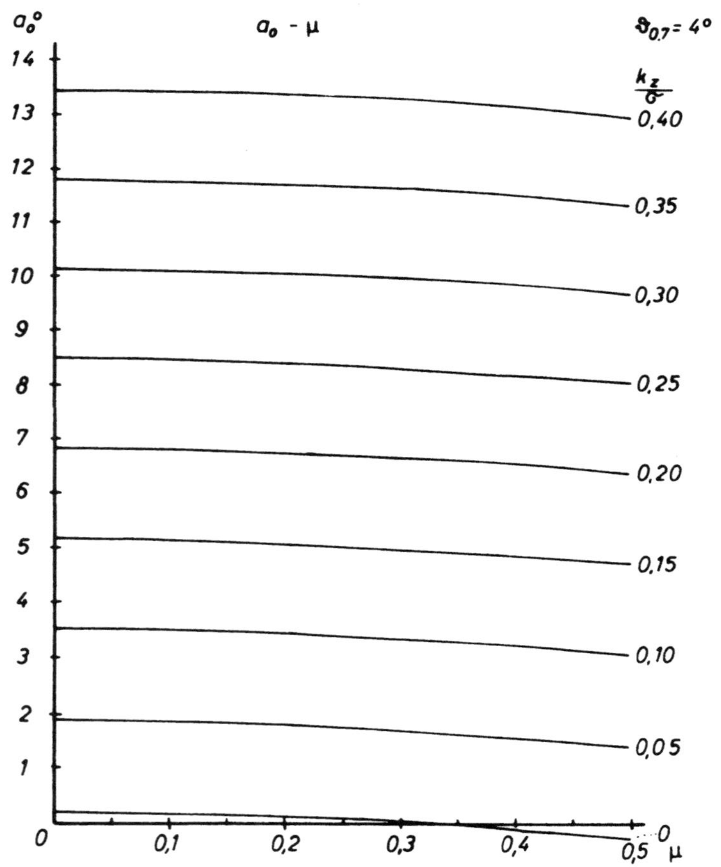

A b b i l d u n g 5

Schlagkoeffizient a_0 über μ

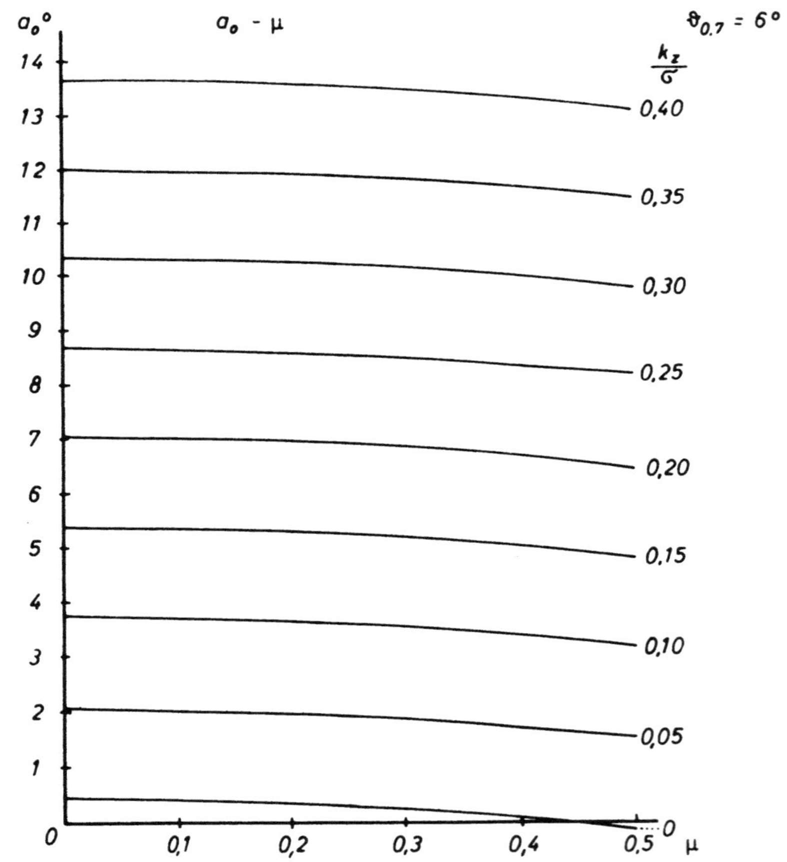

A b b i l d u n g 6

Schlagkoeffizient a_0 über μ

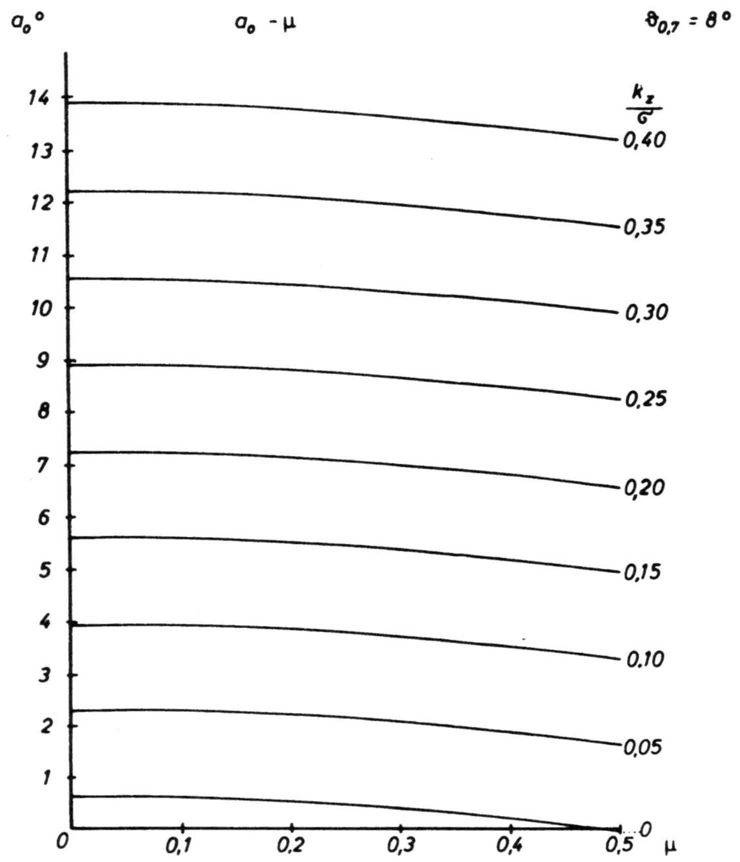

A b b i l d u n g 7

Schlagkoeffizient a_0 über μ

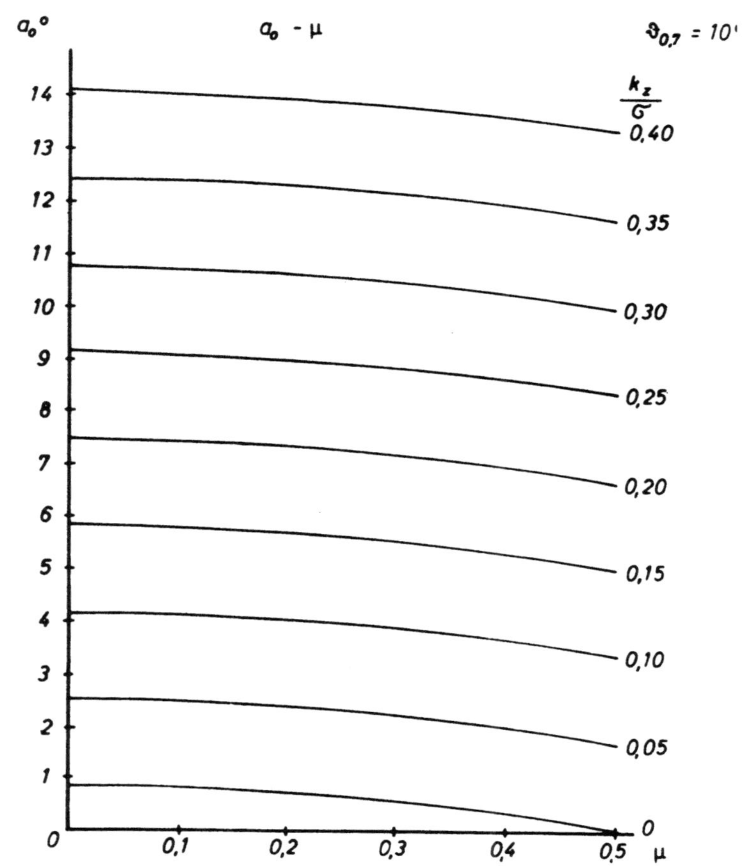

A b b i l d u n g 8

Schlagkoeffizient a_0 über μ

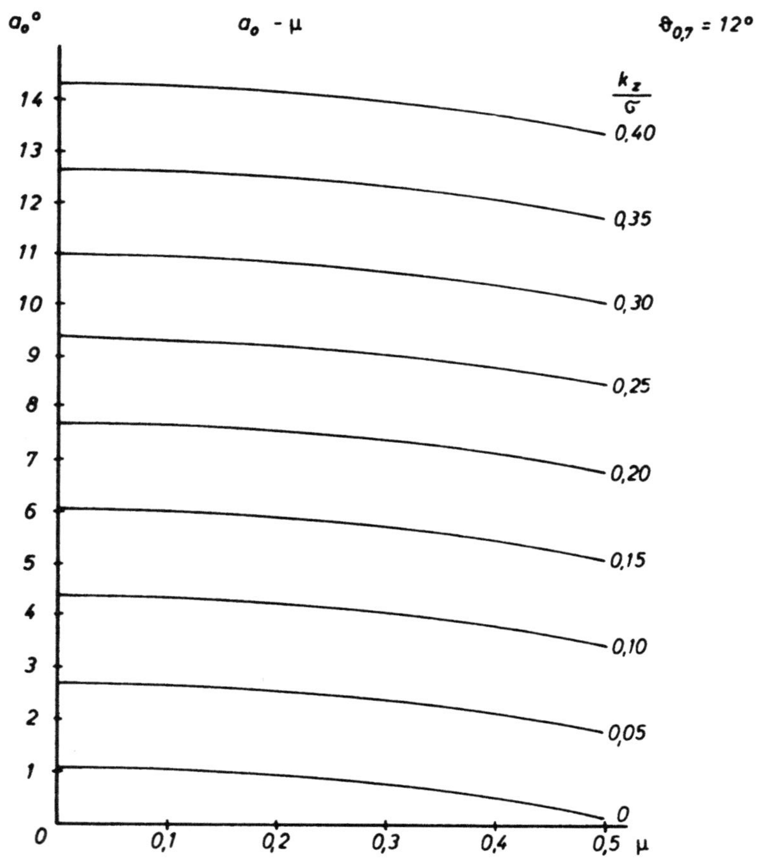

A b b i l d u n g 9

Schlagkoeffizient a_0 über μ

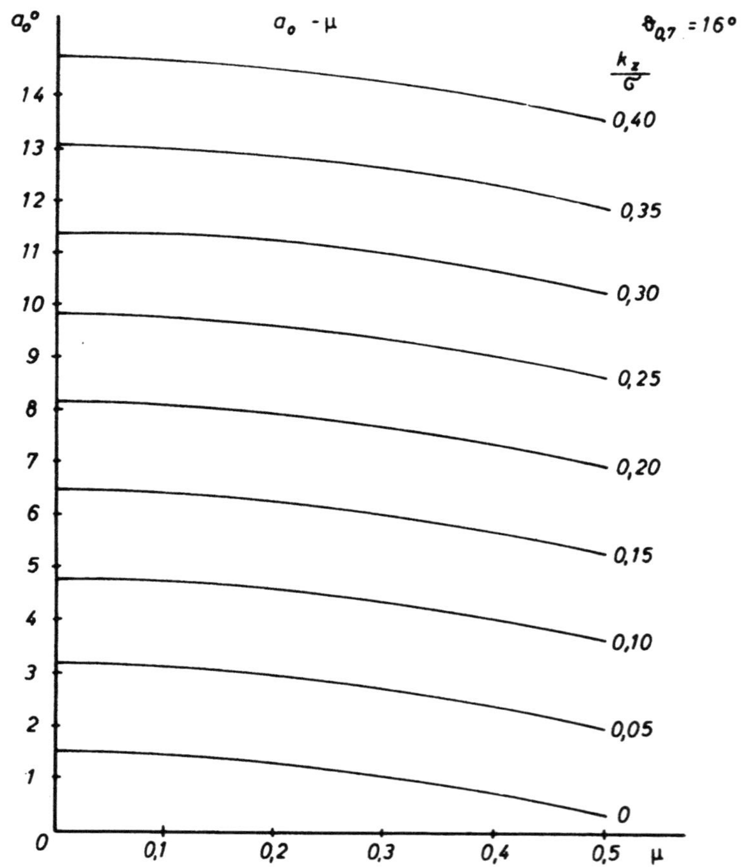

A b b i l d u n g 10

Schlagkoeffizient a_0 über μ

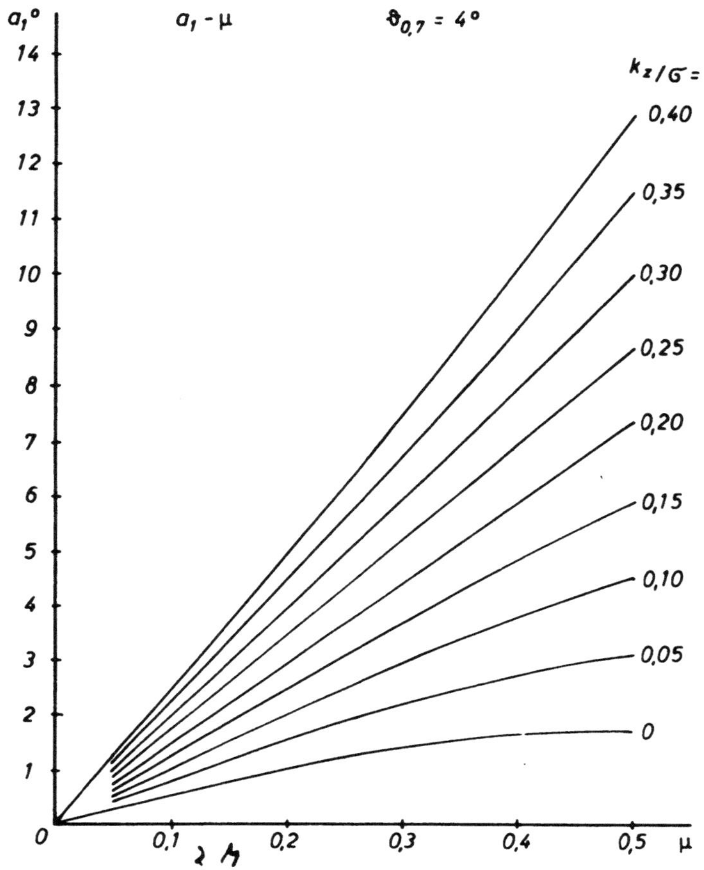

A b b i l d u n g 11

Schlagkoeffizient a_1 über μ

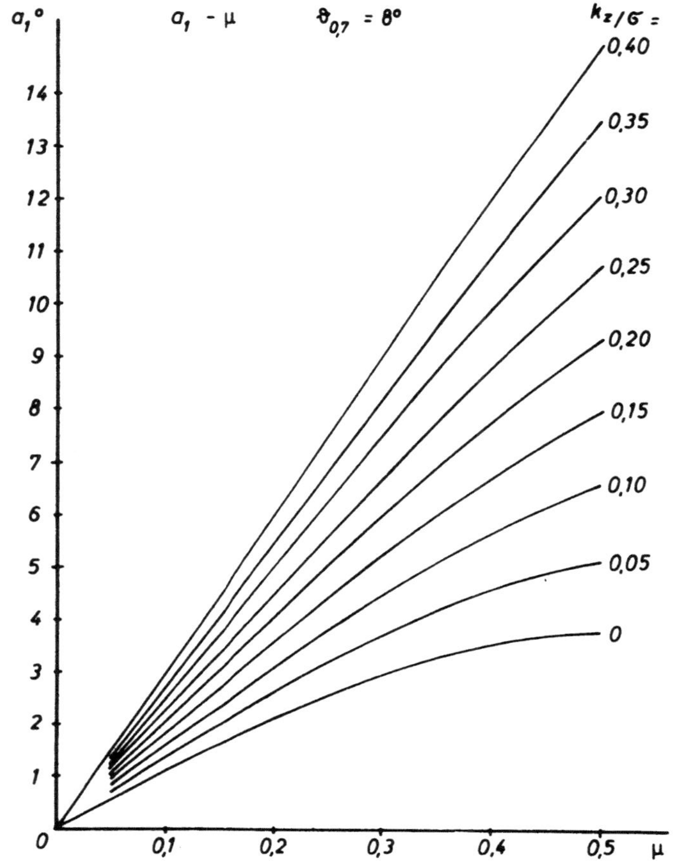

A b b i l d u n g 12

Schlagkoeffizient a_1 über μ

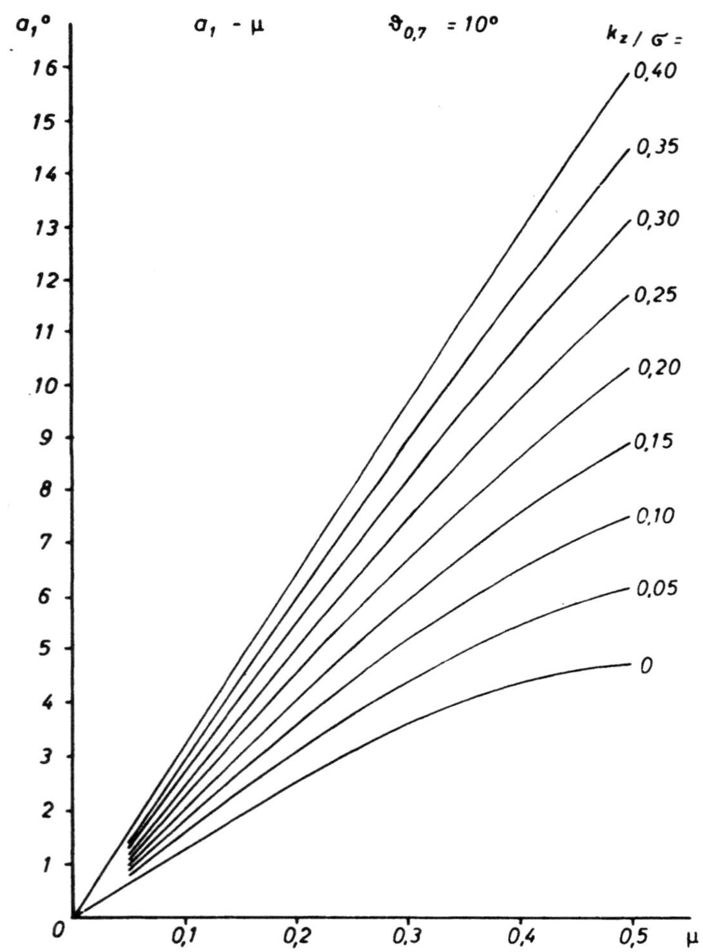

A b b i l d u n g 13
Schlagkoeffizient a_1 über μ

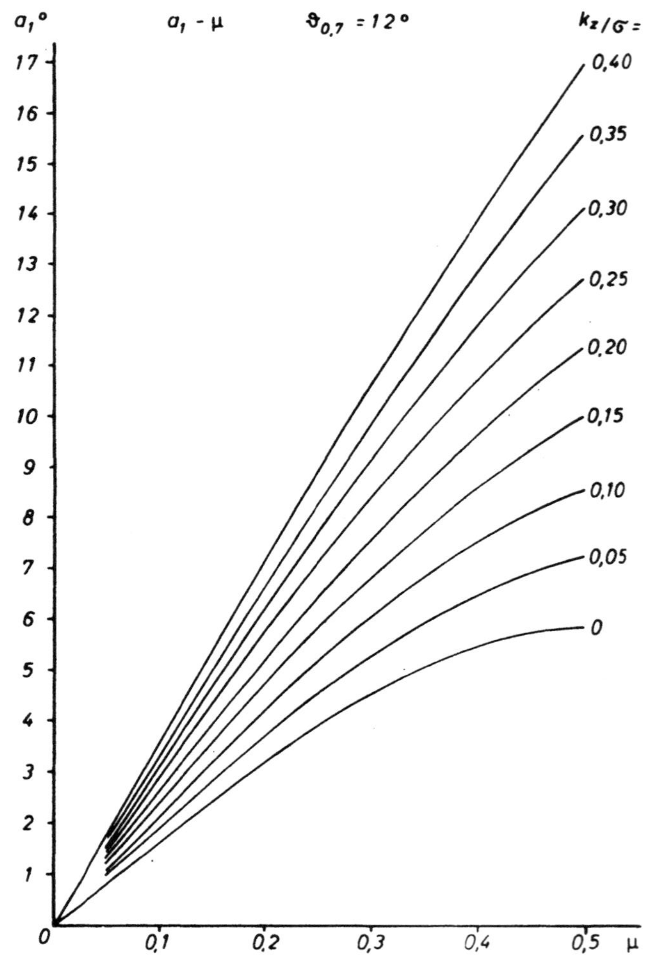

A b b i l d u n g 14
Schlagkoeffizient a_1 über μ

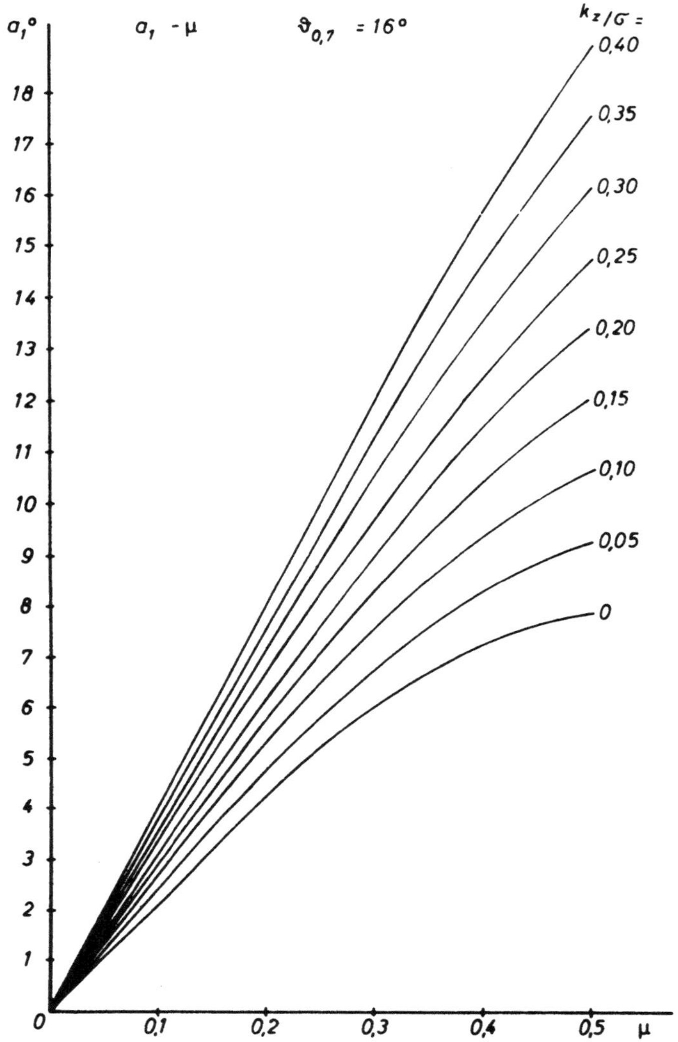

Abbildung 15
Schlagkoeffizient a_1 über μ

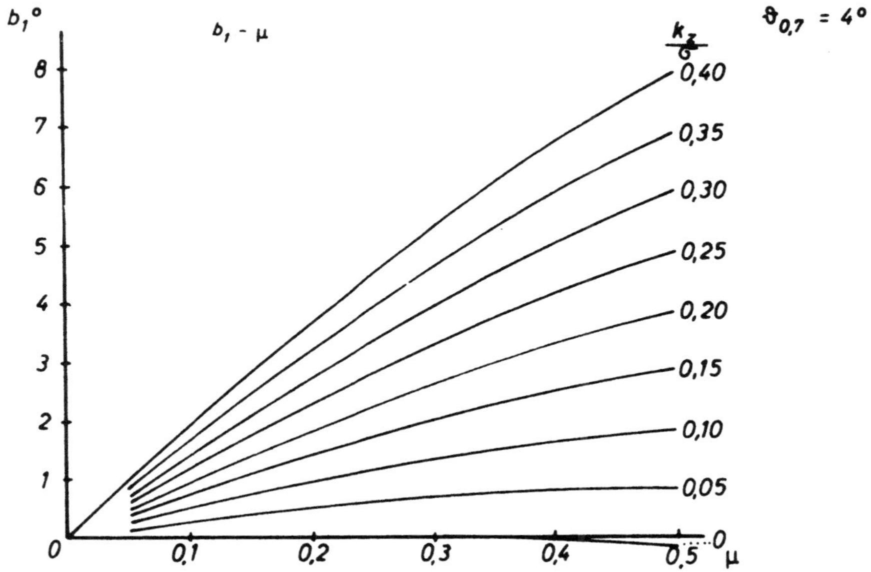

Abbildung 16
Schlagkoeffizient b_1

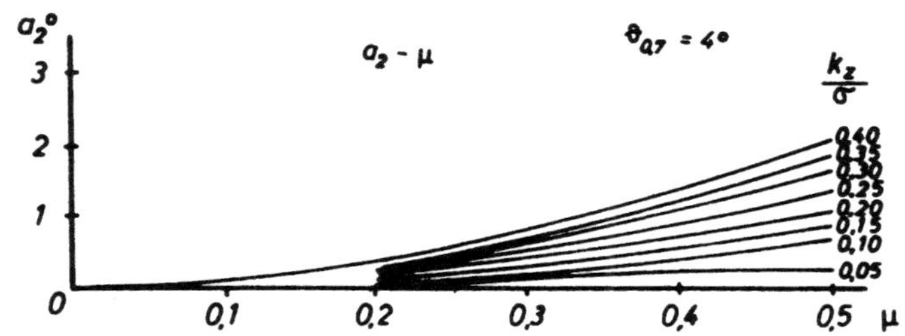

Abbildung 17
Schlagkoeffizient a_2

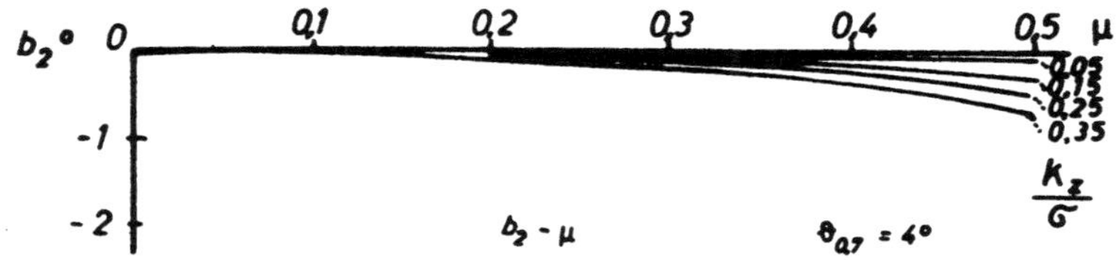

Abbildung 18
Schlagkoeffizient b_2

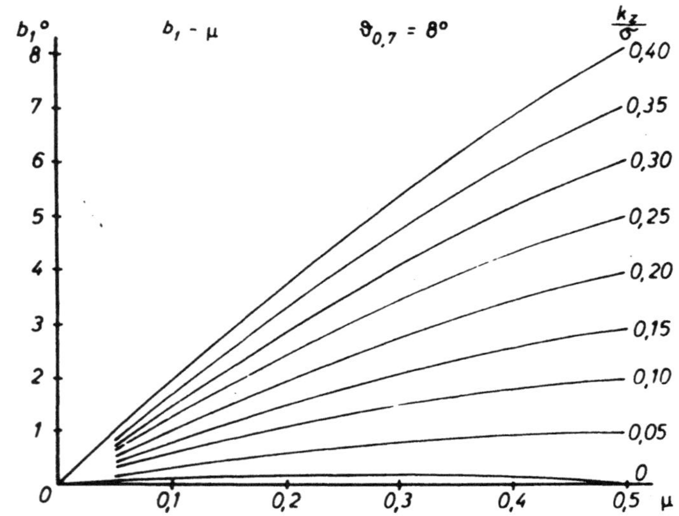

A b b i l d u n g 19
Schlagkoeffizient b_1

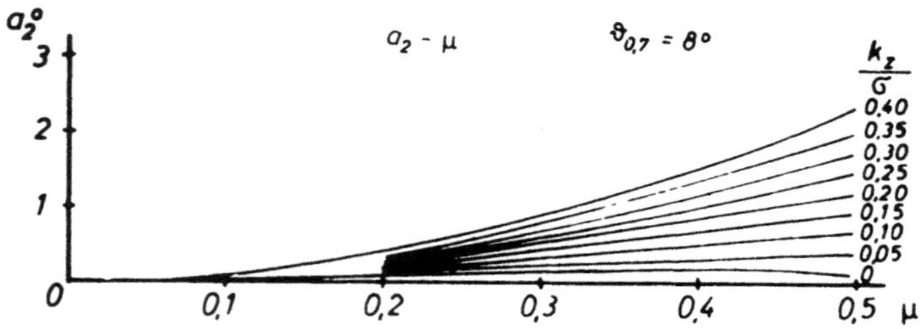

A b b i l d u n g 20
Schlagkoeffizient a_2

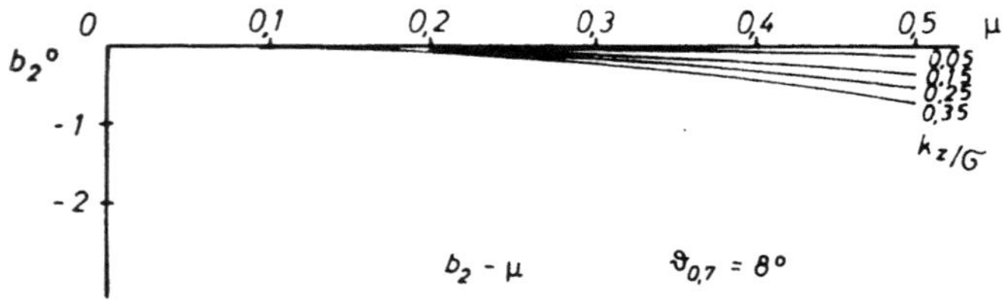

A b b i l d u n g 21
Schlagkoeffizient b_2

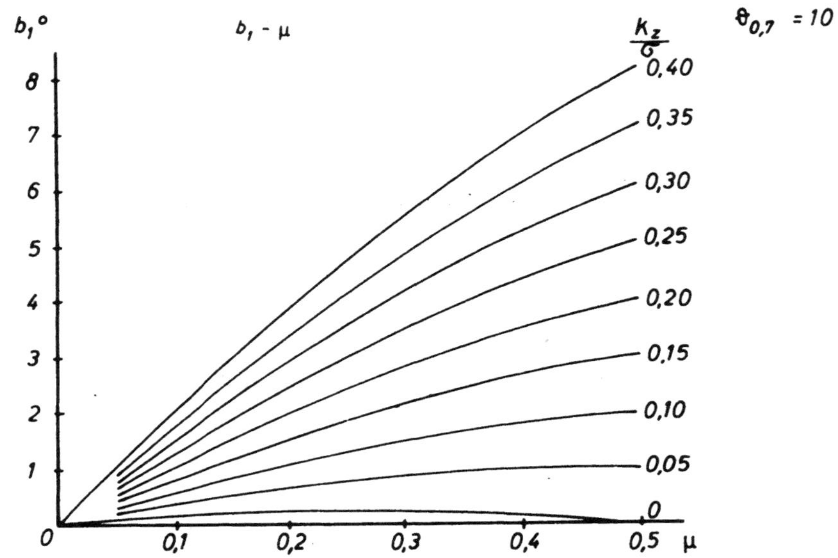

A b b i l d u n g 22
Schlagkoeffizient b_1

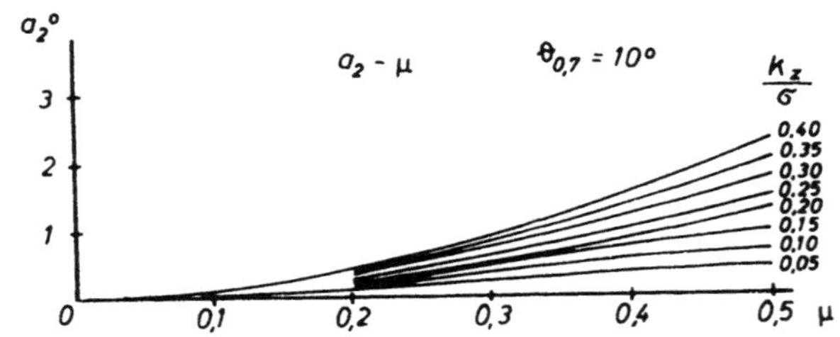

A b b i l d u n g 23
Schlagkoeffizient a_2

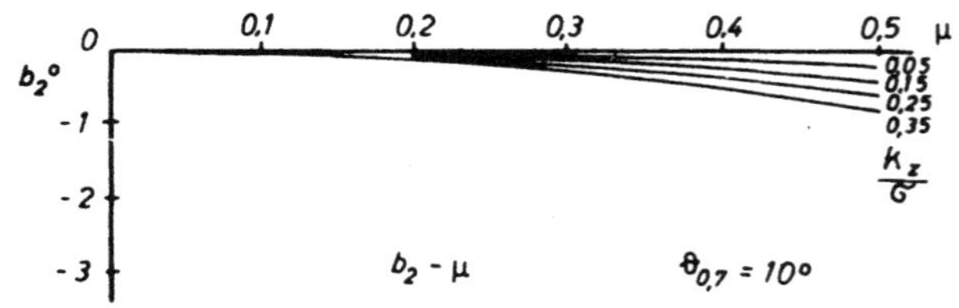

A b b i l d u n g 24
Schlagkoeffizient b_2

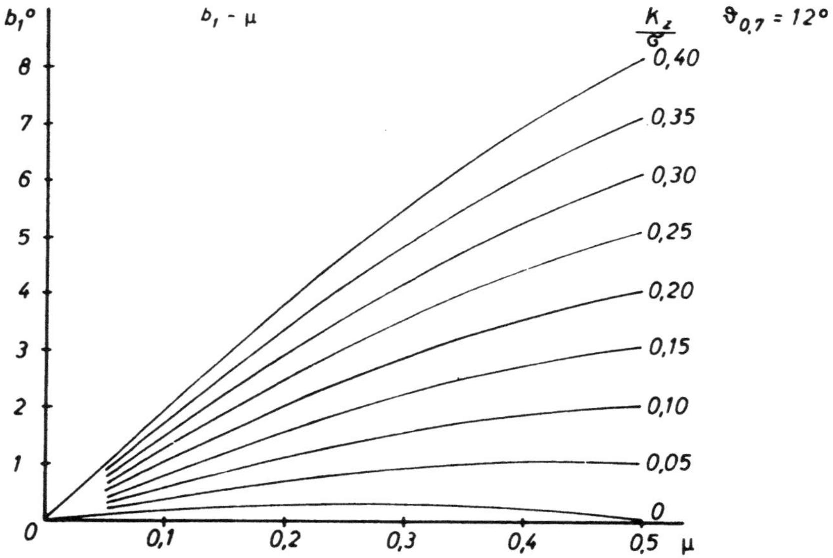

A b b i l d u n g 25
Schlagkoeffizient b_1

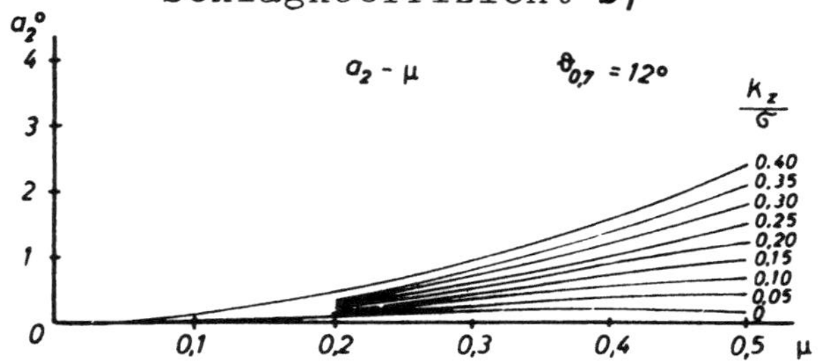

A b b i l d u n g 26
Schlagkoeffizient a_2

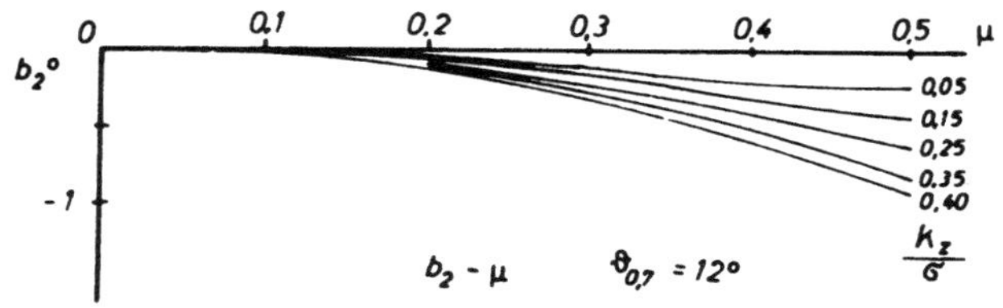

A b b i l d u n g 27
Schlagkoeffizient b_2

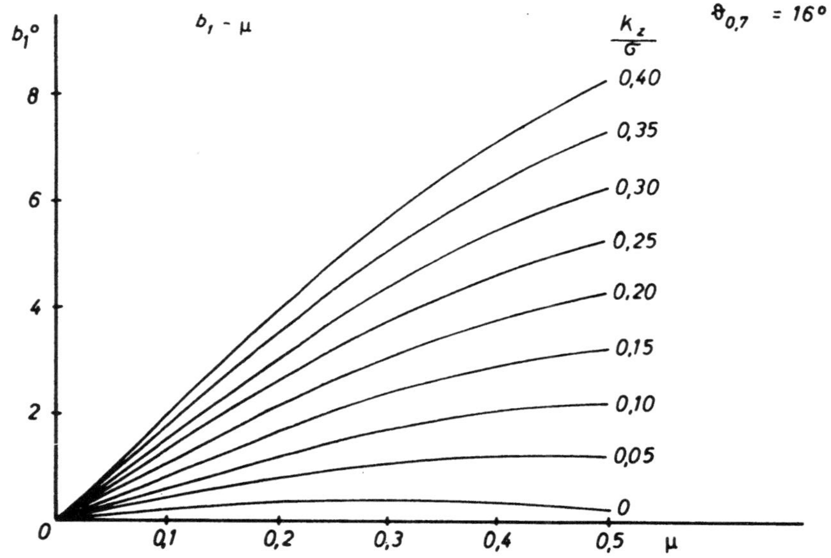

A b b i l d u n g 28
Schlagkoeffizient b_1

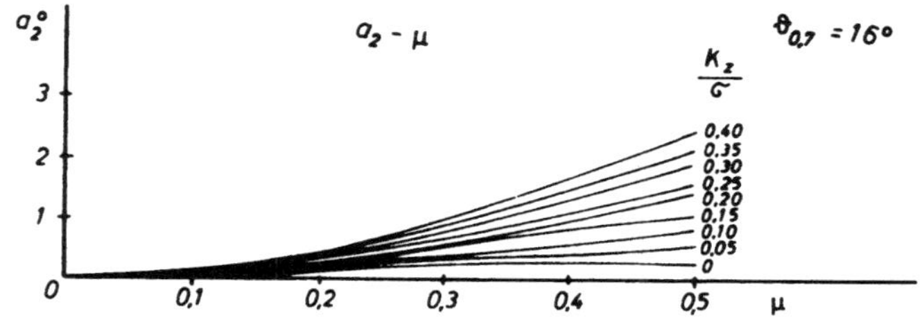

A b b i l d u n g 29
Schlagkoeffizient a_2

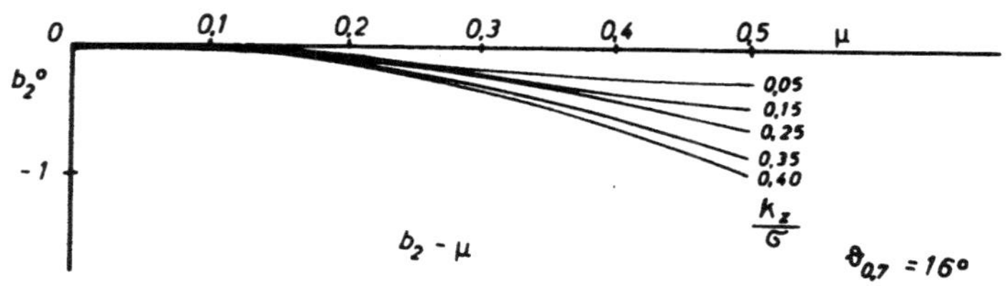

A b b i l d u n g 30
Schlagkoeffizient b_2

4. Durchflußgrad δ

Eine wichtige Größe der Rotoraerodynamik ist der sog. Durchflußgrad δ, der als das Verhältnis der Durchtrittsgeschwindigkeit v_z (senkrecht zur Rotornormalebene) zur Umfangsgeschwindigkeit U definiert ist. v_z zählt nach oben positiv und setzt sich aus der Komponente $v \cdot \sin\alpha$ der Fluggeschwindigkeit und dem Abwind w zusammen. Es ist also:

$$\delta = \frac{v_z}{U} = \frac{v \sin\alpha - w}{U}$$

Der Durchflußgrad wird als konstant über die Rotornormalebene angenommen, was namentlich bei größeren Fluggeschwindigkeiten als brauchbare Näherung anzusehen ist (Theorie δ = konst.). Nach Bericht 3 der DSH, Kap. 8, gilt für den Durchflußgrad die Formel

$$\delta = \frac{1}{D_2}\left[\frac{1}{c'_{a\infty}} \cdot \frac{k_x}{\sigma} - \vartheta_0 \left(D_3 + \frac{\mu^2}{2} D_1\right) - \vartheta_1 \left(D_4 + \frac{\mu^2}{2} D_2\right) - \frac{\mu^2}{4} \cdot b_2 \cdot D_1\right]$$

Die danach berechneten Werte von δ, die wir für die Ermittlung der Rotorbeiwerte benötigen, sind in den Abbildungen 31 bis 35 aufgetragen.

5. Rotorbeiwerte

Tangentialkraftbeiwert k_x

Um allgemein gültige Größen zu erhalten, werden, wie schon in Abschnitt 1 erläutert, nicht die Mittelwerte der Kräfte und Momente selbst berechnet, sondern ihre dimensionslosen Beiwerte. Im Falle der Tangentialkraft kann man auch noch die Flächendichte in die zu ermittelnde Größe hineinnehmen, da ja die Veränderlichen a_0, a_1, b_1 und δ auch alle für den Parameter k_x/σ ermittelt wurden. Nach Bericht 3 der DSH, Kap. 9 ist:

$$\begin{aligned}\frac{k_x}{\sigma} = a_1 \cdot \Bigg\{ & \delta \cdot D_2 \cdot \left(\frac{3}{2} c'_{a\infty} - c_{w_2}\right) + \vartheta_0 \cdot \left[D_3 \cdot (c'_{a\infty} - c_{w_2}) + \frac{\mu^2}{4} \cdot D_1 \cdot c_{w_2}\right] \\ & + \vartheta_1 \left[D_4 \cdot (c'_{a\infty} - c_{w_2}) + \frac{\mu^2}{4} \cdot D_2 \cdot c_{w_2}\right]\Bigg\} - a_0 \cdot b_1 \left\{\frac{c'_{a\infty}}{2} \cdot D_3 + \frac{\mu^2}{4} \cdot D_1 \cdot c_{w_2}\right\} \\ & + \mu \cdot \Bigg\{ a_0^2 \cdot \frac{c'_{a\infty}}{2} \cdot D_2 + a_1^2 \cdot \frac{D_2}{2}\left(c'_{a\infty} - \frac{c_{w_2}}{2}\right) + b_1^2 \cdot D_2 \frac{c_{w_2}}{4} \\ & + \delta \cdot \frac{1}{2} \cdot (2 \cdot c_{w_2} - c'_{a\infty}) \cdot (\vartheta_0 \cdot D_1 + \vartheta_1 \cdot D_2) + c_{w_0} \cdot D'_2 \\ & + c_{w_2} \cdot (\vartheta_0^2 \cdot D_2 + \vartheta_1^2 \cdot D_4 + 2 \cdot \vartheta_0 \cdot \vartheta_1 \cdot D_3)\Bigg\}\end{aligned}$$

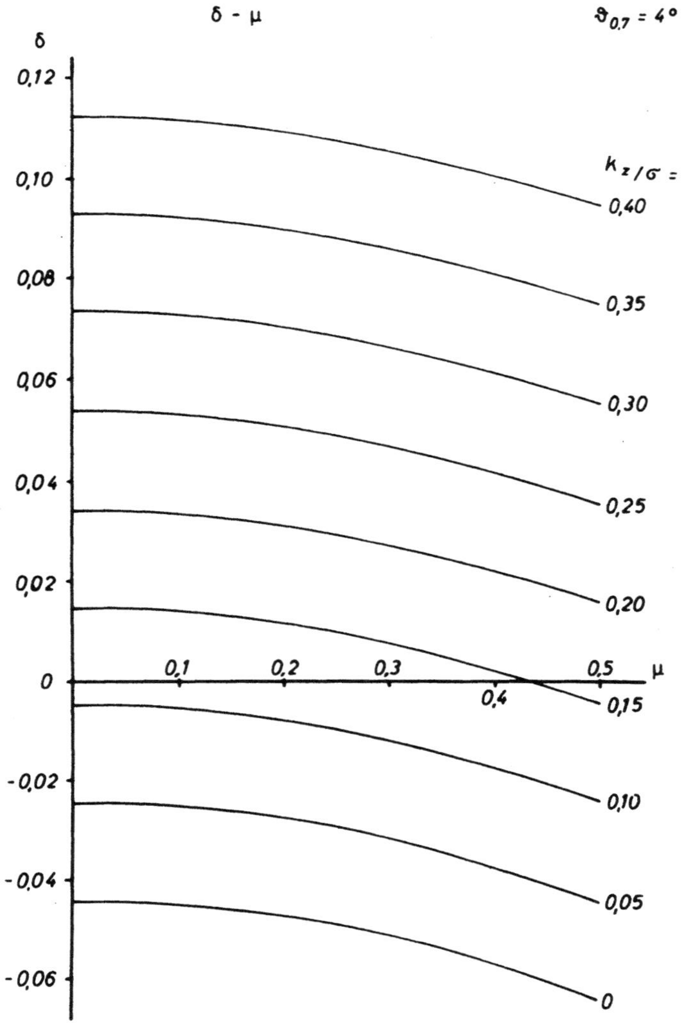

A b b i l d u n g 31
Durchflußgrad **δ** über **μ**

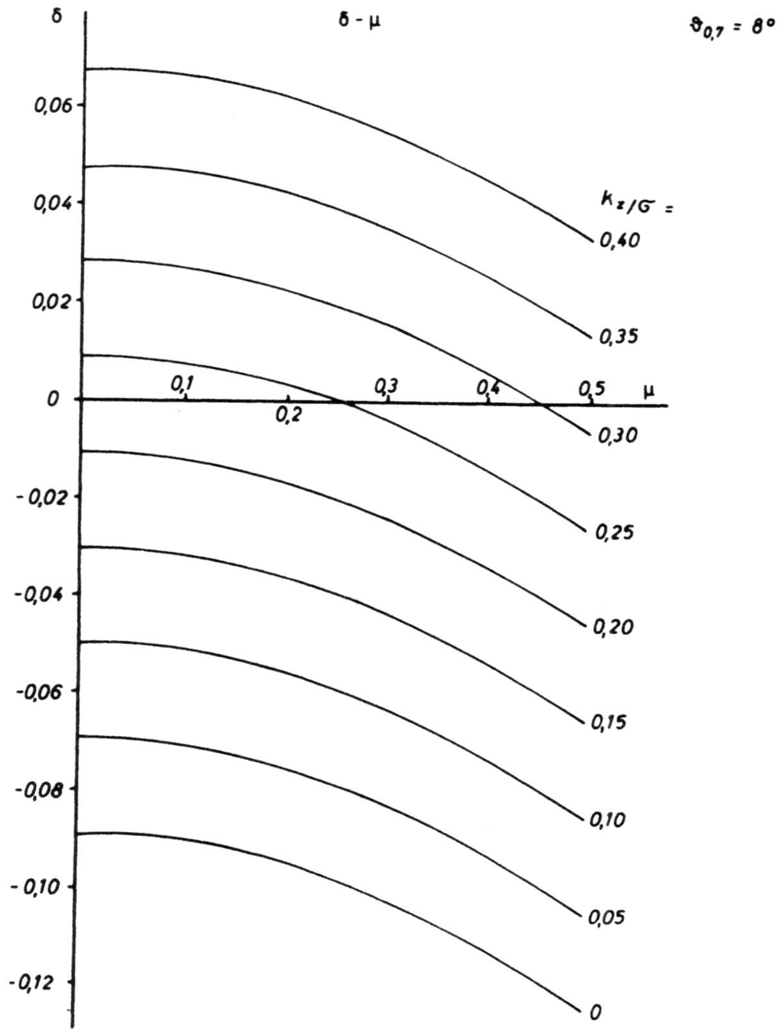

A b b i l d u n g 32
Durchflußgrad **δ** über **μ**

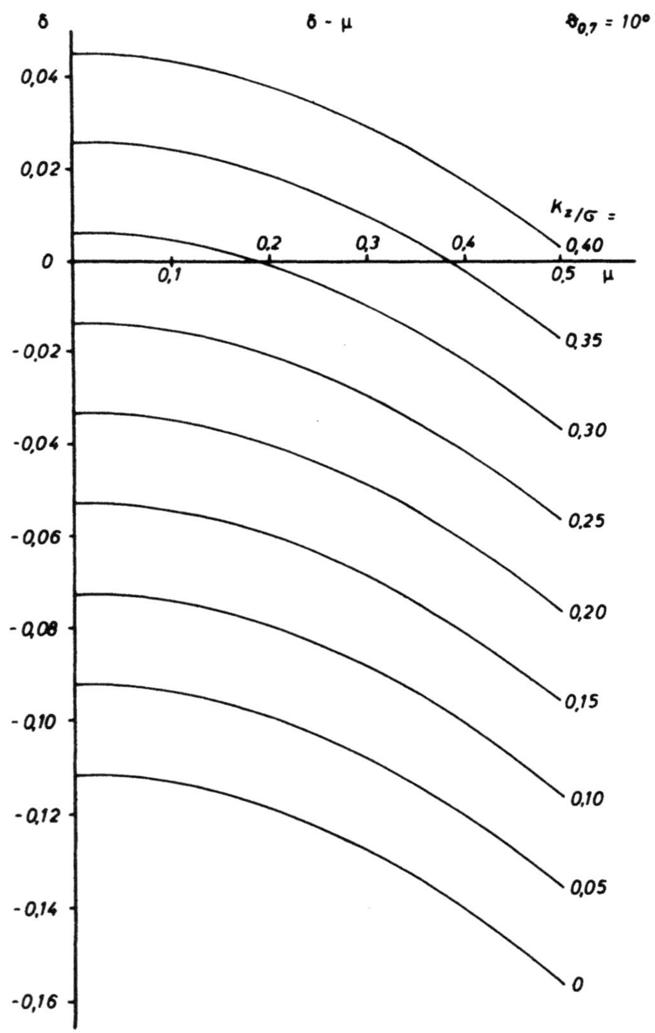

A b b i l d u n g 33
Durchflußgrad **δ** über **μ**

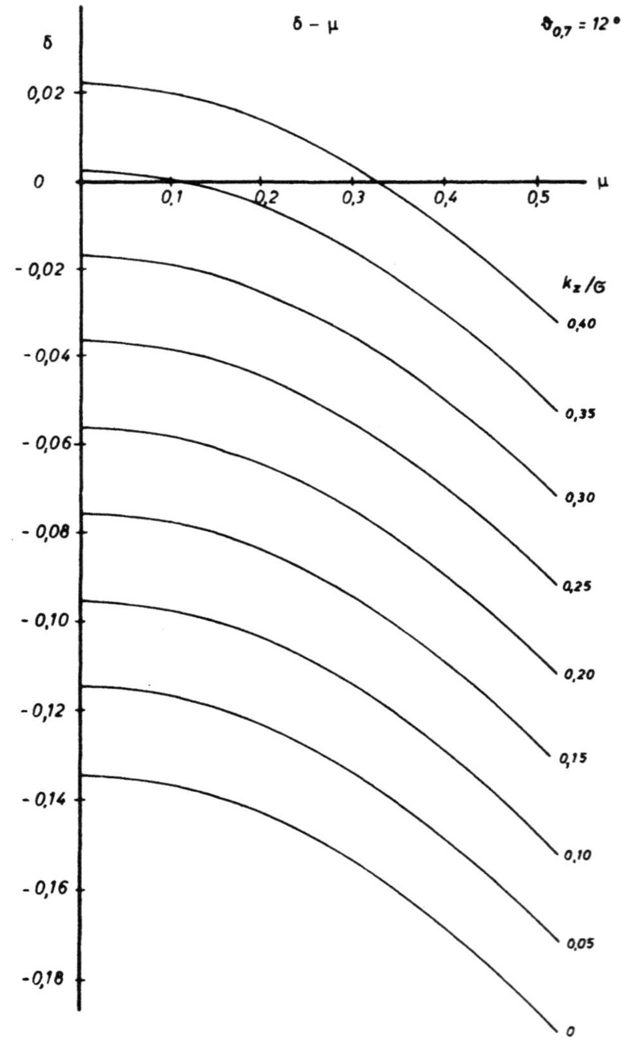

A b b i l d u n g 34
Durchflußgrad **δ** über **μ**

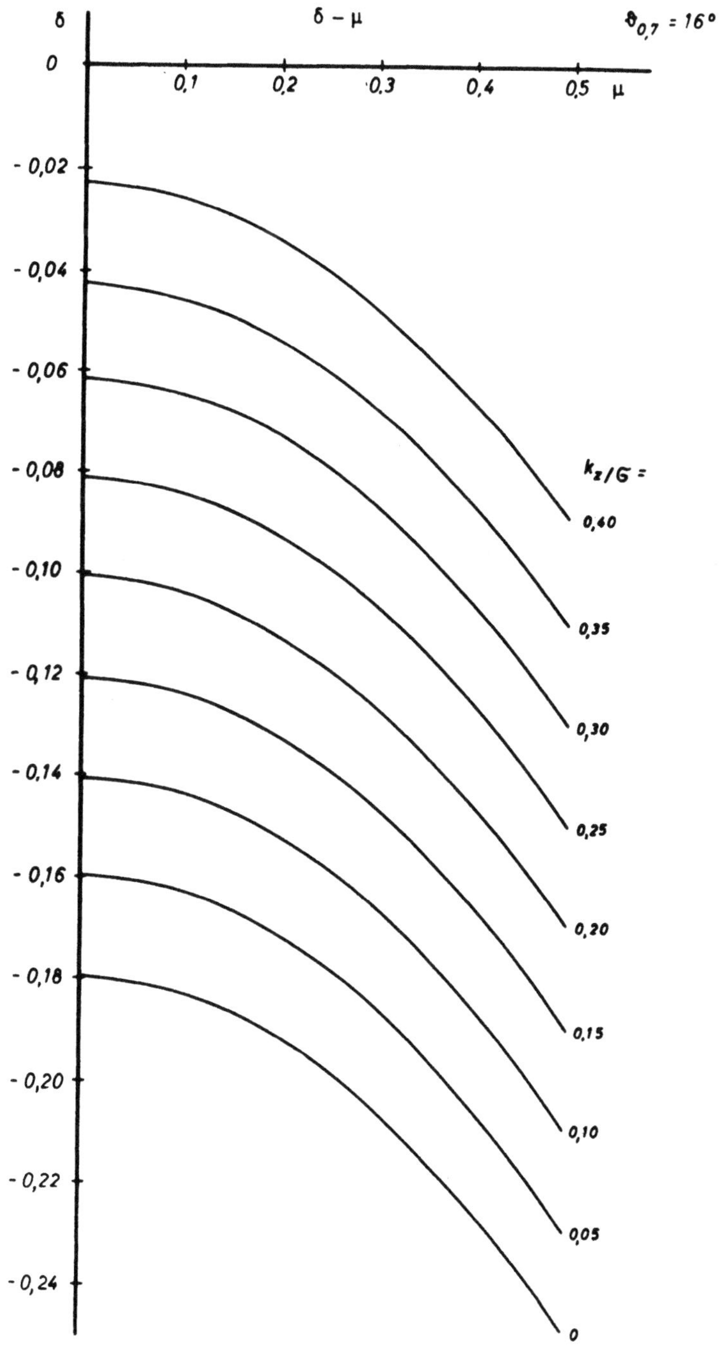

A b b i l d u n g 35

Durchflußgrad δ über μ

Diese Größe k_x/σ ist für die vier wichtigsten Blatteinstellwinkel wieder über dem Fortschrittsgrad μ mit k_z/σ als Parameter in den Abbildungen 36 bis 40.aufgetragen.

Seitenkraftbeiwert k_y

Zur Berechnung von k_y gilt die Formel

$$\frac{k_y}{\sigma} = b_1 \cdot \Bigg\{ \delta \cdot D_2 \left(\frac{3}{2} \cdot c'_{a\infty} - c_{w2}\right) + \vartheta_0 \left[D_3 \cdot (c'_{a\infty} - c_{w2}) + \mu^2 \cdot D_1 \cdot \left(\frac{c'_{a\infty}}{2} - \frac{c_{w2}}{4}\right)\right]$$

$$+ \vartheta_1 \cdot \left[D_4 \cdot (c'_{a\infty} - c_{w2}) + \mu^2 \cdot D_2 \cdot \left(\frac{c'_{a\infty}}{2} - \frac{c_{w2}}{4}\right)\right]$$

$$+ \mu^2 \cdot D_0 \cdot \left(\frac{c'_{a\infty}}{2} - \frac{c_{w2}}{4}\right)\Bigg] + a_0 \cdot a_1 \cdot \left\{ \frac{c'_{a\infty}}{2} \cdot D_3 - \mu^2 \cdot D_1 \cdot (c'_{a\infty} - \frac{3}{4} \cdot c_{w2})\right\}$$

$$+ \mu \Bigg\{ - \delta \cdot a_0 \cdot D_1 \cdot \left(\frac{3}{2} \cdot c'_{a\infty} - c_{w2}\right) - a_0 \Bigg[\vartheta_0 \cdot D_2 \cdot \left(\frac{3}{2} c'_{a\infty} - c_{w2}\right)$$

$$+ \vartheta_1 \cdot D_3 \cdot \left(\frac{3}{2} \cdot c'_{a\infty} - c_{w2}\right)\Bigg] - a_1 \cdot b_1 \cdot \frac{D_2}{2} (c_{w2} - c'_{a\infty})\Bigg\}$$

Der Seitenkraftbeiwert ist in den Abbildungen 41 bis 43 über dem Fortschrittsgrad μ bei k_z/σ als Parameter aufgetragen.

Normalkraftbeiwert k_z

In den bisher besprochenen Diagrammen wurde als Parameter die mit dem Normalkraftbeiwert k_z des Rotors gebildete Größe k_z/σ verwendet, die der Blattbelastung $\overline{c_a}$ proportional ist. Nun bleibt noch die Aufgabe, den Zusammenhang zwischen Normalkraft und Anstellwinkel α des Rotors zu ermitteln. Diese Beziehung hat für Hubschrauber eine ähnliche Bedeutung wie die c_a-α-Kurve für Flächenflugzeuge.

Nach Bericht 3 der DSH ist

$$tg\alpha = \frac{\delta}{\mu} + \frac{k_z}{4 \cdot \mu \sqrt{\delta^2 + \mu^2}}$$

Da aus dieser Gleichung die Größe k_z/σ nicht isoliert werden kann, muß der Beiwert k_z allein berechnet werden, und zwar für die spezielle Flächendichte σ = 8 % des Lastenhubschraubers. Die für $\vartheta_{0,7}$ = 4, 8, 10, 12 und 16° ermittelten k_z-Kurven sind in den Abbildungen 44 bis 48 über α mit dem Fortschrittsgrad μ als Parameter aufgetragen.

Als obere Begrenzung der Kurvenscharen wurde der k_z-Beiwert des Abreißens eingezeichnet, der sich nach der Formel

$$\overline{c_a} = 3{,}2 \frac{k_z}{\sigma}$$

für $\overline{c_a}$ = 1,3 und σ = 8 % zu $k_z \approx 0{,}033$ berechnen läßt.

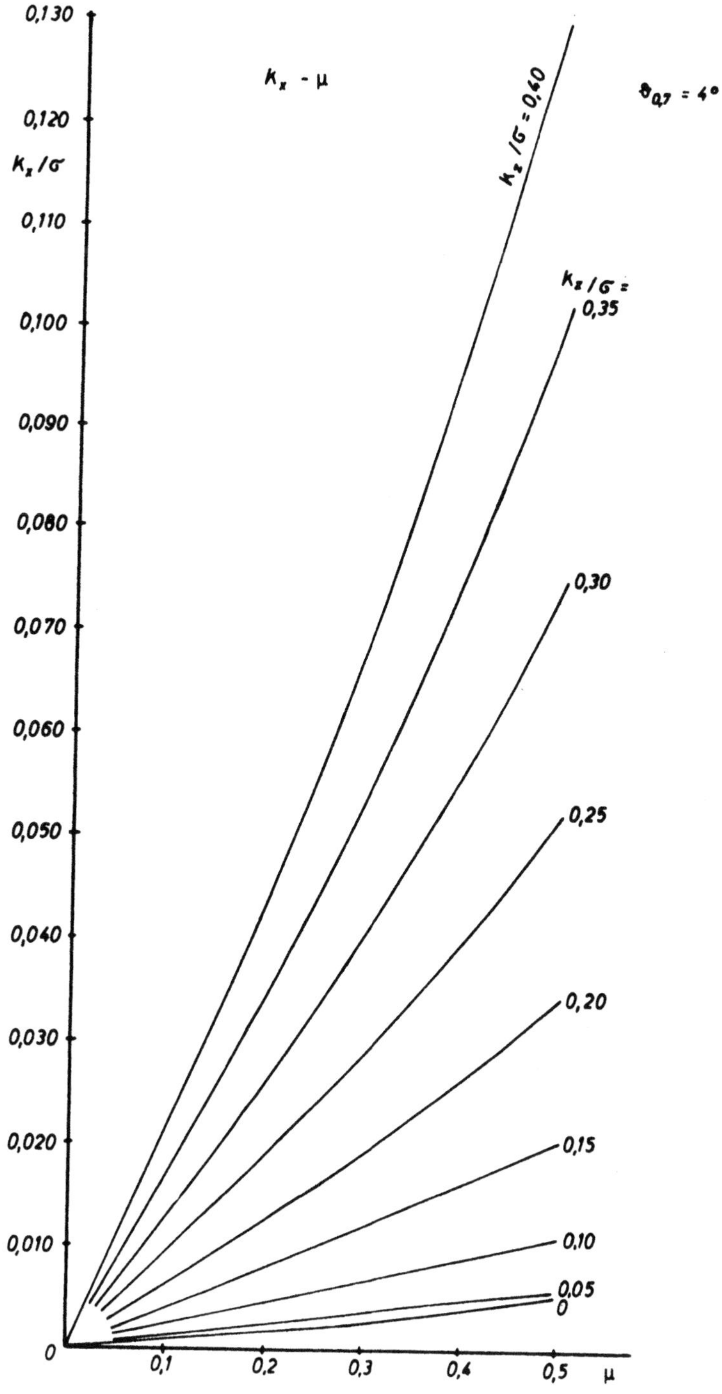

A b b i l d u n g 36

Tangentialkraftbeiwert k_x über μ

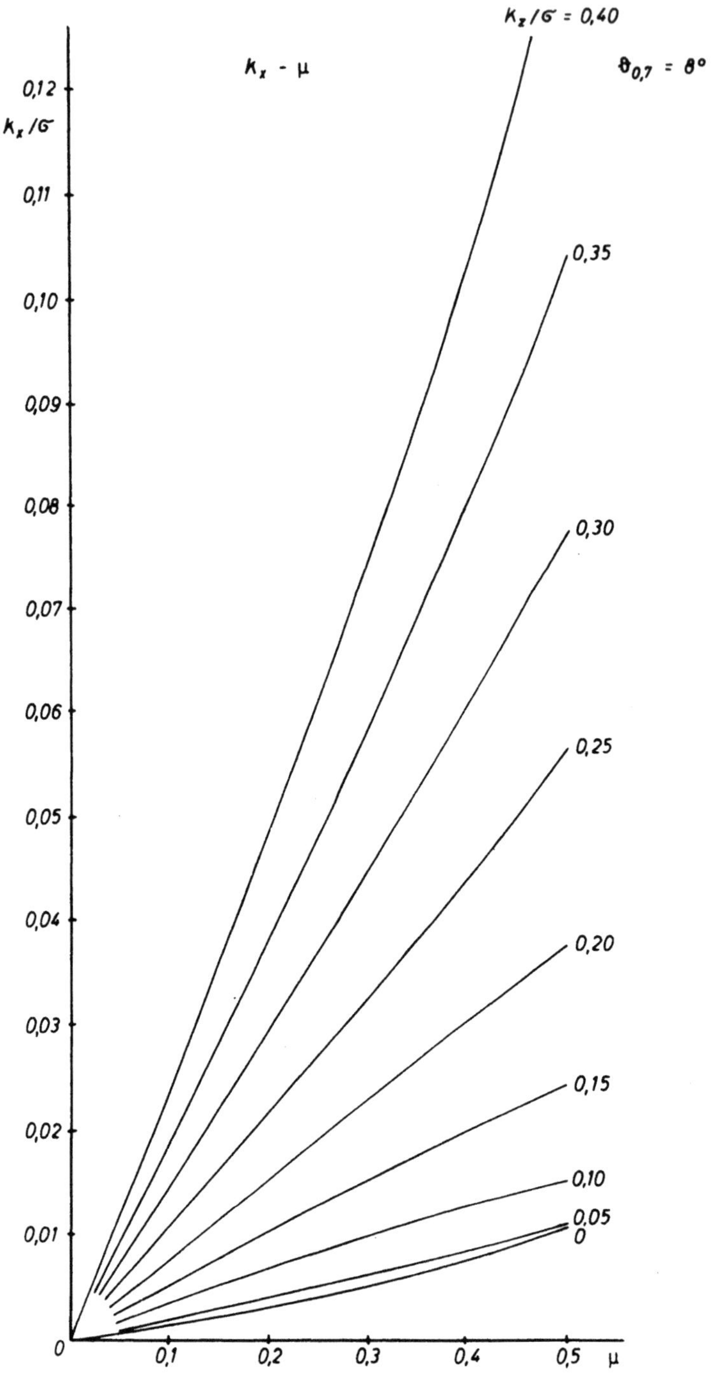

A b b i l d u n g 37

Tangentialkraftbeiwert k_x über μ

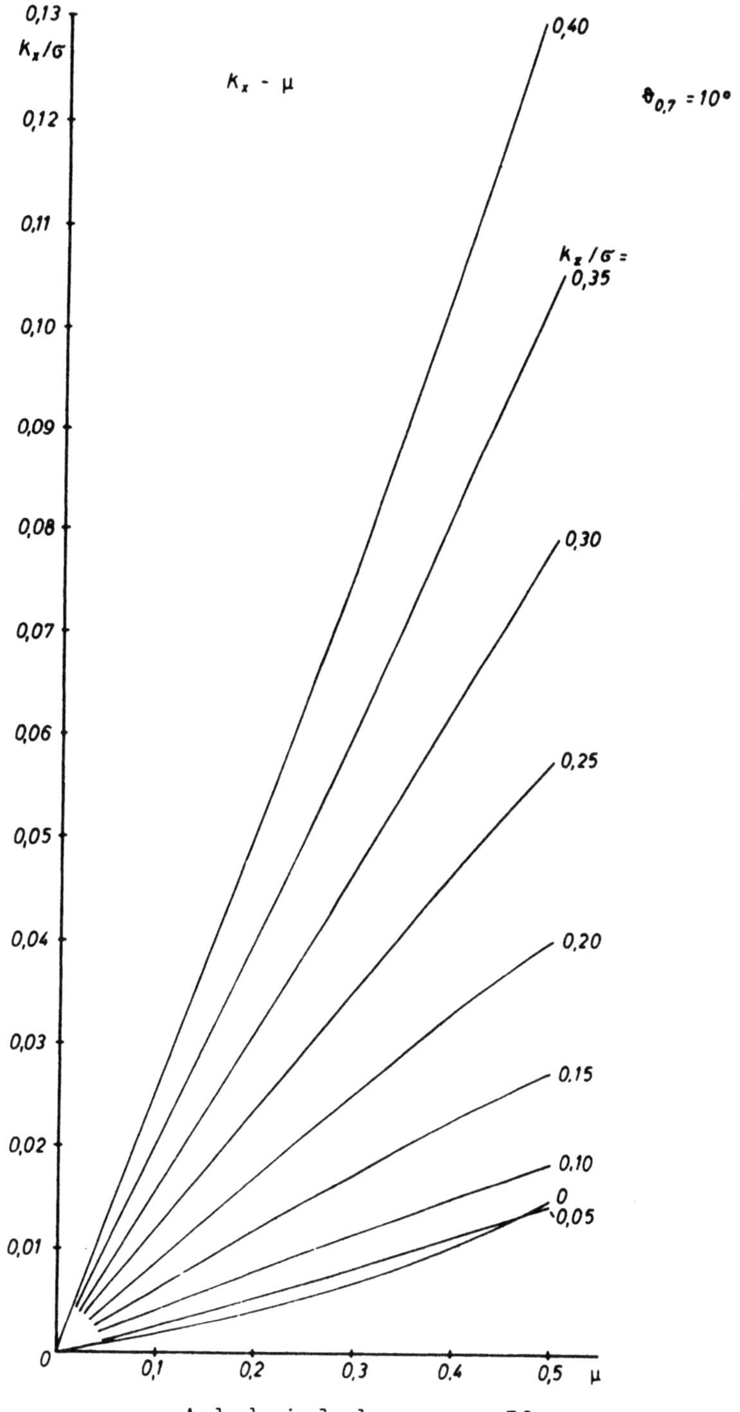

A b b i l d u n g 38

Tangentialkraftbeiwert k_x über μ

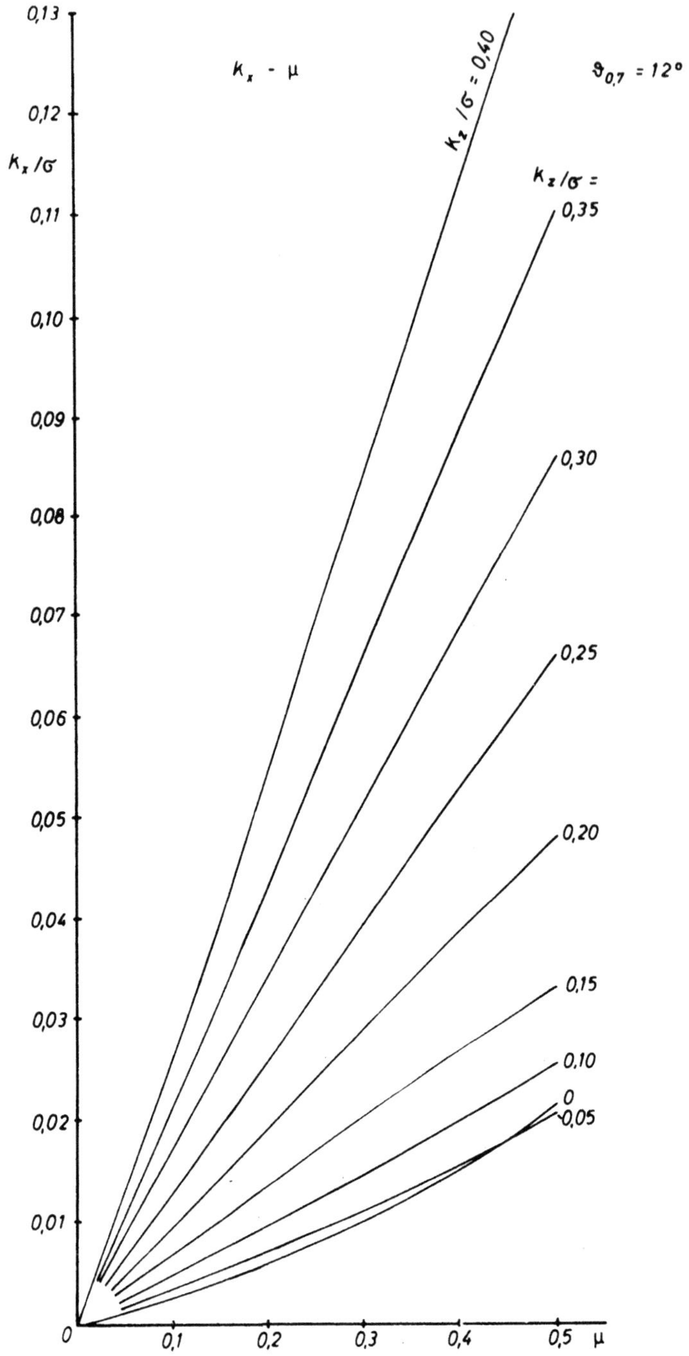

A b b i l d u n g 39

Tangentialkraftbeiwert k_x über μ

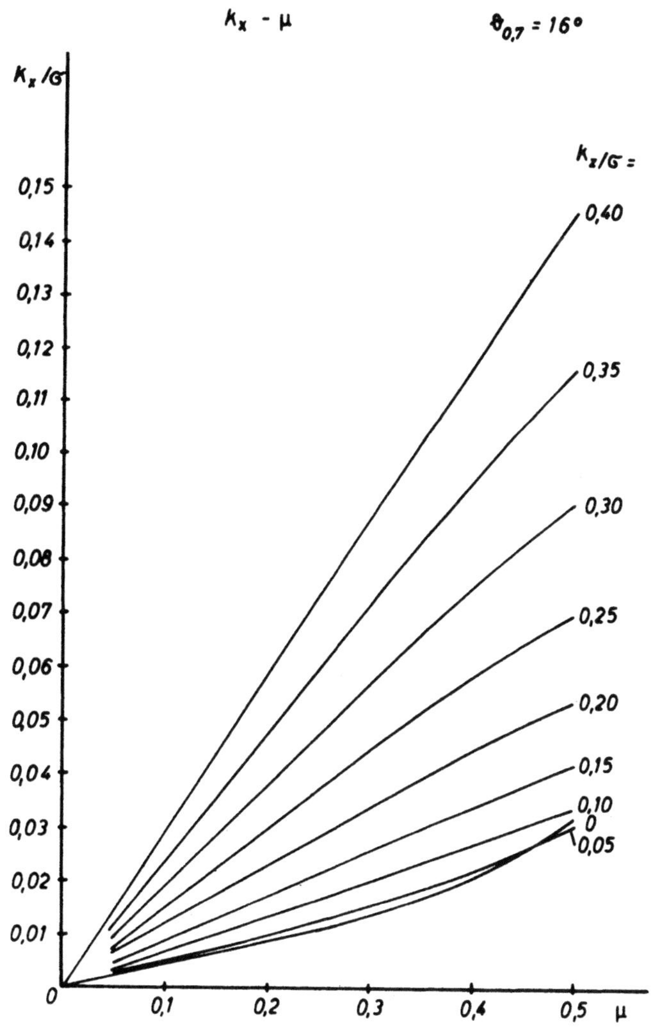

A b b i l d u n g 40

Tangentialkraftbeiwert k_x über μ

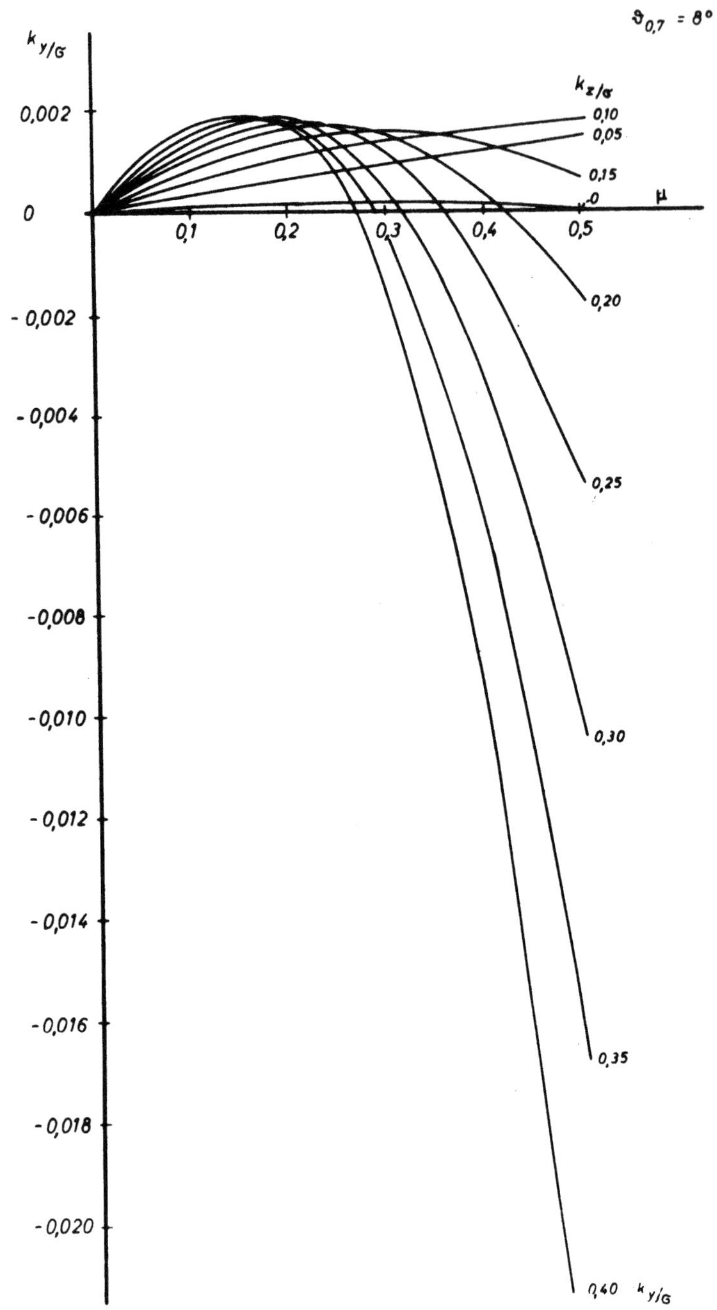

A b b i l d u n g 41

Seitenkraftbeiwert k_y über μ

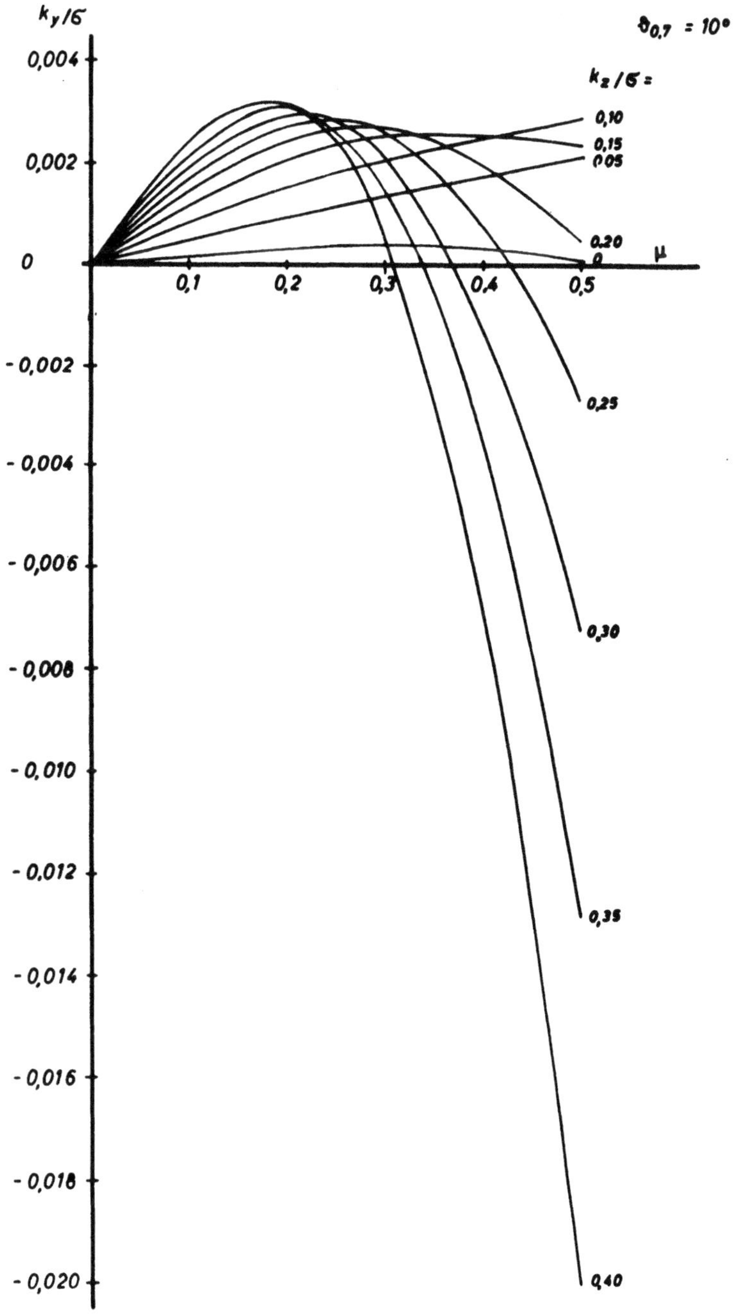

A b b i l d u n g 42

Seitenkraftbeiwert k_y über μ

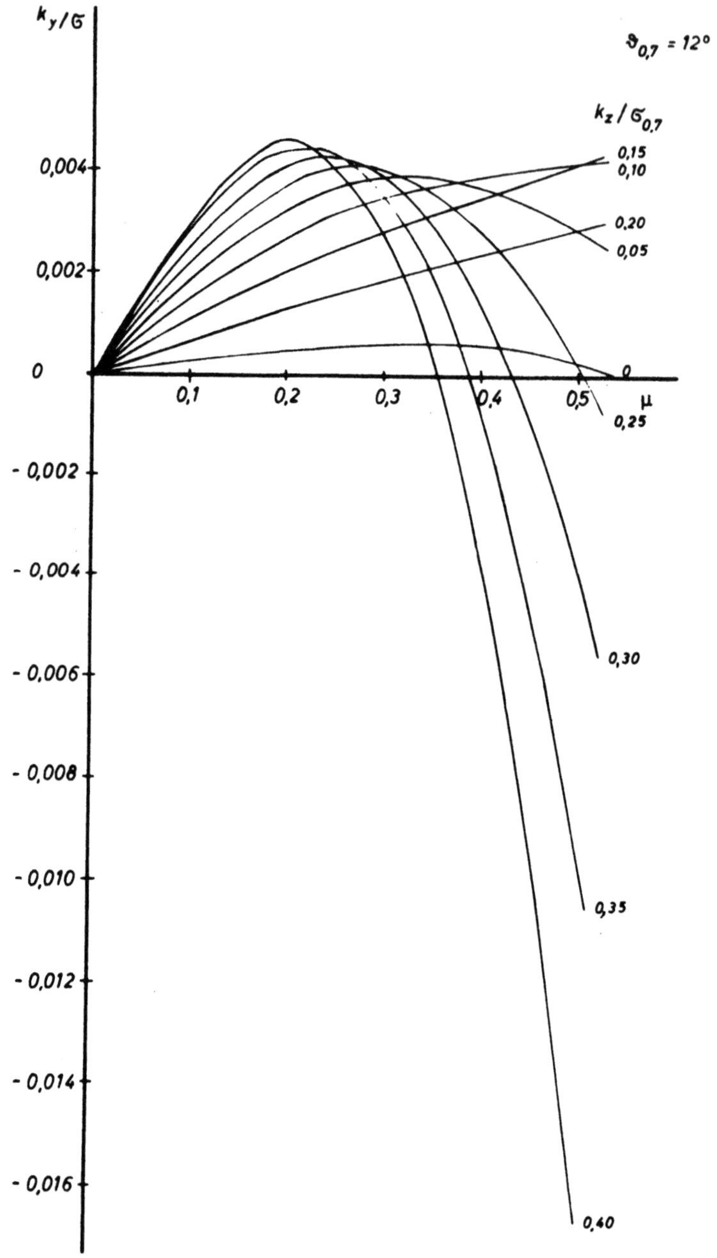

Abbildung 43

Seitenkraftbeiwert k_y über μ

Momentenbeiwerte

Die Momentenbeiwerte k_{m_x} und k_{m_y} sind im Gegensatz zum Drehmomentenbeiwert k_{m_z} stark abhängig von den Massenkräften, die den Hauptanteil liefern. Gegenüber der Berechnung der anderen Rotorkomponenten ist daher die Bestimmung einiger weiterer Ausgangsdaten des Rotors notwendig. Für die durchgeführte Berechnung von k_{m_x} und k_{m_y} wird der in den Bestimmungsgleichungen auftretende Ausdruck

$$\frac{M_{GA}/g}{\varrho/2 \cdot R^4} = 0{,}0765$$

gesetzt. Darin ist M_{GA} das Blattgewichtsmoment bezüglich der Schlagachse und R der Rotorhalbmesser. Weiter wird die Blattzahl mit z = 5 eingesetzt. Für das Verhältnis Schlaggelenkabstand / Rotorhalbmesser wird gesetzt: a/R = 0,035. Da das Verhältnis a/R in alle Glieder der Gleichungen eingeht, Blattzahl und Blattmasse nur in einem Glied auftreten, kann man für eine bestimmte Flächendichte bei geändertem Schlaggelenkabstand, Blattzahl und Masse durch einfache Rechenoperation aus den gegebenen Abbildungen leicht auf andere Verhältnisse umrechnen, falls sich die Blattmassenkonstante nicht oder nur unwesentlich ändert.

Drehmomentenbeiwert k_{m_z}

Außer den Kraftbeiwerten k_x und k_z, die zur Ermittlung von Auftrieb und Widerstand benötigt werden, ist noch der Drehmomentenbeiwert k_{m_z} eine sehr wesentliche Größe, besonders für die Leistungsrechnung. Er läßt sich wieder in Kombination mit der Flächendichte σ berechnen und zwar nach der Gleichung

$$\begin{aligned}\frac{k_{m_z}}{\sigma_0} &= \delta^2 \cdot D_2 (c_{w_2} - c'_{a\infty}) + \delta \cdot (2 c_{w_2} - c'_{a\infty}) \cdot (\vartheta_0 \cdot D_3 + \vartheta_1 \cdot D_4) \\ &+ a_1^2 \cdot \frac{D_4}{2} \cdot (c_{w_2} - c'_{a\infty}) + \frac{b_1^2}{2} \cdot D_4 \cdot (c_{w_2} - c'_{a\infty}) + (\frac{\mu^2}{2} \cdot a_0^2 \cdot D_2 \cdot (c_{w_2} - c'_{a\infty}) \\ &+ \delta \cdot \mu \cdot a_1 \cdot D_2 (c_{w_2} - c'_{a\infty}) - \mu \cdot a_0 \cdot b_1 \cdot D_3 \cdot (c_{w_2} - c'_{a\infty}) \\ &+ \frac{3}{8} \mu^2 \cdot a_1^2 \cdot D_2 \cdot (c_{w_2} - c'_{a\infty}) + \frac{\mu^2}{8} \cdot b_1^2 \cdot D_2 \cdot (c_{w_2} - c'_{a\infty}) + c_{w_0} (D'_4 + \frac{\mu^2}{2} \cdot D'_2) \\ &+ c_{w_2} \left[\vartheta_0^2 \cdot (D_4 + \frac{\mu^2}{2} \cdot D_2) + \vartheta_1^2 \cdot (D_6 + \frac{\mu^2}{2} \cdot D_4) + 2 \cdot \vartheta_0 \cdot \vartheta_1 \cdot (D_5 + \frac{\mu^2}{2} \cdot D_3) \right]\end{aligned}$$

Dieser Beiwert ist in den Abbildungen 55 bis 58 wieder über μ mit k_z/σ als Parameter aufgetragen.

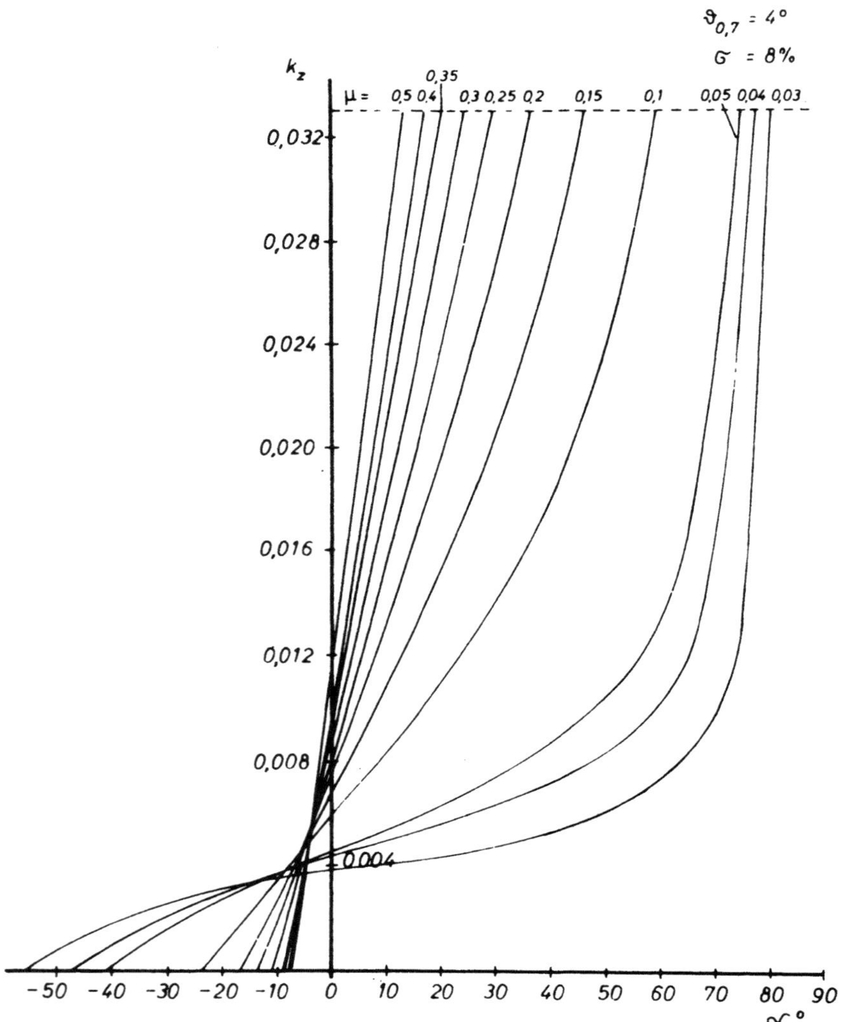

A b b i l d u n g 44

Normalkraftbeiwert k_z über α

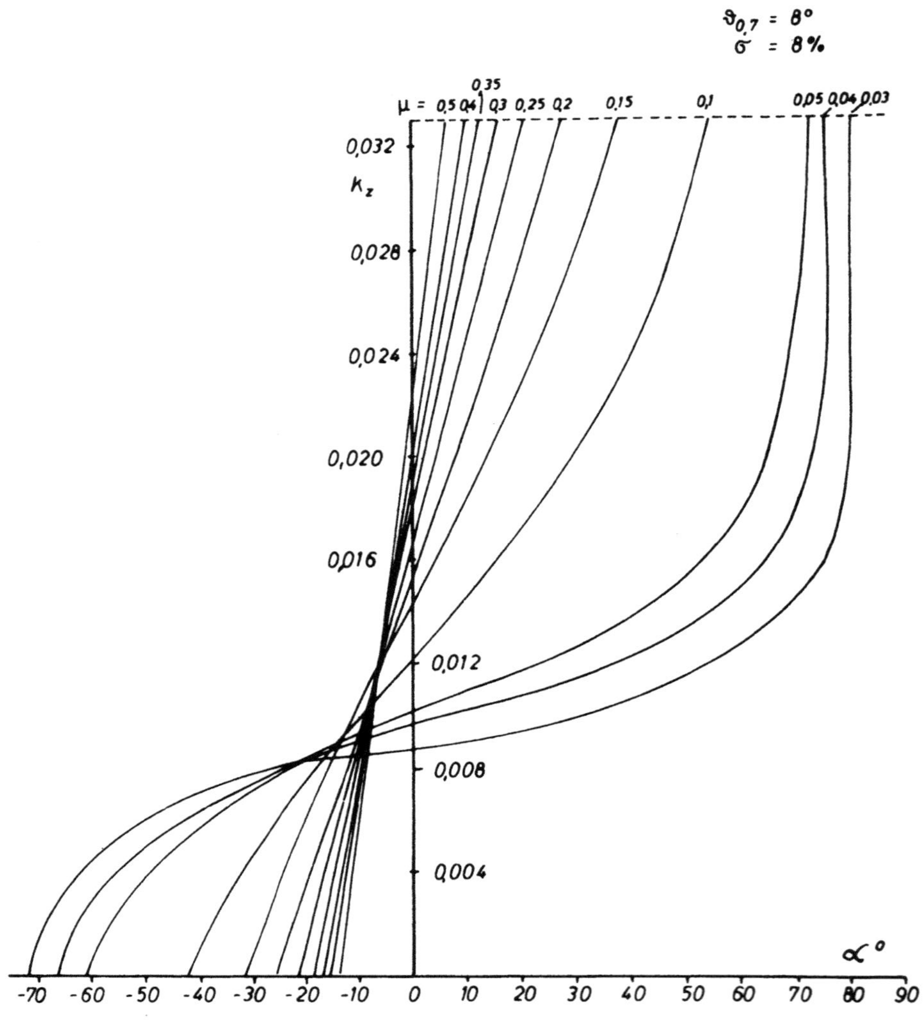

A b b i l d u n g 45

Normalkraftbeiwert k_z über α

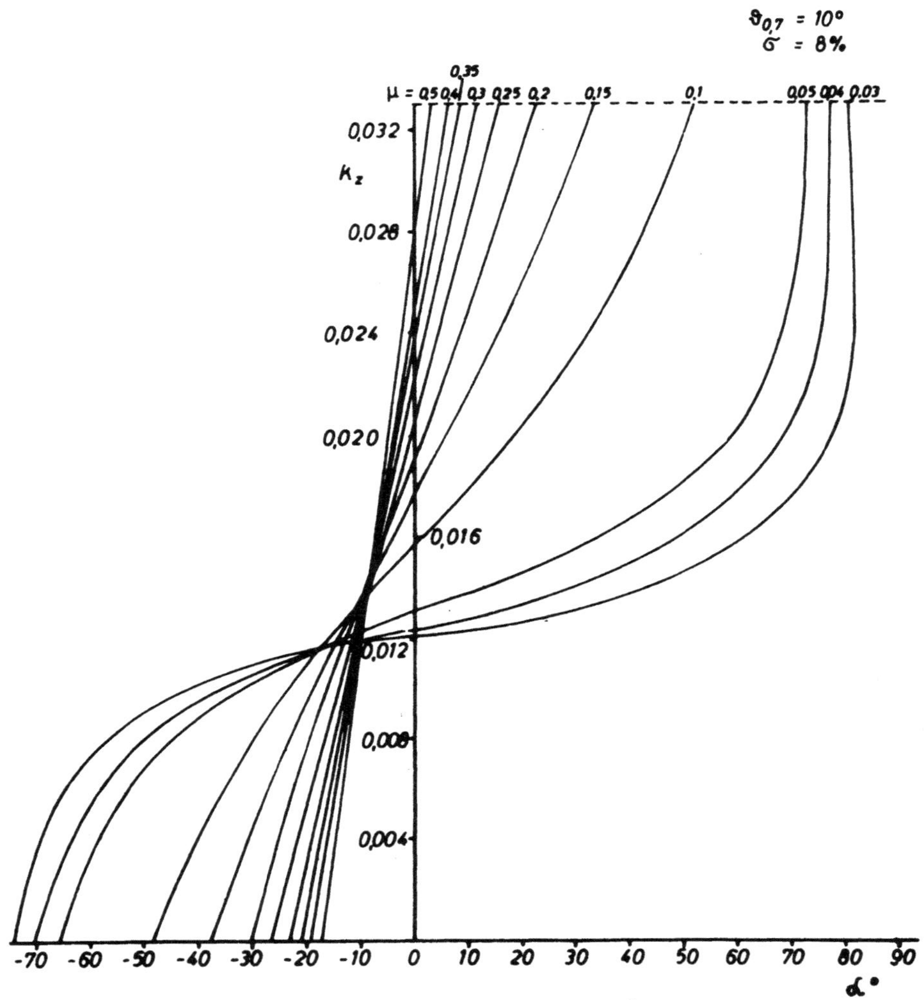

A b b i l d u n g 46

Normalkraftbeiwert k_z über α

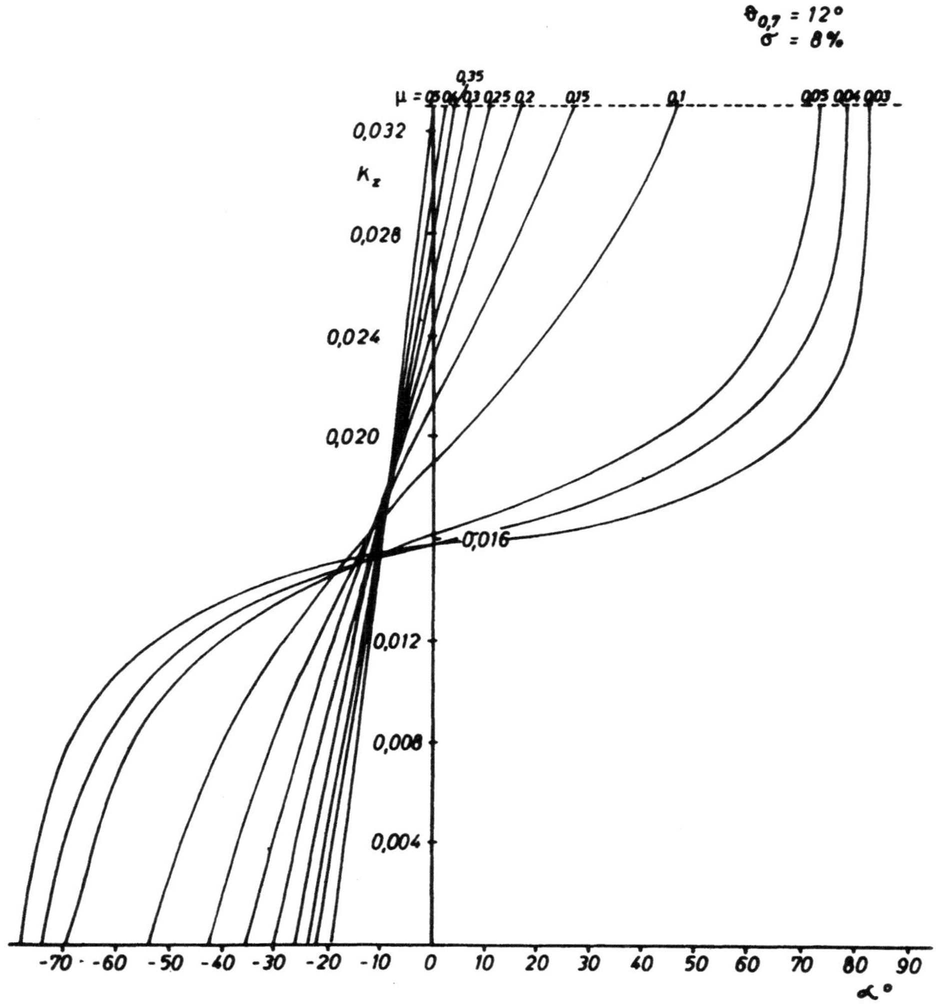

A b b i l d u n g 47

Normalkraftbeiwert k_z über α

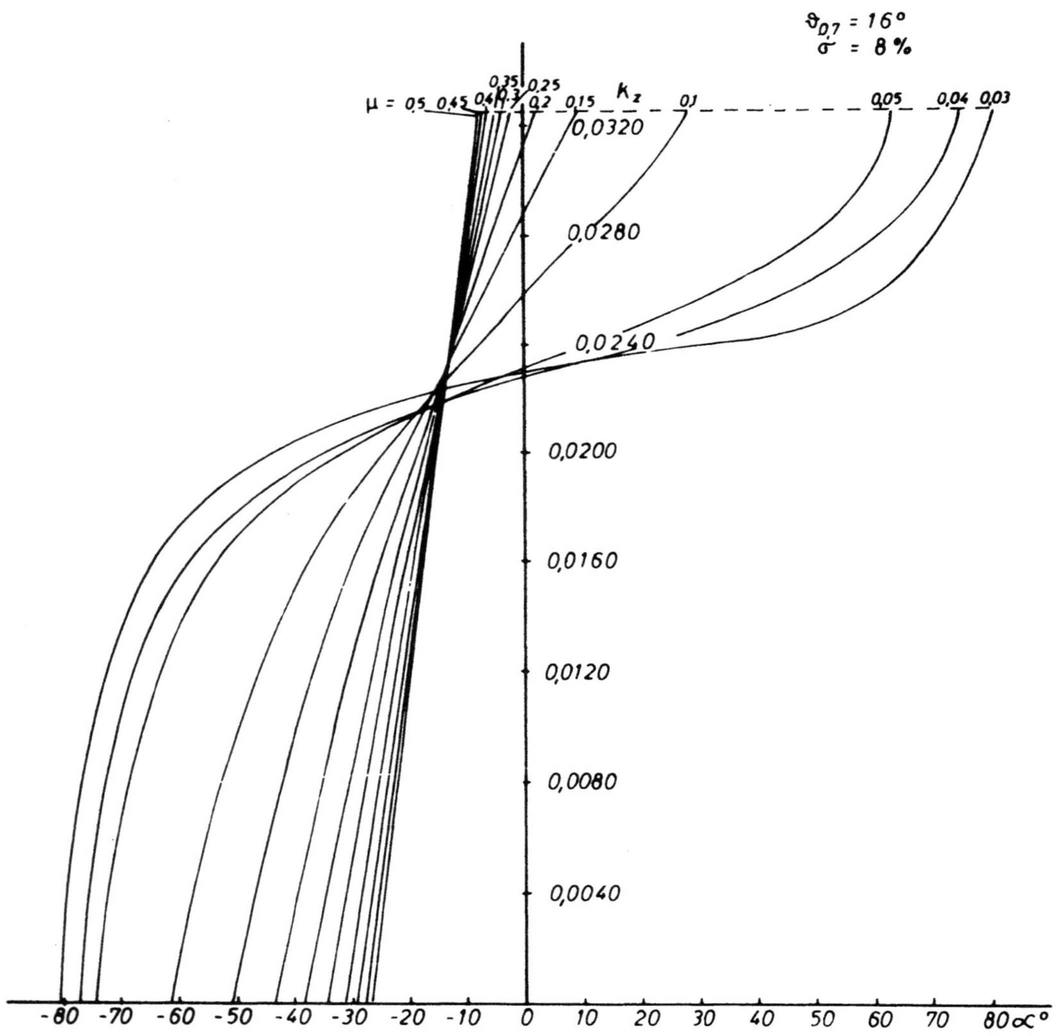

A b b i l d u n g 48

Normalkraftbeiwert k_z über $\alpha°$

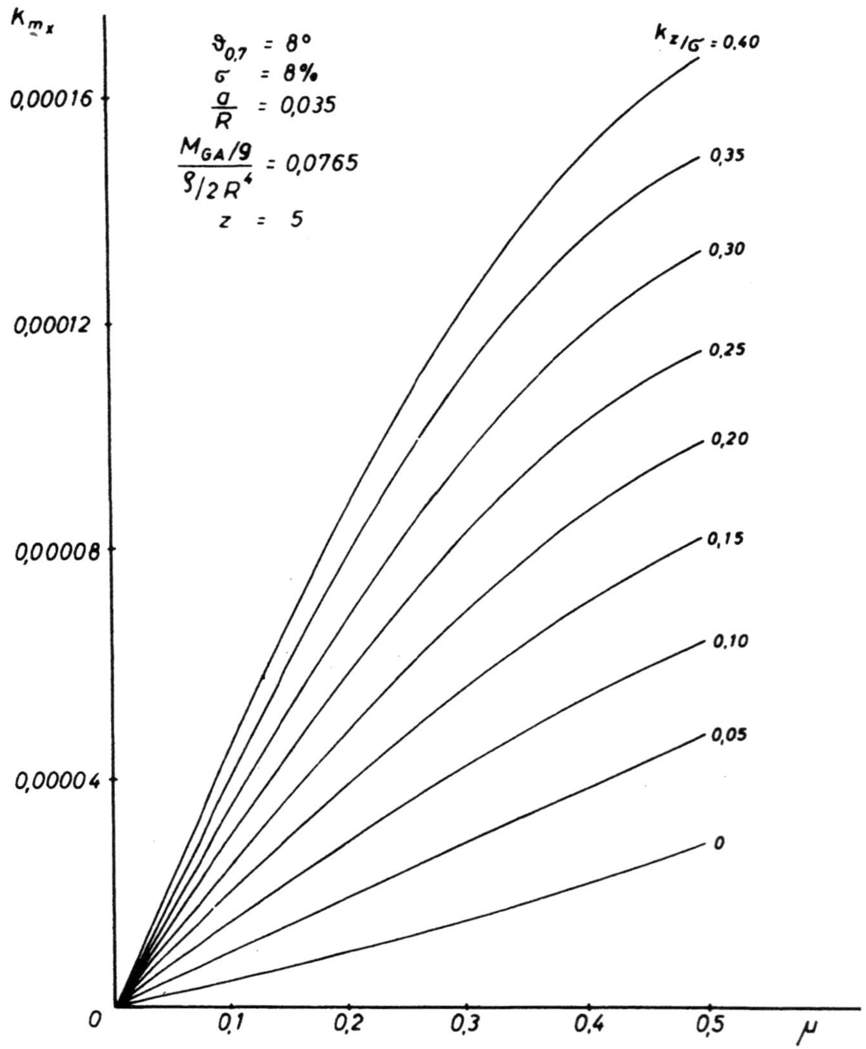

A b b i l d u n g 49

Rollmomentenbeiwert k_{mx} über μ

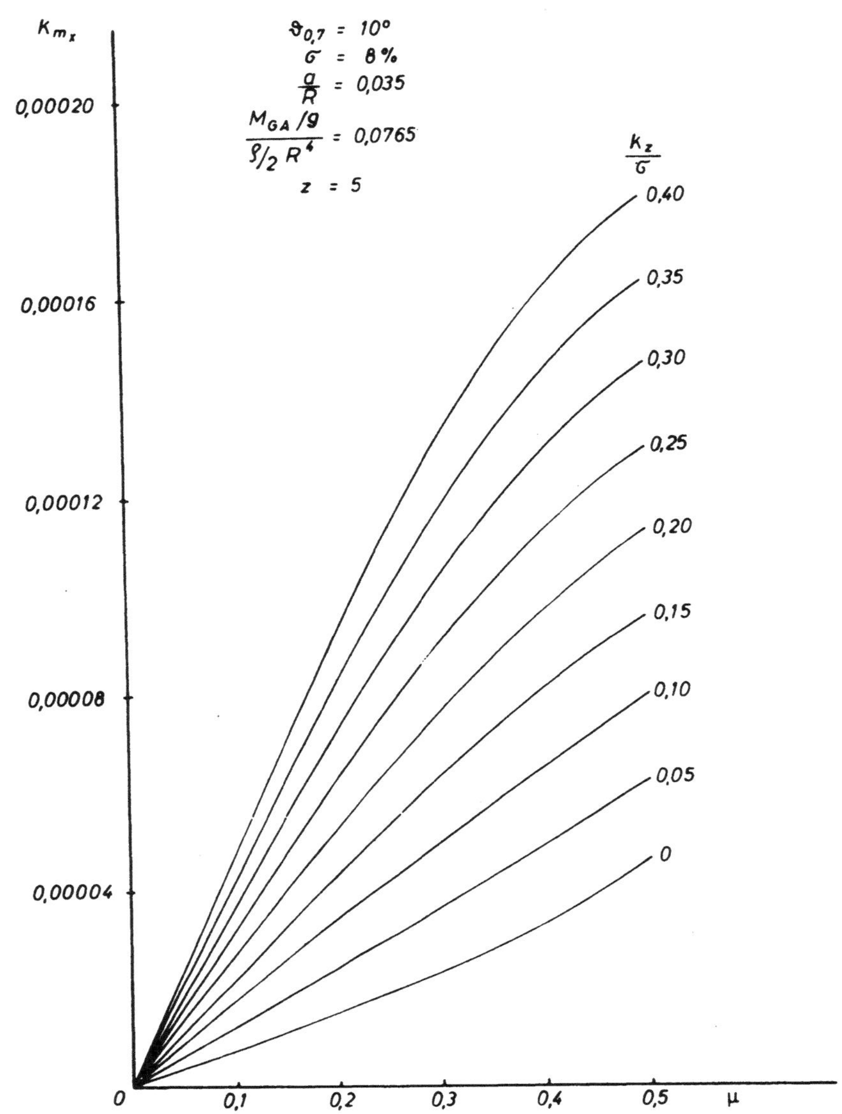

A b b i l d u n g 50

Rollmomentenbeiwert k_{mx} über μ

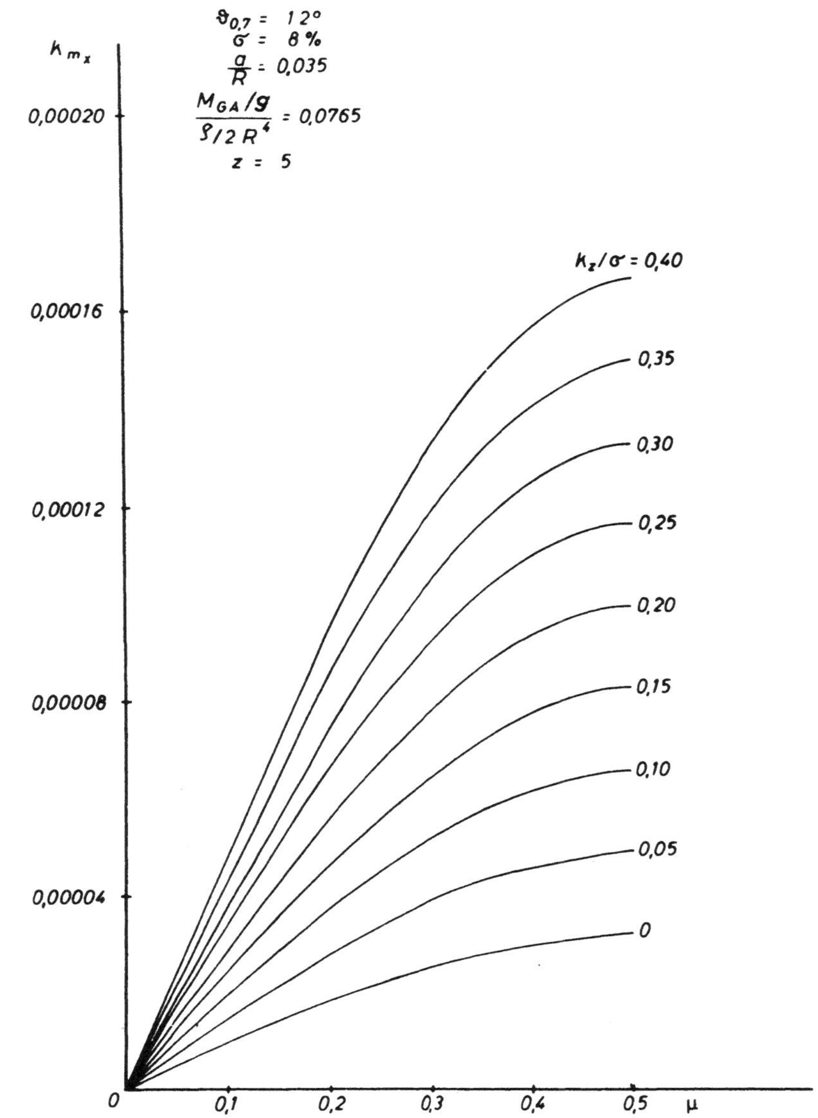

A b b i l d u n g 51

Rollmomentenbeiwert k_{mx} über μ

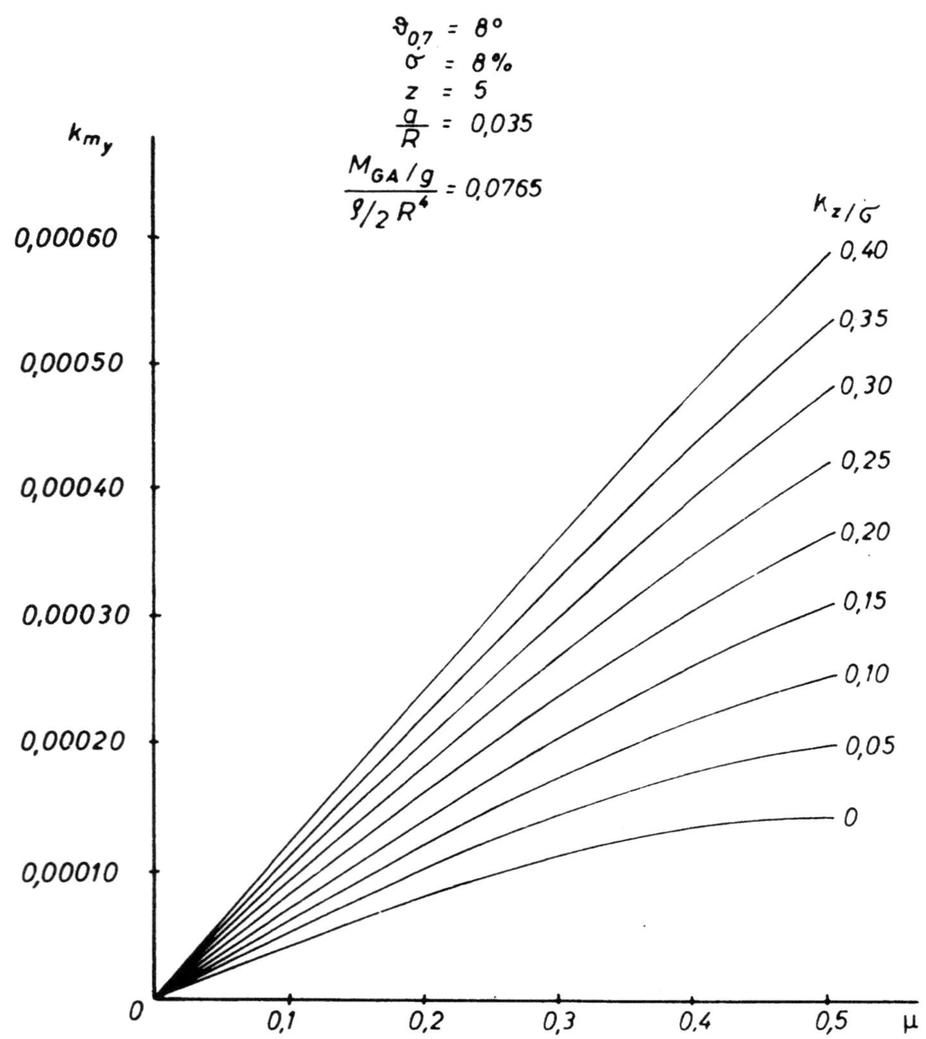

A b b i l d u n g 52

Längsmomentenbeiwert k_{my} über μ

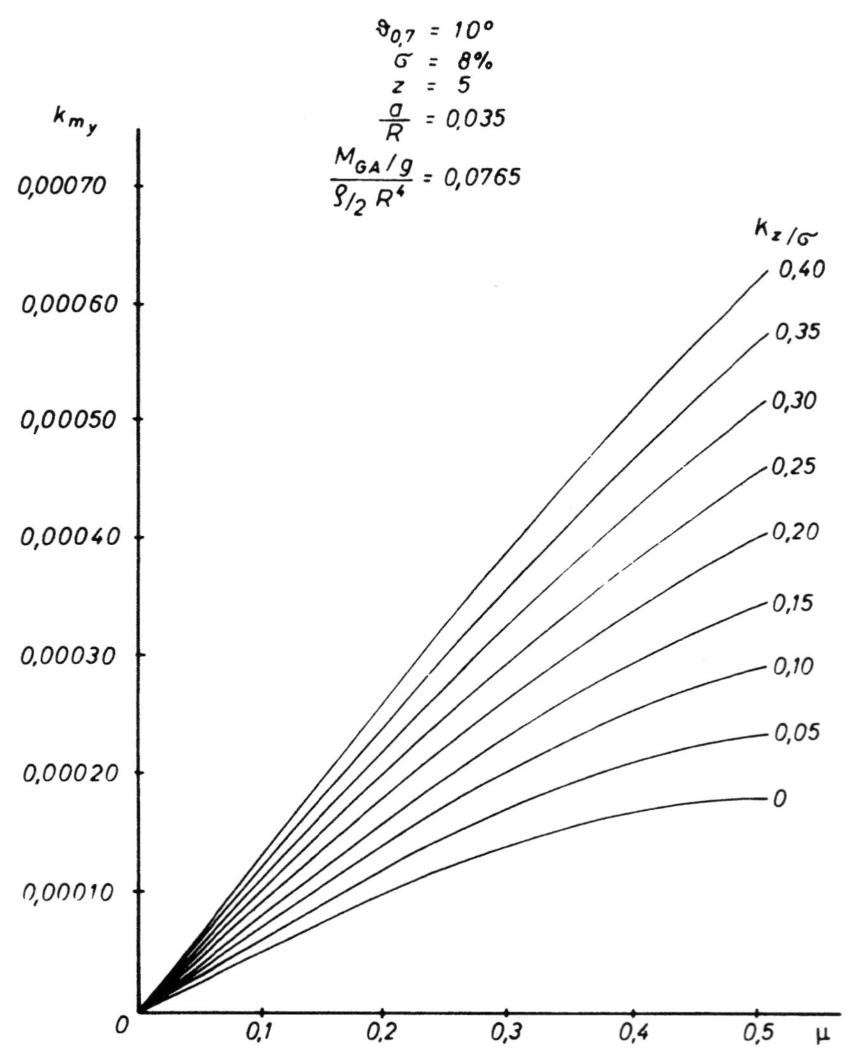

A b b i l d u n g 53

Längsmomentenbeiwert k_{my} über μ

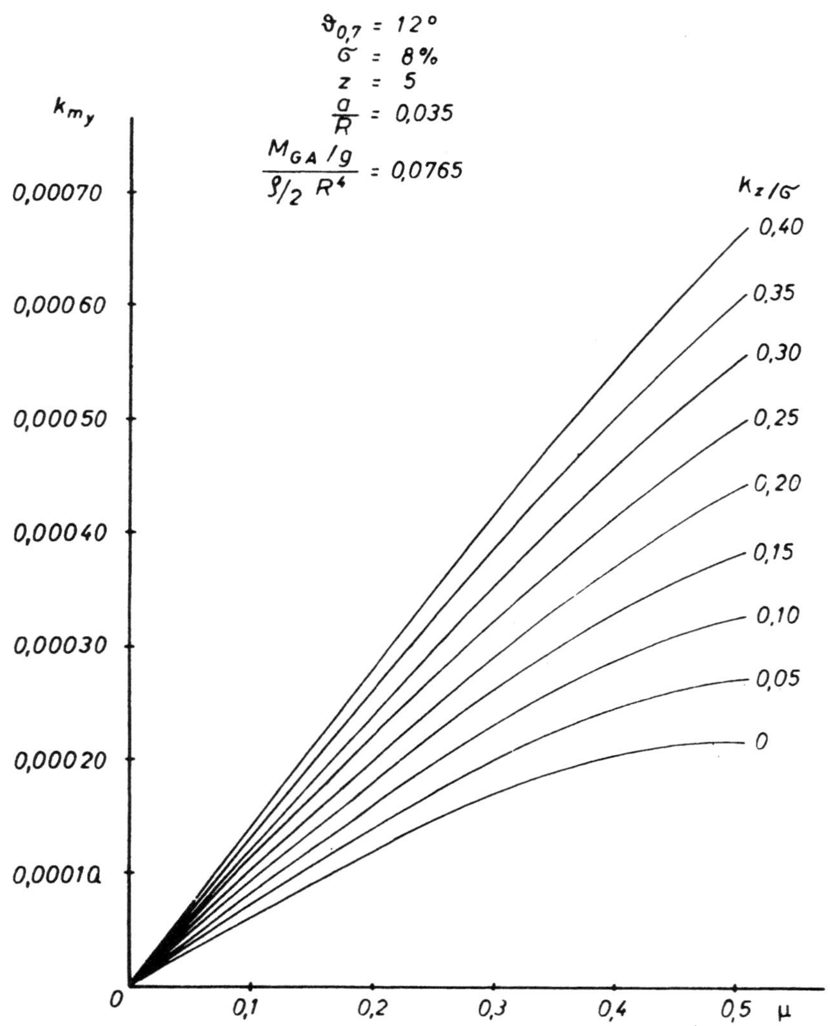

A b b i l d u n g 54

Längsmomentenbeiwert k_{my} über μ

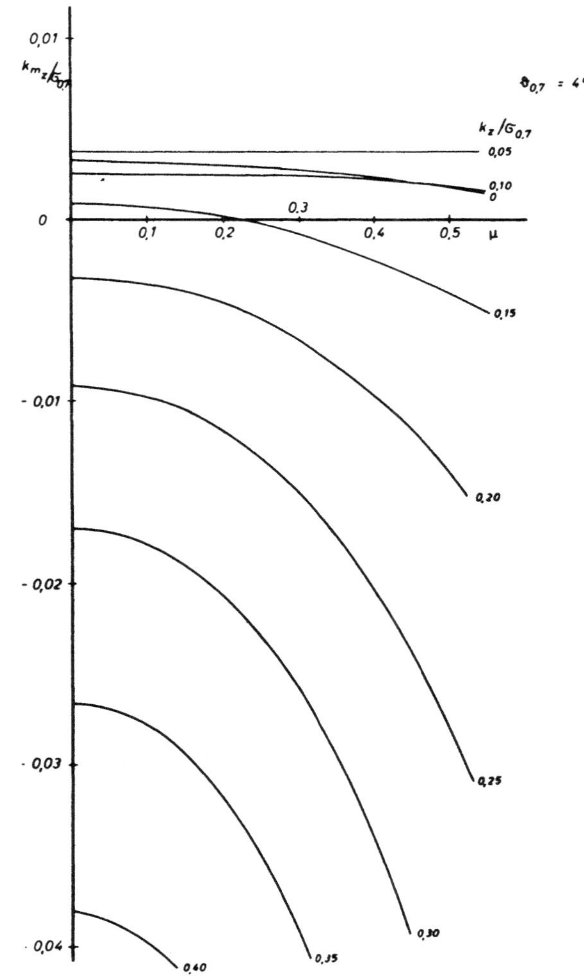

A b b i l d u n g 55

Drehmomentenbeiwert k_{mz} über μ

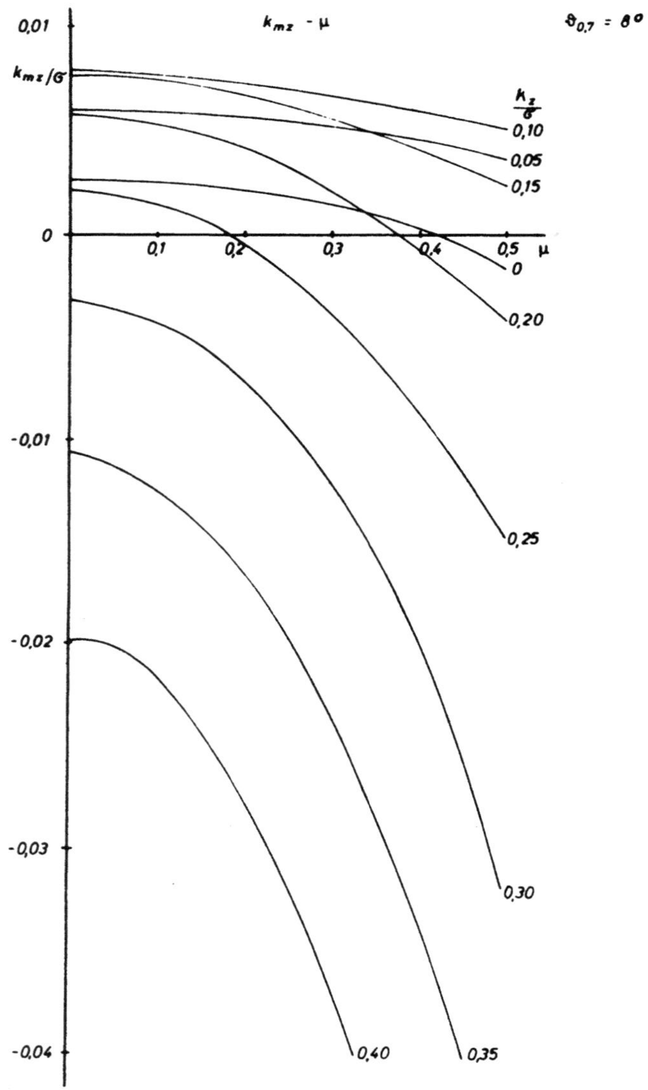

A b b i l d u n g 56

Drehmomentenbeiwert k_{mz} über μ

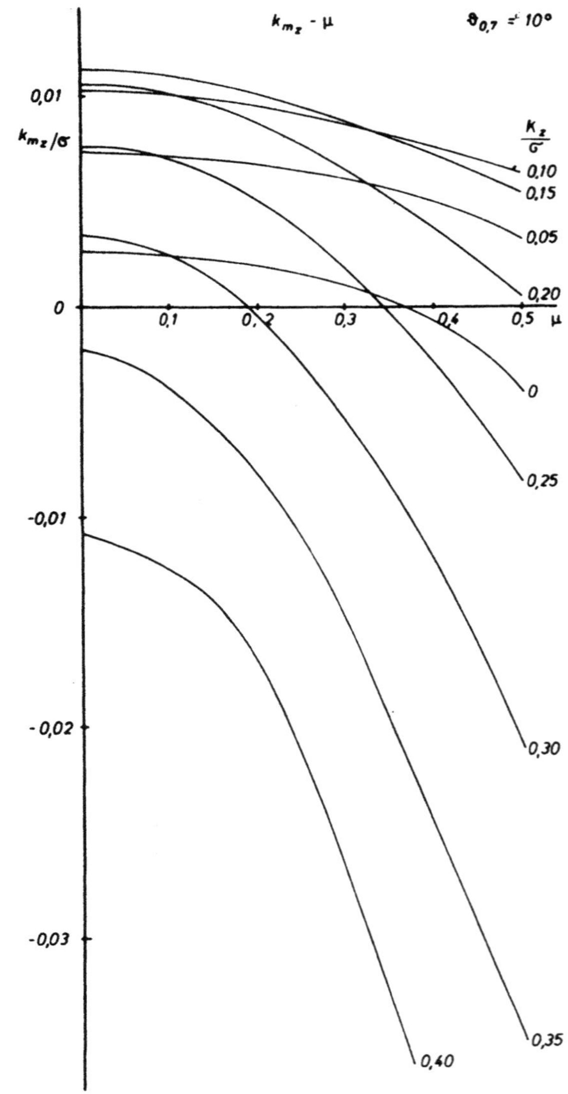

A b b i l d u n g 57

Drehmomentenbeiwert k_{mz} über μ

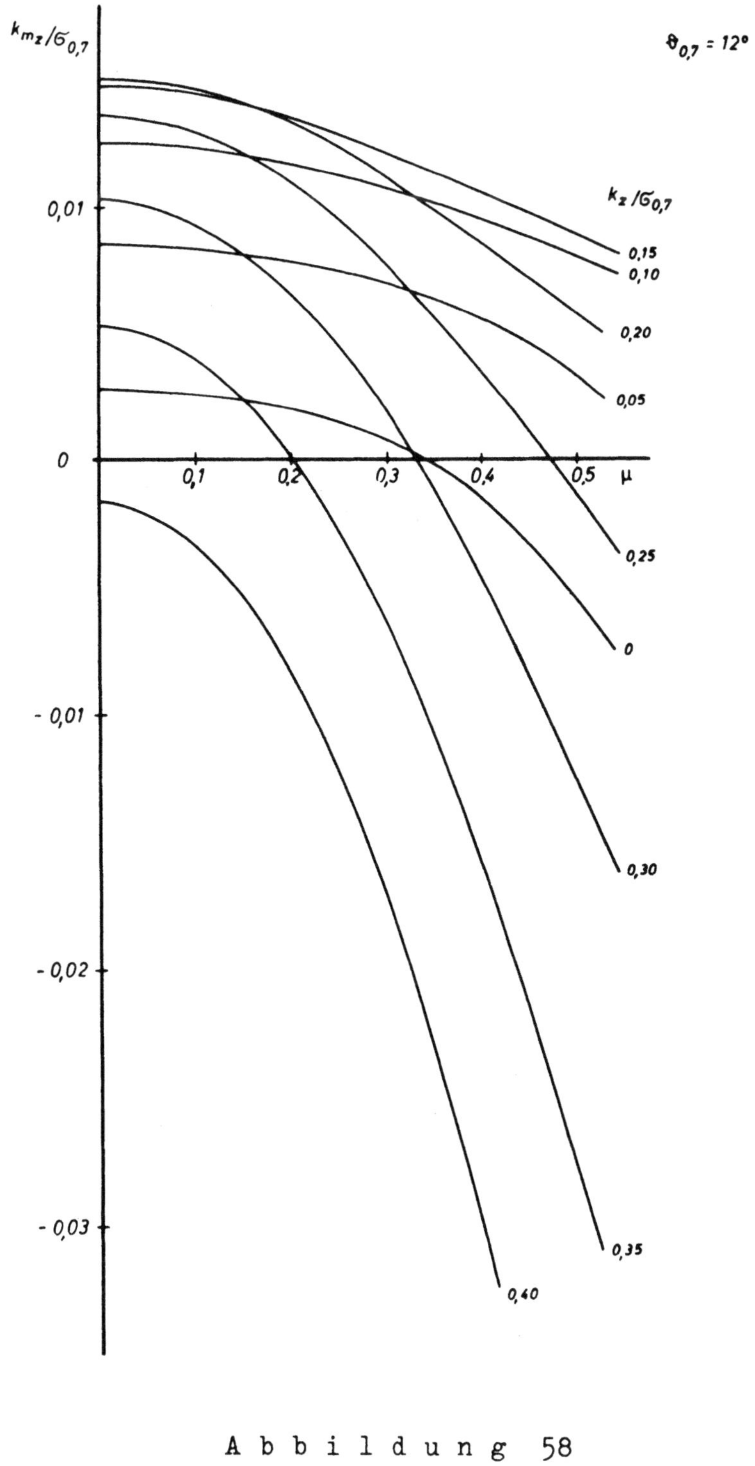

A b b i l d u n g 58
Drehmomentenbeiwert k_{mz} über μ

Rollmomentenbeiwert k_{m_x}

Nach Bericht 3 der DSH ist:

$$k_{m_x} = \frac{a}{R}\left\{\frac{z}{2\cdot\pi}\cdot\frac{M_{GA}/g}{\rho/2\cdot R^4}\cdot b_1 + \frac{c'_{a\infty}}{2}\cdot\sigma_0\left[a_1\cdot D_3 - \delta\cdot\mu\cdot D_1 - 2\cdot\mu\cdot\vartheta_0\cdot D_2 - 2\cdot\mu\cdot\vartheta_1\cdot D_3 - \frac{\mu^2}{4}\cdot a_1\cdot D_1\right]\right\}$$

Dieser Beiwert ist für die wichtigsten Winkel $\vartheta_{0,7}$. in den Abbildungen 49 bis 51 aufgetragen; die jeweils verwendeten Konstanten sind auf den Diagrammen angegeben.

Längsmomentenbeiwert k_{m_y}

$$k_{m_y} = \frac{a}{R}\left\{\frac{z}{2\cdot\pi}\cdot\frac{M_{GA}/g}{\rho/2\cdot R^4}\cdot a_1 + \frac{c'_{a\infty}}{2}\cdot\sigma_0\left[-b_1\cdot D_3 + \mu\cdot a_0\cdot D_2 - \frac{\mu^2}{4}\cdot b_1\cdot D_1\right]\right\}$$

Die berechneten k_{m_y}-Kurven sind in den Abbildungen 52 bis 54 aufgetragen.

6. Auftrieb und Widerstand

Auftriebsbeiwert k_a

Den Auftriebsbeiwert erhält man nach der Gleichung

$$k_a = k_z\cdot\cos\alpha - k_x\cdot\sin\alpha$$

Er soll als Funktion des Anstellwinkels α und des Fortschrittsgrades $\lambda = \mu/\cos\alpha$ aufgetragen werden. Dazu kann man den Normalkraftbeiwert k_z aus den Kurven $k_z = k_z\ (\alpha, \mu)$ ablesen. Um das zugehörige k_x zu bekommen, muß man eine Zwischenauftragung k_x/σ über k_z/σ mit μ als Parameter vornehmen. Die so erhaltenen k_a -Diagramme 59 bis 63 mit α als Parameter sind für die Bildung der Stabilitätsderivativa $k'_{a\lambda}$ von Bedeutung. Übersichtlicher sind jedoch die Auftragungen über α mit λ als Parameter (s. Abb. 64 bis 58), die sich aus den erstgenannten Kurven durch Umzeichnen ergeben.

Widerstandsbeiwert k_w

Für den Widerstandsbeiwert k_w gilt

$$k_w = k_z\cdot\sin\alpha + k_x\cdot\cos\alpha$$

Der k_w-Beiwert läßt sich zusammen mit k_a ermitteln. Man erhält zunächst wieder Auftragungen über λ mit α als Parameter (s. Abb. 69 bis 73), die sich wieder in k_w-α-Diagramme umzeichnen lassen (s. Abb. 74-78).

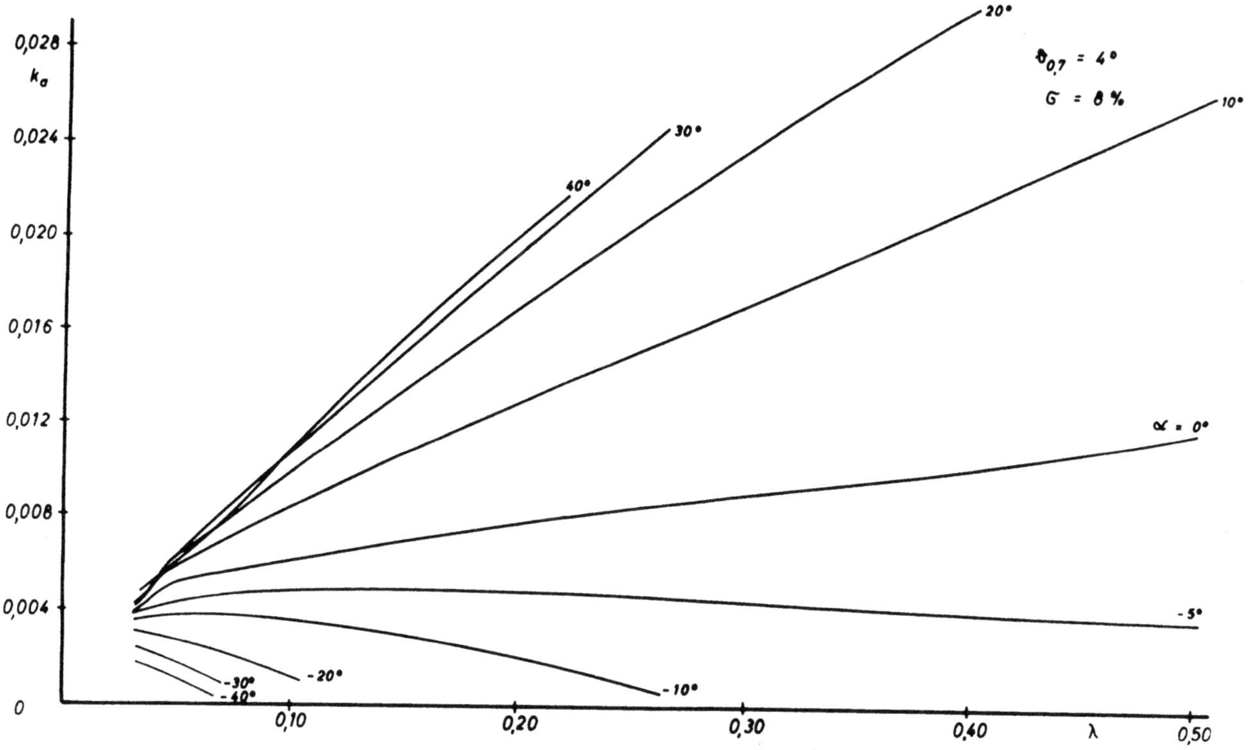

A b b i l d u n g 59

Auftriebsbeiwert k_a über λ

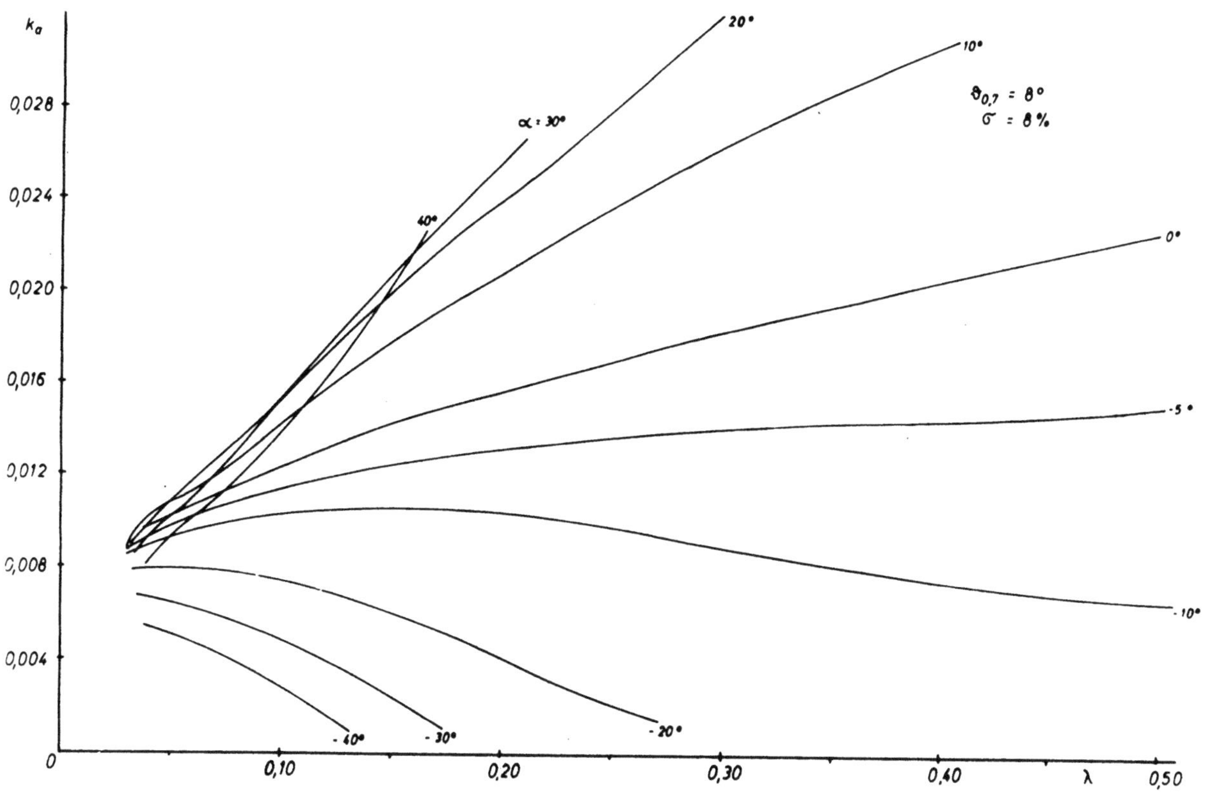

A b b i l d u n g 60

Auftriebsbeiwert k_a über λ

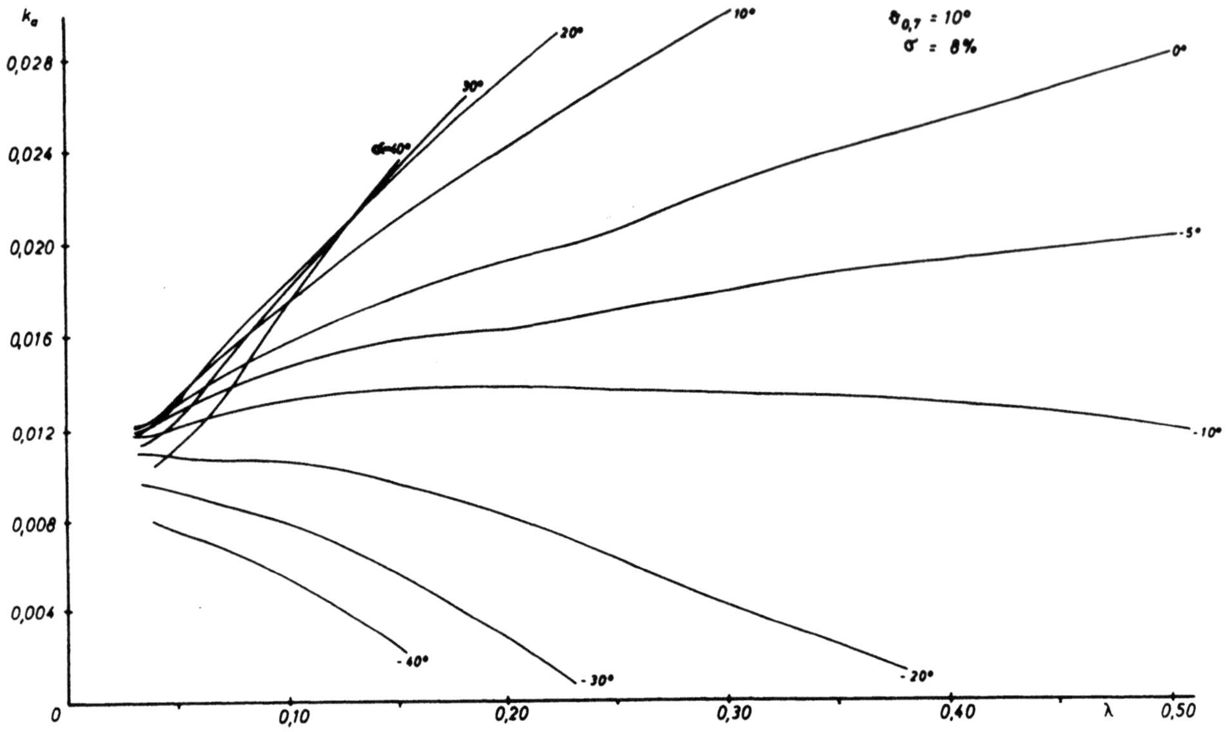

A b b i l d u n g 61

Auftriebsbeiwert k_a über λ

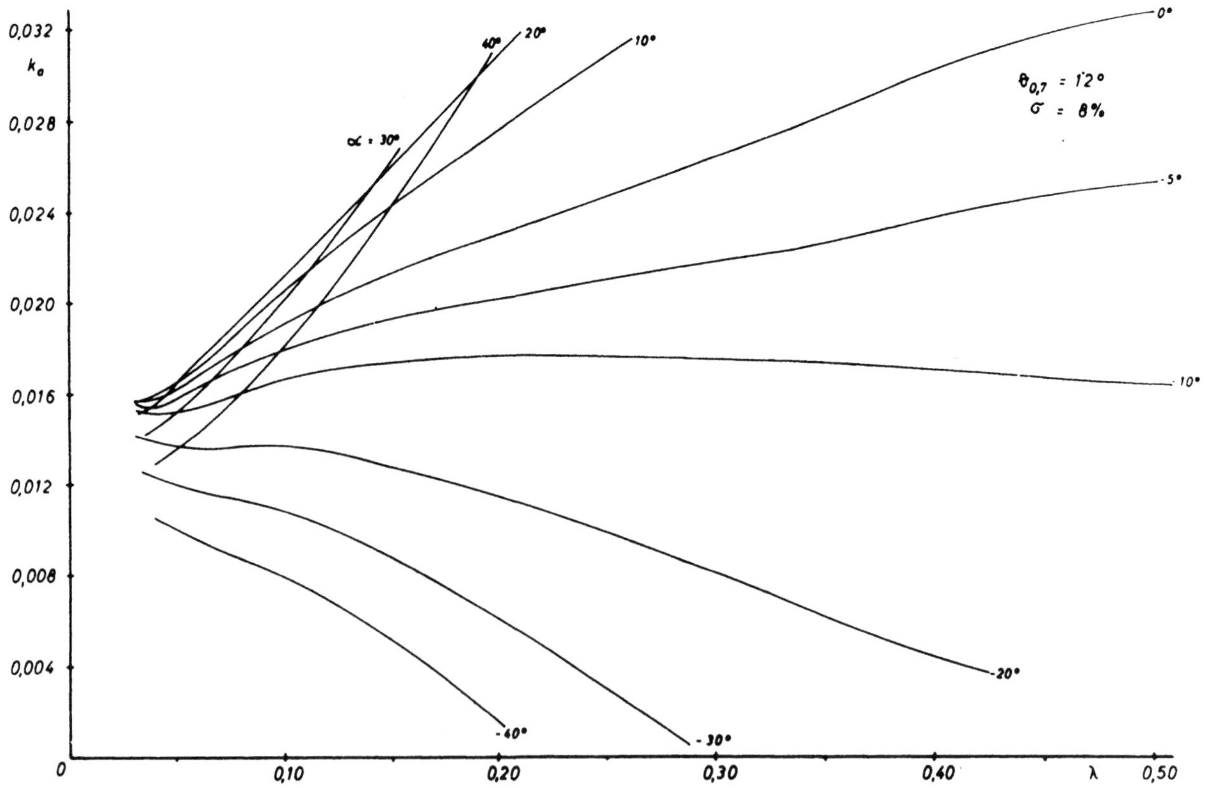

A b b i l d u n g 62

Auftriebsbeiwert k_a über λ

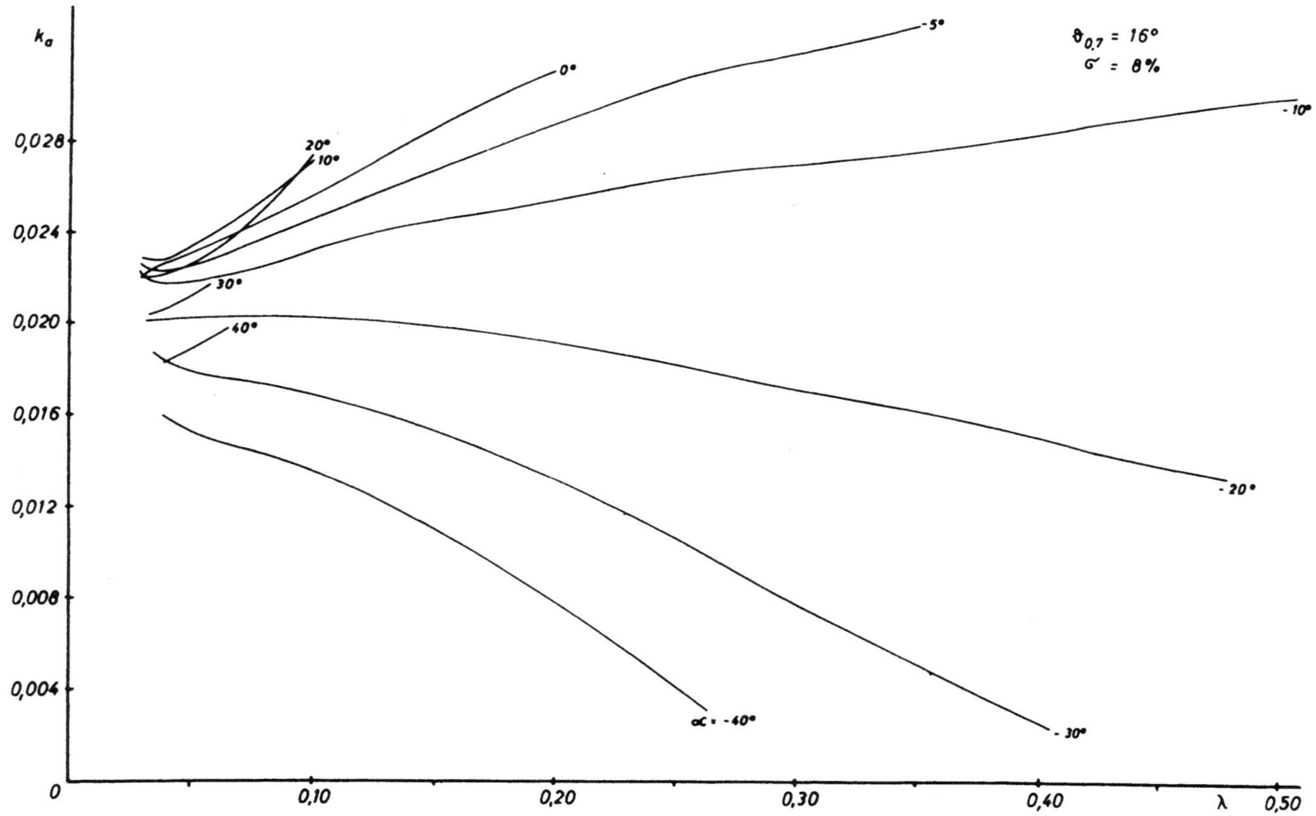

A b b i l d u n g 63

Auftriebsbeiwert k_a über λ

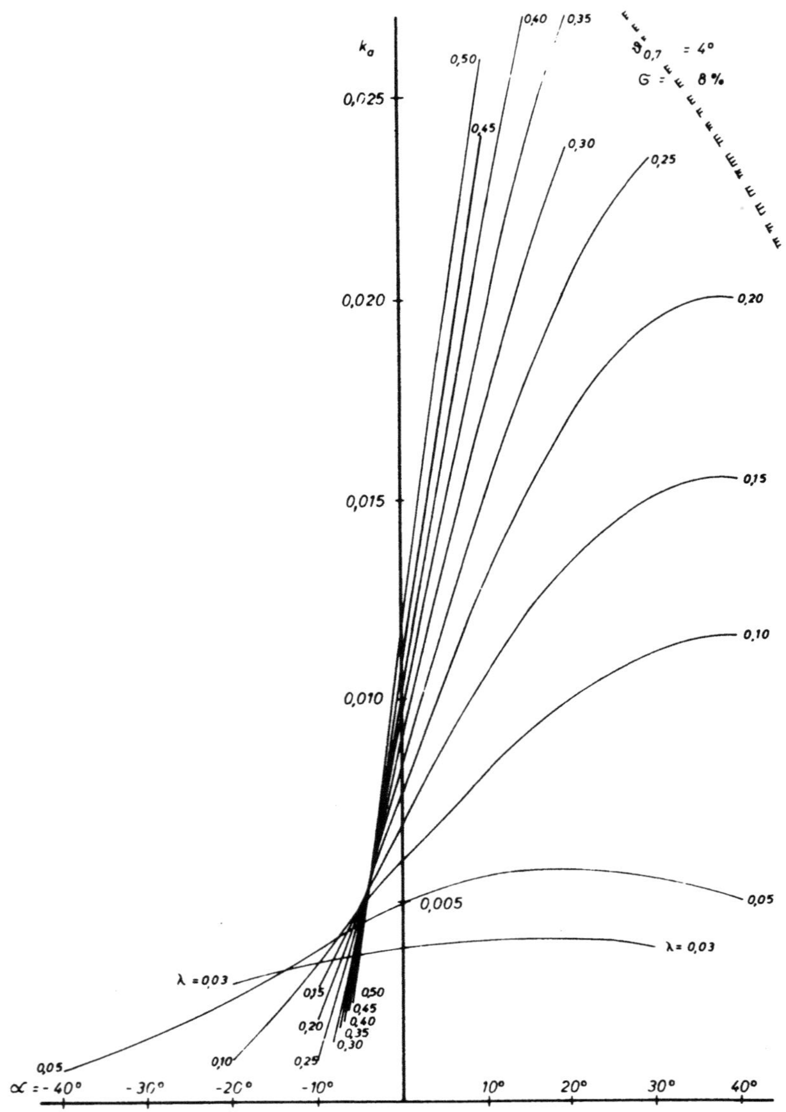

A b b i l d u n g 64

Auftriebsbeiwert k_a über α

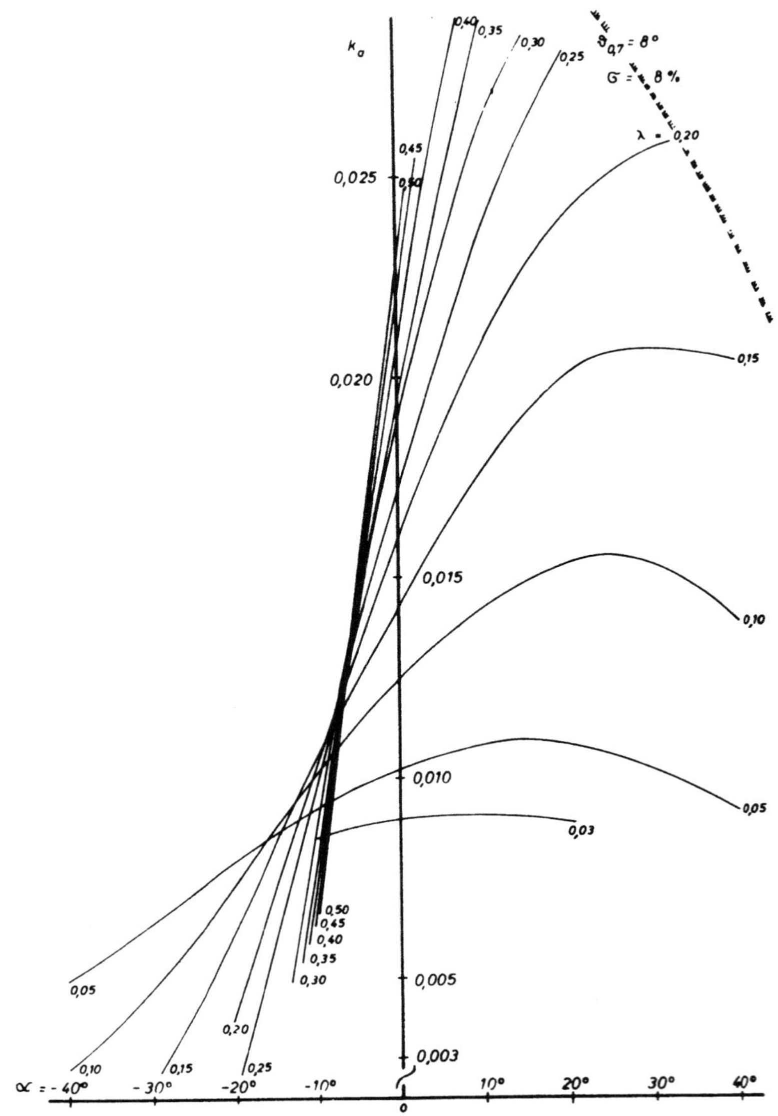

A b b i l d u n g 65

Auftriebsbeiwert k_a über α

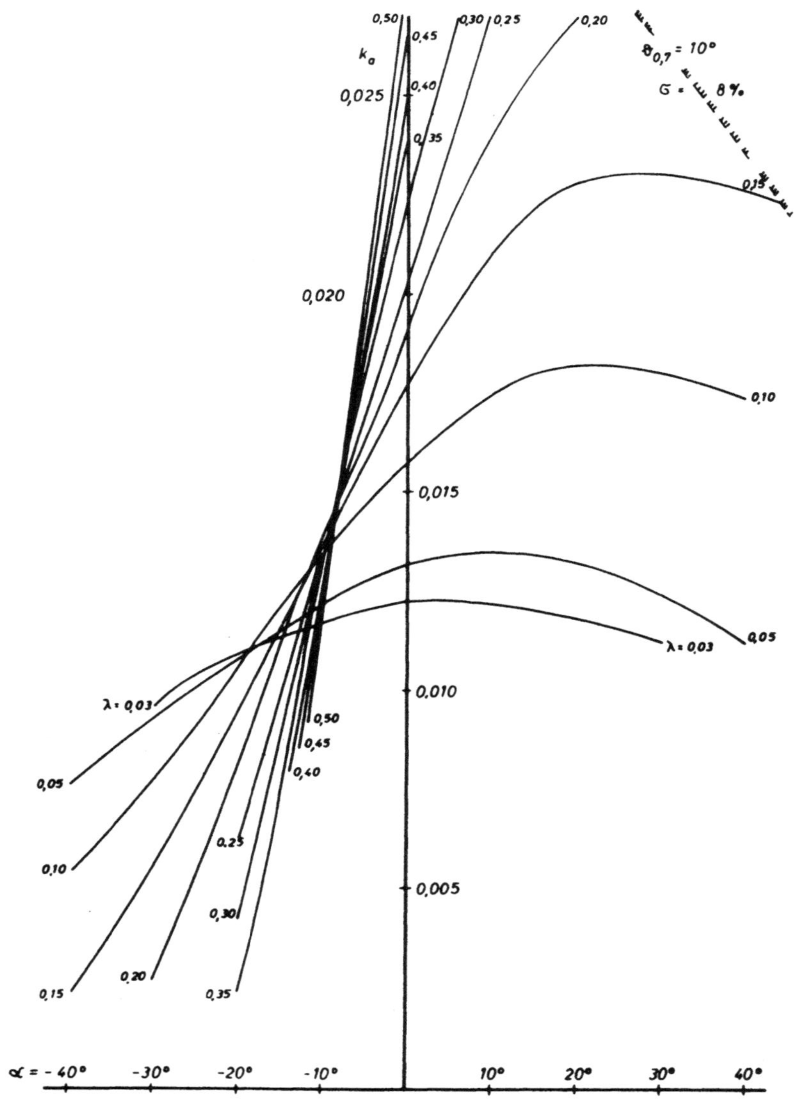

A b b i l d u n g 66

Auftriebsbeiwert k_a über α

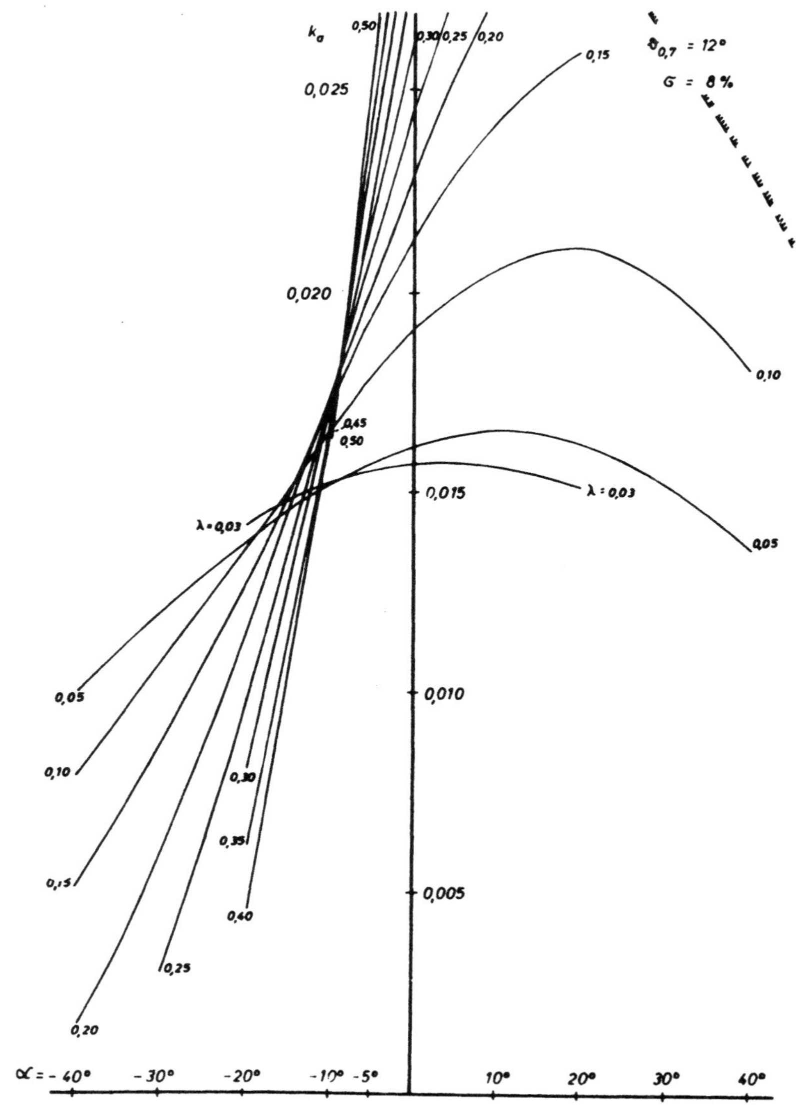

A b b i l d u n g 67

Auftriebsbeiwert k_a über α

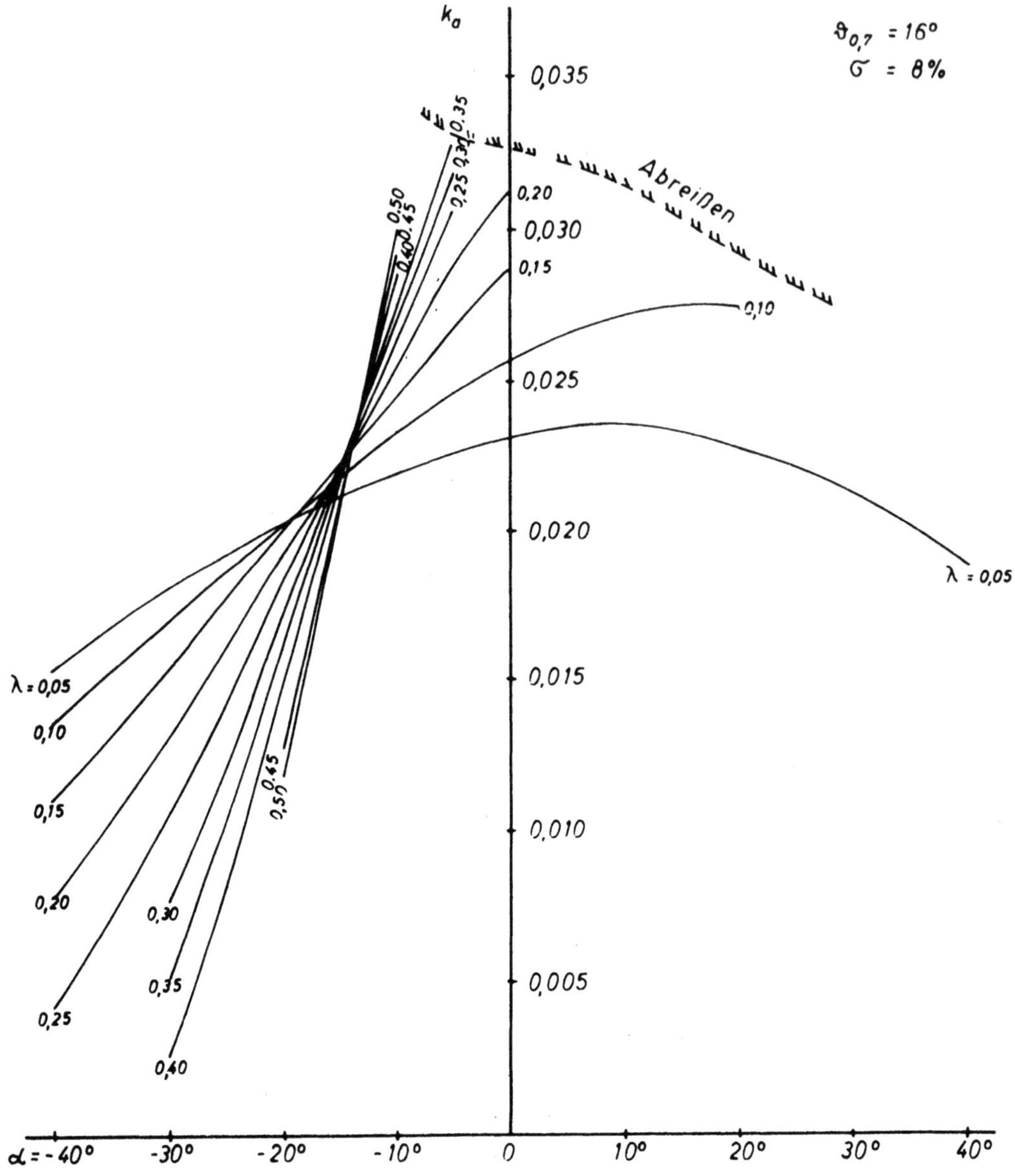

A b b i l d u n g 68

Auftriebsbeiwert k_a über α

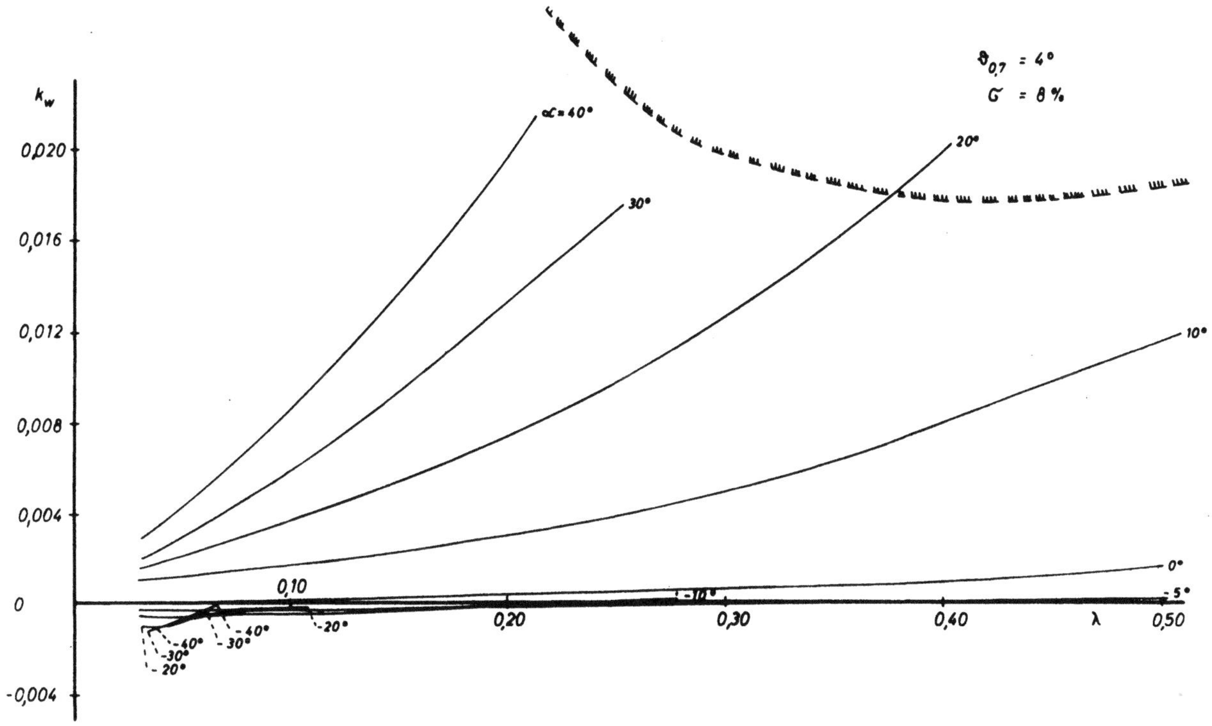

A b b i l d u n g 69

Widerstandsbeiwert k_W über λ

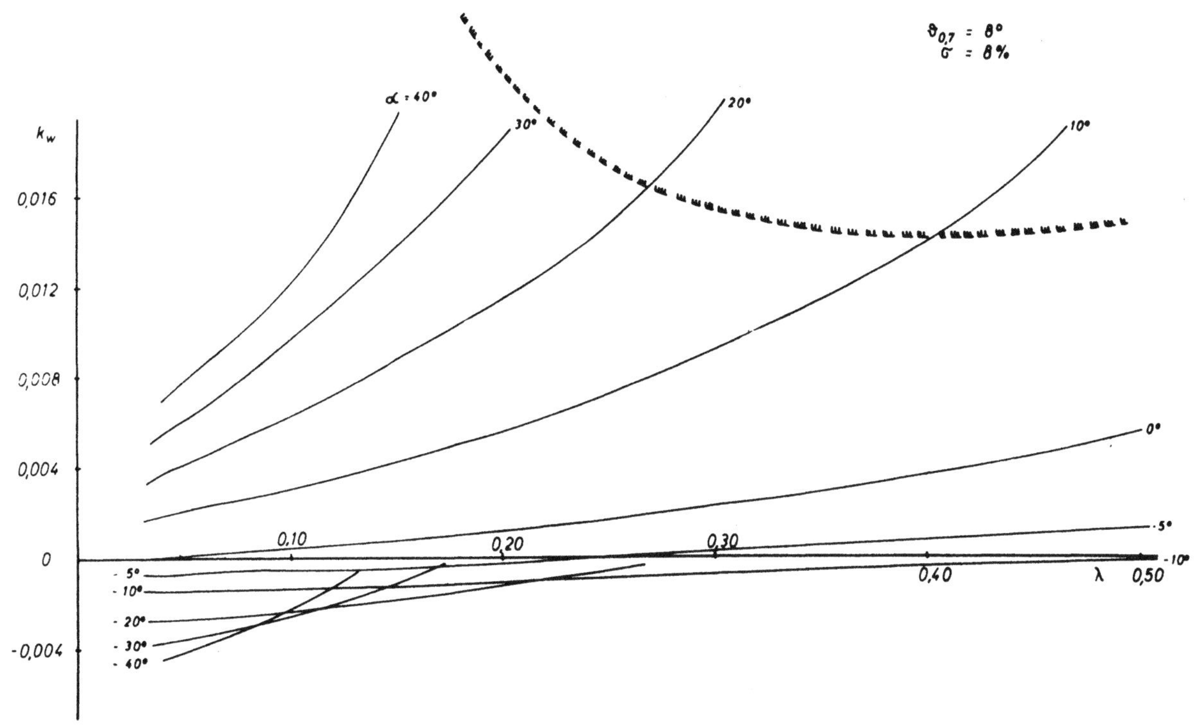

A b b i l d u n g 70

Widerstandsbeiwert k_W über λ

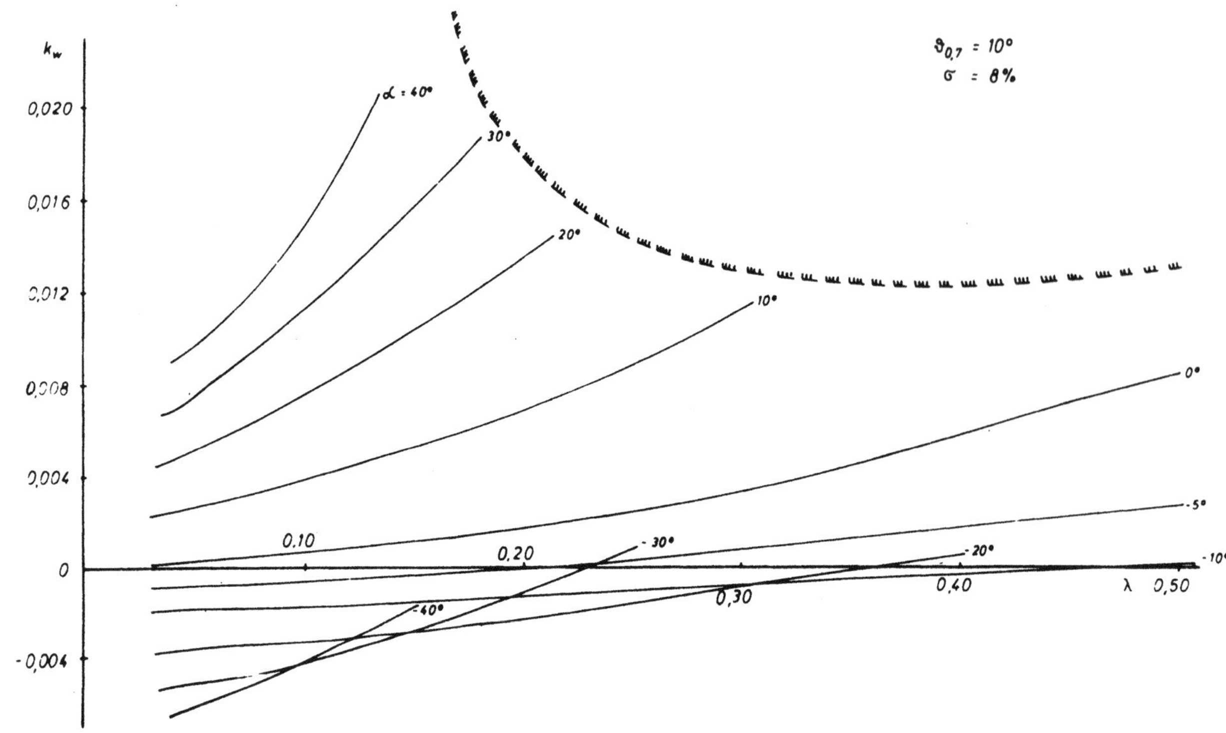

A b b i l d u n g 71

Widerstandsbeiwert k_w über λ

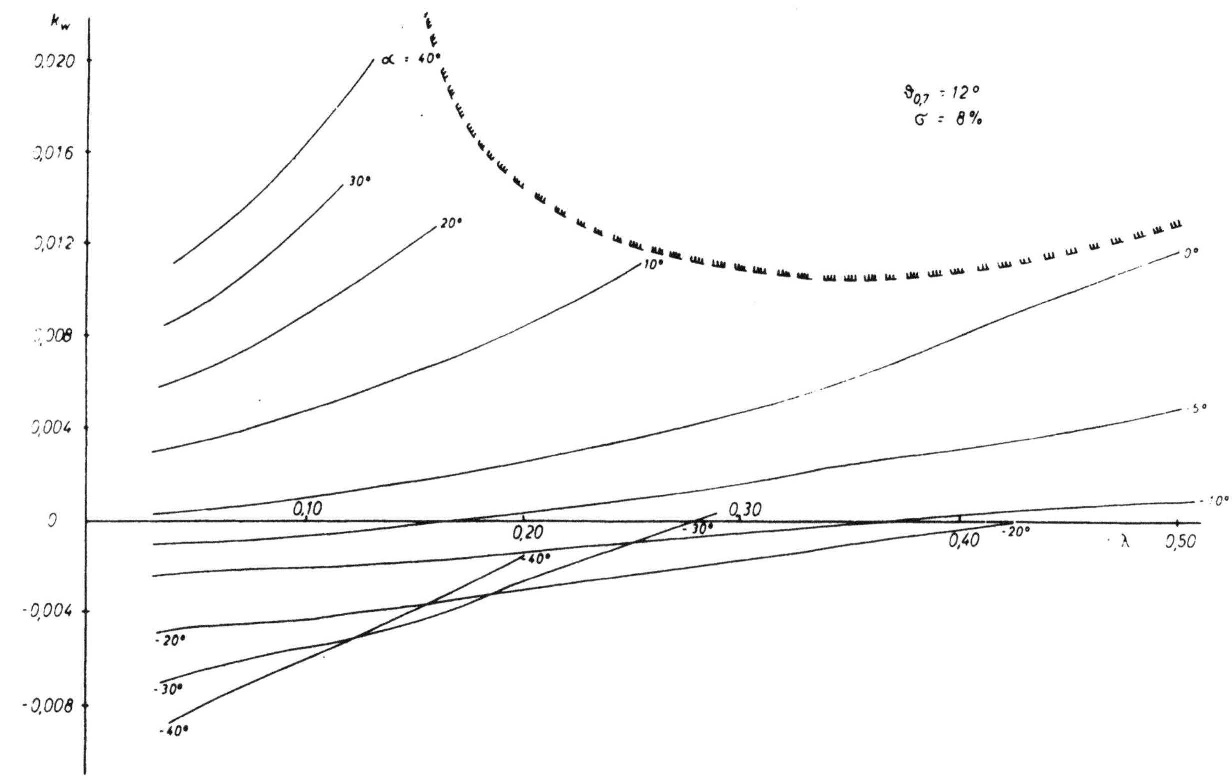

A b b i l d u n g 72

Widerstandsbeiwert k_w über λ

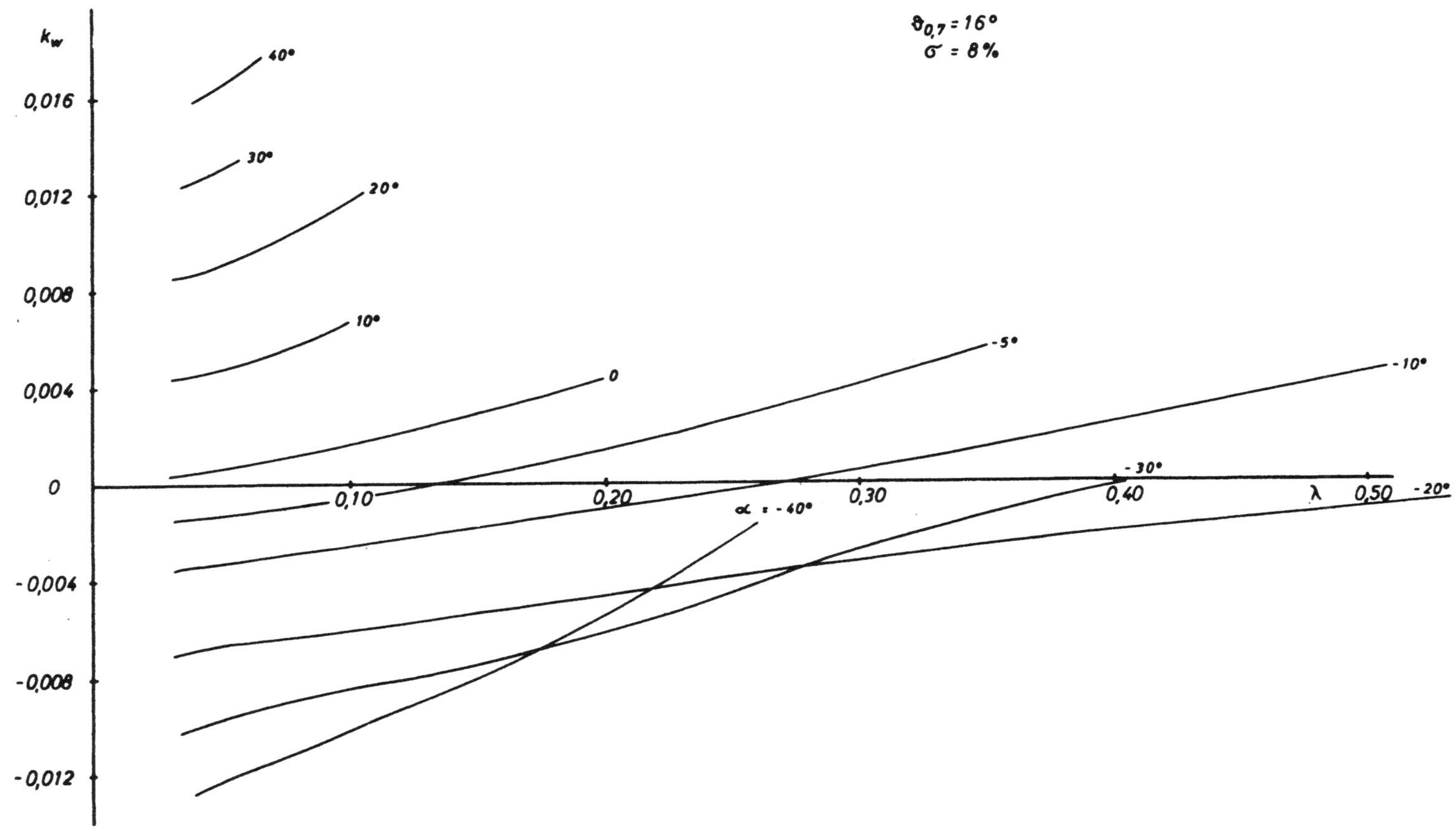

A b b i l d u n g 73

Widerstandsbeiwert k_w über λ

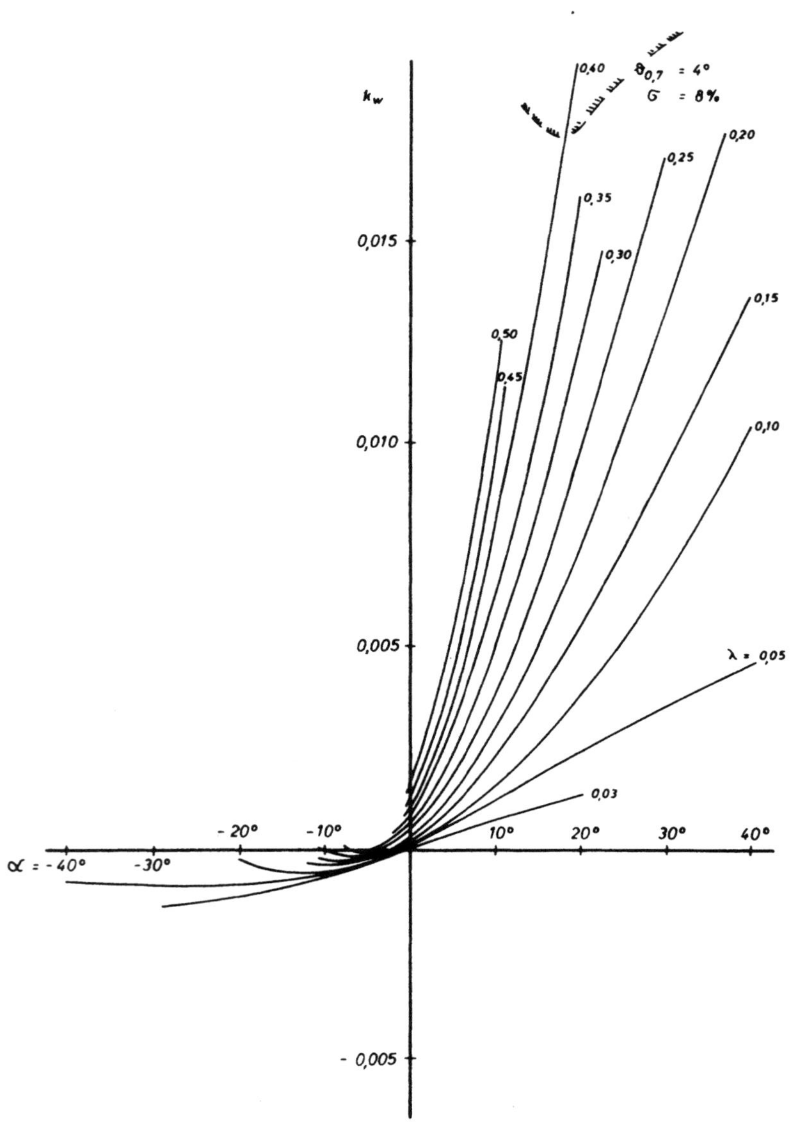

A b b i l d u n g 74

Widerstandsbeiwert k_w über α

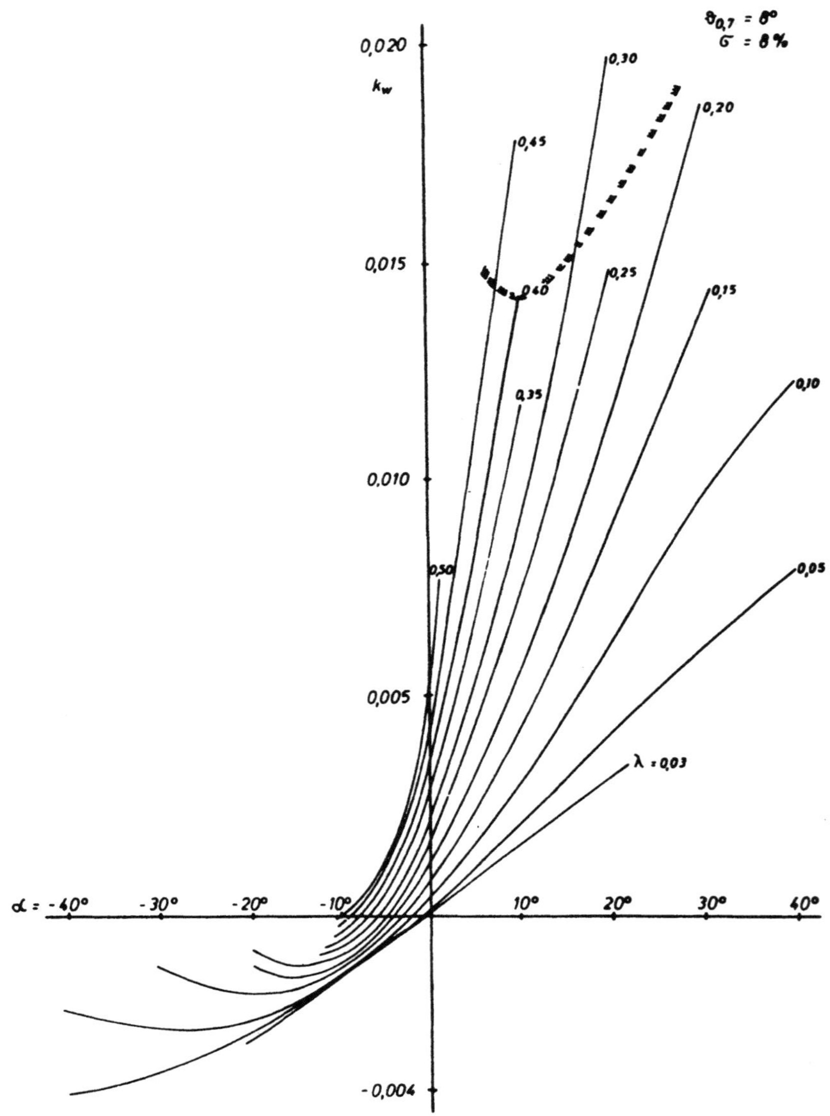

A b b i l d u n g 75

Widerstandsbeiwert k_w über α

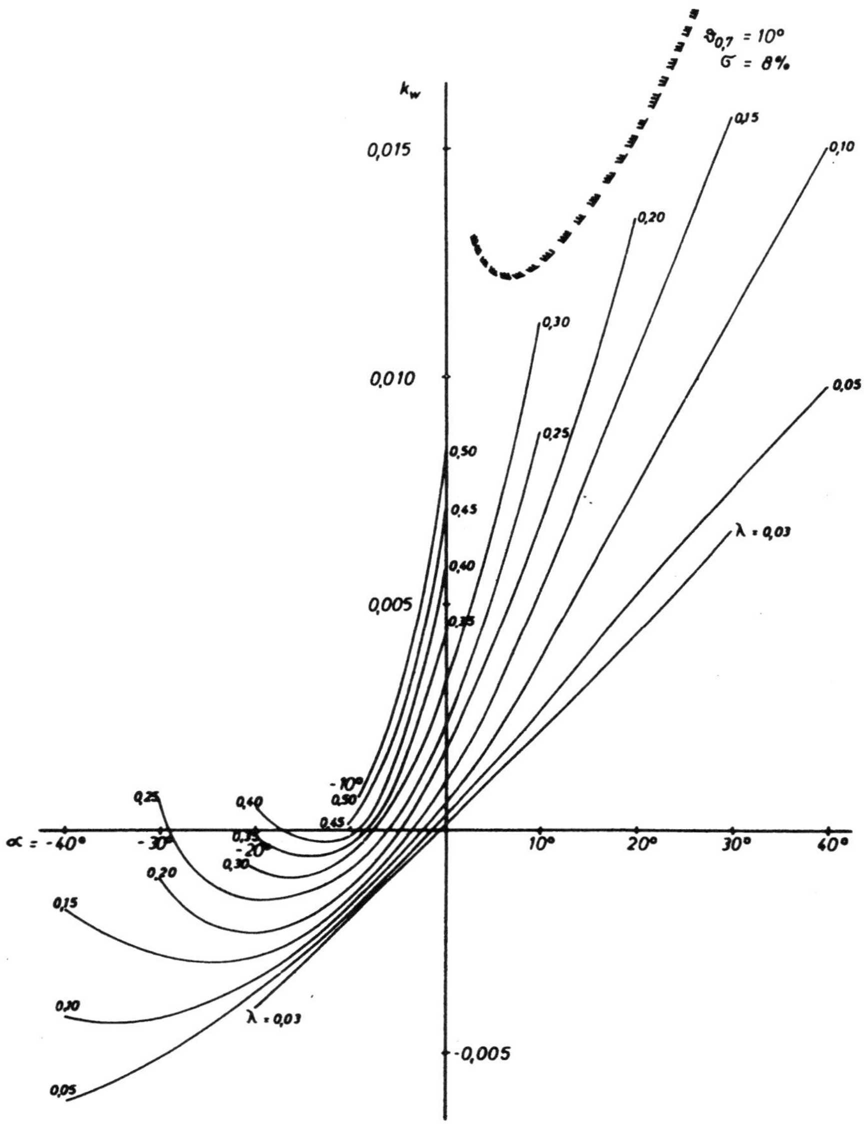

Abbildung 76

Widerstandsbeiwert k_w über α

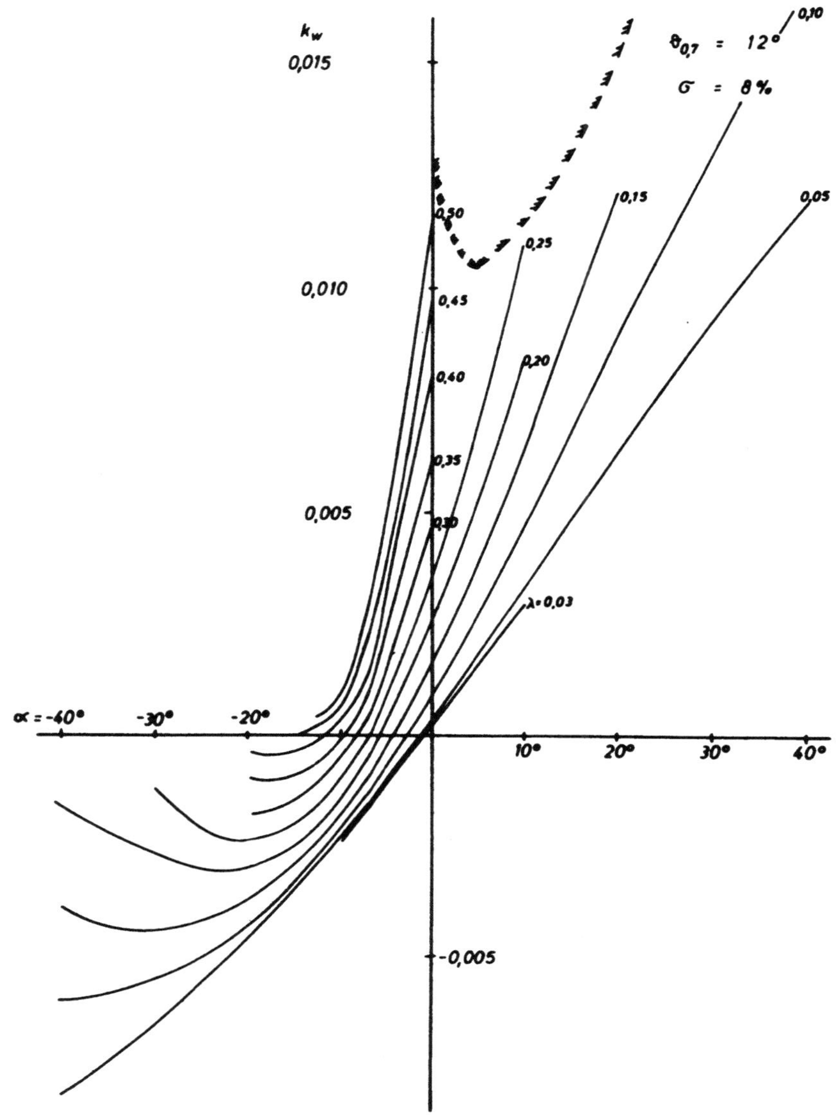

Abbildung 77

Widerstandsbeiwert k_w über α

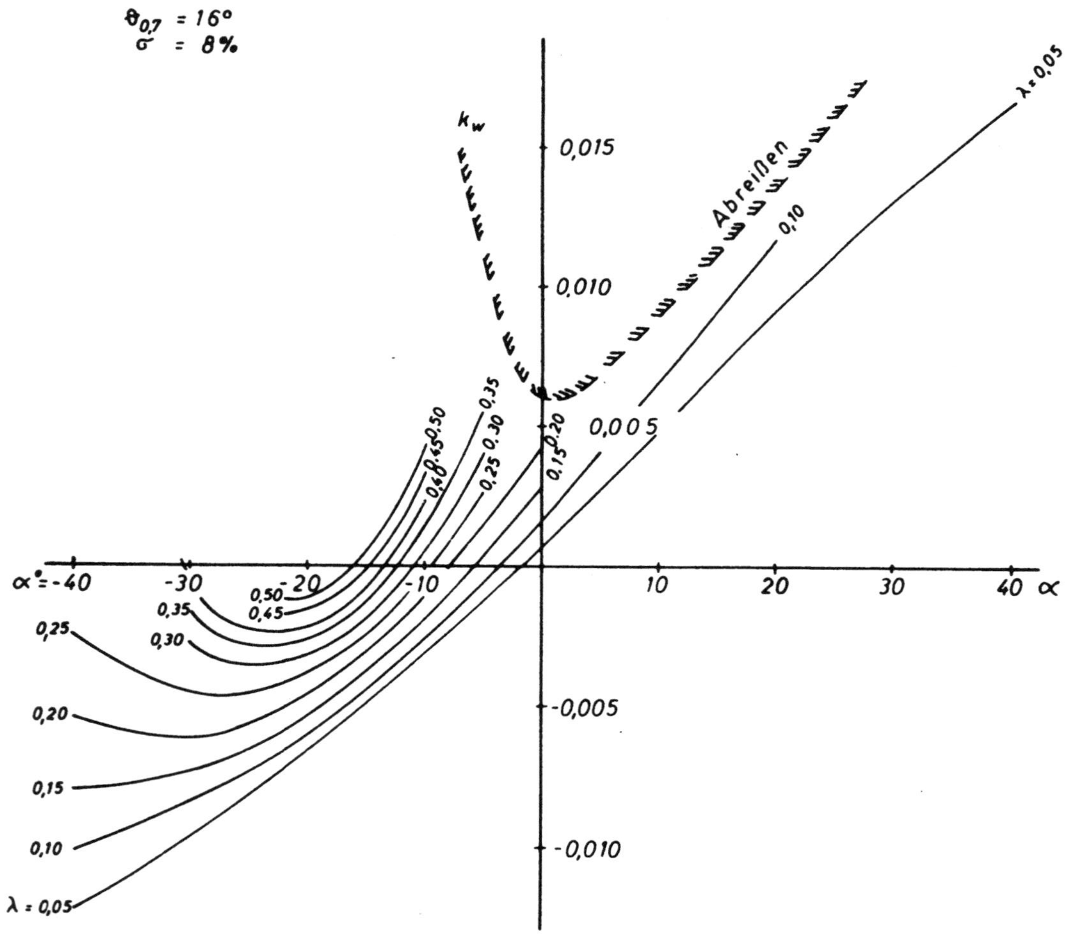

A b b i l d u n g 78

Widerstandsbeiwert k_w über **α**

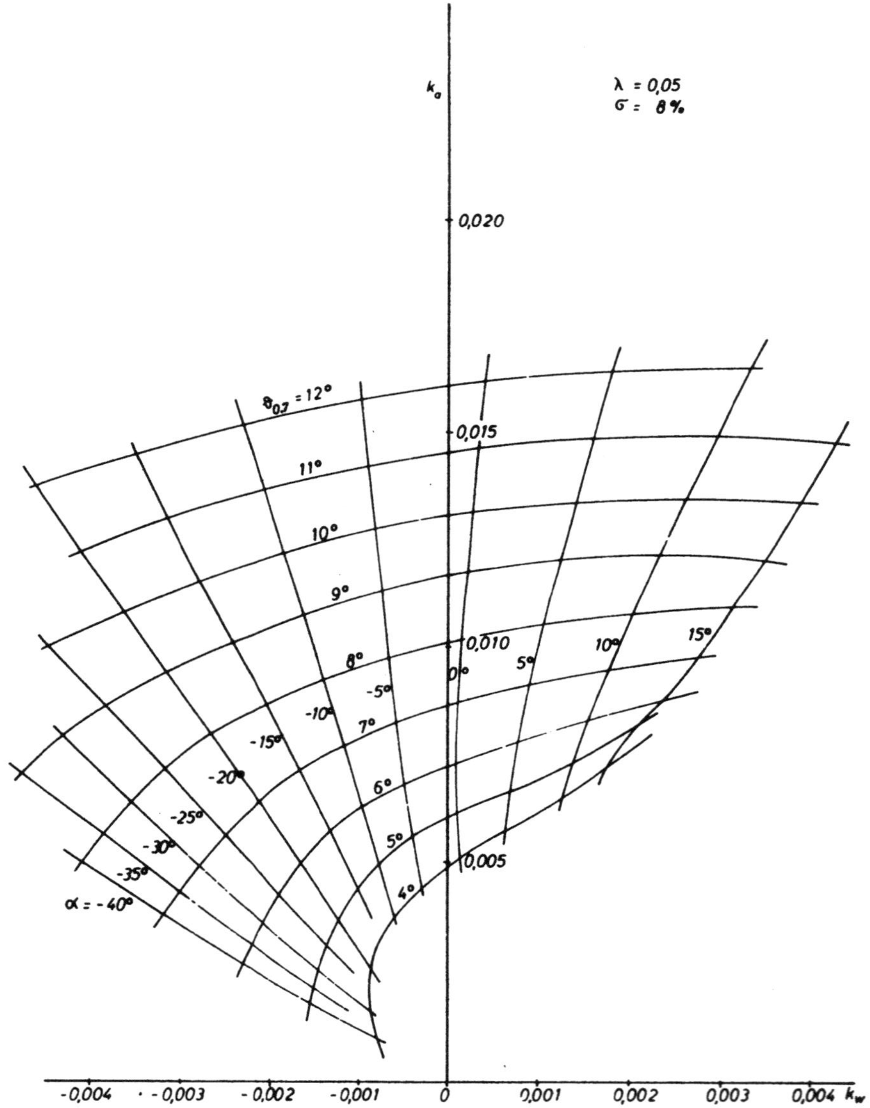

A b b i l d u n g 79

Auftriebsbeiwert k_a über Widerstandsbeiwert k_w

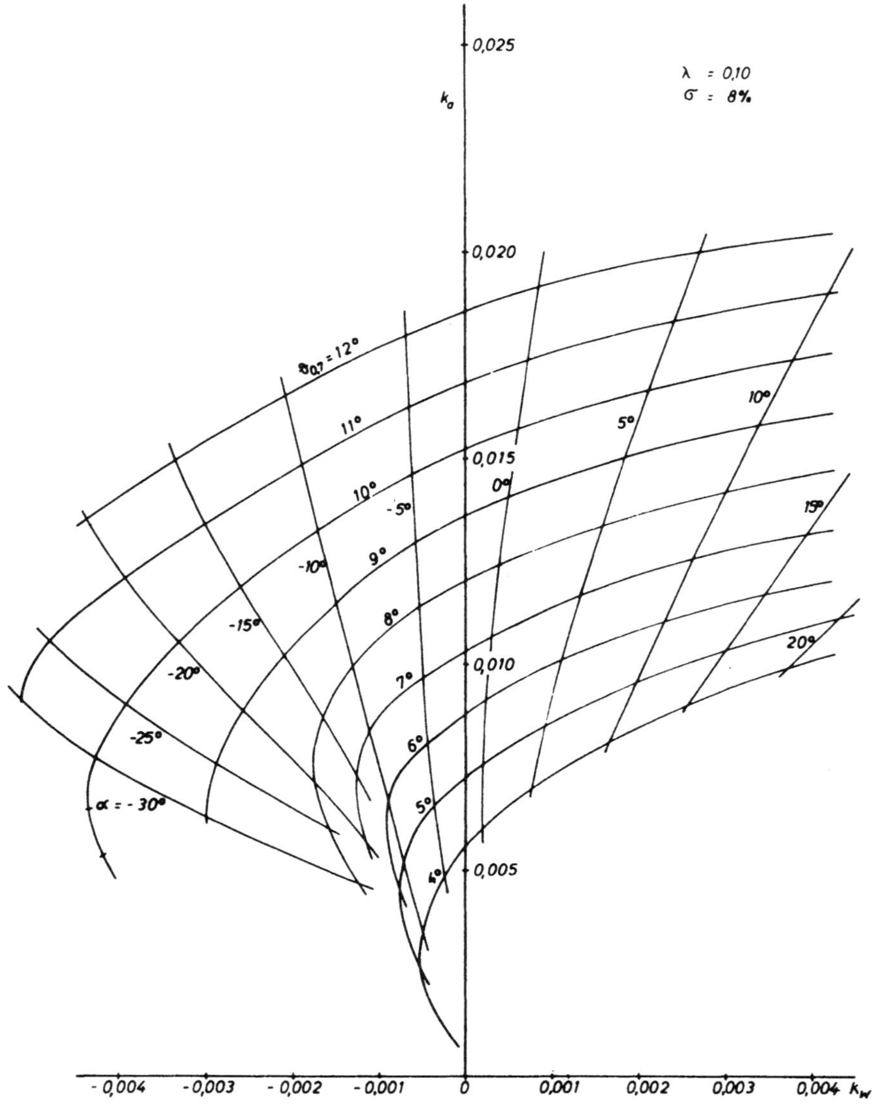

A b b i l d u n g 80

Auftriebsbeiwert k_a über Widerstandsbeiwert k_w

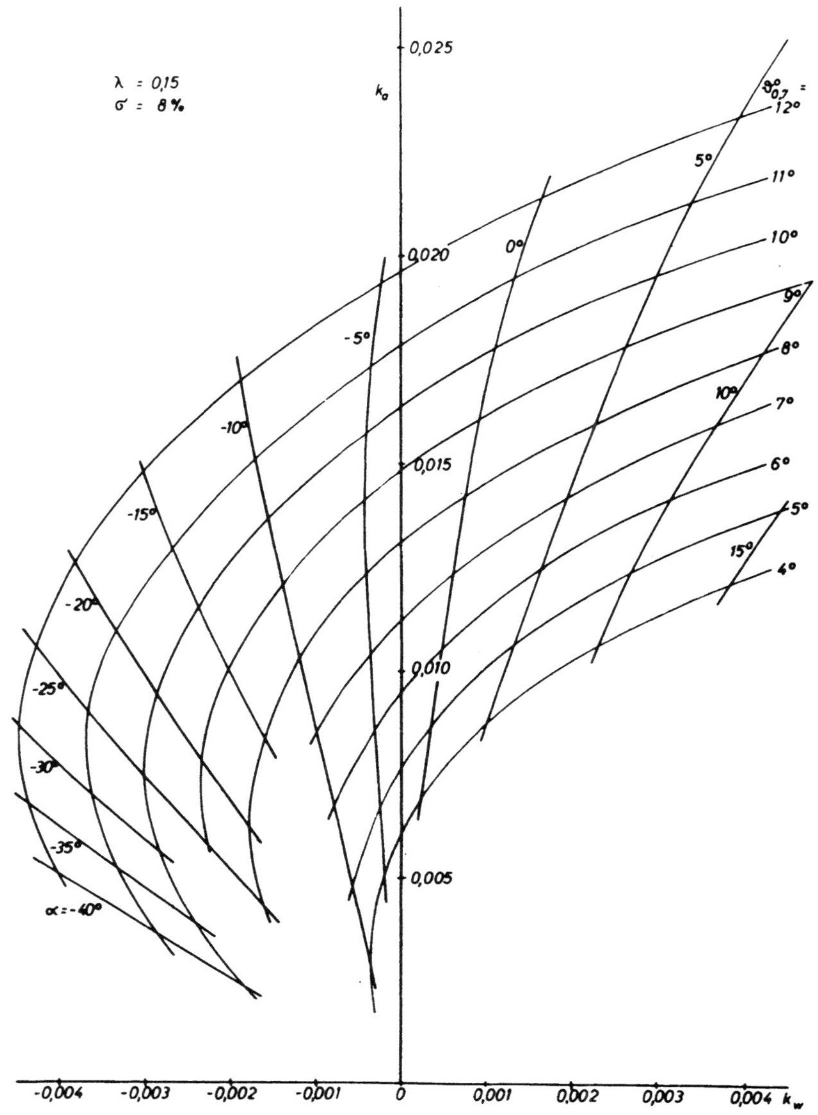

A b b i l d u n g 81

Auftriebsbeiwert k_a über Widerstandsbeiwert k_w

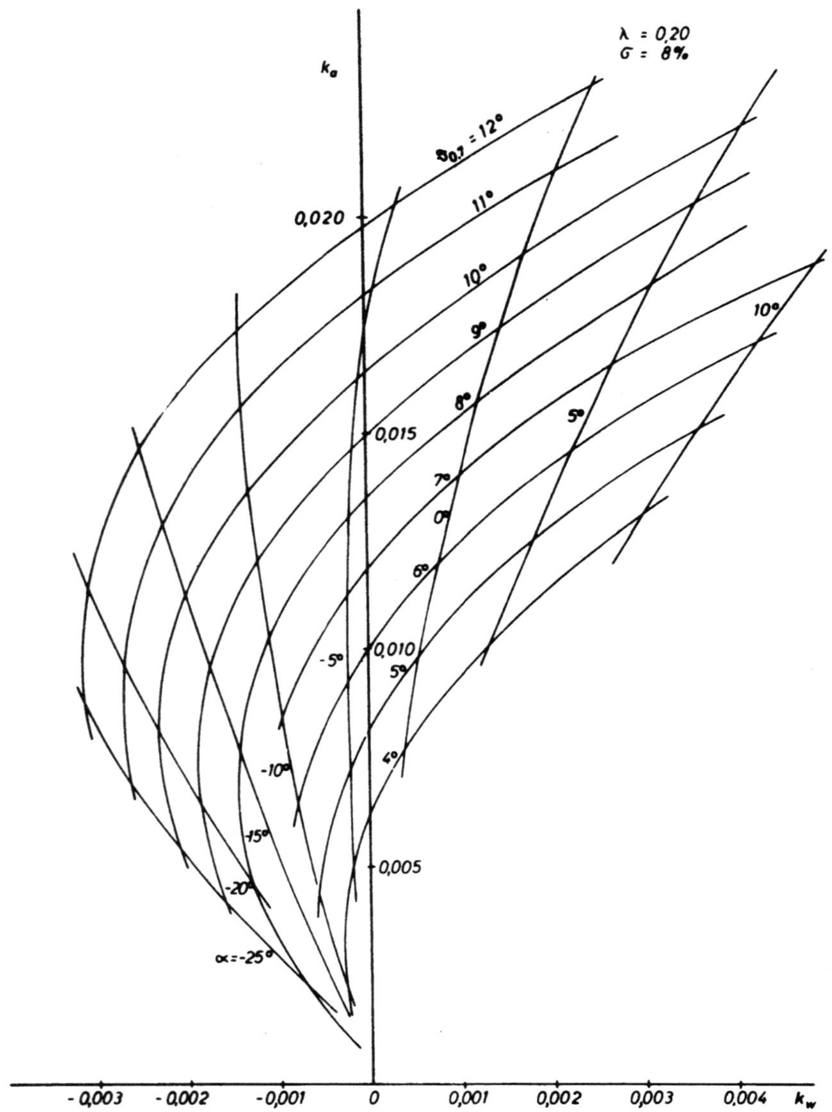

A b b i l d u n g 82

Auftriebsbeiwert k_a über Widerstandsbeiwert k_w

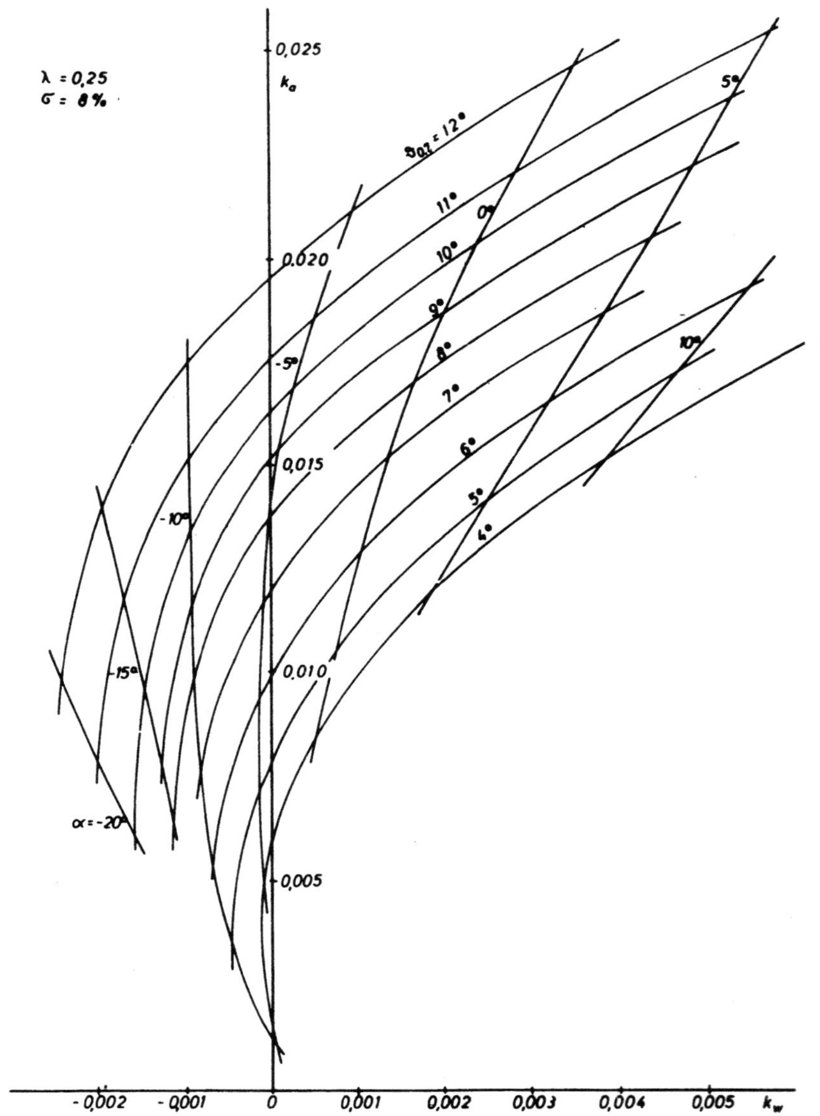

A b b i l d u n g 83

Auftriebsbeiwert k_a über Widerstandsbeiwert k_w

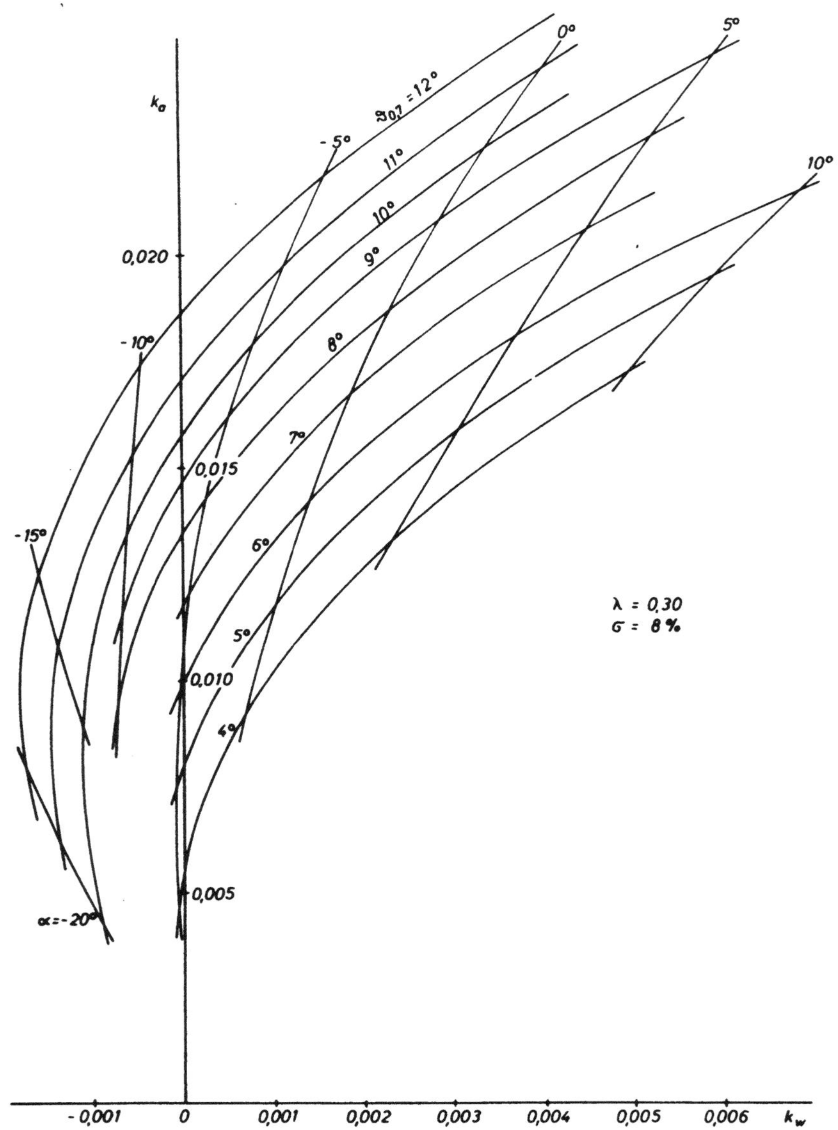

A b b i l d u n g 84

Auftriebsbeiwert k_a über Widerstandsbeiwert k_w

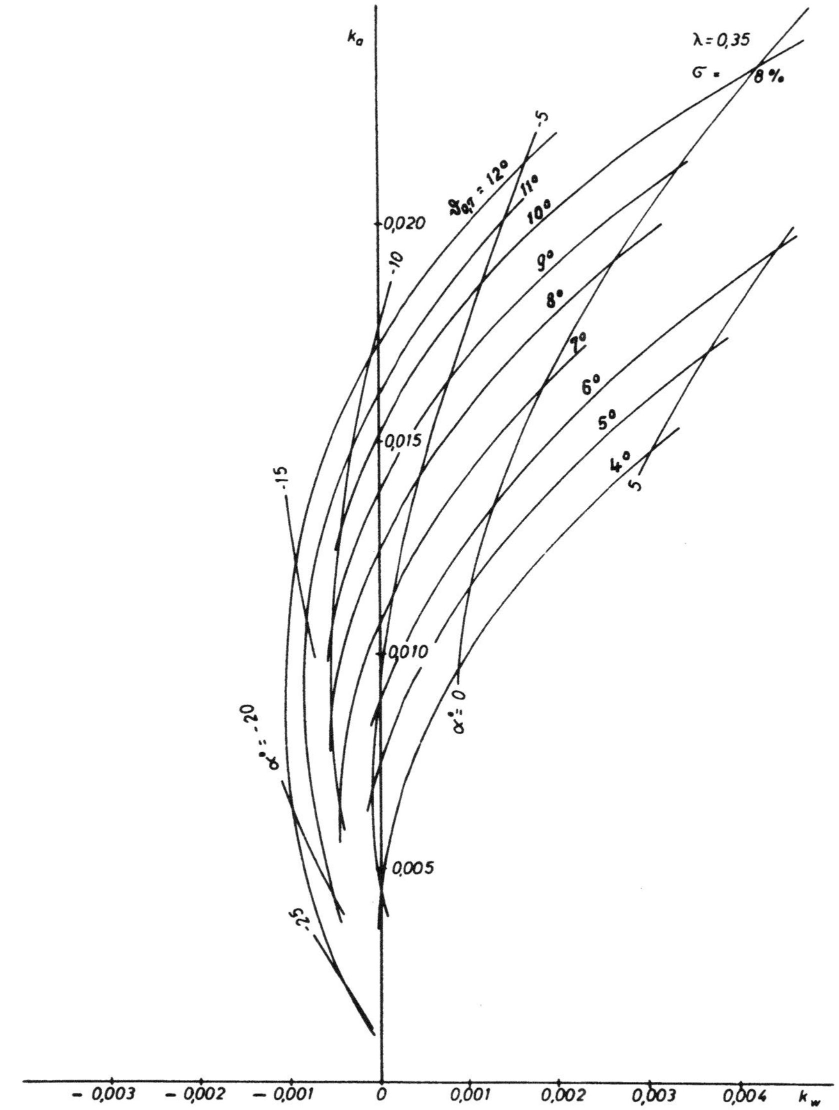

A b b i l d u n g 85

Auftriebsbeiwert k_a über Widerstandsbeiwert k_w

In den Abbildungen 79 bis 85 ist der Auftriebsbeiwert über dem Widerstandsbeiwert für konstante λ bei $\vartheta_{0,7}$ und α als Parameter aufgezeichnet.

Abreißen

Der Auftriebsbeiwert an der Grenze des Abreißens kann nach Teil I zu $\overline{c_a} \approx 1{,}3$ angenommen werden. Der zugehörige Normalkraftbeiwert beträgt dann nach $\overline{c_a} = 3{,}2\ k_z / \sigma_{0,7}$:

$$\frac{k_z}{\sigma_{0,7}} = 0{,}40625$$

Aus den Kurven k_z über α bei Parameter μ kann man dann den Anstellwinkel α beim Abreißen für verschiedene Einstellwinkel ablesen, den Auftriebsbeiwert k_a und den Widerstandsbeiwert k_w berechnen. Die Abreißkurven sind in den Abbildungen k_a über α , k_w über λ und k_w über α eingetragen.

Die Abbildungen 78 bis 85 zeigen die Auftragungen des Auftriebsbeiwertes k_a über dem Widerstandsbeiwert k_w für konstant gehaltene Fortschrittsgrade λ . Als Parameter wurden dabei der Einstellwinkel $\vartheta_{0,7}$ und der Anstellwinkel α verwendet.

7. Schubverteilung und Tangentialkraftverteilung

Die Ermittlung der Luftkraftverteilung über die Blattlänge, der Schub- und der Tangentialkraftverteilung, ist eine wichtige Aufgabe der Rotoraerodynamik. Aus ihnen können die genauen Rotorkräfte und Blattanschlußkräfte berechnet werden. Auch werden sie für mannigfache statische Rechnungen und Schwingungsuntersuchungen benötigt.

Als Komponenten der Luftkräfte wählen wir die Schubkraft S und die Tangentialkraft T. Die Schubkraft steht senkrecht zum Blatt und zur Drehrichtung und zwar positiv nach oben. Die Tangentialkraft liegt senkrecht zum Blatt und zum Schub und zählt positiv entgegengesetzt zur Drehrichtung (s. Abb. 1). Der Schubbeiwert ist c_n und der Tangentialbeiwert c_t .

Für ein Blattelement von der Breite dr wird die Schubkraft dS und die Tangentialkraft dT

(7.1) $$dS = c_n \cdot \frac{\rho}{2} \cdot v_{res}^2 \cdot t \cdot dr$$

(7.2) $$dT = c_t \cdot \frac{\varrho}{2} \cdot v_{res}^2 \cdot t \cdot dr$$

Dabei ist

(7.3) $$v_{res}^2 = v_n^2 + v_t^2$$

mit

(7.4) $$v_n = U \cdot (\delta - x \cdot \frac{d\beta}{d\Psi} - \mu \cdot \beta \cdot \cos\Psi)$$

(7.5) $$v_t = U \cdot (x + \mu \cdot \sin\Psi)$$ s. Bericht 3 der DSH

Die Beiwerte c_n und c_t lassen sich wie folgt berechnen

(7.6) $$c_n = c_a \cdot \cos\varphi + c_{wp} \cdot \sin\varphi$$

(7.7) $$c_t = - c_a \cdot \sin\varphi + c_{wp} \cdot \cos\varphi$$

mit

(7.8) $$\varphi = \operatorname{arc\,tg} \frac{v_n}{v_t}$$

Die Ermittlung der Schub- und Tangentialkraftverteilung kann auf graphische und numerische Weise geschehen. Im folgenden soll nur die graphische Methode erläutert werden, da mit ihr die Abreißgebiete am genauesten berücksichtigt werden können.

Voraussetzung für diese Methode ist, daß für das gewählte Profil Meßpolaren für den Anstellwinkelbereich 0° bis 360° vorliegen, welche auch den Einfluß der Re- und der Ma-Zahl berücksichtigen.

Man geht bei der graphischen Berechnung der Luftkraftverteilungen so vor, daß man mit β und δ die Geschwindigkeiten v_n und v_t nach Gl. (7.4) bzw. (7.5) als Funktionen von r und Ψ ermittelt und sich mit φ nach Gl. (7.8) den effektiven Anstellwinkel $\alpha_{eff} = \varphi + \vartheta$ bestimmt. Mit den genauen $c_a - c_{wp}$ -Kurven für das vorliegende Profil ist damit c_a und $c_{wp}\ (c_a)$ gegeben. Hierbei muß ferner der Randabfall eingerechnet werden, was durch Multiplikation von $c_a(\alpha_{eff})$ mit dem Goldsteinschen Faktor $\varkappa$ (s. Bericht 3 der DSH) geschieht. Nun kann man mit (7.6) und (7.7) die Beiwerte c_n und c_t ermitteln, so daß schließlich die Schubverteilung $\frac{dS}{dr}$ und die Tangentialkraftverteilung $\frac{dT}{dr}$ ausgerechnet werden können. Durch Integration können hieraus $S(\psi)$ und $T(\psi)$ gefunden werden.

Bei größeren Abreißgebieten (Abfangen, Böenangriff usw.) wird man die Rechnung noch einmal oder mehrmals wiederholen müssen, um den verlangten Schub zu erhalten (Korrektur der Ausgangsgrößen).

Die folgenden Abbildungen 86 bis 93 zeigen Schub- und Tangentialkraftverteilung über der Blattlänge. In Abbildung 94 sind Schub- und Tangentialkraft über dem Umlaufwinkel ψ aufgetragen. Aus Abbildung 95 ist die Verteilung des effektiven Anstellwinkels über der Rotorkreisfläche ersichtlich. Man erkennt daraus, daß die Strömung am rücklaufenden Blatt bereits teilweise abgerissen ist. Den Abbildungen wurde ein Horizontalflug mit V = 220 km/h des Lastenhubschraubers L-41 zugrunde gelegt.

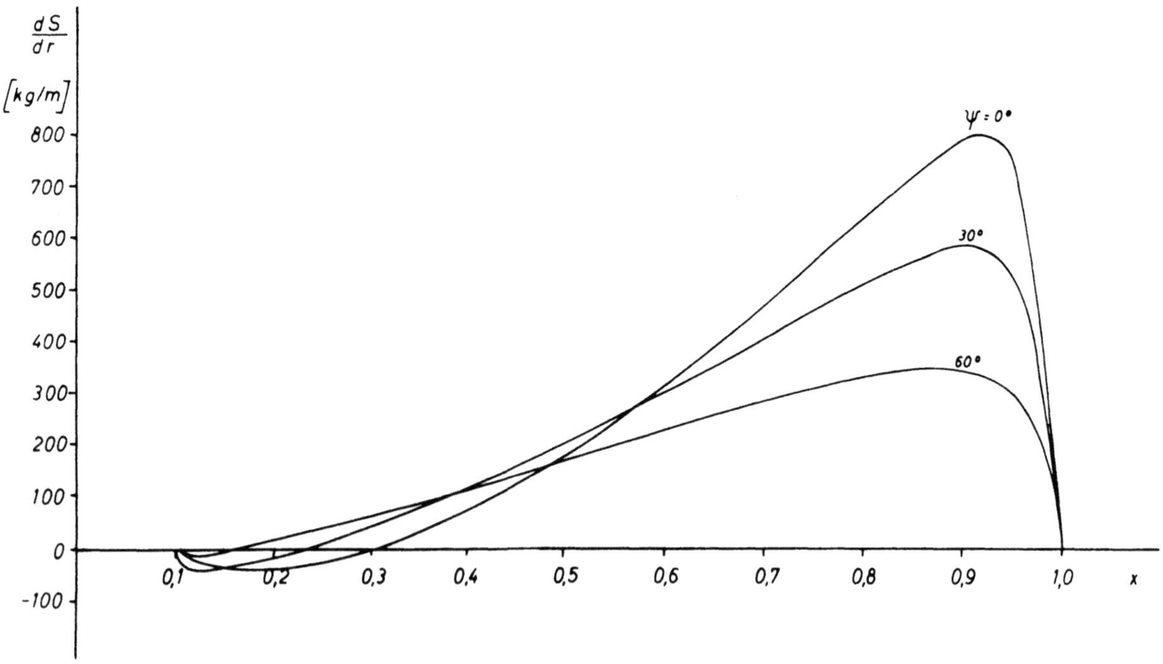

A b b i l d u n g 86

Schubverteilung über der Blattlänge

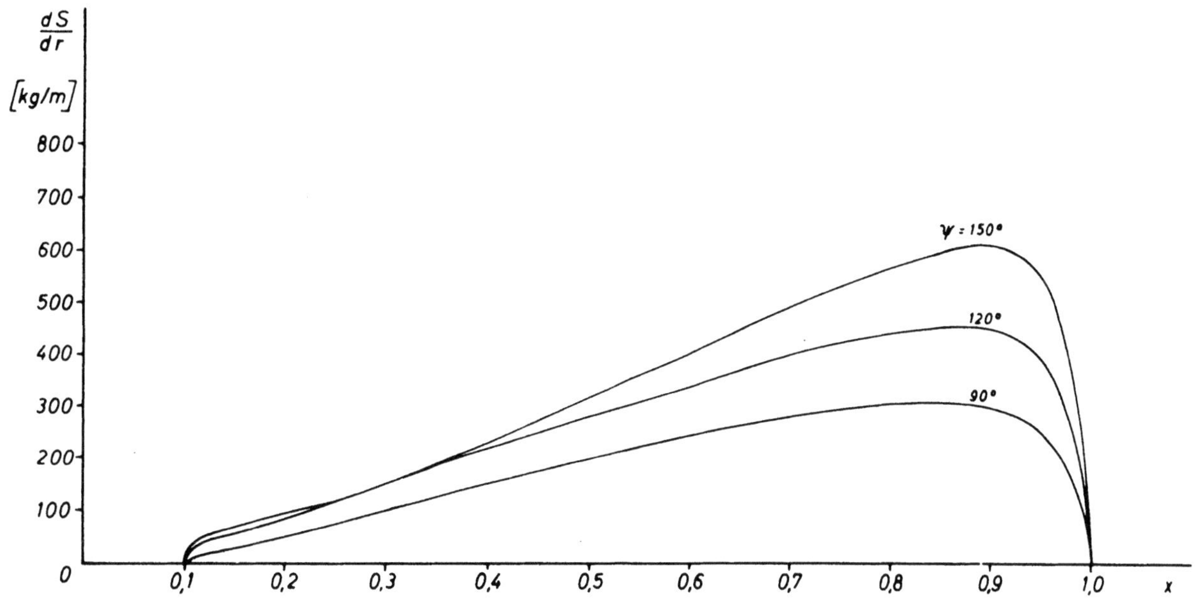

A b b i l d u n g 87
Schubverteilung über der Blattlänge

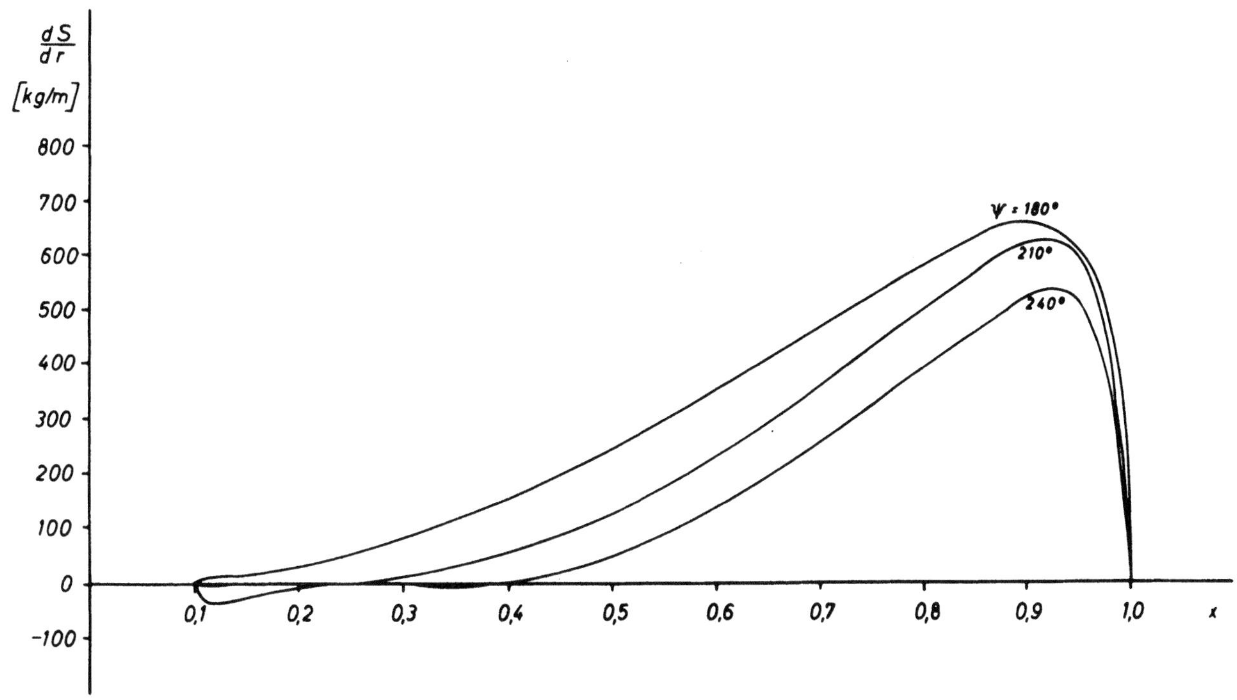

A b b i l d u n g 88
Schubverteilung über der Blattlänge

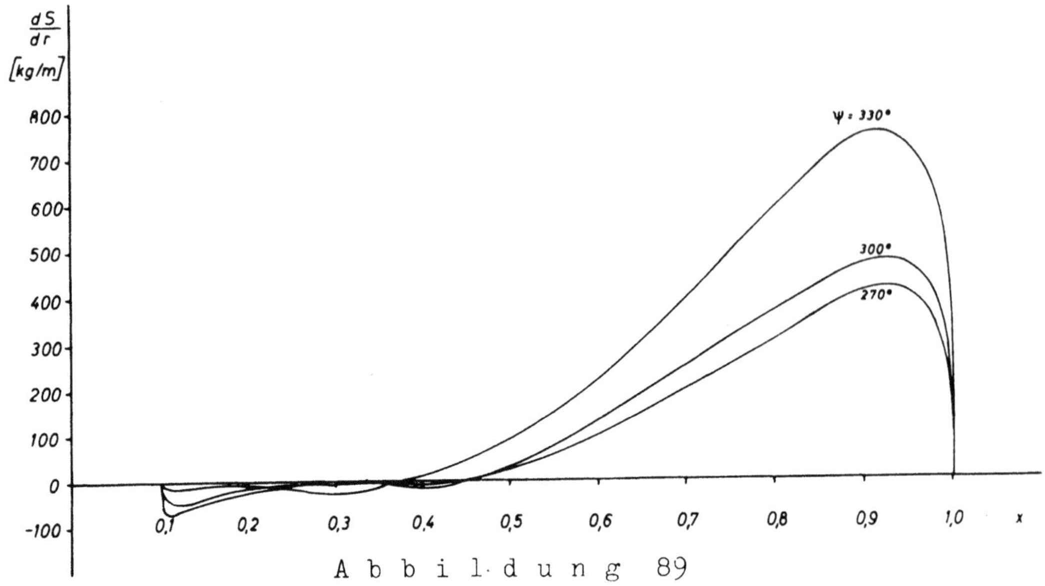

A b b i l d u n g 89

Schubverteilung über der Blattlänge

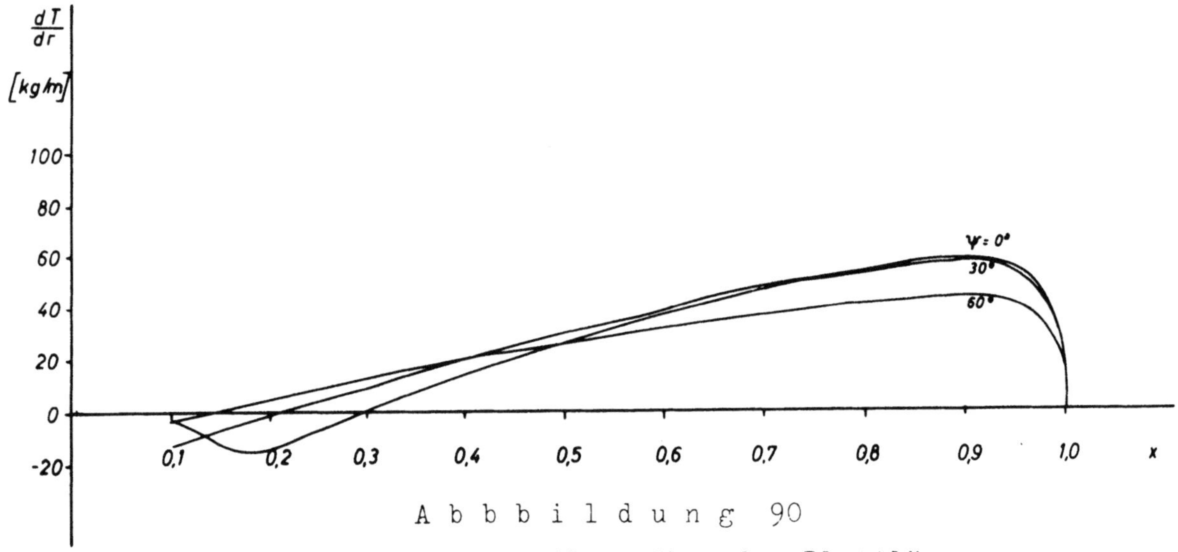

A b b b i l d u n g 90

Tangentialkraftverteilung über der Blattlänge

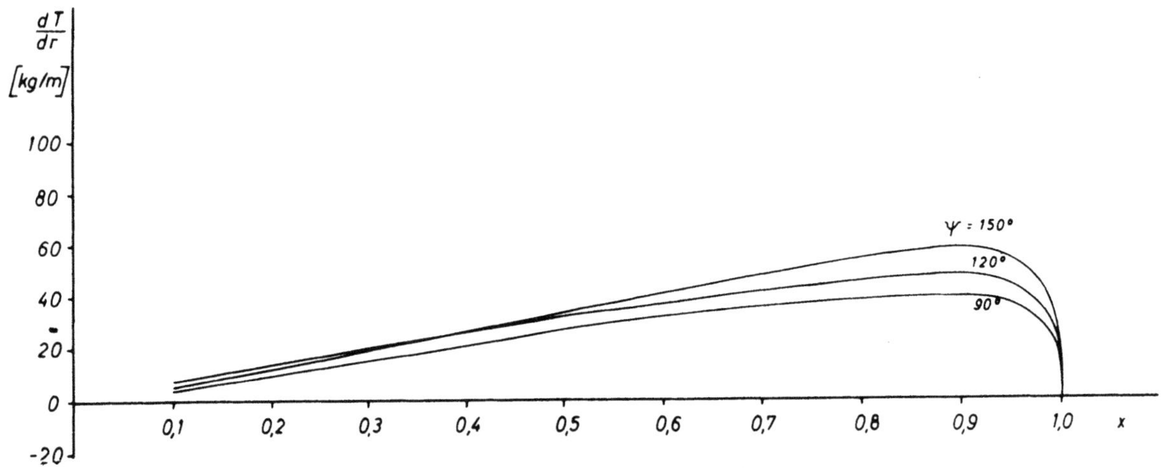

A b b i l d u n g 91

Tangentialkraftverteilung über der Blattlänge

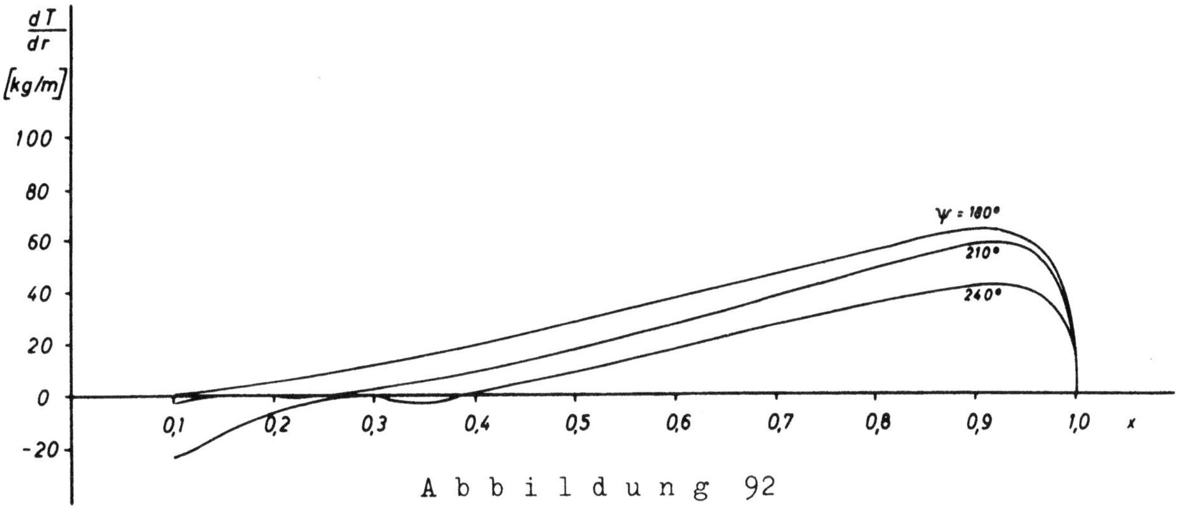

Abbildung 92

Tangentialkraftverteilung über der Blattlänge

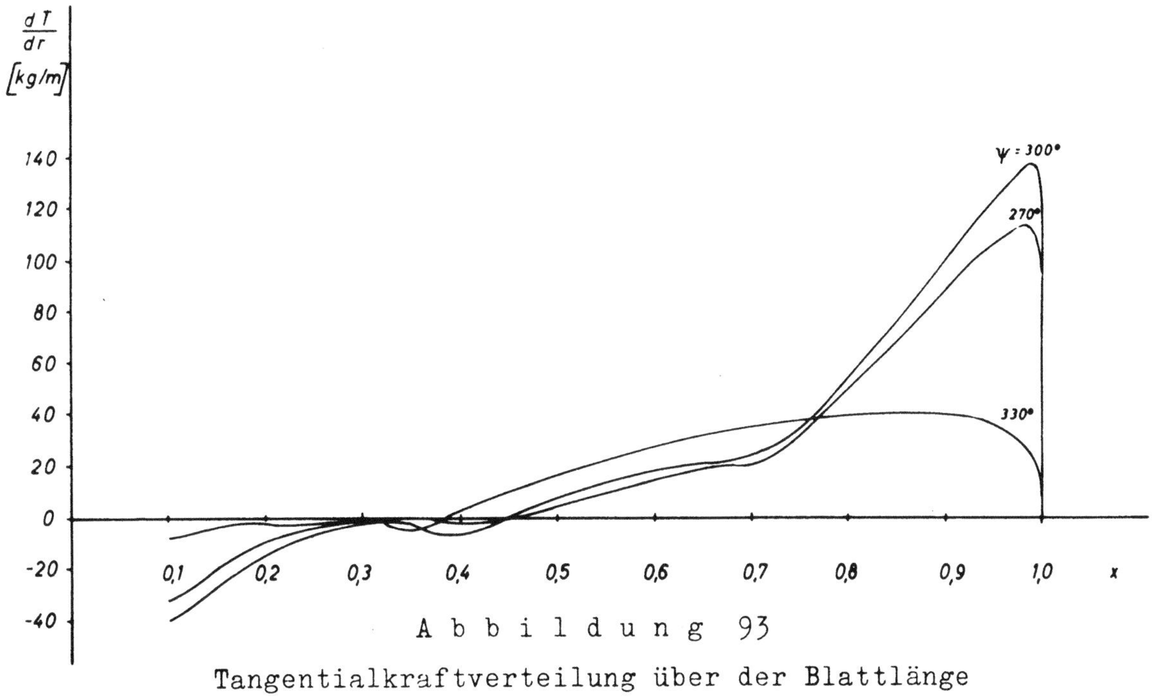

Abbildung 93

Tangentialkraftverteilung über der Blattlänge

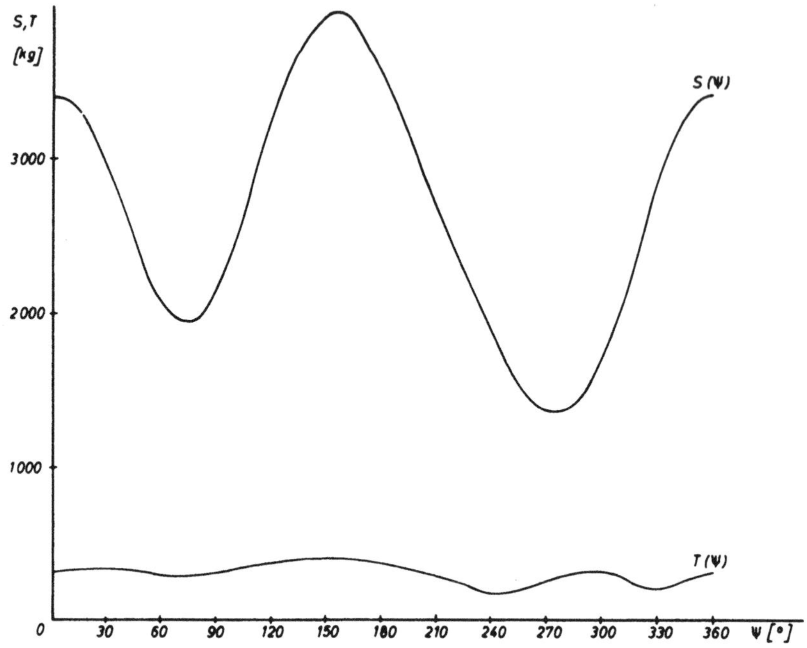

A b b i l d u n g 94

Schub und Tangentialkraft eines Blattes über dem Umlaufwinkel

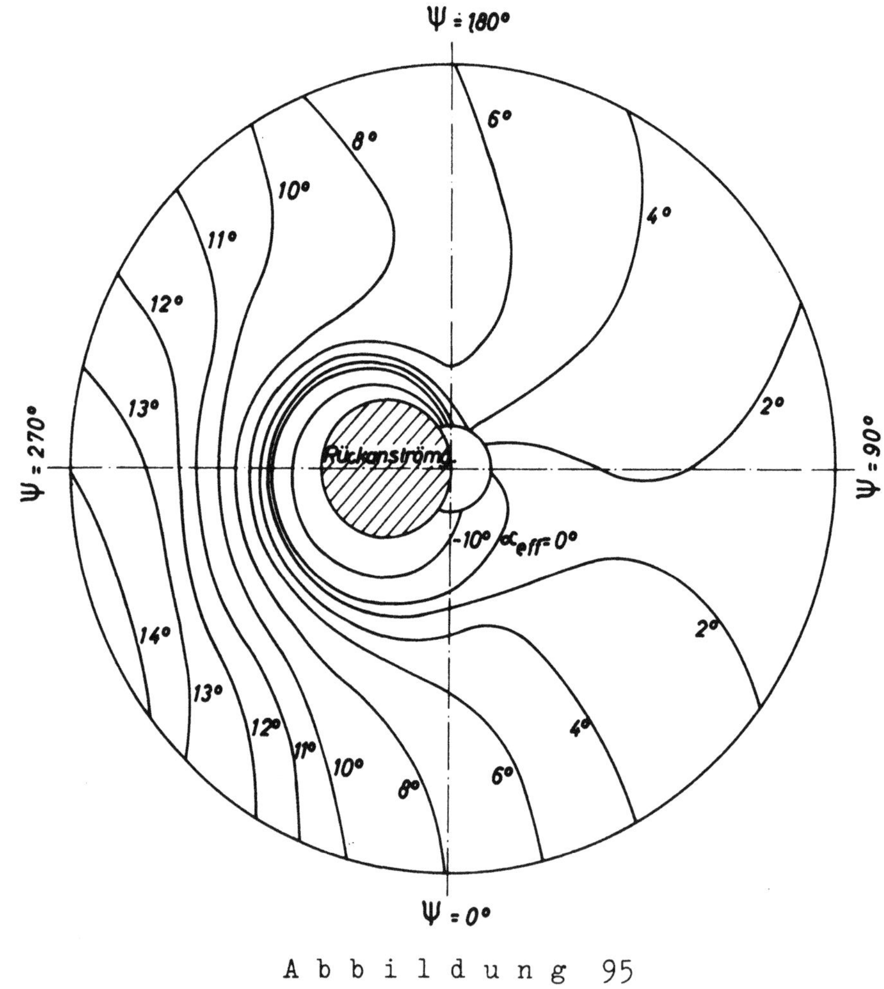

A b b i l d u n g 95

Verteilung von α_{eff} über die Rotorkreisfläche

FORSCHUNGSBERICHTE DES LANDES NORDRHEIN-WESTFALEN

Herausgegeben durch das Kultusministerium

LUFTFAHRT · FLUGWISSENSCHAFTEN

HEFT 140
Dr.-Ing. G. Hausberg, Essen
Modellversuche an Zyklonen
1955, 78 Seiten, 24 Abb., DM 15,70

HEFT 191
Dr. H. Söhngen, Darmstadt
Schwingungsverhalten eines Schaufelkranzes im Vakuum
1955, 36 Seiten, 7 Abb., DM 7,80

HEFT 195
Dozent Dr.-Ing. E. Rößger, Köln
Gedanken über einen neuen deutschen Luftverkehr
1955, 342 Seiten, 29 Abb., 122 Tabellen, DM 50,—

HEFT 198
Prof. Dr. J. Weissinger, Karlsruhe
Zur Aerodynamik des Ringflügels. Die Druckverteilung dünner, fast drehsymmetrischer Flügel in Unterschallströmung
1955, 42 Seiten, 5 Abb., 1 Tabelle, DM 9,—

HEFT 201
Dr.-Ing. E. W. Pleines, Frankfurt/Main
Die Sicherheit im Luftverkehr
1956, 194 Seiten, 39 Abb., 19 Tabellen, DM 39,45

HEFT 202
Dipl.-Ing. D. Fiecke, Stuttgart/Zuffenhausen
Die Bestimmung der Flugzeugpolaren für Entwurfszwecke. I Teil: Unterlagen
1956, 216 Seiten, 171 Diagramme, DM 52,—

HEFT 214
Dr.-Ing. J. Endres, München
Berechnung der optimalen Leistungen, Kraftstoffverbräuche und Wirkungsgrade von Einkreis-Turbolader-Strahltriebwerken am Boden und in der Höhe bei Fluggeschwindigkeiten von 0—2000 km/h
1956, 72 Seiten, 18 Abb., 8 Tabellen, DM 15,40

HEFT 247
Dr. H. Söhngen, Darmstadt
Strömung vor einem Überschall-Laufrad
1956, 26 Seiten, 4 Abb., DM 7,60

HEFT 255
Ing. B. v. Schlippe, Mannheim-Neckarau
Strömung von Flüssigkeiten mit temperaturabhängiger Zähigkeit (Kühlung von Öfen)
1956, 54 Seiten, 12 Abb., 4 Tabellen, DM 11,70

HEFT 256
Prof. Dr. C. Schmieden und Dipl.-Math. K. H. Müller, Darmstadt
Die Strömung einer Quellstrecke im Halbraum — eine strenge Lösung der Navier-Stokes-Gleichungen
1956, 40 Seiten, 9 Abb., DM 8,80

HEFT 279
Dr. F. Keune, Aachen
Der gewölbte und verwundene Tragflügel ohne Dicke in Schallnähe
1956, 42 Seiten, 15 Abb., DM 9,25

HEFT 280
Dipl.-Ing. J. Stelter und Dipl.-Ing. E. Pfende, Aachen
Über Störerscheinungen bei Schallgeschwindigkeitsmessungen mittels der Interferometermethode
1956, 42 Seiten, 13 Abb., DM 9,60

HEFT 281
Prof. Dr.-Ing. K. Lürenbaum, Aachen
Der Meßwagen des Instituts für Maschinen-Dynamik der Deutschen Versuchsanstalt für Luftfahrt, Aachen
1956, 34 Seiten, 17 Abb., DM 8,60

HEFT 316
Dr. F. Keune, Aachen
Zusammenfassende Darstellung und Erweiterung des Aequivalenzsatzes für schallnahe Strömung
1956, 80 Seiten, 22 Abb., DM 17,90

HEFT 347
Prof. Dr. med. S. Ruff, Dr. med. F. Kipp, Dr. med. H. Hansteen und Dipl.-Phys. G. Müller, Bonn
Untersuchungen zur Frage der Gehörschädigungen des fliegenden Personals der Propellerflugzeuge
1957, 50 Seiten, 27 Abb., 3 Tabellen, DM 11,10

HEFT 363
Dr.-Ing. U. Domm, Frankenthal (Pfalz)
Über eine Hypothese, die den Mechanismus der Turbulenz-Entstehung betrifft
1956, 28 Seiten, 4 Abb., DM 6,45

HEFT 390
Dr.-Ing. J. Endres und Dr.-Ing. G. Hiebel, München
Berechnung der optimalen Leistungen, Kraftstoffverbräuche und Wirkungsgrade von Luftfahrt-Gasturbinen-Triebwerken am Boden und in der Höhe bei Fluggeschwindigkeiten von 0—2000 km/h und bei vorgegebenen Düsenausströmgeschwindigkeiten
1958, 88 Seiten, 16 Abb., z. T. auf großformatigen Falttafeln, 7 Tabellen, DM 24,90

HEFT 402
Prof. Dr. habil. W. Linke, Aachen
Die Wärmeübertragung durch Thermopane-Fenster
1958, 30 Seiten, 17 Abb., 2 Tabellen, DM 10,80

HEFT 417
Prof. Dr.-Ing. habil. E. Rößger, Berlin
I. Teil: Die Entwicklung des Weltluftverkehrs, Ergänzungsbericht 1954
II. Teil: Die zivile Luftfahrtpolitik der USA
1957, 230 Seiten, 6 Abb., 83 Tabellen, DM 48,—

HEFT 418
O. Gdaniec, Essen
Über die Randlochkarte als Hilfsmittel in der Dokumentation
1957, 36 Seiten, 15 Abb., 8 Tabellen, DM 10,10

HEFT 425
Dipl.-Ing. H. Lübke, Hamburg
Gasturbinen und Strahlantriebe für Hubschrauber
1958, 122 Seiten, 70 Abb., 9 Falttafeln, 1 Tab., DM 30,40

HEFT 462
Prof. Dr. rer. nat. J. Weissinger, Karlsruhe
Zur Aerodynamik des Ringflügels — II. Die Ruderwirkung
Zur Aerodynamik des Ringflügels — III. Der Einfluß der Profildicken
1957, 44 Seiten, 12 Abb., 10 Tabellen, DM 18,20

HEFT 470
Dr.-Ing. O. Wehrmann, Berlin
Hitzdrahtmessungen in einer aufgespaltenen Kármánschen Wirbelstraße
1957, 36 Seiten, 14 Abb., 4 Tabellen, DM 10,90

HEFT 471
Prof. Dr. phil. habil. A. Naumann, Dr.-Ing. A. Heyser und Dr. phil. Dipl.-Ing. W. Trommsdorf, Aachen
Der Überdruck-Windkanal in Aachen
1957, 44 Seiten, 20 Abb., DM 11,—

HEFT 481
Priv.-Dozent Oberbaurat Dr.-Ing. W. Meyer zur Capellen, Aachen
Fünf- und sechspunktige Geradführung in Sonderlagen des ebenen Gelenkvierecks
1958, 62 Seiten, 53 Abb., 1 Tabelle, DM 18,80

HEFT 487
Prof. Dipl.-Ing. W. Blume, Duisburg
Festigkeitseigenschaften kombinierter Leichtbaustoffe im Hinblick auf die Verkehrstechnik, insbesondere des Flugzeugbaus
1958, 88 Seiten, 31 Abb., 2 Tabellen, DM 25,50

HEFT 489
Dipl.-Math. K. H. Müller, Darmstadt
Strenge Lösungen der Navier-Stokes-Gleichung für rotationssymmetrische Strömungen
1957, 64 Seiten, 23 Abb., DM 14,85

HEFT 493
Prof. Dr. phil. habil. A. Naumann und Dipl.-Ing. H. Pfeiffer, Aachen
Versuche an Wirbelstraßen hinter Zylindern bei hohen Geschwindigkeiten
1958, 32 Seiten, 19 Abb., DM 11,65

HEFT 561
Prof. Dipl.-Ing. W. Sturtzel und Dr.-Ing. H. Schmidt-Stiebitz, Duisburg
Verbesseruhg des Wirkungsgrades von Düsenpropellern durch zusätzlich angeordnete Mischdüsen
in Vorbereitung

HEFT 577
Prof. Dr. med. S. Ruff, Bonn, Dr. med. K. Krieger, Bonn Dr. med. G. Schäfer, Bonn, Dr. med. W. Hartwich, Bonn, Dr. med. O. Wünsche, Bad Godesberg, Dr. med. H. Braun, Bonn, und Dr. med. H. Hansteen, Bonn
Untersuchungen zur therapeutischen Anwendung des Sauerstoffmangels. 1. Mitteilung
1958, 118 Seiten, 30 Abb., 8 Tabellen, DM 29,10

HEFT 578
Dr.-Ing. G. Fellner, Aachen
Der Einfluß der Fluggeschwindigkeit auf die Wirtschaftlichkeit von Durch- und Ausstromtriebwerk
in Vorbereitung

HEFT 647
Deutsche Studiengemeinschaft Hubschrauber e. V., Stuttgart-Flughafen
Lastenhubschrauber L-41 und L-51 für 4000 kg Nutzlast. Teil I

HEFT 648
Deutsche Studiengemeinschaft Hubschrauber e. V., Stuttgart-Flughafen
Lastenhubschrauber L-41 und L-51 für 4000 kg Nutzlast. Teil II
in Vorbereitung

HEFT 649
Deutsche Studiengemeinschaft Hubschrauber e. V., Stuttgart-Flughafen
Lastenhubschrauber L-41 und L-51 für 4000 kg Nutzlast. Teil III

Ein Gesamtverzeichnis der Forschungsberichte, die folgende Gebiete umfassen, kann bei Bedarf vom Verlag angefordert werden:

Acetylen / Schweißtechnik – Arbeitspsychologie und -wissenschaft – Bau / Steine / Erden – Bergbau – Biologie – Chemie – Eisenverarbeitende Industrie – Elektrotechnik / Optik – Fahrzeugbau / Gasmotoren – Farbe / Papier / Photographie – Fertigung – Gaswirtschaft – Hüttenwesen / Werkstoffkunde – Luftfahrt / Flugwissenschaften – Maschinenbau – Medizin / Pharmakologie / Physiologie – NE-Metalle – Physik – Schall / Ultraschall – Schiffahrt – Textiltechnik / Faserforschung / Wäschereiforschung – Turbinen – Verkehr – Wirtschaftswissenschaften.

GPSR Compliance

The European Union's (EU) General Product Safety Regulation (GPSR) is a set of rules that requires consumer products to be safe and our obligations to ensure this.

If you have any concerns about our products, you can contact us on ProductSafety@springernature.com

In case Publisher is established outside the EU, the EU authorized representative is:

Springer Nature Customer Service Center GmbH
Europaplatz 3
69115 Heidelberg, Germany

Batch number: 10585057

Printed by Printforce, the Netherlands

FORSCHUNGSBERICHTE
DES LANDES NORDRHEIN-WESTFALEN

Herausgegeben durch das Kultusministerium

Nr. 647

Deutsche Studiengemeinschaft Hubschrauber e. V., Stuttgart-Flughafen

Bearbeiter: W. Just, H. Dathe, H. Georgi, G. Reichert

Lastenhubschrauber L-41 und L-51 für 4000 kg Nutzlast

Entwurfsgesichtspunkte, Auslegung und Baubeschreibung

Leistungsrechnungen

Als Manuskript gedruckt

Springer Fachmedien Wiesbaden GmbH 1959

ISBN 978-3-663-20131-1 ISBN 978-3-663-20492-3 (eBook)
DOI 10.1007/978-3-663-20492-3

Gliederung

Teil I

Gliederung

Teil II

Teil I

Entwurfsgesichtspunkte, Auslegung und Baubeschreibung

Einleitung

Vom Ministerium für Wirtschaft und Verkehr des Landes Nordrhein-Westfalen wurde die Deutsche Studiengemeinschaft Hubschrauber mit der Bearbeitung eines Auftrages betraut, dessen Titel wie folgt lautet:

"Ausarbeitung von Vorschlägen für den konstruktiven Aufbau und die Antriebsmöglichkeiten für die spätere Entwicklung eines Lastenhubschraubers durch die Luftfahrtindustrie".

Die DSH hatte sich bereits im Auftrag des Landesgewerbeamtes Baden-Württemberg mit Vorschlägen und Voruntersuchungen für die Entwicklung eines Lastenhubschraubers für eine Nutzlast von 2000 kg bei 500 km Reichweite befaßt. Diese Arbeiten sind in den Berichten 28-1 bis 28-7 der DSH niedergelegt.

Nach einer Mitteilung des Bundesministeriums für Verteidigung wird von militärischer Seite auch ein Lastenhubschrauber mit einer Nutzlast bis 4000 kg bei einer Reichweite von 300 km und bei mindestens 200 km/h Reisegeschwindigkeit gewünscht. Mit einem solchen Projekt befassen sich die vorliegenden Berichte.

Die zunächst vorgenommenen Studien ergaben, daß zwei Ausführungsformen des Lastenhubschraubers zweckmäßig wären:

1. Transport-Hubschrauber L-41 mit Rumpf in Schalenbauweise und einem Laderaum zur Frachtaufnahme, der auch leicht zur Personenbeförderung eingerichtet werden könnte, s. Abbildung 40, Seite 49,

2. Arbeits-Hubschrauber L-51 mit Fachwerkrumpf, bei dem die Last frei angehängt oder in einem kistenförmigen Behälter transportiert werden kann, s. Abbildung 41, Seite 51.

Untersuchungen über den Zusammenhang zwischen Reichweite und Nutzlast ergaben, daß vom Gerät L-51 bei einer Reichweite von 880 km noch Lasten von 2000 kg befördert werden können und daß die maximale Nutzlast bei 33 km Reichweite 5600 kg beträgt.

Über die umfangreichen Untersuchungen der DSH für die Lastenhubschrauber L-41 und L-51 wird in den folgenden Einzelheften berichtet:

Bericht Nr.:

	29-1	Entwurfsgesichtspunkte, Auslegung
647		und Baubeschreibung
	29-2	Leistungsrechnungen
	29-3	Gewichte, Schwerpunkte, Trägheitsmomente,
648		Belastungsermittlung, Festigkeitsnachweis
	29-4	Kräfte und Momente am Rotor
	29-5	Steuerungs- und Stabilitätsuntersuchungen
	29-6	Untersuchung der Schwingungsbeanspruchung
649		von Rotorblättern
	29-7	Vorschläge für die Konstruktion der wichtigsten Bauelemente

Übersicht

Im vorliegenden Bericht 29-1 wird nach einer Besprechung bekanntgewordener Baumuster und Projekte auf die allgemeinen Entwurfsgesichtspunkte für Lastenhubschrauber eingegangen. Danach werden die Hubschrauberdaten für eine einrotorige Ausführung mit Wellenantrieb durch Gasturbinen ermittelt und die Vor- und Nachteile untersucht, die bei anderen Bauarten zu erwarten sind. Für die projektierten beiden Baumuster, den Transporthubschrauber L-41 und den Arbeitshubschrauber L-51, wird eine Zusammenstellung der wichtigsten Daten der in Bericht 29-2 berechneten Flugleistungen und eine kurze Baubeschreibung gegeben.

1. Bekannte Baumuster und Projekte

In letzter Zeit ist das Interesse an Lastenhubschraubern, das schon immer sehr groß war, stark gestiegen. Ein solches Beförderungsmittel bringt viele Vorteile mit sich und zwar:

1. In schwer zugänglichen Gegenden, z.B. in Gebirgen, Urwäldern usw., wo ein Transport auf dem Landwege mit großem Zeitaufwand verbunden wäre, bringt der Einsatz eines Hubschraubers eine beachtliche Zeitersparnis.

2. Mit dem Hubschrauber kann man größere sperrige Lasten transportieren, deren Beförderung auf Schiene oder Straße durch die vorhandenen Brücken verhindert wird. So kann man z.B. vorfabrizierte Häuser, Behälter an Ort und Stelle aufstellen und dadurch die industrielle Fertigung wesentlich erleichtern.

3. Schließlich kann der Hubschrauber als fliegender Kran dort eingesetzt werden, wo aus verschiedenen Gründen ein normaler Kran nicht angewendet werden kann.

In neuester Zeit haben militärische Stellen an Lastenhubschraubern großes Interesse gezeigt, da diese in der Lage sind, zahlreiche Aufgaben zu erfüllen. Es werden dabei Lastenhubschrauber von kleinen bis zu den größten Einheiten benötigt. Die amerikanische Armee beauftragte 8 Hubschrauberfirmen, Entwürfe für Lastenhubschrauber auszuarbeiten. Diese sog. "fliegenden Kräne" sollen für Nutzlasten von 2 bis 16 Tonnen ausgelegt werden.

Focke Fa 223

Das Muster Fa 223 mit einem Fluggewicht von 4300 kg kann wohl als erster Lastenhubschrauber betrachtet werden, s. Abbildung 1. Mit diesem Muster wurden als höchste Last 1300 kg gehoben.

Focke Fa 284

Im Jahre 1943 entwickelte die gleiche Firma einen speziellen Lastenträger Fa 284, s. Abbildung 2. Dieser Hubschrauber ist bis Kriegsende nicht mehr fertiggestellt worden. Er sollte folgende Leistung haben: Fluggewicht 12000 kg, Überlast 15000 kg, Rotordurchmesser 18 m, Leistung 2 x 1600 PS.

Es war vorgesehen, daß der Pilot im Seitenleitwerk seinen Sitz hat, damit er die Aufnahme der Lasten am Seil gut beobachten kann.

A b b i l d u n g 1
Hubschrauber Focke Fa 223, 1939, N = 1000 PS, G = 4300 kg

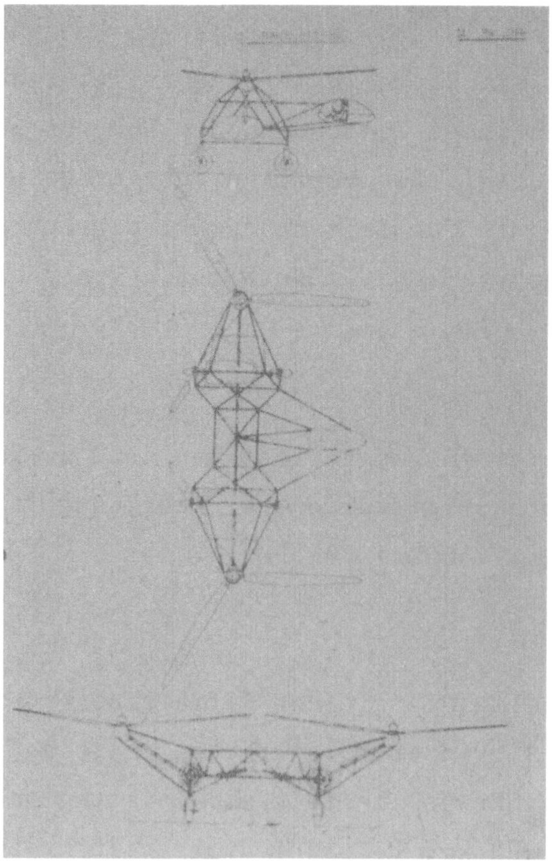

A b b i l d u n g 2
Lastenträger Fa 284, 1943, G = 15000 kg, N = 2 x 1600 PS

Cierva W 11, "Airhorse"

Die englische Firma Cierva Autogiro Co. Ltd. entwickelte im Jahr 1948 einen dreirotorigen Hubschrauber, der auch für Lastenbeförderung bestimmt war (Abb. 3).

A b b i l d u n g 3
Hubschrauber Cierva W 11, "Airhorse"

Dieses Muster, von dem zwei Stück gebaut wurden, besaß einen Kolbenmotor mit 1645 PS Leistung, ein Fluggewicht G = 7940 kg und eine Zuladung G_{zu} = 2440 kg. Der Rumpf war durch seitlich öffnende Klappen im ganzen Querschnitt zugänglich. Hohe Federstreben mit 1,52 m Hub sollten eine Landung mit großer Sinkgeschwindigkeit ermöglichen.

Hughes XH-17

Das Muster Hughes XH-17 wurde in den USA als Hubschrauber speziell für den Lastentransport entwickelt (s. Abb. 4).

Das Fluggewicht beträgt 20,8 t. Der Antrieb dieses Musters erfolgt durch 2 Gasturbinen, die Druckluft erzeugen, welche außen an den Blattspitzen ausströmt und so die Rotorblätter durch Rückstoß antreibt. Die ersten

A b b i l d u n g 4
Lastenhubschrauber Hughes XH-17

A b b i l d u n g 5
Hughes XH-17 im Fluge

A b b i l d u n g 6
Hubschrauber Omega SB-12

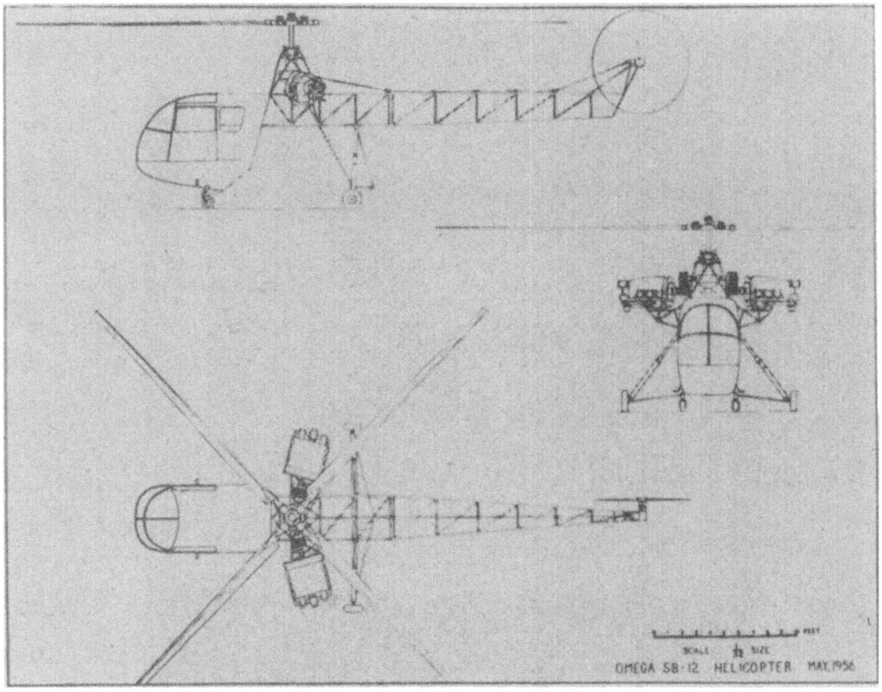

A b b i l d u n g 7
Omega SB-12, Dreiseitenansicht

Versuche wurden im Jahre 1950 durchgeführt. Es traten aber Schwierigkeiten auf, weshalb die Weiterentwicklung für gewisse Zeit eingestellt wurde. In neuester Zeit sollen weitere Versuche mit diesem Gerät unternommen worden sein (s. Abb. 5).

Omega SB-12

In letzter Zeit ist ein kleiner Lastenhubschrauber Omega SB-12 bekannt geworden (s. Abb. 6 und 7). Dieser Hubschrauber hat einen Rotordurchmesser von 11,9 m, ein Fluggewicht von 1950 kg und eine Nutzlast von 363 kg. Als Motoren wurden 2 Kolbenmotoren von je 210 PS verwendet. Näheres über diesen Hubschrauber ist in der Zeitschrift American Helicopter, Juni 1956, angegeben.

Hunting Percival P 105

Die Firma Hunting Percival hat ein Projekt bekanntgegeben, das in Abbildung 8 gezeigt ist. Dieser Hubschrauber wird durch zwei Gasturbinen Napier Oryx mit je 950 Gas-PS angetrieben, wobei die Druckluft an den Blattspitzen ausströmt. Es sind 2 Versionen vorgesehen, eine mit angehängter Last und eine mit geschlossenem Rumpf zur Frachtaufnahme.

A b b i l d u n g 8
Projekt Hunting Percival P 105

Sikorsky S-60

Die Firma Sikorsky hat einen Vorschlag für einen Lastenhubschrauber ausgearbeitet, der als Modell in Abbildung 9 gezeigt ist. Dieser Hubschrauber soll ein Fluggewicht von etwa 17 t haben und von der Gasturbine Allison T 56 mit N = 3550 PS angetrieben werden.

A b b i l d u n g 9

Modell des Lastenhubschraubers Sikorsky S-60

A b b i l d u n g 10

Convertawings "Quadrotor"

Convertawings "Quadrotor"

Die Firma Convertawings hat einen Lastenhubschrauber mit 4 Rotoren vorgeschlagen, den Abbildung 10 (S. 15) zeigt. Nach Zeitschriftenangaben soll dieser Hubschrauber ein Fluggewicht von 22 t haben. Als Antrieb sind 4 Gasturbinen Allison T 58 mit insgesamt 4350 PS vorgesehen.

Westland "Westminster"

Die englische Firma Westland Aircraft Ltd. beabsichtigt, den Hubschrauber Sikorsky S-56 unter der Bezeichnung "Westminster" in Lizenz zu bauen, wobei die beiden verwendeten Kolbenmotoren durch Gasturbinen Napier "Eland" ersetzt werden sollen. Neben der Ausführung mit geschlossenem Rumpf (Leergewicht 9000 kg), die besonders als Verkehrshubschrauber verwendet werden soll, ist eine Bauart als ausgesprochener Lastenhubschrauber mit unverkleiddtem Fachwerkrumpf vorgesehen (s. Abb. 11 und 12). Es wird erwartet, daß bei dieser Version das Leergewicht auf etwa 8000 kg gesenkt werden kann, so daß am Seil eine Nutzlast von 4500 bis 6800 kg befördert werden könnte.

A b b i l d u n g 11
Projekt Westland "Westminster"
Fluggewicht G = 15 bis 16 t, Leistung 2 x 3050 PS

A b b i l d u n g 12
Modell der Westland "Westminster"

Pläne der amerikanischen Armee

Die beiden folgenden Abbildungen zeigen noch Projekte von Hubschraubern, die in den USA von militärischen Stellen für den Transport von Kriegsgerät gewünscht werden.

A b b i l d u n g 13
Lastenhubschrauber für militärischen Einsatz

Abbildung 14
"Fliegende Kräne" für schweres Kriegsgerät

2. Möglichkeiten bei der Wahl der Triebwerksart und des Drehmomentenausgleichs

2.1 Triebwerksart

Da Lastenhubschrauber eine möglichst große Nutzlast haben sollen, ist es erwünscht, daß möglichst leichte Triebwerke verwendet werden. Bei Wellenantrieb kommen als Triebwerke Kolbenmotor oder Gasturbine in Frage und bei Strahlantrieb der Druckluftantrieb, Antrieb mit Staustrahltriebwerken, Pulso-Triebwerken, TL-Triebwerken oder Raketen.

Bei Wellenantrieb ist die Gasturbine dem Kolbenmotor aus mehreren Gründen vorzuziehen und zwar:

1. Die Gasturbine ist wesentlich leichter als ein gleichstarker Kolbenmotor (s. Abb. 15).
2. Sie hat auch einen geringeren Platzbedarf als der entsprechend starke Kolbenmotor.
3. Die Schwingungserscheinungen sind bei Verwendung von Gasturbinen wesentlich geringer als bei Verwendung von Kolbenmotoren.

4. Die Gasturbine benötigt kein Kühlgebläse wie der Kolbenmotor. Damit steht die volle Leistung für den Antrieb des Hubschraubers zur Verfügung.

Als Nachteil ergibt sich dagegen, daß der spezifische Verbrauch einer Gasturbine größer ist als der eines Kolbenmotors, besonders im Teillastbetrieb (s. Abb. 16). Dieser Nachteil wirkt sich aber erst bei größeren Reichweiten aus, da man ja wegen des geringen Gewichtes der Gasturbine viel mehr Brennstoff mitnehmen kann als bei Kolbenmotoren.

In Abbildung 15 sind die Leistungsgewichte von Kolbenmotoren und Gasturbinen, die in Hubschraubern verwendet werden, aufgeführt, woraus man sieht, daß Kolbenmotoren etwa doppelt so schwer wie Gasturbinen sind.

Die nächste Abbildung zeigt den spezifischen Kraftstoffverbrauch in kg/PS·h über der Leistung aufgetragen. Man sieht, daß die großen Gasturbinen auch schon einen sehr geringen Verbrauch aufweisen. Bei großen Triebwerkseinheiten ist man auf Gasturbinen angewiesen, da es keine so großen Kolbenmotoren gibt.

Bei wellenangetriebenen Lastenhubschraubern empfiehlt es sich daher, eine Gasturbine zu verwenden.

Die Strahlantriebe eignen sich an und für sich gut für Lastenhubschrauber, da sie verhältnismäßig leicht sind und auch keinen Drehmomentenausgleich benötigen. Aus diesem Grunde wurde der Lastenhubschrauber Hughes XH-17 mit einem Druckluftantrieb ausgestattet.

Ein Staustrahltriebwerk ist besonders leicht und eignet sich auch für Lastenhubschrauber; leider ist aber der Verbrauch für solche Geräte sehr hoch, so daß solche Lastenhubschrauber nur eine geringe Reichweite aufweisen.

Für den Strahlantrieb großer Hubschrauber kommen auch TL-Triebwerke in Frage. Dabei müssen je 2 dieser Triebwerke mit entgegengesetztem Drehsinn an jedem Blattende eingebaut werden, damit keine Kreiselkräfte auf das Rotorblatt wirken. Eine andere Möglichkeit besteht darin, das TL-Triebwerk am Blattende parallel zur Holmachse einzubauen und eine Strahlumlenkung vorzusehen. Das Gewicht der an den Blattspitzen zu montierenden Geräte ist zwar größer als bei Verwendung von Staustrahltriebwerken, dafür ist aber der Kraftstoffverbrauch wesentlich geringer.

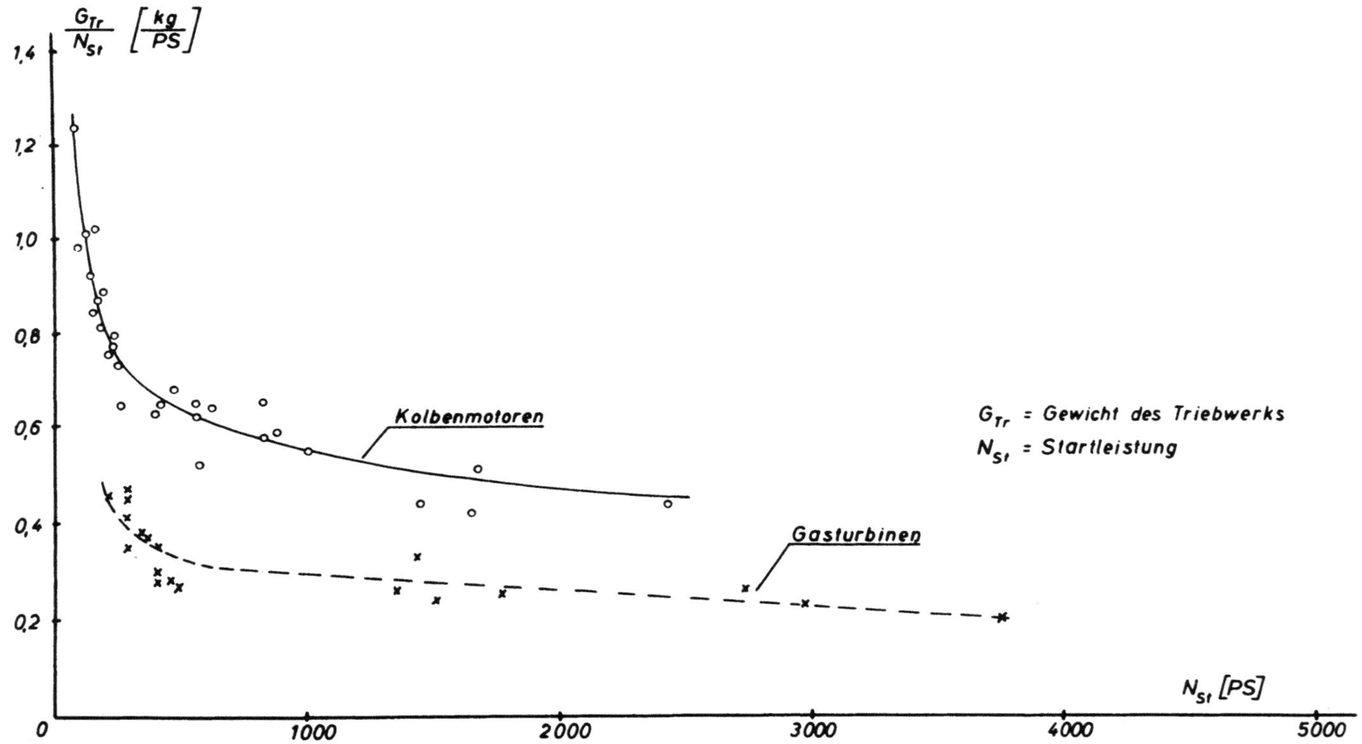

A b b i l d u n g 15

Leistungsgewicht $\frac{G_{Tr}}{N_{St}}$ von Hubschraubertriebwerken

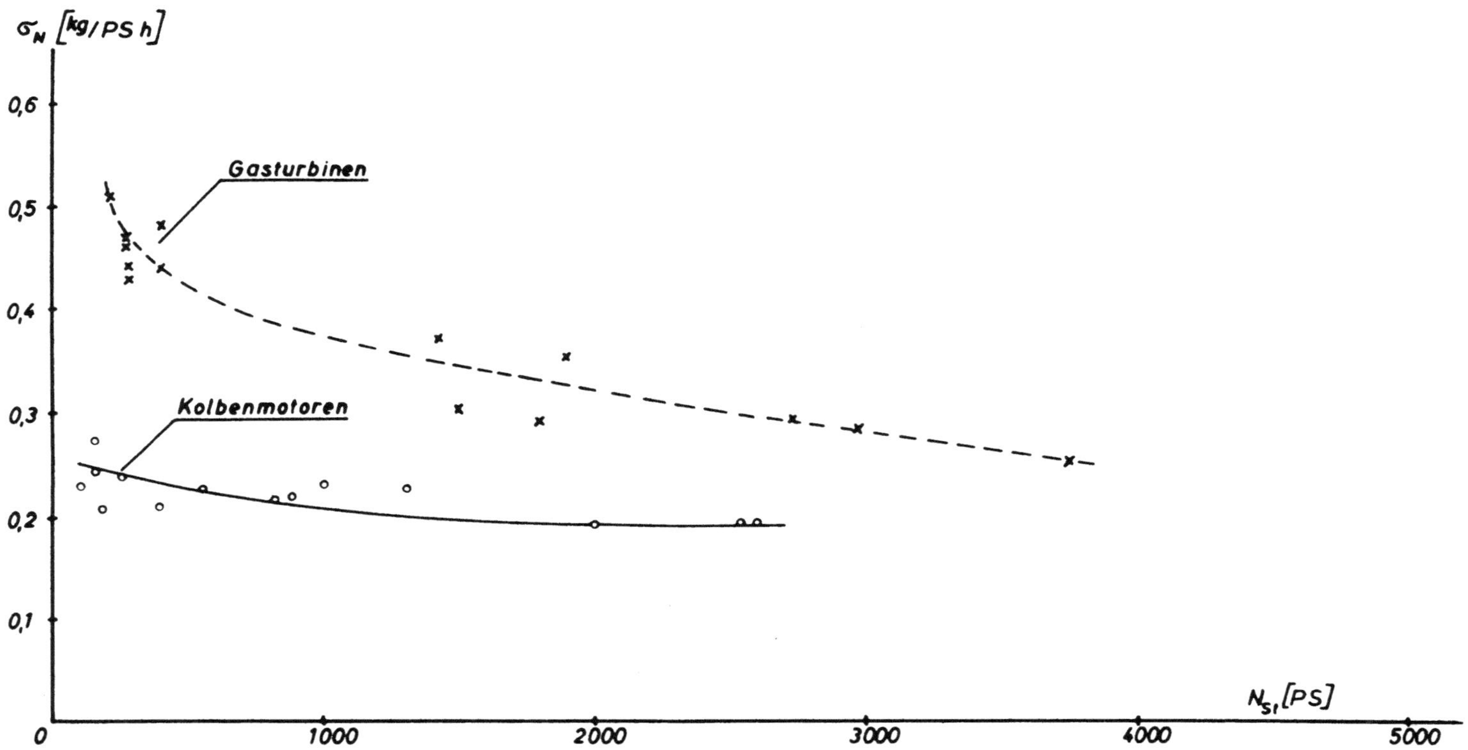

A b b i l d u n g 16

Spez. Kraftstoffverbrauch σ_N von Hubschraubertriebwerken

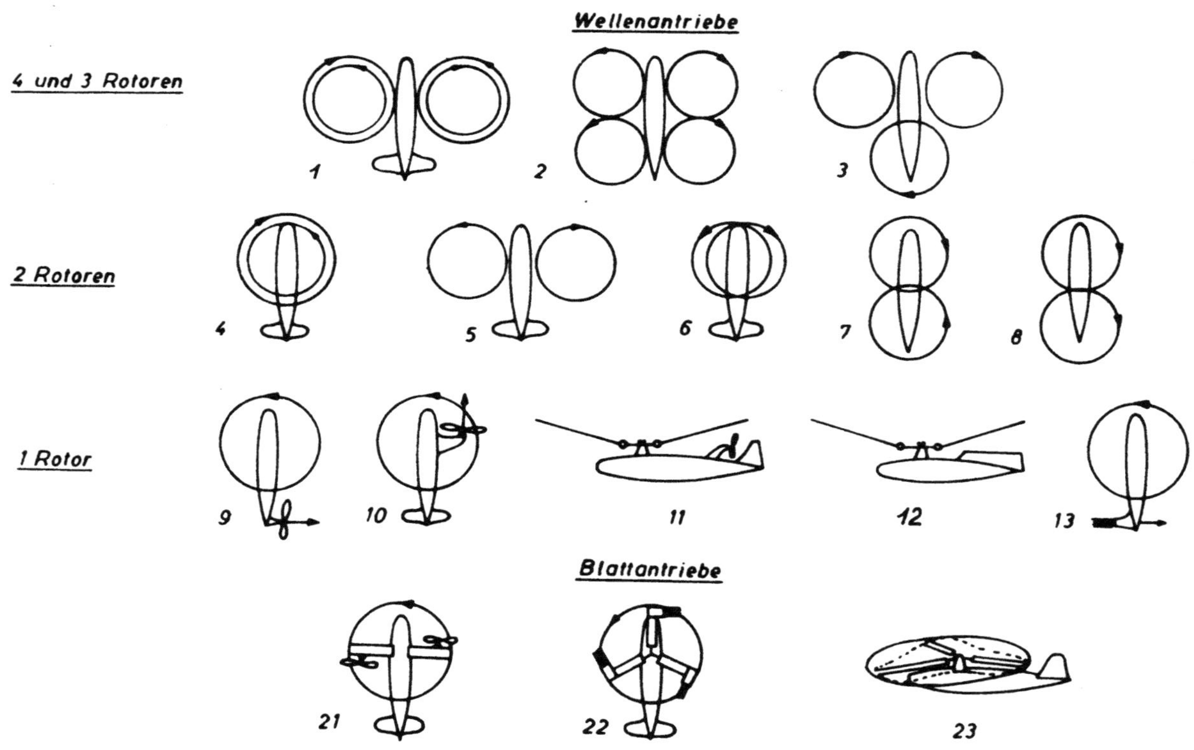

Abbildung 17
Die verschiedenen Antriebsmöglichkeiten
und Drehmomentenausgleiche

Zahlenmäßige Untersuchungen der Möglichkeiten, die sich bei Verwendung dieser Strahlantriebe für Lastenhubschrauber ergeben, werden in Abschnitt 4 vorgenommen.

2.2 Drehmomentenausgleich

In Abbildung 17 sind die für Wellenantrieb möglichen Drehmomentenausgleiche gezeigt. Für Lastenhubschrauber kommen in erster Linie folgende Arten in Frage:

Nr. 2 seitlich je 2 Rotoren
Nr. 5 2 nebeneinanderliegende Rotoren
Nr. 7 2 hintereinanderliegende Rotoren
Nr. 9 1 Rotor und 1 Heckschraube.

Das Prinzip Nr. 2 mit 4 Rotoren wird man erst bei sehr großen Hubschraubern verwenden, bei denen bei einer ein- oder zweirotorigen Bauweise Schwierigkeiten auftreten würden.

Projekte für zweirotorige Lastenhubschrauber werden in Abschnitt 4.3 behandelt. Als Nachteil der Bauart mit zwei nebeneinanderliegenden Rotoren ist vor allem der Stirnwiderstand der beiden Seitenausleger zu nennen, der sich besonders auswirkt, wenn hohe Reisegeschwindigkeiten gefordert werden. Hierzu kommt noch das zusätzliche Gewicht der beiden Ausleger. Bei der Tandembauweise treten im Vorwärtsflug oft Schwierigkeiten auf, da der Abwind des vorderen Rotors den hinteren beeinflußt.

Für den weiter untersuchten Lastenhubschrauber wurde die einrotorige Bauweise mit Heckschraube gewählt. Diese Bauart hat vor allem den Vorteil, daß der Aufbau des Antriebssystems einfacher wird, wodurch sich auch eine Gewichtsersparnis gegenüber dem Antriebssystem eines Tandemhubschraubers ergibt.

3. Ermittlung der Hubschrauberdaten

3.1 Abschätzung des Gewichtes

Die Zuladung des Lastenhubschraubers läßt sich überschlägig wie folgt ermitteln:

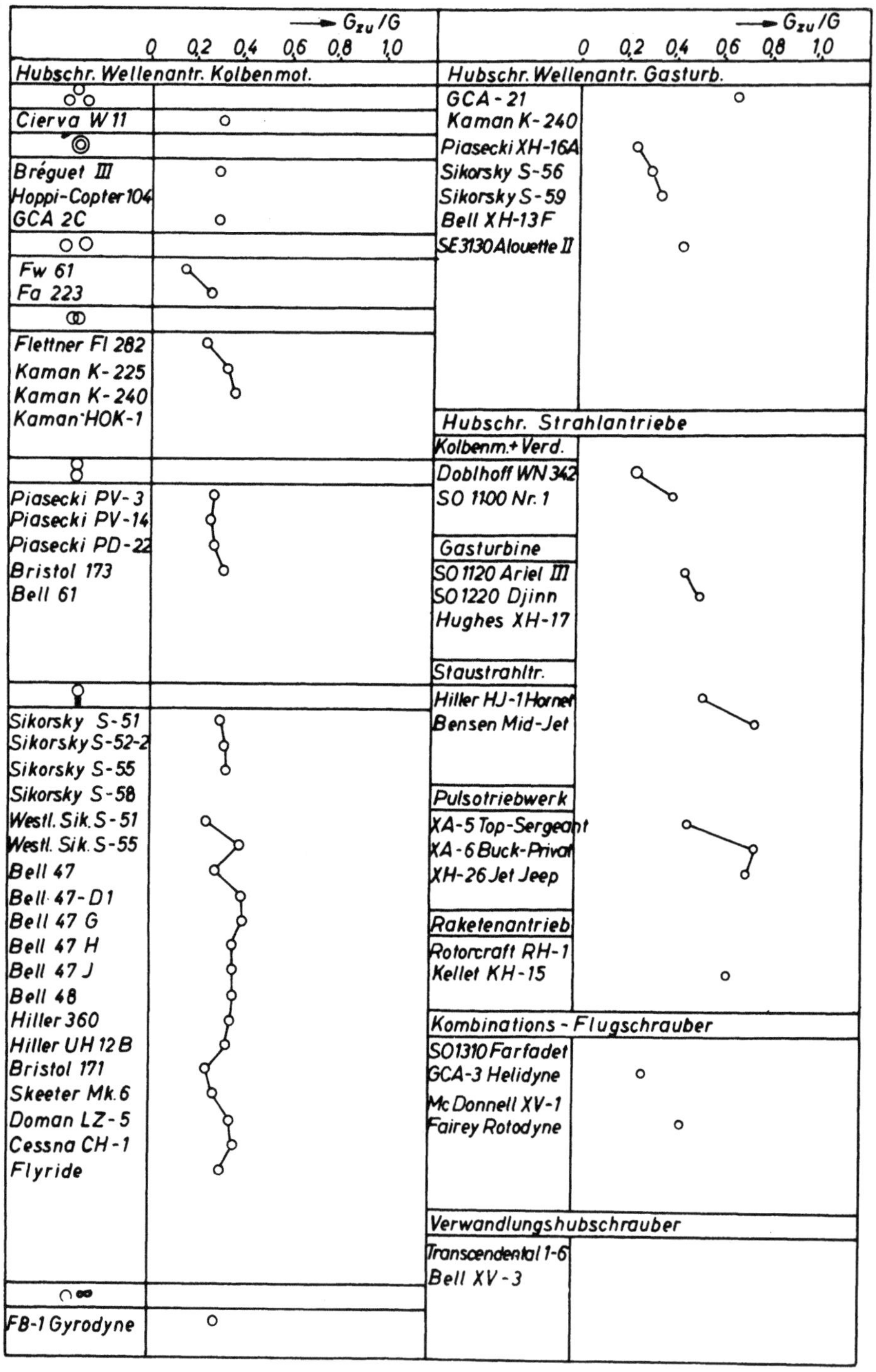

A b b i l d u n g 18

Zuladungsanteil G_{zu}/G

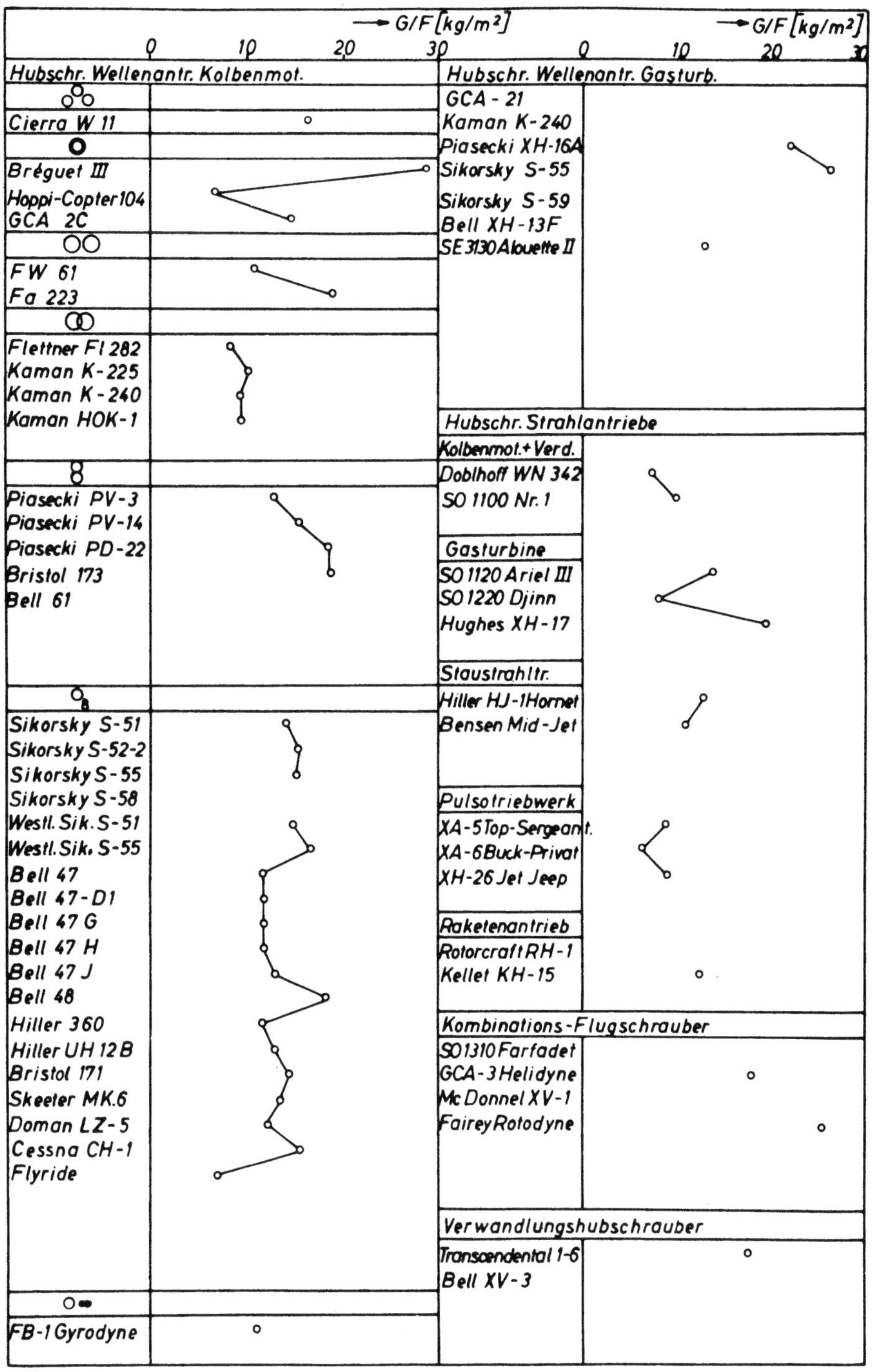

A b b i l d u n g 19

Flächenbelastung G/F

gewünschte Nutzlast	G_N =	4000 kg
2 Piloten einschl. Ausrüstung		200 kg
Kraftstoff für 300 km Reichweite		1100 kg
Zuladung	G_{zu} =	5300 kg

Aus dieser Zuladung soll auf Grund von statistischen Unterlagen (vgl. Abb. 18) und von Gewichtsanalysen auf das Fluggewicht geschlossen werden. Da beim vorliegenden Projekt eine Gasturbine verwendet werden soll, schätzen wir das Verhältnis

$$G_{zu}/G = 0{,}38$$

Damit wird das Fluggewicht

$$G = 14000 \text{ kg}$$

und das Leergewicht ergibt sich zu

$$G_L = 8700 \text{ kg}.$$

3.2 Abschätzung der Flächenbelastung

Bei der Wahl der Rotorkreisflächenbelastung G/F ist ein Kompromiß zwischen bester Tragfähigkeit im Schwebeflug (G/F klein) und hoher Reisegeschwindigkeit (G/F groß) notwendig. Maßgebend ist außerdem, daß man bei großen Hubschraubern eine zu sperrige Bauweise und zu hohes Gewicht erhält, wenn man die Flächenbelastung zu niedrig wählt.

Einen Anhalt liefert auch hier die Statistik, und zwar Abbildung 19, wo die Baumuster nach Antriebsart und Drehmomentenausgleich geordnet sind, außerdem Abbildung 20, wo $G/_F$ über dem Fluggewicht G aufgetragen ist. Danach wählen wir eine Flächenbelastung $G/_F = 24 - 25$ kg/m^2.
Für einen Rotordurchmesser (einrotoriger Hubschrauber)

$$D = 27 \text{ m},$$

entsprechend einer Rotorkreisfläche F = 573 m^2, wird

$$G/_F = 24{,}4 \text{ kg/m}^2.$$

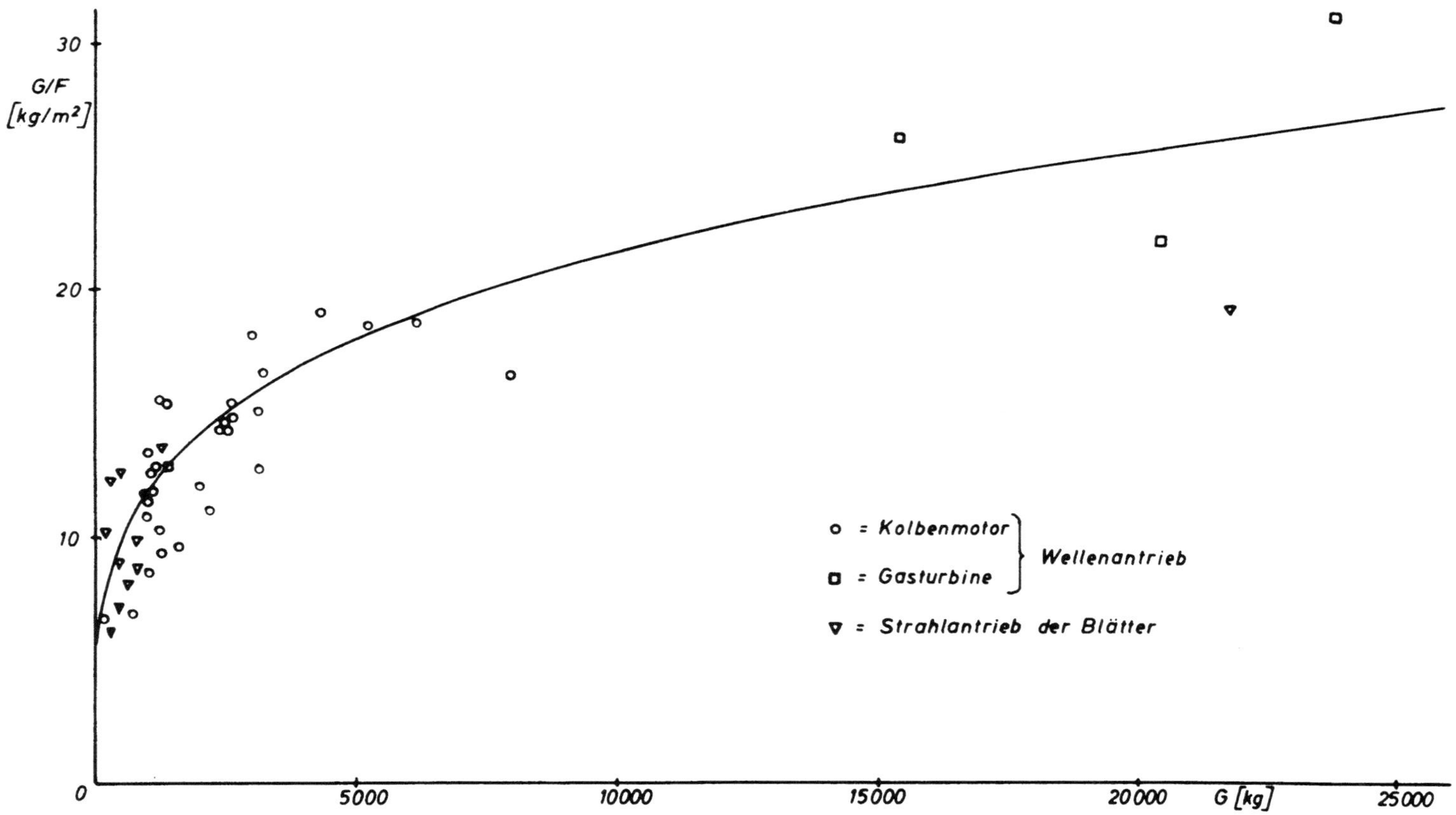

A b b i l d u n g 20

Flächenbelastung $G/_F$ über dem Fluggewicht G

3.3 Wahl des Triebwerkes

Die für den Schwebeflug notwendige Rotorleistung kann man aus Bericht 1 der DSH [1], Abbildung 2.5, Seite 37 ermitteln. Danach ergibt sich, wenn man einen Gütegrad ζ_L = 0,72 annimmt, ein Verhältnis Rotorleistung zu Fluggewicht

$$\frac{N_{Ro}}{G} = 0{,}182 \quad \frac{PS}{kg}$$

Für den Schwebeflug mit G = 14000 kg ist somit eine Rotorleistung N_{Ro} = 2540 PS erforderlich. Die zugehörige Triebwerksleistung erhält man unter Berücksichtigung des Antriebsverlustfaktors zu

$$N_{Tr} = \frac{N_{Ro}}{\eta_v}$$

Der Leistungsbedarf für den Heckrotor und der Leistungsverlust im Getriebe betragen zusammen etwa 10 %. Mit η_v = 0,9 wird N_{Tr} = 2820 PS für den Schwebeflug. Bei der Auswahl der beiden Triebwerke ist nun zu berücksichtigen, daß noch eine ausreichende Leistungsreserve für den Steigflug vorhanden sein muß.

Als Triebwerk kommt die von der Firma Napier & Son, Ltd., London, speziell zum Antrieb von Hubschraubern entwickelte Gasturbine "Gazelle" in Frage. Die "Gazelle" ist eine sog. Zweiwellenturbine, bei der also zwischen der Turbo-Kompressor-Einheit und der Arbeitsturbine keine feste mechanische Verbindung besteht. Dies hat den Vorteil, daß beim Start bei gebremstem Rotor das Triebwerk ohne Belastung anlaufen kann, ohne daß eine Kupplung nötig wäre. Ein weiterer Vorzug ist, daß auch im Teillastbetrieb die günstigste Rotordrehzahl beibehalten werden kann, während auch der Verdichter mit günstigstem Wirkungsgrad arbeitet.

Die Bedienung der Gasturbine beschränkt sich auf die Betätigung eines einzigen Hebels. Sicherheitseinrichtungen umfassen eine Drehmomentbegrenzung, eine Gastemperatur-Regelung vor der Turbine und eine selbsttätig wirkende Kompensation der Außentemperatur und des Außendruckes.

Als Triebwerke für den Lastenhubschrauber wurden 2 Gasturbinen Gazelle N.Ga.4 gewählt, die zusammen folgende Leistungen besitzen:

2,5 - Minuten - Leistung	4060 PS
30 - Minuten - Leistung	3620 PS
1 - Stunden - Leistung	3180 PS
max. Dauerleistung	2740 PS

3.4 Wahl von Rotordrehzahl und Flächendichte

Nachdem nun eine erste überschlägige Ermittlung des Fluggewichtes und der erforderlichen Triebwerksleistung vorgenommen wurde, sollen die Rotordaten genauer bestimmt werden. Dazu müssen Leistungsrechnungen für den Schwebeflug bei verschiedenen Flächenbelastungen G/F, Rotorumfangsgeschwindigkeiten U und Rotorkreisflächendichten σ durchgeführt werden.

Als Grundlage dienen die Auftragungen des Schubbeiwertes k_n und des Drehmomentenbeiwertes k_d, Abbildung 21 und 22. Die Beiwerte k_n und k_d sind durch folgende Gleichungen definiert, s. Bericht 3 der DSH, [3], Kapitel 3.

(1) $$S = k_n \cdot \rho/2 \cdot U^2 \cdot F \quad [kg]$$

(2) $$N_{Ro} = \frac{k_d}{75} \cdot \rho/2 \cdot U^3 \cdot F \quad [PS]$$

wobei

S = G/η_E = Rotorschub [kg]

η_E = Einbauwirkungsgrad des Rotors, geschätzt η_E = 0,97

ρ = Luftdichte

U = Rotorumfangsgeschwindigkeit [m/sec]

Die aufgetragenen k_n - und k_d-Kurven gelten für ein um - 4° linear verwundenes Rechteckblatt. Als Parameter wird die Rotorkreisflächendichte σ verwendet:

(3) $$\sigma = \frac{z \cdot t}{R \cdot \pi}$$

wobei

z = Blattanzahl

t = Blattiefe

R = Rotorradius

Aus den Beiwerten k_n und k_d erhält man den sog. Leistungsgütegrad

(4) $$\zeta_L = \frac{k_n^{3/2}}{2 k_d}$$

Dieser ist in Abbildung 23 über dem Blatteinstellwinkel $\vartheta_{0,7}$ und in Abbildung 24 über der Größe k_n/σ aufgetragen.

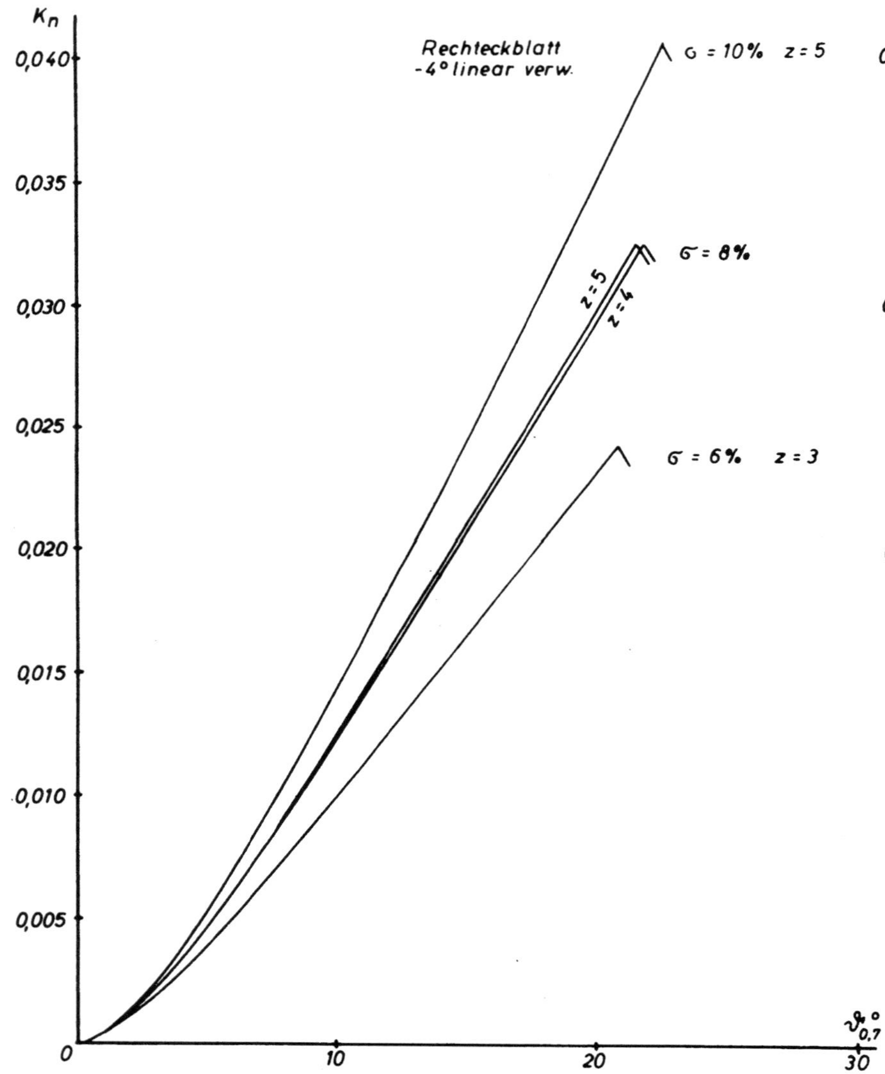

A b b i l d u n g 21

Schubbeiwert k_n über Einstellwinkel $\vartheta_{0,7}$ für Schweben

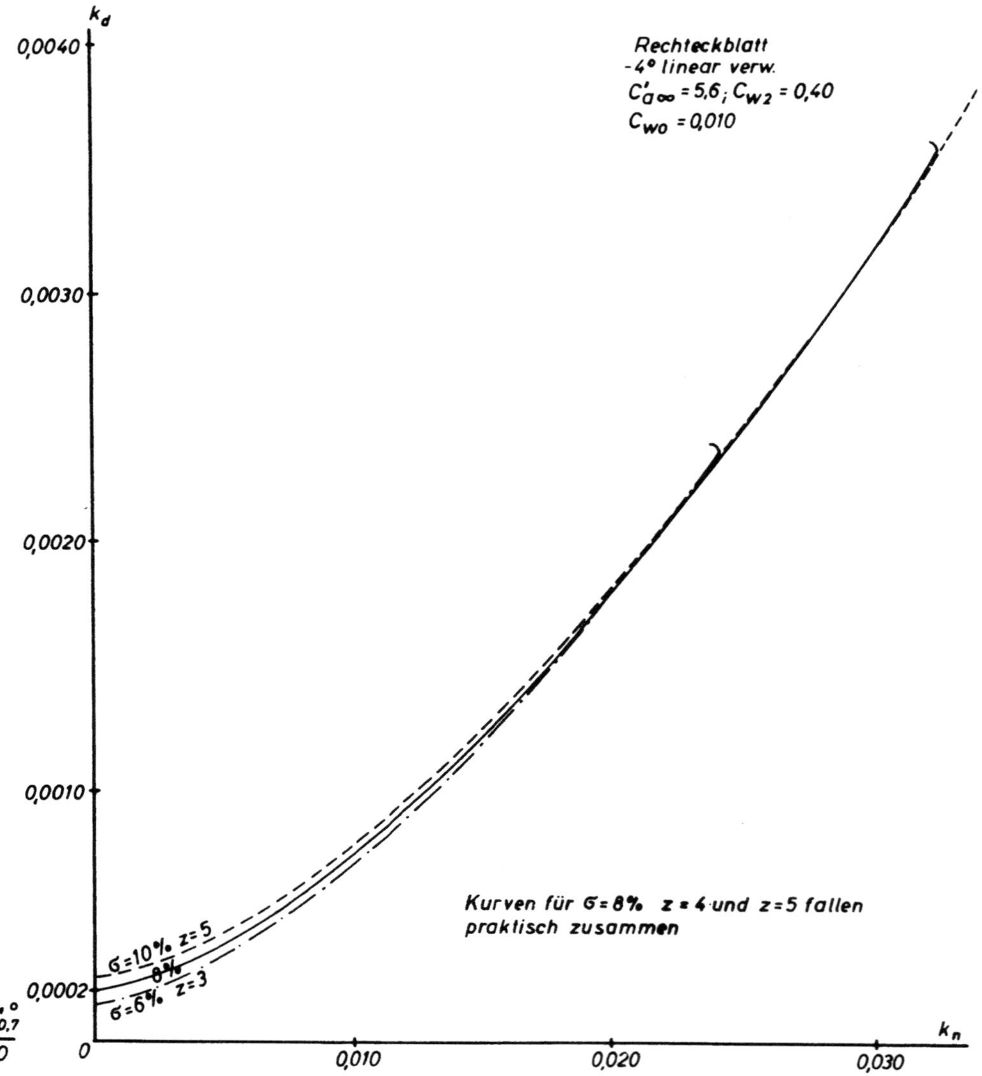

A b b i l d u n g 22

Drehmomentenbeiwert k_d über Schubbeiwert k_n für Schweben

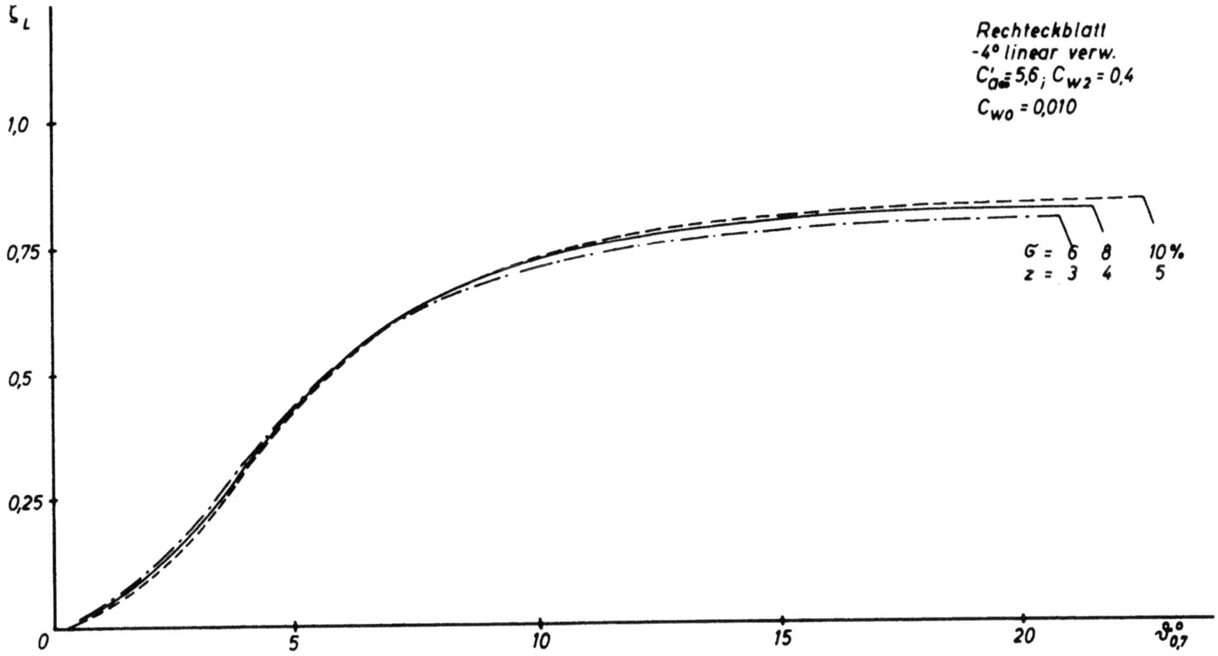

A b b i l d u n g 23

Gütegrad ζ_L über Einstellwinkel $\vartheta_{0,7}$ für Schweben

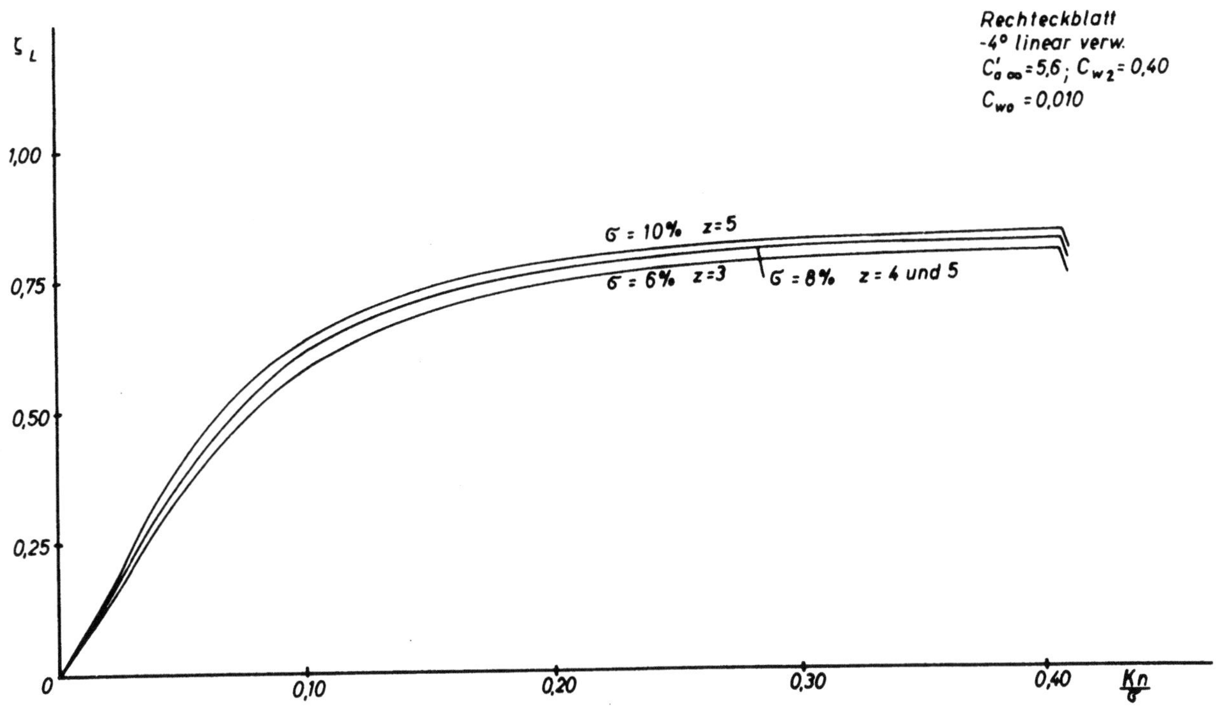

A b b i l d u n g 24

Gütegrad ζ_L über $\frac{Kn}{\sigma}$ für Schweben

Um einen Überblick über den Einfluß der einzelnen aerodynamischen Rotordaten zu erhalten, werden die folgenden Größen in den angegebenen Grenzen variiert:

Flächenbelastung	$G/_F$	= 22	.....	26	kg/m^2
Umfangsgeschwindigkeit	U	= 150	.....	200	m/sec
Flächendichte	σ	= 6	.....	10	%

Für diese Untersuchungen berechnet man zunächst den Schubbeiwert k_n nach Gl. (1) für die jeweiligen Werte von $^G/_F$ und U und liest dafür den Blatteinstellwinkel $\vartheta_{0,7}$ aus Abbildung 21 und ζ_L aus Abbildung 23 ab. Die Blattbelastung $\bar{c}_a$ erhält man aus der Formel

(5)
$$\bar{c}_a = 3{,}2 \frac{k_n}{\sigma}$$

Die so ermittelten Größen $\vartheta_{0,7}$, $\bar{c}_a$ und ζ_L sind für die Flächenbelastungen $^G/_F$ = 22, 24, 26 kg/m^2 und in einem Fall auch für 30 kg/m^2 über der Umfangsgeschwindigkeit aufgetragen. Die Kurven für 6 % Flächendichte sind in den Abbildungen 25 bis 27, für 8 % in den Abbildungen 28 bis 31 und für 10 % in den Abbildungen 32 bis 34 wiedergegeben.

Außerdem ist noch von Interesse, wie sich bei dieser Variation der Leistungsbedarf N_{Ro} und das Rotormoment M_{Ro} ändern. Zur Berechnung der Rotorleistung nach der Gleichung

(6)
$$N_{Ro} = \frac{S}{37{,}5 \cdot \zeta_L} \cdot \sqrt{\frac{S/F}{\rho/\rho_0}} \quad [PS]$$

muß ein Fluggewicht vorgegeben werden, als welches zunächst G = 14000 kg gewählt sei. Aus der Rotorleistung erhält man das Drehmoment M_{Ro} mit der Formel

(7)
$$M_{Ro} = 75 \cdot N_{Ro} \cdot \frac{R}{U} \quad [mkg]$$

Die so erhaltenen Werte für Rotorleistung und -drehmoment bei einem Fluggewicht von 14000 kg sind in den Abbildungen 25 bis 34 mit eingezeichnet. Die Änderung der erforderlichen Leistung mit dem Fluggewicht ist in den Abbildungen 35 bis 37 dargestellt.

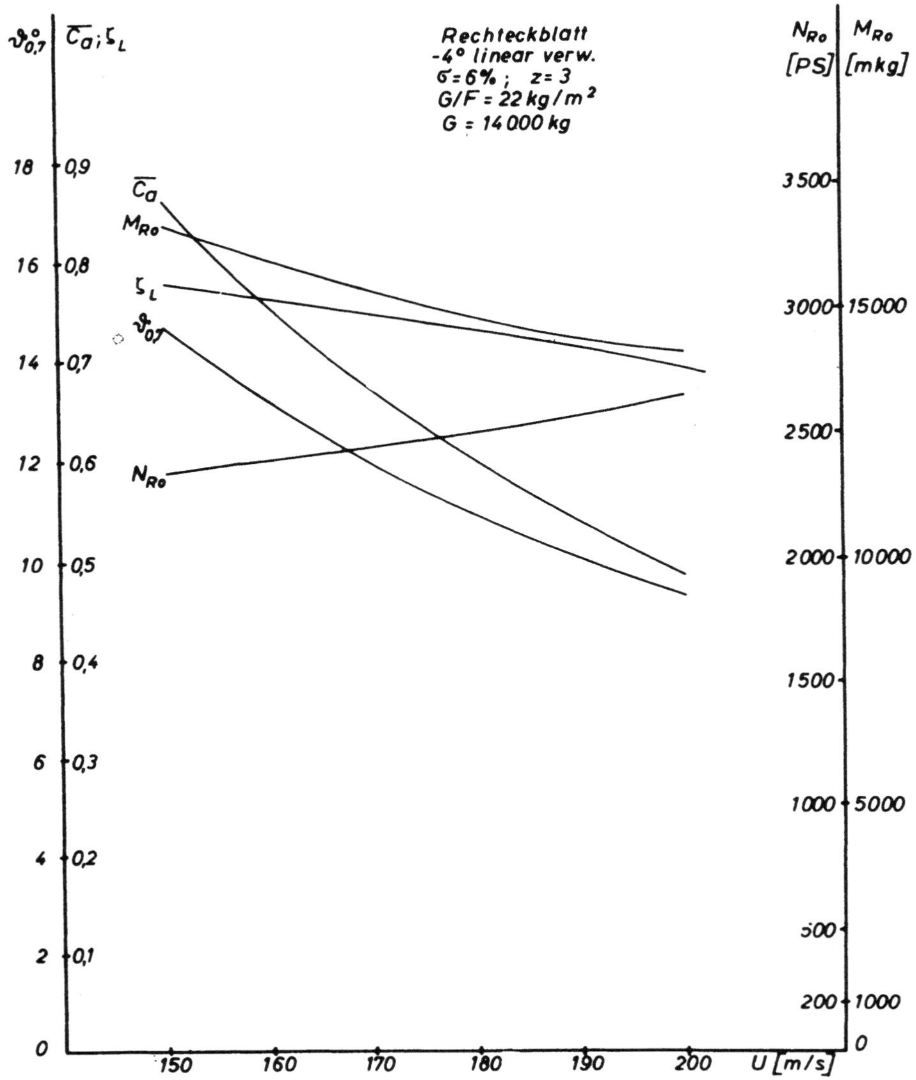

A b b i l d u n g 25

Rotorleistung N_{Ro}, Rotordrehmoment M_{Ro}, Gütegrad ζ_L, Einstellwinkel $\vartheta_{0,7}$, mittl. Blattbelastung $\overline{c_a}$, über Umfangsgeschwindigkeit U für Schweben

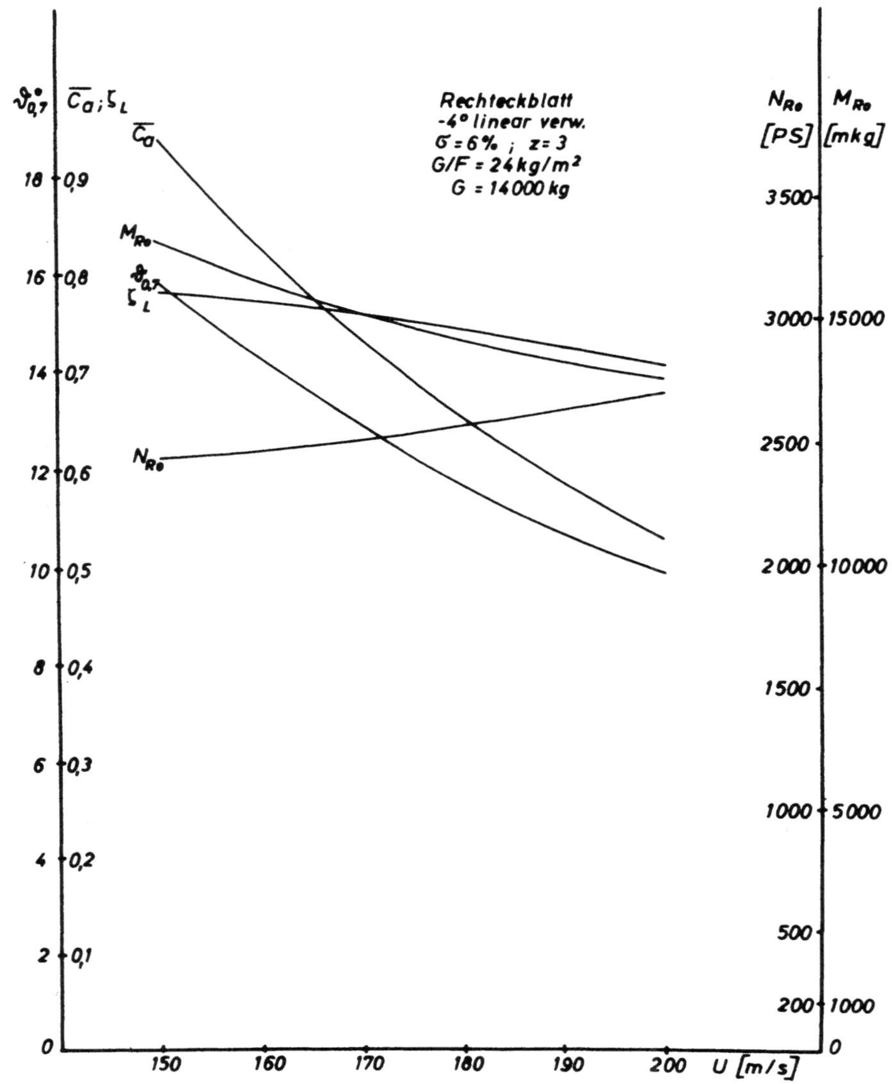

A b b i l d u n g 26

N_{Ro}, M_{Ro}, ζ_L, $\vartheta_{0,7}$, $\overline{c_a}$ über U für Schweben

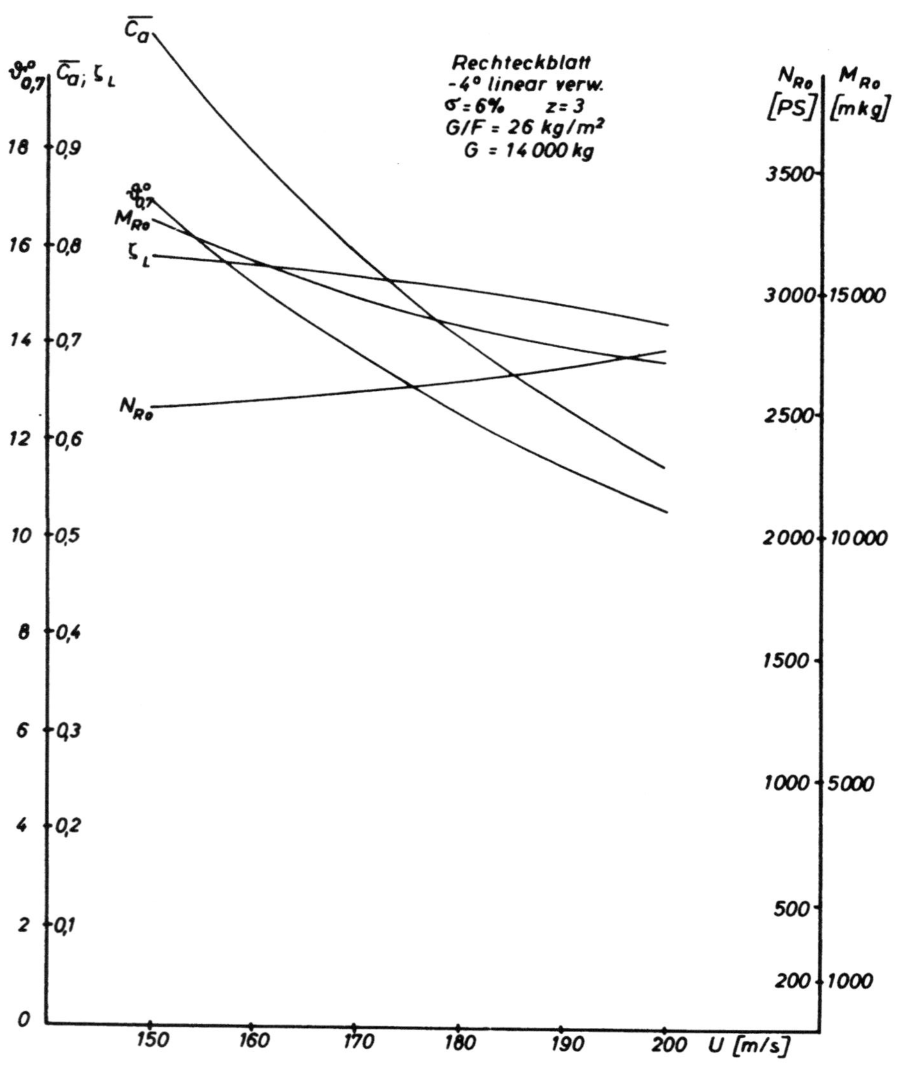

A b b i l d u n g 27

N_{Ro}, M_{Ro}, ζ_L , $\vartheta_{0,7}$, $\bar{c}_a$ über U für Schweben

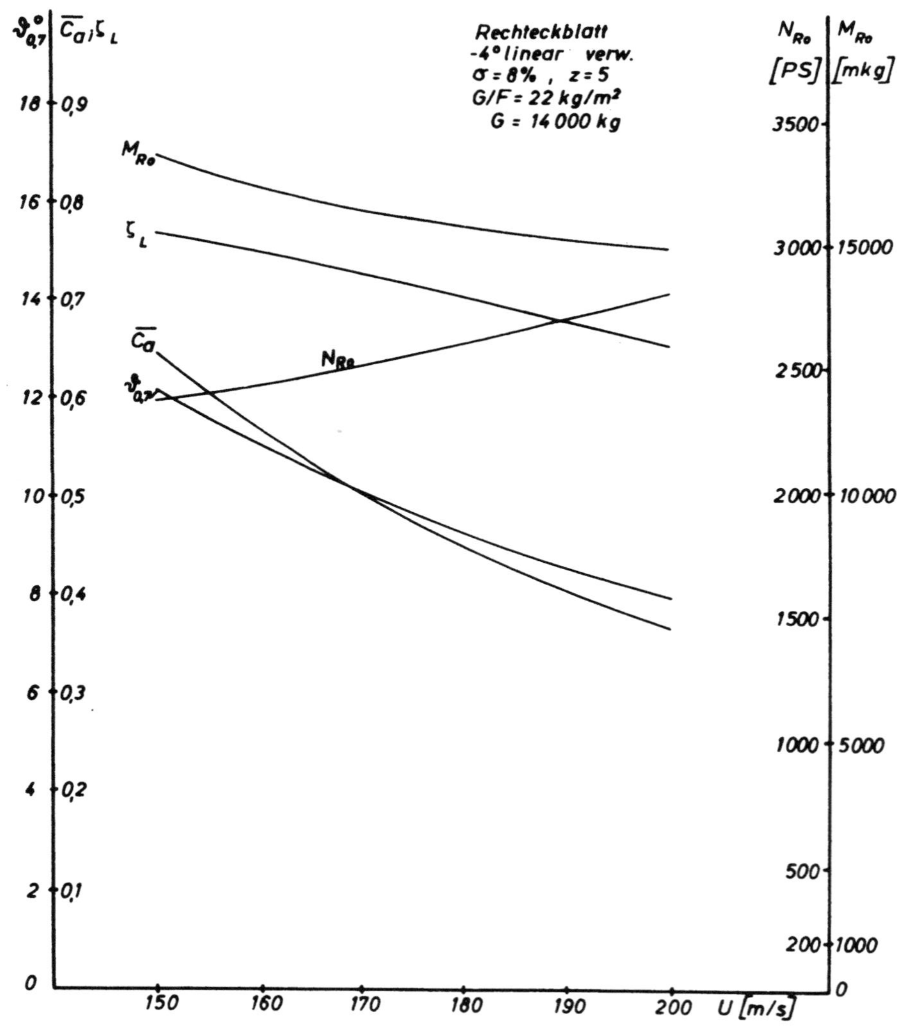

A b b i l d u n g 28

N_{Ro}, M_{Ro}, ζ_L , $\vartheta_{0,7}$, $\bar{c}_a$, über U für Schweben

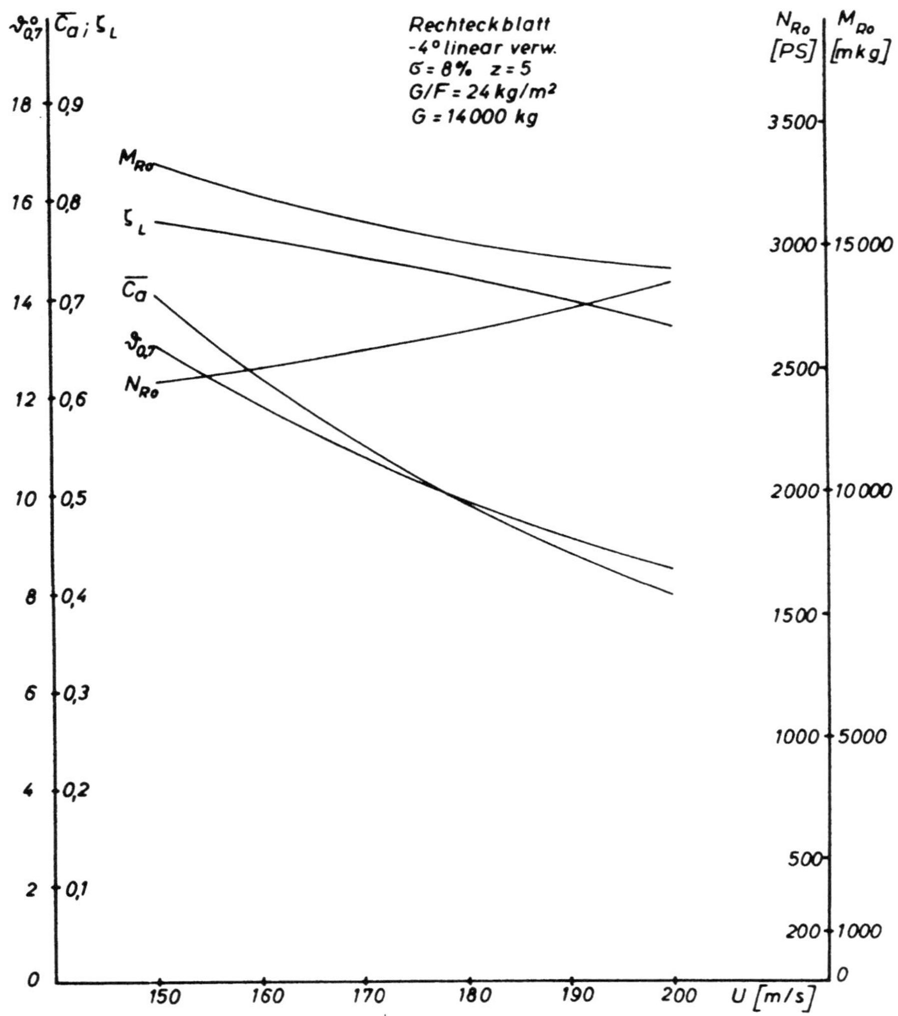

A b b i l d u n g 29

N_{Ro}, M_{Ro}, ζ_L , $\vartheta_{0,7}$, $\overline{c}_a$ über U für Schweben

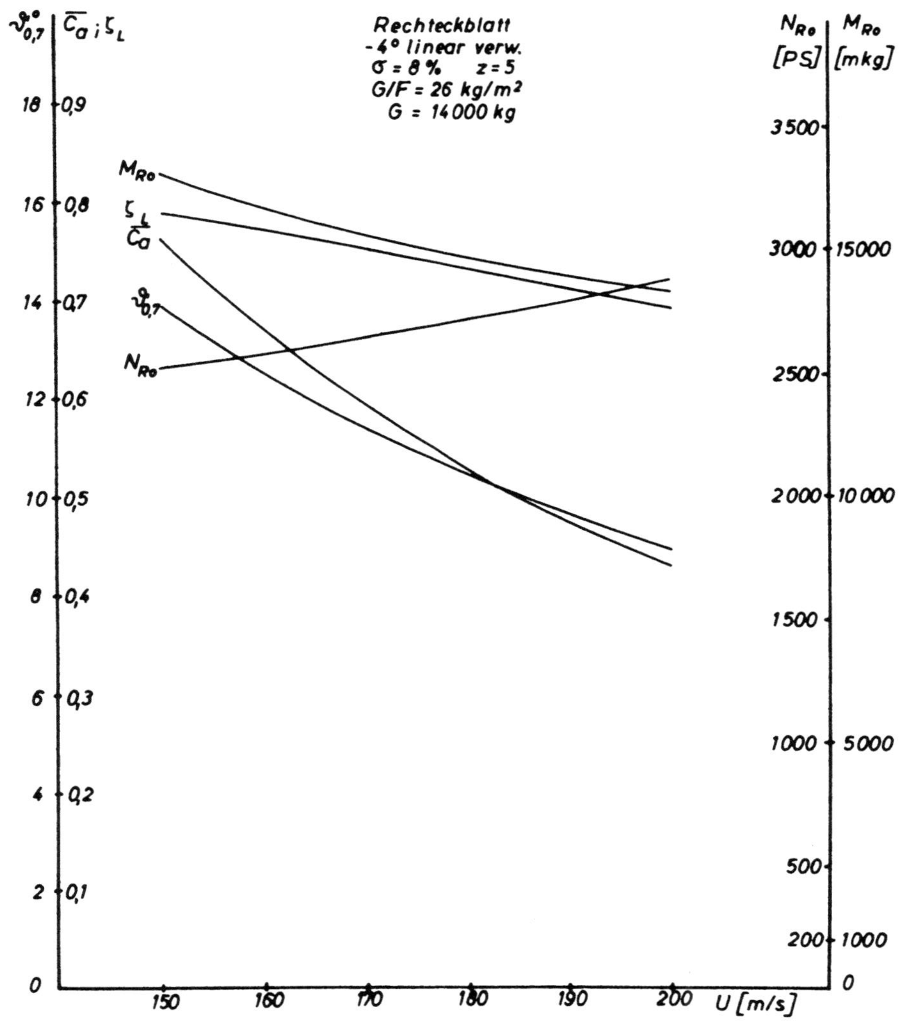

A b b i l d u n g 30

N_{Ro}, M_{Ro}, ζ_L , $\vartheta_{0,7}$, $\overline{c}_a$ über U für Schweben

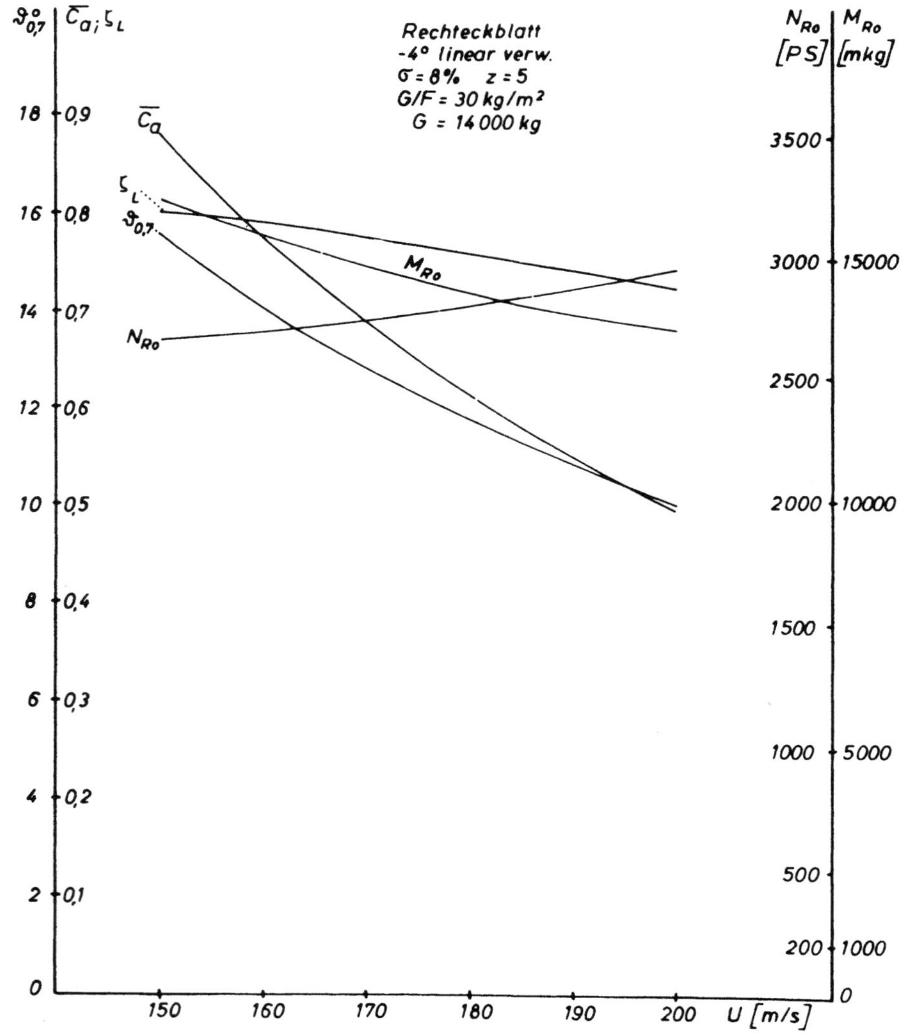

Abbildung 31

N_{Ro}, M_{Ro}, ζ_L , $\vartheta_{0,7}$, $\overline{c}_a$ über U für Schweben

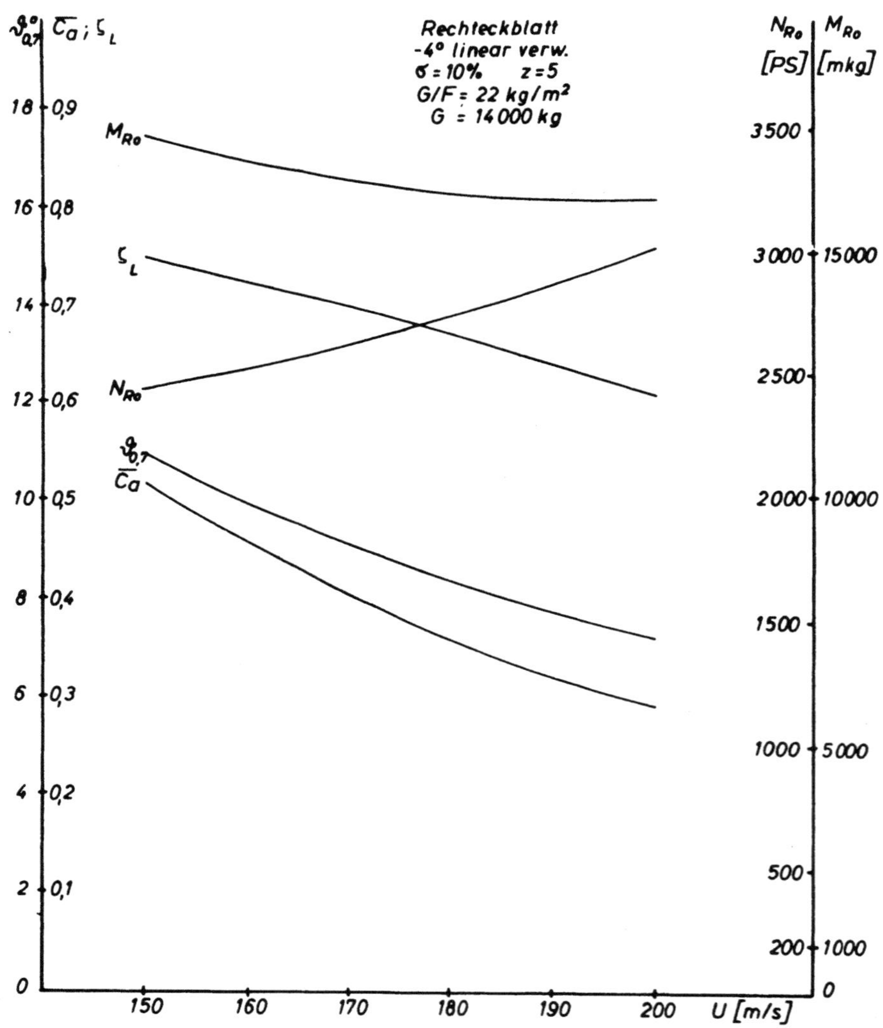

Abbildung 32

N_{Ro}, M_{Ro}, ζ_L , $\vartheta_{0,7}$, $\overline{c}_a$ über U für Schweben

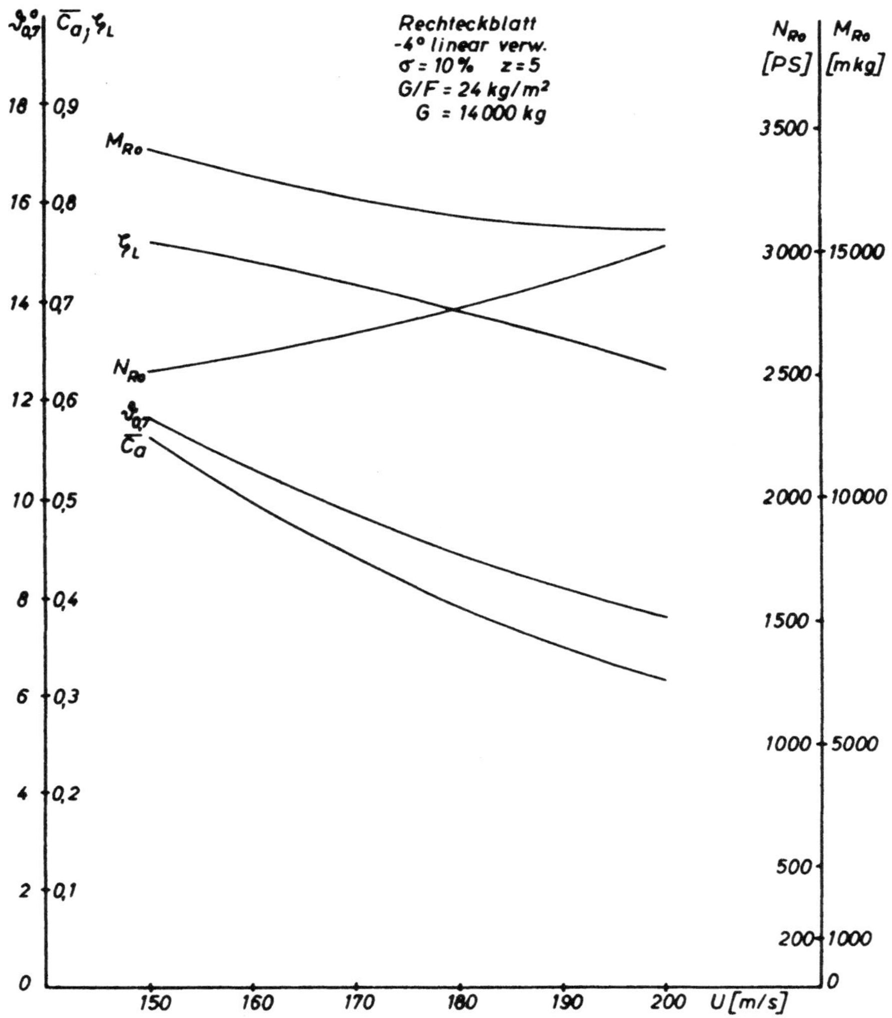

A b b i l d u n g 33

N_{Ro}, M_{Ro}, ζ_L , $\vartheta_{0,7}$, $\overline{c_a}$ über U für Schweben

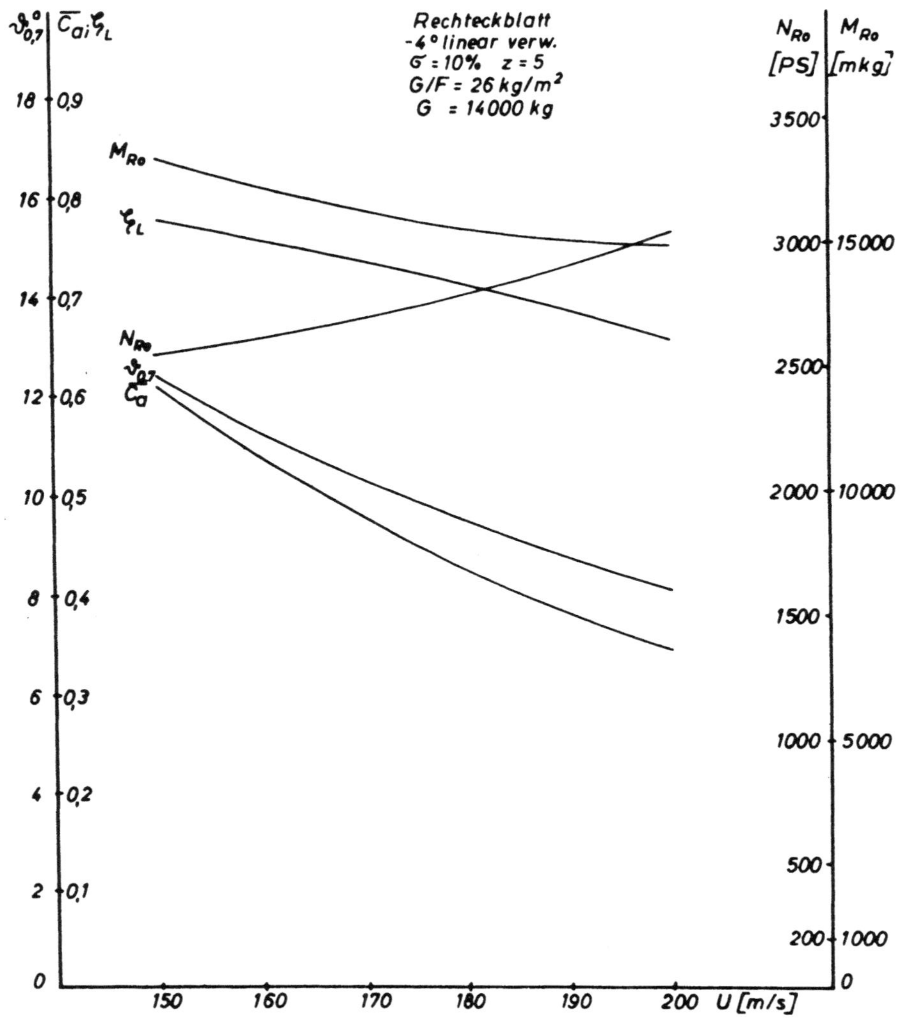

A b b i l d u n g 34

N_{Ro}, M_{Ro}, ζ_L , $\vartheta_{0,7}$, $\overline{c_a}$ über U für Schweben

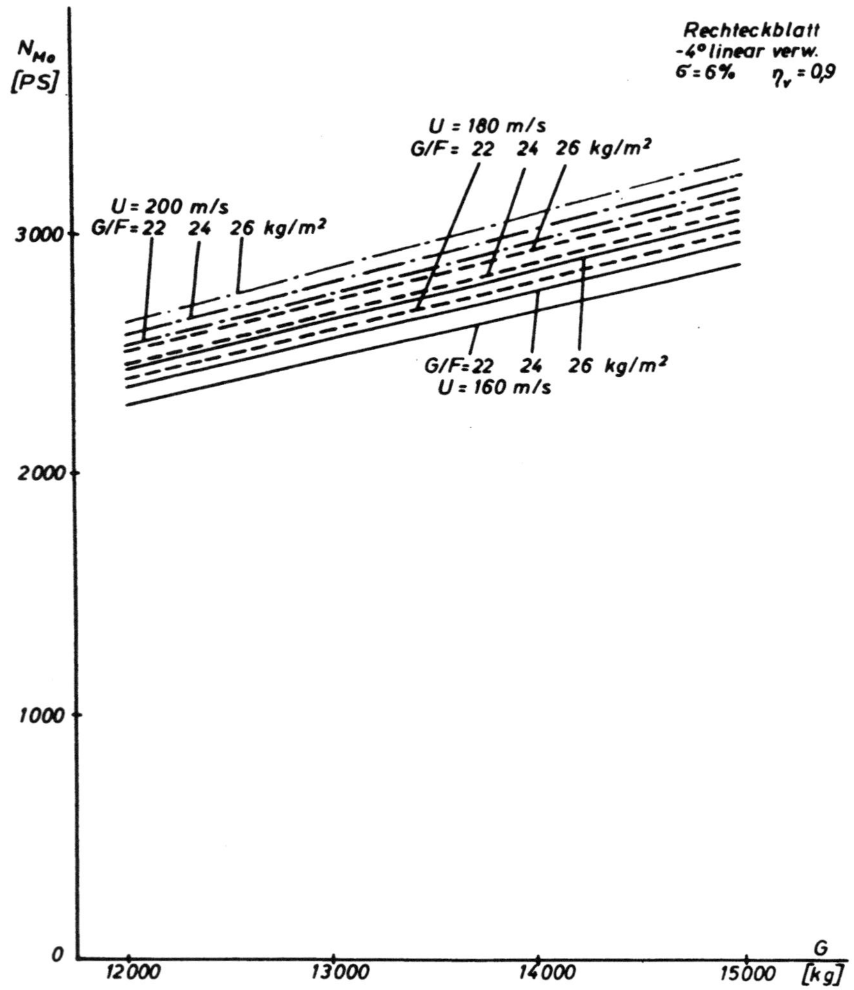

A b b i l d u n g 35

Motorleistung N_{Mo} über Fluggewicht G

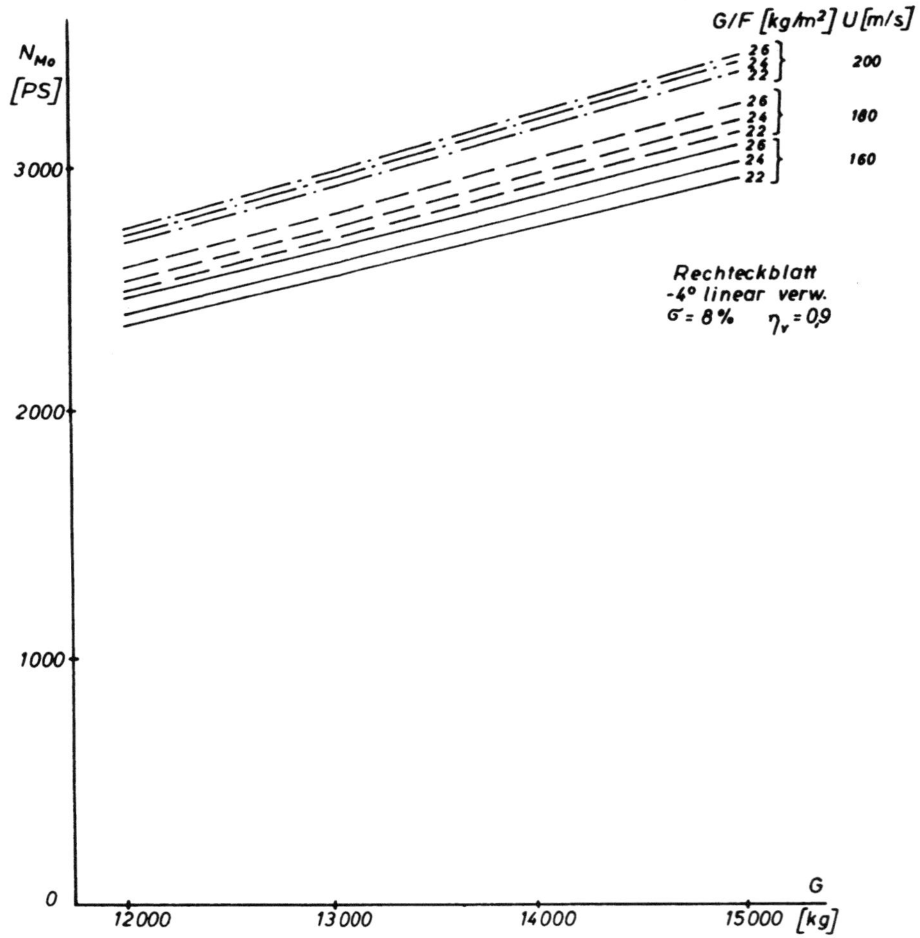

A b b i l d u n g 36

Motorleistung N_{Mo} über Fluggewicht G

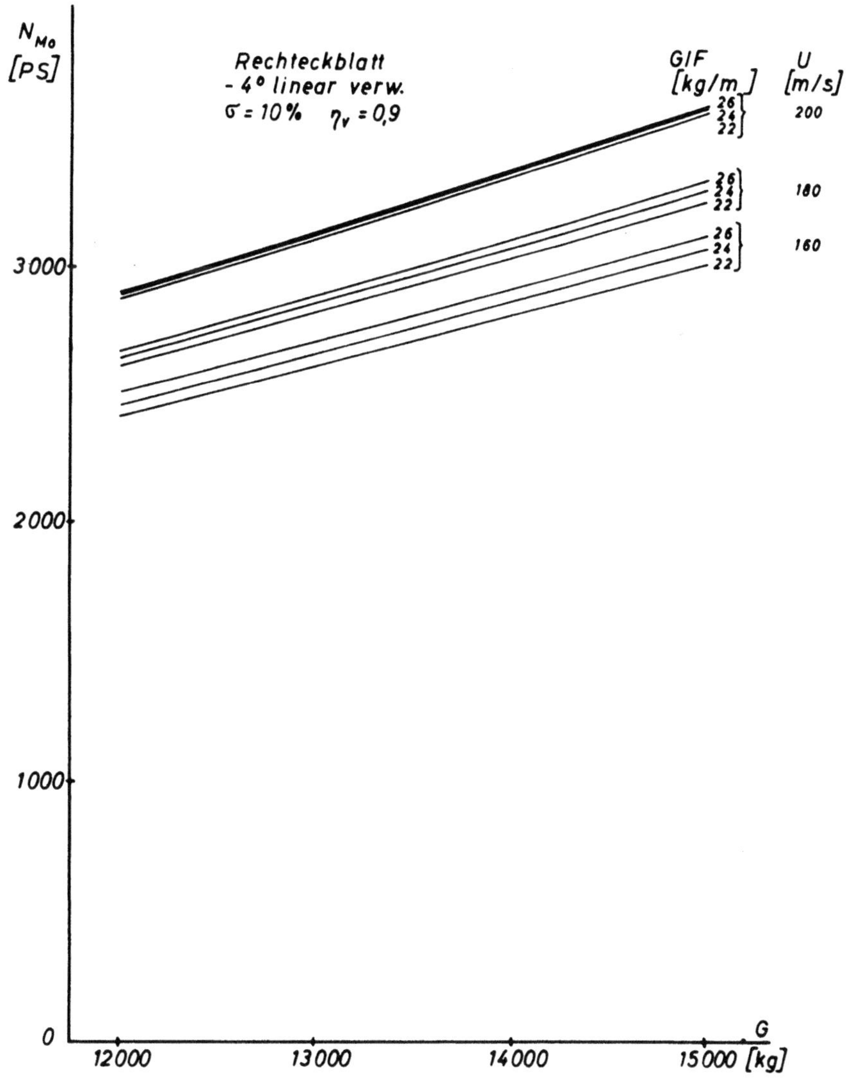

A b b i l d u n g 37

Motorleistung N_{Mo} über Fluggewicht G

Auf Grund dieser Untersuchungen läßt sich nun folgendes sagen: Mit wachsender Umfangsgeschwindigkeit fällt der Leistungsgütegrad zwar ein wenig ab, der Leistungsbedarf wird dabei aber nicht allzu sehr erhöht. Dafür ist die Blattbelastung $\bar{c}_a$ bei U = 180 m/sec wesentlich geringer als bei 160 m/sec. Das Rotordrehmoment wird mit steigender Umfangsgeschwindigkeit zwar nur wenig kleiner; das Getriebe fällt aber außerdem noch leichter aus, wenn die Triebwerksdrehzahl auf 180 statt auf 160 m/sec Umfangsgeschwindigkeit untersetzt werden muß. Aus diesen Gründen wird man U = 180 m/sec wählen.

Bei Vergrößerung der Flächenbelastung von 22 auf 24 kg/m^2 wächst die erforderliche Rotorleistung nur geringfügig an, während das Rotorelement etwas abnimmt. Mit wachsender Flächenbelastung wird aber der Rotordurchmesser kleiner, was eine merkliche Verringerung des Leergewichtes des ganzen Hubschraubers bringt. Man wird also eine Flächenbelastung von etwa 24 kg/m^2 wählen.

Eine höhere Flächendichte σ bringt eine geringere Blattbelastung, macht aber eine etwas größere Leistung erforderlich. Es wird daher von den in Frage kommenden Flächendichten der mittlere Wert σ = 8 % gewählt. Aus Festigkeits- und Schwingungsgründen soll der Lastenhubschrauber nicht 4, sondern 5 Rotorblätter erhalten.

Die Grunddaten des Hauptrotors sind damit wie folgt festgelegt:

Fluggewicht	G	=	14000 kg
Rotordurchmesser	D	=	27 m
Rotorkreisfläche	F	=	573 m^2
Flächenbelastung	G/F	=	24,4 kg/m^2
Blattanzahl	z	=	5
Flächendichte	σ	=	8 %
Blattiefe	t	=	0,678 m
Umfangsgeschwindigkeit	U	=	180 m/sec
Rotordrehzahl	n_{Ro}	=	127 U/min

3.5 Auslegung des Heckrotors

Nach Ermittlung der Hauptrotordaten kann nun auch der Heckrotor ausgelegt werden. Dazu seien zunächst die Heckrotordaten einiger vergleichbarer Hubschrauber, die bereits im Flugeinsatz stehen, aufgeführt:

			Sikorsky S - 58	Sikorsky S - 56
Hauptrotordurchmesser	D	=	17,06	27,4 m
Heckrotordurchmesser	D_{HR}	=	2,84	4,96 m
Verhältnis Heckrotor-Hauptrotorkreisfläche	$\frac{F_{HR}}{F}$	=	2,8	3,3 %
Blattanzahl	z_{HR}	=	4	4
Blattform			Rechteck	Rechteck
Flächendichte	σ_{HR}	=	19,0	19,1 %

Die Wahl von Flächendichte und Durchmesser des Heckrotors muß sich nach dem dabei auftretenden Blatteinstellwinkel richten. Der Blatteinstellwinkel $\vartheta_{0,7}$ für Drehmomentenausgleich im Schwebeflug muß so gewählt werden, daß für die Steuerung durch Einstellwinkeländerung noch ein ausreichender Zusatzschub erzielt werden kann. Das äußert sich auch darin, daß die Blattbelastung nicht größer als $\bar{c_a} \approx 0{,}4$ sein darf.

Für die festgelegten Hauptrotordaten ergibt sich bei einem Fluggewicht von 14000 kg das Rotordrehmoment zu $M_{Ro} = 15\,120$ mkg. Nach konstruktiven Gesichtspunkten wird der Abstand der Heckrotor- von der Hauptrotorachse $r_{HR} = 17{,}0$ m gewählt. Damit wird der für Drehmomentenausgleich erforderliche Heckrotorschub

$$S_{HR} = \frac{M_{Ro}}{r_{HR}} = 890\ kg$$

Bei einem gewählten Heckrotordurchmesser $D_{HR} = 5{,}0$ m, für den das Flächenverhältnis $F_{HR}/F = 3{,}4\ \%$ ist, wird $(S/F)_{HR} = 45{,}4\ kg/m^2$ und der Schubbeiwert $k_n = 0{,}0224$. Für eine Flächendichte von $\sigma = 18\ \%$ erhält man als Blattbelastung

$$\bar{c_a} = 3{,}2\,\frac{k_n}{\sigma} = 0{,}399$$

Nach Bericht 3 der DSH, Kapitel 3, gilt für den Blatteinstellwinkel $\vartheta_{0,7}$ bei unverwundenem Rechteckblatt die Formel

$$\vartheta_{0,7} = \frac{1}{D_3}\left(\frac{k_n}{c'_{a_\infty}\cdot\sigma} + \frac{D_2}{2}\sqrt{k_n}\right)$$

Mit $c'_{a_\infty} = 5{,}6$, $D_2 = 0{,}4626$ und $D_3 = 0{,}3015$ erhält man

$$\vartheta_{0,7} = 10{,}5^\circ$$

Da die k_n-Kurve für $\sigma = 18\ \%$ ihren Abreißpunkt erst bei $\vartheta_{0,7} \approx 26^\circ$ hat, bleibt noch eine ausreichende Einstellwinkelspanne für die Steuerung des Hubschraubers um seine Hochachse.

Die Heckrotordaten seien wie folgt festgelegt:

Heckrotordurchmesser	D_{HR}	=	5,0 m
Heckrotorkreisfläche	F_{HR}	=	19,6 m^2
Blattanzahl	z_{HR}	=	4
Flächendichte	σ_{HR}	=	18 %
Blattiefe	t_{HR}	=	0,354 m
Umfangsgeschwindigkeit	U_{HR}	=	180 m/sec
Rotordrehzahl	n_{HR}	=	687 U/min

4. Untersuchung weiterer Möglichkeiten für die Auslegung

4.1 Antrieb durch Staustrahltriebwerke

Wir wollen jetzt untersuchen, welche Möglichkeiten sich ergeben, wenn statt des Wellenantriebs durch eine Gasturbine Strahlantrieb durch Staustrahlrohre an den Blattenden verwendet würde. Der Lastenhubschrauber soll dabei das Abfluggewicht von 14000 kg beibehalten und die gleiche Nutzlast von 4000 kg sowie 2 Piloten befördern können.

Als Gewicht G_{L+B}, womit die Summe von Leergewicht G_L und Brennstoffgewicht G_B bezeichnet werden soll, haben wir also bei beiden Antriebsarten

	$G =$	14 000 kg
Nutzlast	-	4 000 kg
2 Piloten mit Ausrüstung	-	200 kg
	$G_{L+B} =$	9 800 kg

Das Leergewicht wurde bei der Ausführung L-41 mit Gasturbine zu 8700 kg angesetzt. Diese Größe wird bei Antrieb durch Staustrahltriebwerke schätzungsweise um folgende Beträge vermindert werden können:

		8 700 kg
Gewichtsersparnis durch Ersatz der Gasturbinen durch Staustrahltriebwerke	-	500 kg
Gewichtsersparnis an Getriebe, Heckrotor, Heckausleger und Übertragungswellen	-	1 200 kg
	$G_L =$	7 000 kg

Bei der Ausführung mit Staustrahlantrieb kann also folgendes Brennstoffgewicht mitgeführt werden:

$$G_B = G_{L+B} - G_L = 2800\,kg \quad .$$

Das Zuladungsverhältnis wird damit

$$\frac{G_{zu}}{G} = \frac{7000}{14000} = 0{,}50 \quad ,$$

ein Wert, der auch nach statistischen Auftragungen etwa zu erwarten ist.

Um die mit dieser Brennstoffmenge mögliche Flugdauer berechnen zu können, muß der erforderliche Düsenschub $P_{Dges} = z \cdot P_D$ bestimmt werden. Wählt man eine Umfangsgeschwindigkeit U = 210 m/sec, dann wird der Schubbeiwert

$$k_n = \frac{G/F}{\varrho/2 \cdot U^2} = 0{,}0088 \quad .$$

Aus Abbildung 21 kann man hierfür bei einer Flächendichte von 8 % als Blatteinstellwinkel $\vartheta_{0,7} = 7{,}8^\circ$ ablesen. Nach Bericht 2 der DSH [2], Abbildung 28 liegt das Optimum allerdings bei $\vartheta_{0,7} = 7^\circ$, was aber eine wegen des Machzahleffektes unzulässig hohe Umfangsgeschwindigkeit bedeuten würde. Für $\vartheta_{0,7} = 7{,}8^\circ$ erhält man aus Bericht 2, Abbildung 28 den Wert

$$\frac{k_n}{k_d} = 13{,}4$$

und den für Schwebeflug erforderlichen gesamten Düsenschub erhält man nach der Formel

$$P_{D\,ges} = \frac{G}{k_n/k_d} = 1045\ kg$$

Rechnet man mit einem spezifischen Brennstoffverbrauch von $\sigma_h = 6{,}2 \frac{kg}{kg \cdot h}$, so erhält man für den Schwebeflug einen stündlichen Verbrauch von $\dot{G}_B = 6480$ kg/h und eine Flugdauer

$$T_F = 26 \text{ min.}$$

Diesem Wert steht eine Schwebeflugdauer von 72 min bei Gasturbinenantrieb bei der gleichen Nutzlast gegenüber. Der geringere Anschaffungspreis der Staustrahltriebwerke geht also auf Kosten der Verwendbarkeit des Lastenhubschraubers. Besonders dann, wenn nicht nur ein Einsatz als "Fliegender Kran", sondern wenn auch Flüge über größere Entfernungen vorgesehen sind, wird man den Staustrahlantrieb nicht verwenden.

4.2 Antrieb durch TL-Triebwerke

Mit TL-Triebwerken wäre wegen des geringeren spezifischen Brennstoffverbrauches ein wirtschaftlicherer Blattspitzenantrieb möglich als mit Staustrahltriebwerken. Je zwei dieser Turbinen mit entgegengesetztem Drehsinn müßten an jedem Blattende eingebaut werden, damit keine Kreiselkräfte auf das Rotorblatt wirken. Man wird in diesem Falle einen Vierblattrotor verwenden und benötigt dann 8 TL-Triebwerke mit je etwa 170 kg Maximalschub. Der Vergleich mit dem Wellenantrieb durch Gasturbine sei wieder für gleiches Fluggewicht und gleiche Nutzlast durchgeführt. Das Leergewicht läßt sich wie folgt abschätzen:

	8 700 kg
Gewichtsersparnis durch Ersatz der Gasturbinen durch TL-Triebwerke	- 340 kg
Gewichtsersparnis an Getriebe, Heckrotor, Heckausleger und Übertragungswellen	- 1 200 kg
G_L =	7 160 kg

Damit erhält man für das Brennstoffgewicht

$$G_B = G_{L+B} - G_L = 9800 - 7160 = 2640 \text{ kg}$$

Bei einer Anströmgeschwindigkeit von U_D = 210 m/sec ist der für Schwebeflug erforderliche Düsenschub nach Abschnitt 4.1 $P_{D\,ges}$ = 1060 kg. Nimmt man den spezifischen Verbrauch zu σ_h = 1,1 kg/kg·h an, dann beträgt der stündliche Verbrauch 1170 kg/h. Damit wird eine Schwebeflugdauer von

$$T_F = 2{,}26 \text{ Std.}$$

erreicht, also fast doppelt so viel wie bei Wellenantrieb mit Gasturbinen bei der gleichen Nutzlast. Wenn keine große Schwebeflugdauer bzw. Reichweite erforderlich ist, wird man bei einem Lastenhubschrauber mit TL-Antrieb das eingesparte Gewicht nur zum Teil durch eine vergrößerten Brennstoffvorrat ersetzen und kann dafür mehr Nutzlast mitführen.

Stehen also TL-Triebwerke zur Verfügung, die für den Einbau an den Blattenden geeignet sind, dann erscheint diese Antriebsart für Großhubschrauber sehr aussichtsreich.

4.3 Zweirotorige Bauarten

Die Bauart mit zwei nebeneinanderliegenden Rotoren war schon für den im Jahre 1943 projektierten Lastenträger Fa 284 (s. Abb. 2) vorgesehen. Während man diese Art des Drehmomentenausgleiches besonders wegen des großen schädlichen Widerstandes der beiden Seitenausleger heute für normale Hubschrauber kaum noch anwendet, erscheint sie doch für einen reinen Arbeitshubschrauber, der keine größeren Streckenflüge ausführen soll, recht günstig. Besonder für langgestreckte, schwere Lasten, bei denen eine doppelte Aufhängung notwendig ist (s. Abb. 14), wird diese Bauart zweckmäßig sein.

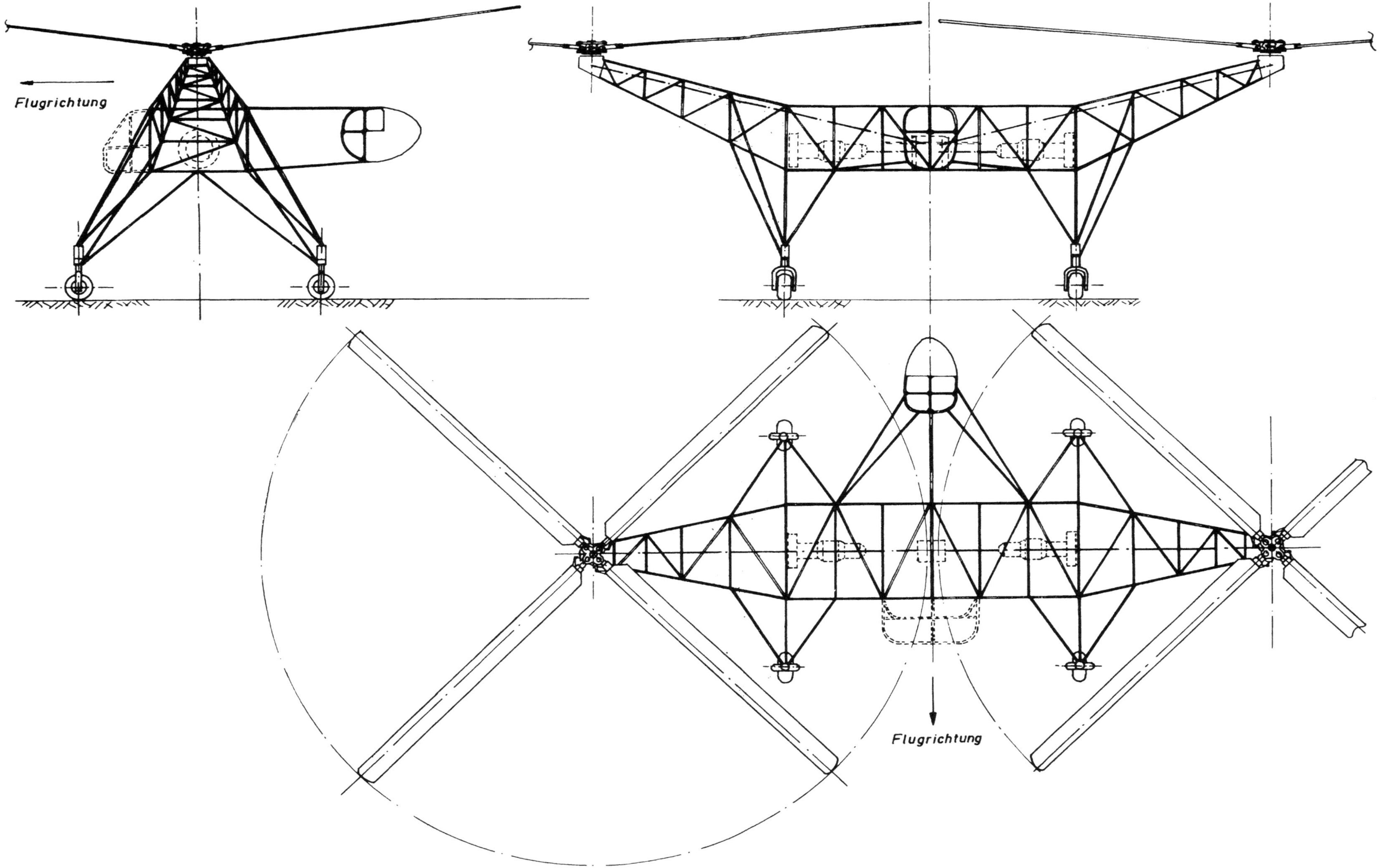

A b b i l d u n g 38

Lastenhubschrauber mit 2 nebeneinanderliegenden Rotoren

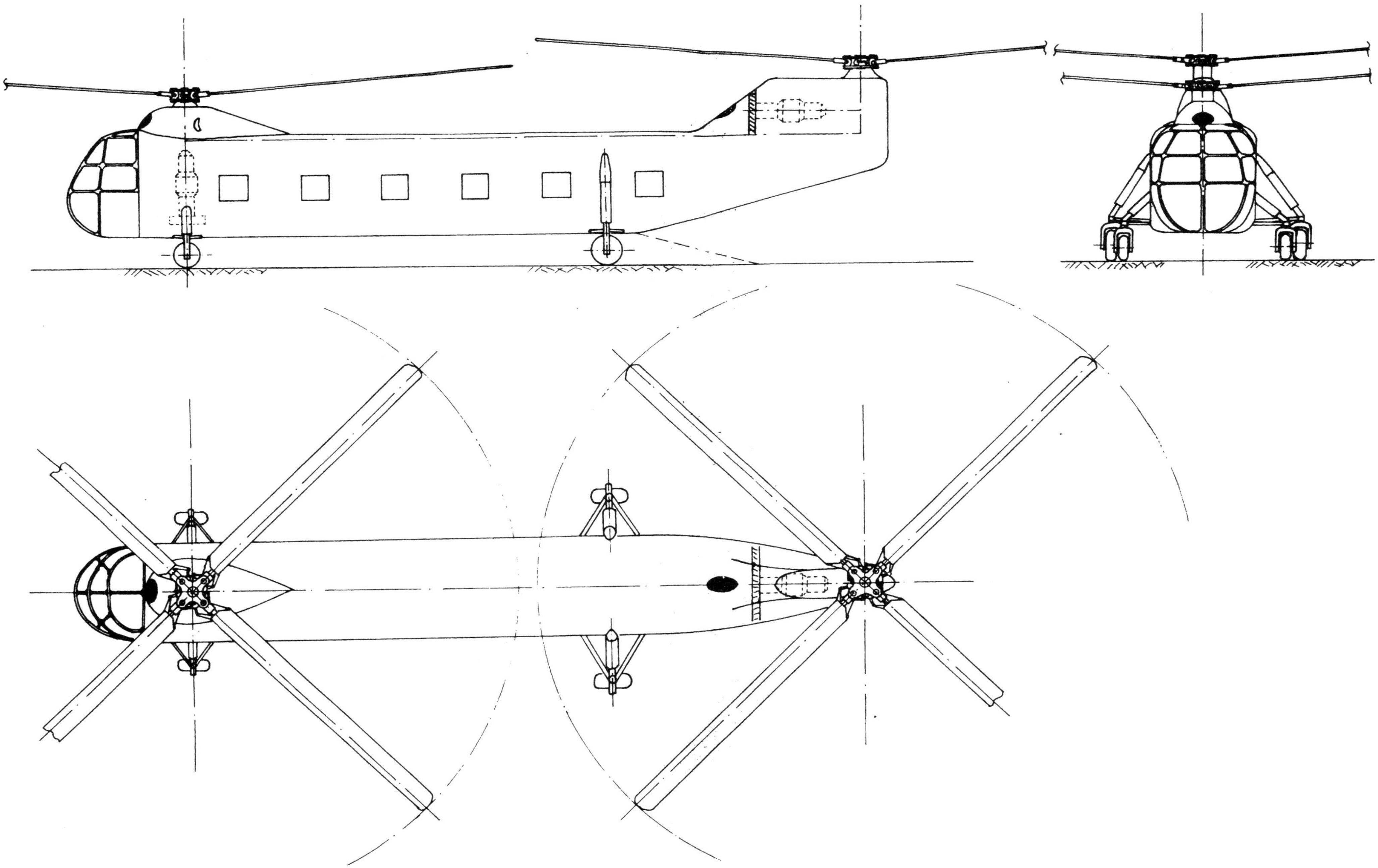

Abbildung 39
Lastenhubschrauber mit 2 Tandemrotoren
Dreiseitenansicht (Maßstab 1 : 125)

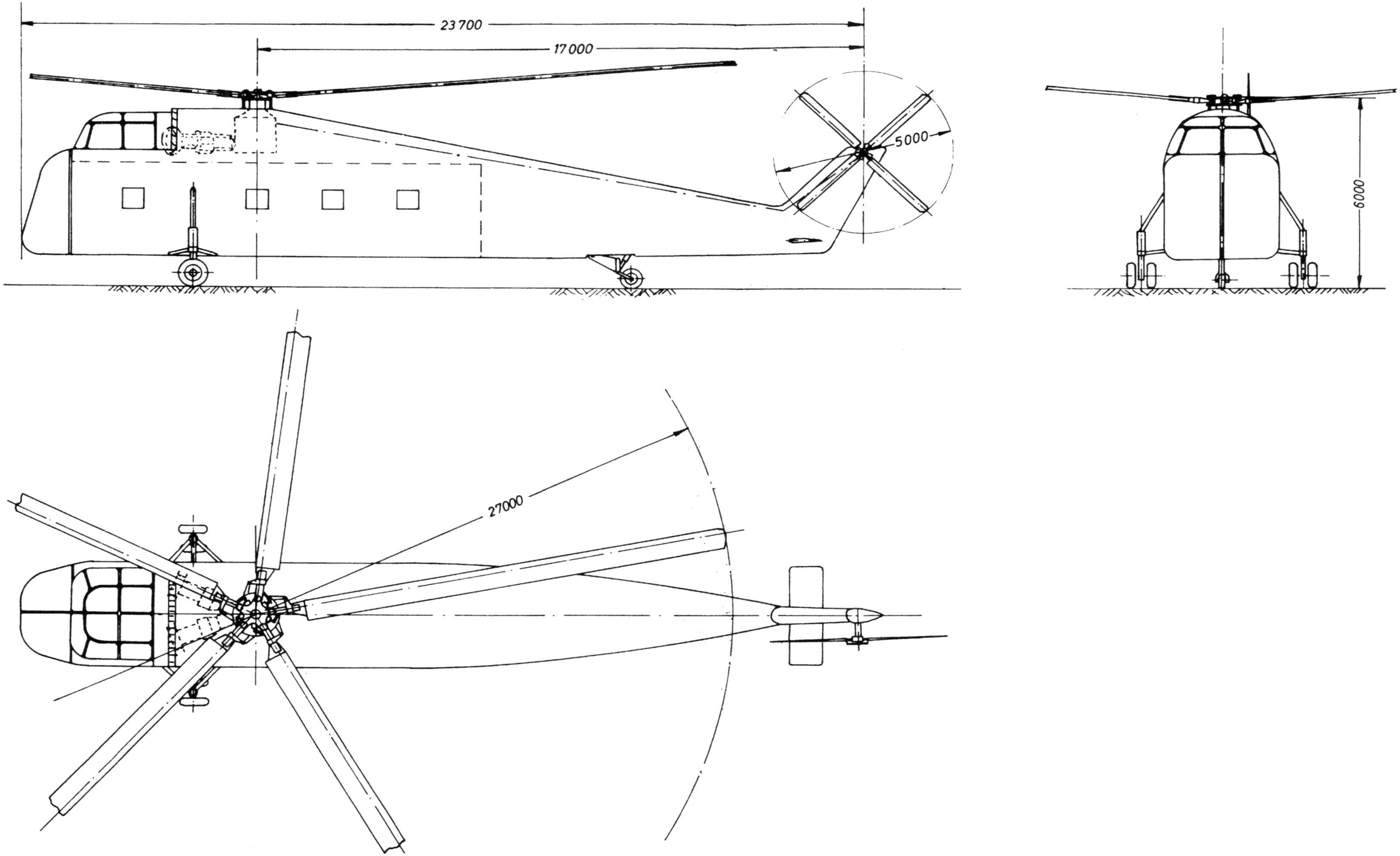

A b b i l d u n g 40

Lastenhubschrauber L-41

Dreiseitenansicht (Maßstab 1 :125)

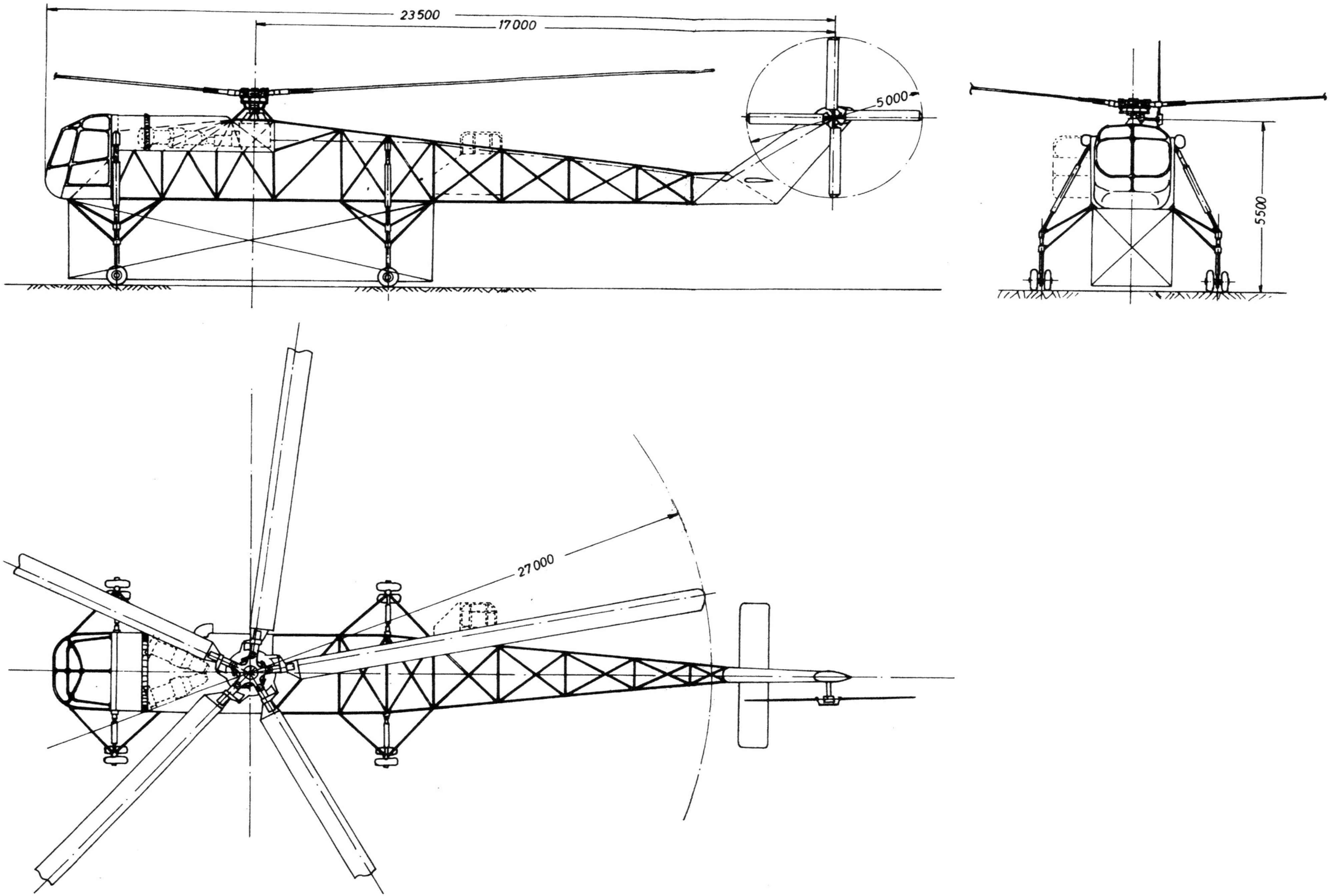

A b b i l d u n g 41

Lastenhubschrauber L-51

Eine Projektzeichnung für einen solchen Hubschrauber mit 14000 kg Fluggewicht ist in Abbildung 38 gegeben. Der Antrieb erfolgt durch zwei seitlich liegende Gasturbinen, deren Leistung über ein zentral angeordnetes Getriebe und über lange Wellen zu den beiden Rotorköpfen übertragen wird. Der Pilotensitz befindet sich auf einem hinteren Ausleger, von wo genaue Ziellandungen und die Aufnahme der Last gut überwacht werden können. Für Streckenflüge wäre eventuell eine zweite Pilotenkabine an der Stirnseite des Hubschraubers erforderlich.

Nachteilig gegenüber einem einrotorigen Arbeitshubschrauber (vgl. das Muster L-51, Abb. 41) ist das höhere Leergewicht.

Ein Vorschlag für einen Lastenhubschrauber in Tandembauweise ist in Abbildung 39 gegeben, und zwar in der Ausführung als Transporthubschrauber mit geschlossenem Rumpf. Der Laderaum, der sich über einen großen Teil der Rumpflänge erstreckt, besitzt konstanten Querschnitt und ist von hinten gut zugänglich. Bei einem Tandemhubschrauber sind der Lage des Schwerpunktes keine so engen Grenzen gesetzt wie bei einem einrotorigen Muster, was die Beladung erleichtert. Als Nachteile sind die Stabilitätsschwierigkeiten zu nennen, die bei dieser Bauart durch Abwindeinflüsse in manchen Flugzuständen auftreten können, außerdem das höhere Baugewicht gegenüber einem einrotorigen Transporthubschrauber (vgl. das Muster L-41, Abb. 40).

5. Baubeschreibung des Transporthubschraubers L-41

Nach den in den vorhergegangenen Abschnitten dargelegten Untersuchungen erscheint die einrotorige Bauart mit Heckschraube und Wellenantrieb durch Gasturbinen für die gestellten Aufgaben und für den weitgesteckten Verwendungsbereich des Lastenhubschraubers am zweckmäßigsten. Es sind dabei zwei Ausführungsformen möglich, und zwar:

Transporthubschrauber (Musterbezeichnung L-41) mit geschlossenem Rumpf zur Frachtaufnahme,

Arbeitshubschrauber (Musterbezeichnung L-51) für freie Aufhängung der Last oder Befestigung eines kistenförmigen Behälters.

Für diese beiden Versionen soll jetzt eine kurze Beschreibung und eine Zusammenstellung der errechneten Daten gegeben werden.

In Abbildung 40 ist eine Übersichtszeichnung der Ausführung mit Rumpf in Schalenbauweise gegeben. Dieser Transporthubschrauber besitzt einen Laderaum von 3 · 3 · 12 m, der im vollen Querschnitt von vorn zugänglich ist.

Das Leergewicht dieses Hubschraubers ist zwar etwas größer als das Leergewicht eines Hubschraubers, bei dem die Last angehängt werden kann (s. Muster L-51, Abb. 41). Der große Vorteil der Ausführung L-41 besteht aber darin, daß dieser Hubschrauber ohne große konstruktive Änderungen auch in einen Verkehrs- oder Transporthubschrauber für etwa 40 Personen umgewandelt werden kann.

Im folgenden sind die Daten des Musters L-41 zusammengestellt.

5.1 Datenzusammenstellung

Triebwerke

2 Napier "Gazelle" N.Ga.4 Gasturbinen

2,5-Min.-Leistung	je 2030 PS	4060 PS
30-Min. -Leistung	je 1810 PS	3620 PS
1 -Std. -Leistung	je 1570 PS	3140 PS
max. Dauerleistung	je 1370 PS	2740 PS
Drehzahl der Turbokompressoreinheit bei max. Dauerleistung		18800 U/min
Abtriebsdrehzahl		3000 U/min

Rotor

Rotorblattzahl	$z = 5$
Rotordurchmesser	$D = 27$ m
Rotorkreisfläche	$F = 573$ m^2
Flächendichte	$\sigma = 8$ %
Rotordrehzahl	$n_{Ro} = 127$ U/min
Umfangsgeschwindigkeit	$U = 180$ m/sec
Profil	NACA 0015
Blattform	Rechteckblatt
Verwindung	linear - 4° von $x = 0,1$ bis $x = 1,0$
Blattiefe	$t = 0,678$ m
Blattbeginn	$A = 0,1$

Heckrotor

Blattzahl	z_{HR}	=	4
Durchmesser	D_{HR}	=	5 m
Kreisfläche	F_{HR}	=	19,6 m^2
Flächenverhältnis	F_{HR}/F	=	3,42 %
Flächendichte	σ_{HR}	=	18 %
Drehzahl	n_{HR}	=	687 U/min
Umfangsgeschwindigkeit	U_{HR}	=	180 m/sec
Profil	NACA		0012
Blattform	Rechteckblatt, unverwunden		
Blattiefe	t_{HR}	=	0,354 m
Abstand Rotor-Heckrotorachse	r_{HR}	=	17,0 m

Gewichte

Leergewicht	G_L	=	8700 kg
Nutzlast	G_N	=	3500 - 4000 kg
Zuladung	G_{zu}	=	5300 kg
Abfluggewicht	G	=	14000 kg
Rotorflächenbelastung	G/F	=	24,4 kg/m^2
Leistungsgrad	N/G	=	0,29 PS/kg
Zuladungsanteil	G_{zu}/G	=	0,378

Flugleistungen

			bei Abfluggewicht G_A =		
			10 000	12 000	14 000 kg
Höchstgeschwindigkeit (1-Std.-Leistung)	V_m	=	260	245	230 km/h
Reisegeschwindigkeit (max.Dauerleistung)	V_R	=	237	230	222 km/h
Steiggeschwindigkeit senkrecht (30-Min.-Leistung)	$w_{\uparrow}$	=	12,6	9,6	3,4 m/sec
Steiggeschw. schräg (30-Min.-Leistung)	$w_{\nearrow}$	=			10,6 m/sec
abs. Gipfelhöhe senkr. (2 1/2-Min.-Leistung)	$H_{\uparrow}$	=	5000	4000	2800 m

			10 000	12 000	14 000 kg
Dienstgipfelhöhe senkr. (30-Min.-Leistung)	$H_{D\uparrow}$	=	4600	3300	1700 m
Schwebeflugdauer bei 1800 kg Kraftstoff und 4000 kg Nutzlast	T	=			2,0 h

Steigleistungen nach Ausfall eines Triebwerkes

Steiggeschw. senkrecht (2,5 - Min.-Leistung) bei G_A = 9000 kg, $w_{\uparrow}$ = 0,5 m/sec

Steiggeschw. schräg (30 -Min.-Leistung)

bei G_A =	10 000	12 000	14 000 kg
$w_{\nearrow}$ =	3,0	1,7	0,6 m/sec

Reichweite

Der Lastenhubschrauber L-41 hat ein Leergewicht von 8700 kg. Setzt man für Besatzung und Ausrüstung 200 kg an, dann bleiben bei einem Abfluggewicht G_A = 14 000 kg für Nutzlast und Kraftstoff 5100 kg verfügbar. In der folgenden Tabelle sind die bei verschiedenen Nutzlasten und einer optimalen Reisegeschwindigkeit von 210 km/h möglichen maximalen Reichweiten zusammengestellt.

Nutzlast [kg]	Kraftstoff [kg]	Reichweite [km]
2000	3100	825
2400	2700	718
2800	2300	612
3200	1900	506
3600	1500	399
4000	1100	293
4400	700	186
4800	300	80
5000	100	27

5.2 Kurze Baubeschreibung

Rumpf

Der Rumpf ist in Schalenbauweise ausgeführt und vorn durch zwei nach der Seite klappbare Türen zugänglich. Im Rumpfbug kann eine Rampe heruntergelassen werden, so daß leichtere Fahrzeuge direkt in den Hubschrauber einfahren können. Der Pilot sitzt oben im Rumpfbug.

Fahrwerk

Das Fahrwerk ist ein modernes Heckradfahrwerk, wie es ähnlich die Muster Sikorsky S-58 und S-56 aufweisen. Damit ist eine einfache Landung möglich.

Leitwerk

Der Heckrotorträger ist als Seitenleitwerk ausgeführt, das die Aufgabe hat, eine gute Richtungsstabilität und gute Dämpfung der Seitenbewegung zu geben. Bei fehlendem Seitenleitwerk würde bei Ausfall des Heckrotors der Hubschrauber Richtungsinstabilität erhalten und so in gefährliche Fluglagen kommen. Außerdem ist ein kleines Höhenleitwerk vorgesehen, das die Steuerungs- und Stabilitätseigenschaften im Vorwärtsflug verbessert.

Steuerung

Für die Steuerung sind die normalen Bedienhebel vorgesehen und zwar:

1. Steuerknüppel für die Längs- und Quersteuerung,
2. Seitenruderfußhebel für die Seitensteuerung,
3. Blattverstellhebel für die vertikale Steuerung und
4. Drehgasgriff

Die Längs- und Quersteuerung wird durch die übliche Winkelbewegung der Blätter ausgeführt, wobei durch Kippen einer Taumelscheibe den Blättern die entsprechende periodische Bewegung aufgeprägt wird. Durch Betätigung des Blattverstellhebels wird die Taumelscheibe angehoben oder gesenkt, womit der Einstellwinkel der Blätter um einen konstanten Betrag geändert wird, den man zur Vertikalsteuerung und zur Umschaltung in den Tragschrauberzustand benötigt. Durch Betätigung des Seitensteuerpedals wird der Einstellwinkel der Heckrotorblätter verändert, wodurch man die notwendigen Giermomente einleiten kann.

Rotorblätter

Es sind 5 Rotorblätter vorgesehen mit einer Tiefe von 69 cm bei einem Rotordurchmesser von 27 m. Aus Fertigungsgründen haben die Blätter

Rechteckform. Als Blattprofil wurde das bewährte Profil NACA 0015 verwendet. Um einen besseren Gütegrad zu erreichen, sollen die Blätter eine negative Verwindung von 4° erhalten. Das Blatt soll in einer modernen Metallbauweise ausgeführt werden.

Rotorkopf

Der Rotorkopf besteht aus einer Nabe, an der über Schlag- und Schwenkgelenke die Blätter angebracht sind. Schlag- und Schwenkgelenk sind zu einem Gelenk zusammengefaßt. Für die Schwenkbewegung sind hydraulische Dämpfer vorgesehen, welche unangenehme Schwingungserscheinungen, hauptsächlich die gefährliche Bodenresonanz, vermeiden sollen.

Heckrotor

Der Heckrotor ist in einer vierflügeligen Bauweise ausgeführt und besitzt einen Durchmesser von 5 m. Die Tiefe der Rotorblätter beträgt 35 cm. Der Heckrotor ist so angebracht, daß die Luft auf der Saugseite gestört ist und nicht auf der Druckseite, da auf diese Weise geringere Verluste auftreten; denn die Geschwindigkeit im Zustrom ist wesentlich geringer als im Abstrom. Weiter ist der Heckrotor mit einem negativen Einstellwinkel von etwa 6° eingebaut, um günstigere Verhältnisse bei der Seitensteuerung zu bekommen. Der Heckrotor ist verhältnismäßig hoch gesetzt, damit in keinem Falle, auch bei starkem Abfangen, eine Bodenberührung eintreten kann. Der Antrieb erfolgt vom Hauptrotor über eine Welle.

Triebwerk

Die Triebwerke Napier "Gazelle" sind im vorderen oberen Teil des Rumpfes horizontal eingebaut. Die Turbinen treiben über ein Getriebe, das als Planetengetriebe ausgebildet werden soll, den Rotor an.

Weitere konstruktive Einzelheiten siehe Bericht 648.

6. Baubeschreibung des Arbeitshubschraubers L-51

6.1 Datenzusammenstellung

Triebwerk, Rotor und Heckrotor wie bei Muster L-41.

Gewichte

Leergewicht	G_L	= 8060 kg
Nutzlast einschl. Behälter	G_N	= 4000 - 4400 kg
Zuladung	G_{zu}	= 5940 kg
Abfluggewicht	G	= 14000 kg
Rotorflächenbelastung	G/F	= 24,4 kg/m^2
Leistungsgrad	N/G	= 0,29 PS/kg
Zuladungsanteil	G_{zu}/G	= 0,424

Flugleistungen

		G_A = 10 000 kg, c_{ws} = 0,014	G_A = 14 000 kg, c_{ws} = 0,017
Höchstgeschwindigkeit (1-Std.-Leistung)	V_m =	250	220 km/h
Reisegeschwindigkeit (max.Dauerleistung)	V_R =	220	193 km/h
Steiggeschw. senkr. (30-Min.-Leistung)	$w_\uparrow$ =	12,6	3,4 m/sec
Steiggeschw. schräg (30-Min.-Leistung)	$w_\nearrow$ =		10,4 m/sec
abs.Gipfelhöhe senkr. (2,5-Min.-Leistung)	$H_\uparrow$ =	5000	2800 m
Dienstgipfelhöhe senkr. (30-Min.-Leistung)	$H_{D\uparrow}$ =	4600	1700 m
Schwebeflugdauer bei 1800 kg Kraftstoff und 4640 kg Nutzlast	T =		2,0 h

Steigleistungen nach Ausfall eines Triebwerkes

Steiggeschw. senkrecht bei G_A = 9000 kg

(2,5 - Min.-Leistung) $w_\uparrow$ = 0,5 m/sec

	G_A = 10 000 kg c_{ws} = 0,014	G_A = 14 000 kg c_{ws} = 0,017
Steiggeschw. schräg (30 - Min.-Leistung) w_f =	2,8	0,35 m/sec

Reichweite

Das Baumuster L-51, bei dem eine freie Aufhängung der Last vorgesehen ist, hat ein Leergewicht von 8060 kg. In dieser Zahl ist ein gegebenenfalls verwendeter Behälter oder ein Traggerüst für die Last nicht mit einbegriffen. Bei einem Abfluggewicht G_A = 14 000 kg bleiben nach Abrechnung von 200 kg für Besatzung und Ausrüstung 5740 kg für Nutzlast und Kraftstoff. Bei einer optimalen Reisegeschwindigkeit von 190 km/h sind die nachstehend zusammengestellten maximalen Reichweiten möglich.

Nutzlast [kg] einschl. Tragorgan	Kraftstoff [kg]	Reichweite [km]
2000	3740	889
2400	3340	794
2800	2940	699
3200	2540	604
3600	2140	509
4000	1740	414
4400	1340	318
4800	940	223
5200	540	128
5600	140	33

6.2 Kurze Baubeschreibung

Abbildung 41 (S. 51) zeigt den sog. Arbeitshubschrauber für angehängte Lasten. Das Leergewicht dieses Hubschraubers ist um etwa 640 kg geringer als das Leergewicht des Musters L-41. Bei Lasten am Seil ist dadurch eine größere Nutzlast vorhanden. Wenn man aber die Lasten in einem Behälter unterbringen soll, so wird der Gewinn durch das Gewicht des stabilen Behälters ungefähr wieder aufgehoben. Es bleibt aber immer der Vorteil vorhanden, daß man den Behälter vor Ankunft des Hubschraubers beladen kann, wodurch die Bodenzeit des Hubschraubers besser ausgenützt werden kann.

Rumpf

Der Rumpf ist in einer offenen Fachwerkbauweise ausgeführt. Während bei dem Überlandflug der Pilot vorn in der Kanzel sitzt, ist vorgesehen, daß er für die Lastaufnahme, für Arbeiten als Kran usw. eventuell in einer seitlich oder am Heck angebrachten kleinen Kabine sitzt. Auf diese Weise kann der Pilot das Aufnehmen und Absetzen der Lasten präzise ausführen.

Fahrwerk

Das Fahrwerk ist als hochbeiniges Vierradfahrwerk vorgesehen, damit der Frachtbehälter gut aufgenommen werden kann.

Die anderen Baugruppen dieses Lastenhubschraubers L-51 entsprechen denen des Musters L-41.

Weitere konstruktive Einzelheiten s. Bericht 648.

Literaturverzeichnis

[1] JUST, W. — Einführung in die Aerodynamik und Flugmechanik des Hubschraubers
Bericht 1 der DSH, 2. Auflage,
Stuttgart 1957

[2] JUST, W. und K. JAECKEL — Aerodynamik der Hub- und Tragschrauber,
Teil I: Einführung, Leistungsrechnungen.
Bericht 2 der DSH, Stuttgart 1954

[3] JUST, W. und K. JAECKEL — Aerodynamik der Hub- und Tragschrauber,
Teil II: Berechnung des Rotors.
Bericht 3 der DSH, Stuttgart 1954

Teil II

Leistungsberechnungen

Übersicht

In diesem Bericht 29-2 wird die Ermittlung der Flugleistungen der Lastenhubschrauber L-41 und L-51 dargelegt und zwar für den Schwebeflug, senkrechten Steigflug, Horizontalflug und schrägen Steigflug.

Eine Zusammenstellung der Leistungswerte ist in Bericht 29-1, Seite 54 und 59, gegeben.

1. Allgemeines

1.1 Ausgangsdaten

Wie im ersten Teilbericht dargelegt wurde, soll ein Lastenhubschrauber für eine Nutzlast von 4000 kg projektmäßig untersucht werden. Dabei kommen folgende zwei konstruktiven Ausführungsformen in Frage:

L-41 Rumpf in Schalenbauweise zur Frachtaufnahme
L-51 Fachwerkrumpf und angehängte Last.

Für beide Versionen wird mit einem maximalen Fluggewicht von 14 000 kg gerechnet. Das Baumuster L-51 hat dabei wegen seines geringen Leergewichtes eine etwas höhere Nutzlast als 4 to, wenn zur Aufnahme der Last nicht ein verhältnismäßig schwerer Behälter verwendet wird. Die Leistungsrechnung ist ohnehin für einen ganzen Bereich des Fluggewichtes durchzuführen, so daß alle Beladungsgrade beider Bauarten berücksichtigt werden.

Die Rotordaten sind bei beiden Ausführungsformen gleich. Sie wurden im ersten Teilbericht wie folgt festgelegt:

Rotordurchmesser	$D = 27$ m
Rotorkreisfläche	$F = 573\ m^2$
Blattanzahl	$z = 5$
Blattiefe	$t = 0{,}678$ m
Rotorkreisflächendichte	$\sigma = 8\ \%$
Umfangsgeschwindigkeit	$U = 180$ m/sec
Rotordrehzahl	$n_{Ro} = 127$ U/min

Für ein Fluggewicht von 14 000 kg erhält man als

Rotorkreisflächenbelastung $G/F = 24{,}4\ kg/m^2$

Die Leistungsrechnung kann also zum größten Teil für beide Baumuster gleich durchgeführt werden. Beim Vorwärtsflug ist jedoch der Unterschied im schädlichen Widerstand von Rumpf, Fahrwerk und der bei der L-51 angehängten Last zu beachten.

1.2 Triebwerk

Als Triebwerk für den Lastenhubschrauber sind 2 Gasturbinen Napier "Gazelle" vorgesehen. Für die beiden leistungstärksten Ausführungen dieses Triebwerkes, das speziell für den Antrieb von Hubschraubern entwickelt wurde, sind in der nachfolgenden Tabelle für Normatmosphäre und 15° C die Wellenleistungen N_{Tr} und der dazugehörige Kraftstoffverbrauch σ nach Firmenangaben zusammengestellt. Daneben sind auch die entsprechenden Leistungen $N_{Tr} \cdot \eta_v$, die am Rotor zur Verfügung stehen, für einen Antriebsverlustfaktor η_v = 0,90 eingetragen.

	H = 0 m				H = 1830 m		
	N_{Tr}	$N_{Tr} \cdot \eta_v$	σ		N_{Tr}	$N_{Tr} \cdot \eta_v$	σ
	[PS]	[PS]	$[\frac{g}{PSh}]$		[PS]	[PS]	$[\frac{g}{PSh}]$
Gazelle N.Ga.3							
2,5-Min.-Leistung	1825	1640	298		1570	1410	291
1 -Std.-Leistung	1480	1330	315		1280	1150	303
Max. Dauerleistung	1230	1100	333		1075	960	316
Gazelle N.Ga.4							
2,5-Min.-Leistung	2030	1820	284		1745	1570	279
1 -Std.-Leistung	1590	1430	302		1380	1240	290
Max. Dauerleistung	1370	1230	316		1175	1040	301

In Abbildung 1 wird die Leistungs-Charakteristik der Gasturbine N.Ga.4, in Abbildung 2 der Verlauf des Abgasschubs und in Abbildung 3 die Kurve des Kraftstoffverbrauchs nach Katalog-Angaben der Firma Napier & Son Ltd. wiedergegeben. Da es sich um eine Freifahrturbine handelt, bei der also Hochdruck- und Niederdruckteil der Turbine nicht mechanisch

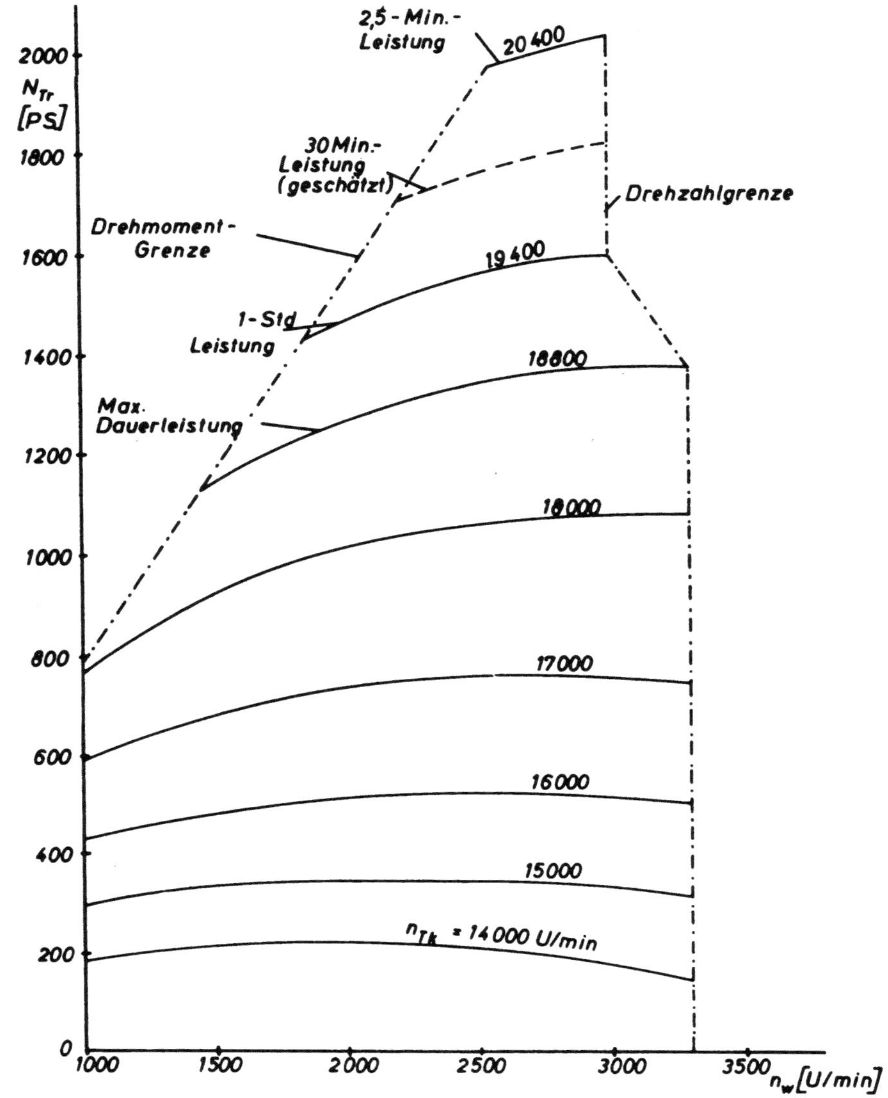

A b b i l d u n g 1

Leistungsdiagramm der Gasturbine Napier "Gazelle" N.Ga.4 nach Firmenangaben

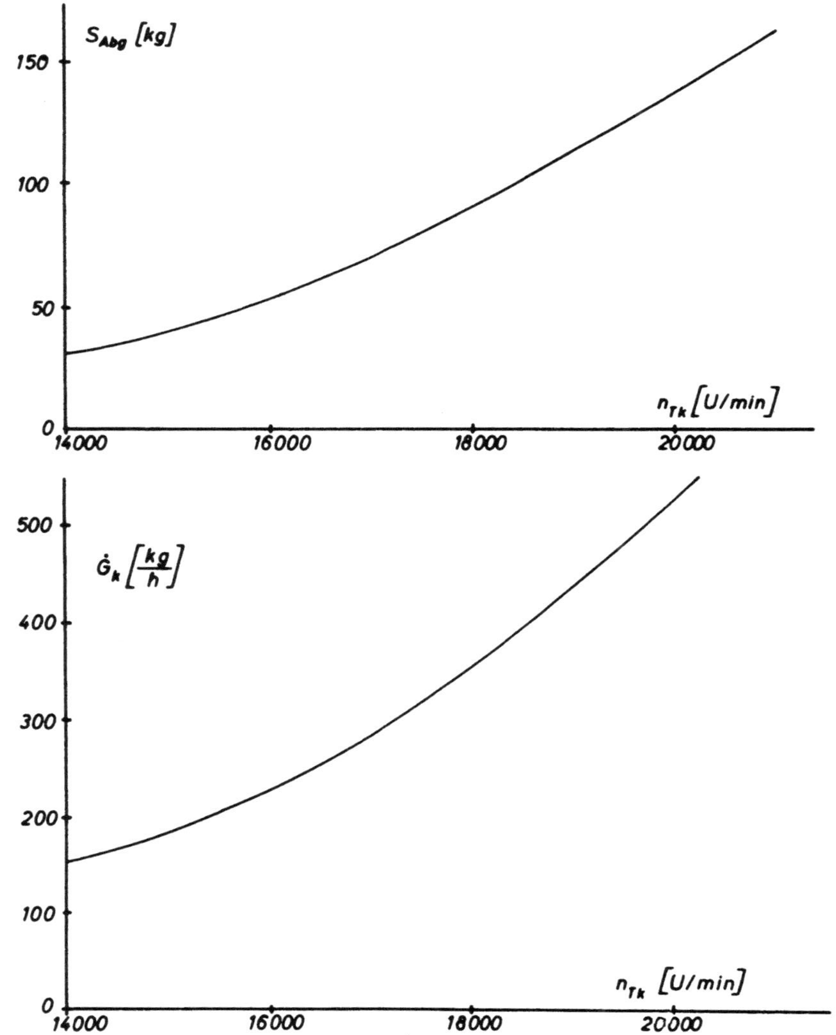

A b b i l d u n g 2 und 3

Abgasschub S_{Abg} und Kraftstoffverbrauch $\dot{G}_k$ der Gasturbine N.Ga.4 in Abhängigkeit von der Drehzahl n_{Tk} der Turbo-Kompressor-Einheit nach Firmenangabe

gekoppelt sind, kann die Wellenleistung N_{Tr} durch Variation der Drehzahl n_{TK} der Turbo-Kompressor-Einheit verändert werden, während die Drehzahl der Abtriebswelle, z.B. n_W = 3000 U/min, konstant bleibt. Da die Spanne zwischen der 2,5-Min.-Leistung und der 1-Std.-Leistung verhältnismäßig groß ist, wurde in Abbildung 1 der geschätzte Verlauf der 30-Min.-Leistung eingetragen, der für die Leistungsberechnung wesentlich ist.

Ausreichende Steigleistungen und Fluggeschwindigkeiten für normale Fälle lassen sich, wie erste Rechnungen ergeben, schon mit 2 Gasturbinen N.Ga.3 erzielen. Bei einem zweimotorigen Hubschrauber soll jedoch von der Möglichkeit des Weiterfluges nach Ausfall eines Triebwerkes Gebrauch gemacht werden. Wie die Leistungsrechnung für den Horizontalflug, Abschnitt 4, zeigt, hat 1 Triebwerk N.Ga.4 im mittleren Geschwindigkeitsbereich noch einen gewissen Leistungsüberschuß, der einen beschränkten Steigflug und das Aufsuchen eines Notlandeplatzes gestattet. Die Gazelle N.Ga.4 wird daher als Triebwerk vorgezogen.

2. Schwebeflug

2.1 Rotorleistung und Drehmoment

Zur Durchführung der Leistungsrechnung für den Schwebeflug werden der Schubbeiwert k_n, der Drehmomentenbeiwert k_d und der Leistungsgütegrad ζ_L benötigt. Diese Größen wurden für einen Rotor mit 5 Rechteckblättern, mit 8 % Flächendichte und -4° Blattverwindung bereits im ersten Teilbericht berechnet und können aus den dortigen Auftragungen entnommen werden.

Für die Rotorleistung im Schwebeflug gilt nach Bericht 2 der DSH die Formel

(1) $$N_{Ro} = \frac{S}{37{,}5 \cdot \zeta_L} \cdot \sqrt{\frac{S/F}{\varrho/\varrho_0}} \quad [PS]$$

mit dem Schub

(2) $$S = \frac{G}{\eta_E}$$

wobei für den Einbauwirkungsgrad etwa η_E = 0,97 zu setzen ist. Der Gütegrad ζ_L ist für Werte von k_n/σ aufgetragen. Diese Größe erhält man aus

(3) $$\frac{k_n}{\sigma} = \frac{S/F}{\varrho/2 \cdot U^2 \cdot \sigma} = \frac{G}{\eta_E \cdot 1/16 \cdot \varrho/\varrho_0 \cdot U^2 \cdot F \cdot \sigma}$$

und kann mit dem dafür abgelesenen ζ_L die Rotorleistung nach Gl. (1) berechnen. Das Ergebnis für einen Rotordurchmesser D = 27 m und eine Flughöhe H = 0 m, also ϱ/ϱ_0 = 1, zeigt Abbildung 4, wo auch die am Rotor zur Verfügung stehende Leistung $N_{Tr} \cdot \eta_v$ der Gazelle N.Ga.4 nach Abschnitt 1.2 eingetragen wurde. Wie das Diagramm zeigt, reicht für eine Umfangsgeschwindigkeit von U = 180 m/sec und ein Fluggewicht von G = 14 000 kg die Triebwerksleistung für Schwebeflug aus. Es bleibt auch noch eine Leistungsreserve für den senkrechten Steigflug, was im Abschnitt 3 noch näher untersucht wird. Auch bei einer Überlast von 1 to, also bei G = 15 000 kg, sind noch Schwebeflüge von kürzerer Dauer möglich.

Um das Rotordrehmoment M_{Ro} zu berechnen, benutzen wir die Beziehung

(4) $$75 \cdot N_{Ro} = M_{Ro} \cdot \omega$$

Nach Einsetzen der Winkelgeschwindigkeit $\omega = U/R$ erhalten wir für einen Rotorradius R = 13,5 m

(5) $$M_{Ro} = 1012 \frac{N_{Ro}}{U} \; [mkg]$$

In Abbildung 5 ist die Abhängigkeit des Rotordrehmomentes M_{Ro} vom Fluggewicht G dargestellt.

Die Rotorleistungen für den Schwebeflug in bestimmten Flughöhen H kann man wieder aus Gl. (1) und Gl. (3) bestimmen, wenn man für das Luftdichteverhältnis ϱ/ϱ_0 bei Normatmosphäre die entsprechenden Werte nach DIN 5450 einsetzt. Wie aus Abbildung 6 ersichtlich, steigen für konstantes Fluggewicht die Rotorleistungen mit wachsender Flughöhe leicht an. Vom Triebwerk N.Ga.4 sind außer den Leistungswerten am Boden nur Angaben für H = 1830 m, s. Abschnitt 1.2, bekannt. Das Höhenverhalten der Gasturbine wurde deshalb unter Annahme eines linearen Leistungsabfalls in Abbildung 6 eingetragen. Dabei wurde außer den Leistungen für 2,5 Minuten und 1 Stunde Betriebsdauer auch der geschätzte Verlauf der 30-Min.-Leistung angegeben.

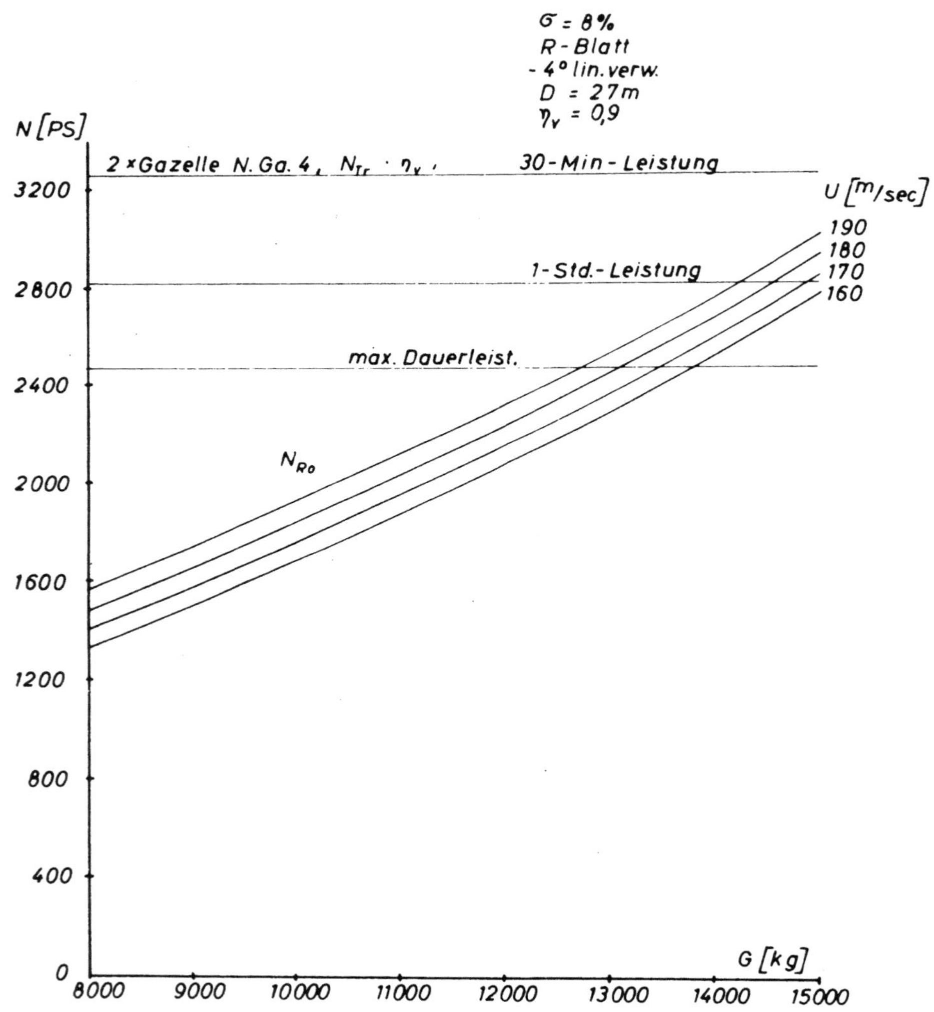

A b b i l d u n g 4

Erforderliche und verfügbare Rotorleistung
für Schwebeflug, H = 0 m

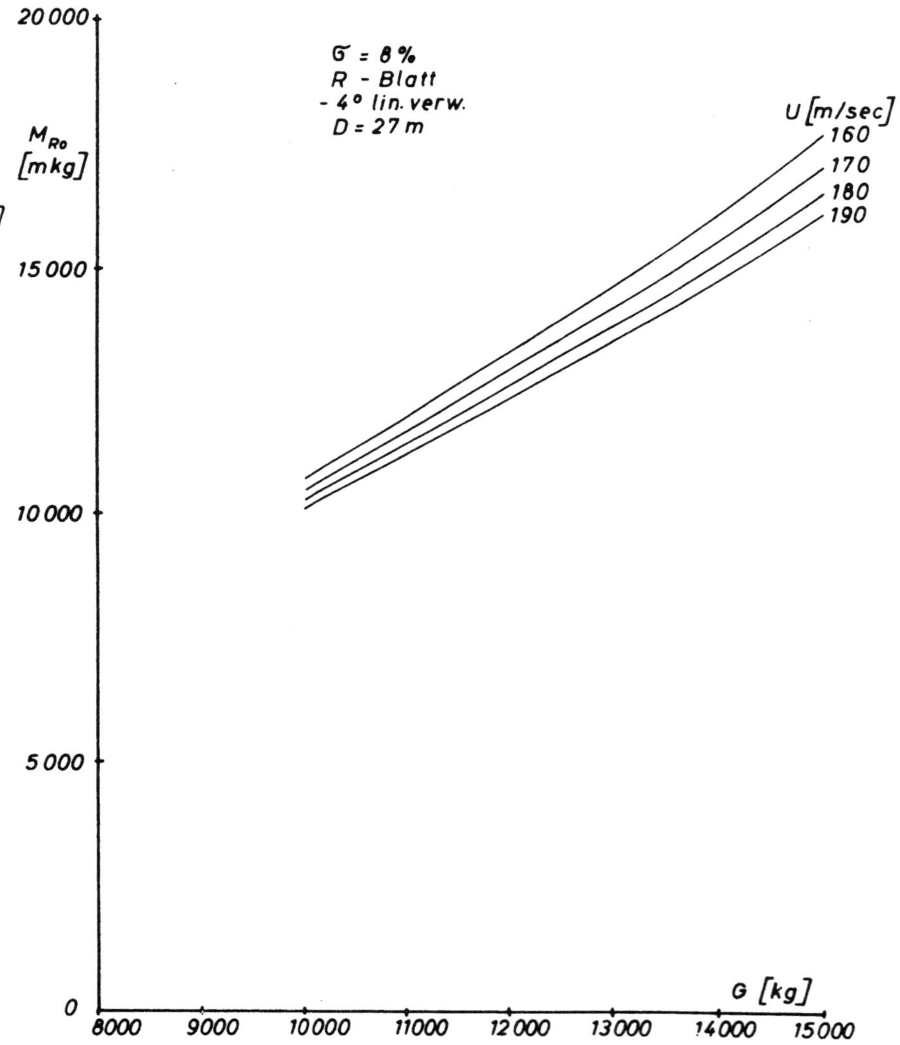

A b b i l d u n g 5

Rotormoment M_{Ro} über Fluggewicht G
für Schwebeflug, H = 0 m

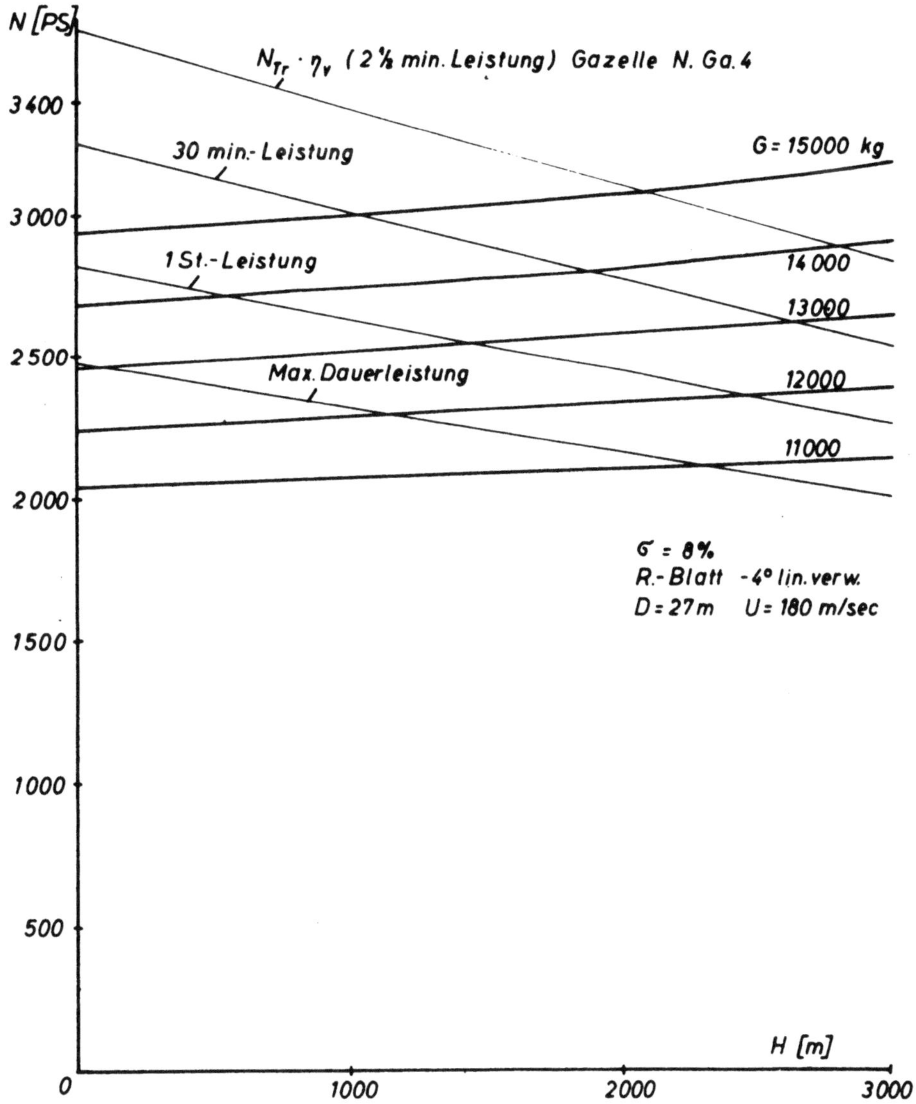

A b b i l d u n g 6

Schwebeflugleistung in Abhängigkeit von H

Die Gipfelhöhe als diejenige Flughöhe, in der gerade noch ein Schwebeflug möglich ist, erhält man als Schnittpunkt der Triebwerkskurve für 2,5-Min.-Leistung mit der Kurve für die Rotorleistung bei dem betreffenden Fluggewicht. Für G = 14 000 kg liegt danach die Gipfelhöhe bei H = 2800 m. Da der Verlauf der Triebwerksleistung bei größeren Flughöhen unsicher ist, wurde auf eine Bestimmung der Gipfelhöhen für geringere Fluggewichte verzichtet.

2.2 Kraftstoffverbrauch und Flugdauer

Eine wichtige Größe für die Beurteilung eines Hubschraubers ist die bei einer bestimmten Nutzlast erzielbare Flugdauer. Der dafür maßgebende Kraftstoffverbrauch pro Zeiteinheit hängt stark davon ab, wie lange sich der Hubschrauber während seines Einsatzes im Schwebeflug, im Steigflug oder im Reiseflug befindet.

Als einheitliche Vergleichsbasis verwendet man für die Berechnung der Reiseflugdauer bzw. der Reichweite einen Flug mit konstanter Geschwindigkeit, s. Abschnitt 4.5. Da bei einem Arbeitshubschrauber ("Fliegender Kran") längere Schwebeflüge und Manöver mit kleinen Geschwindigkeiten vorkommen, erscheint als Bewertungsmaßstab die Schwebeflugdauer geeignet, die jetzt ermittelt werden soll.

Dazu muß zunächst der Kraftstoffverbrauch $\dot{G}_K$ [kg/h] bestimmt werden. In Abbildung 3 ist $\dot{G}_K$ über der Turbo-Kompressor-Drehzahl für das Triebwerk "Gazelle" N.Ga.4 aufgetragen. Mit der durch Abbildung 1 gegebenen Abhängigkeit zwischen der Turbo-Kompressor-Drehzahl und der Triebwerksleistung N_{Tr} wurde für konstante Abtriebsdrehzahl n_w = 3000 U/min in Abbildung 7 der Kraftstoffverbrauch über N_{Tr} dargestellt.

Der nächste Schritt ist die Auftragung des Kraftstoffverbrauches über dem Fluggewicht (s. Abb. 8). Dazu werden die bei den einzelnen Fluggewichten erforderlichen Rotorleistungen N_{Ro} aus den Diagrammen der Abbildungen 4 und 6 für H = 0 und 1830 m Flughöhe entnommen, in Triebwerksleistungen $N_{Tr} = N_{Ro}/0{,}9$ umgerechnet und dafür der zugehörige Kraftstoffverbrauch aus Abbildung 7 abgelesen.

Bei der Berechnung der Flugdauer ist zu berücksichtigen, daß sich während des Einsatzes mit dem Kraftstoffvorrat auch das Fluggewicht verringert, wodurch auch Leistungsbedarf und Kraftstoffverbrauch abnehmen. Diese Gewichtsabnahme dG während des Zeitintervalls dt beträgt

(1)
$$dG = dG_k = \frac{dG_k}{dt} \cdot dt = \dot{G}_k \cdot dt$$

$\dot{G}_K$ = Kraftstoffverbrauch $[\frac{kg}{h}]$

Die Flugdauer T_F erhalten wir durch Integration über die Zeitintervalle dt

(2)
$$T_F = \int_{G_E}^{G_A} \frac{dG}{\dot{G}_K} \; [h]$$

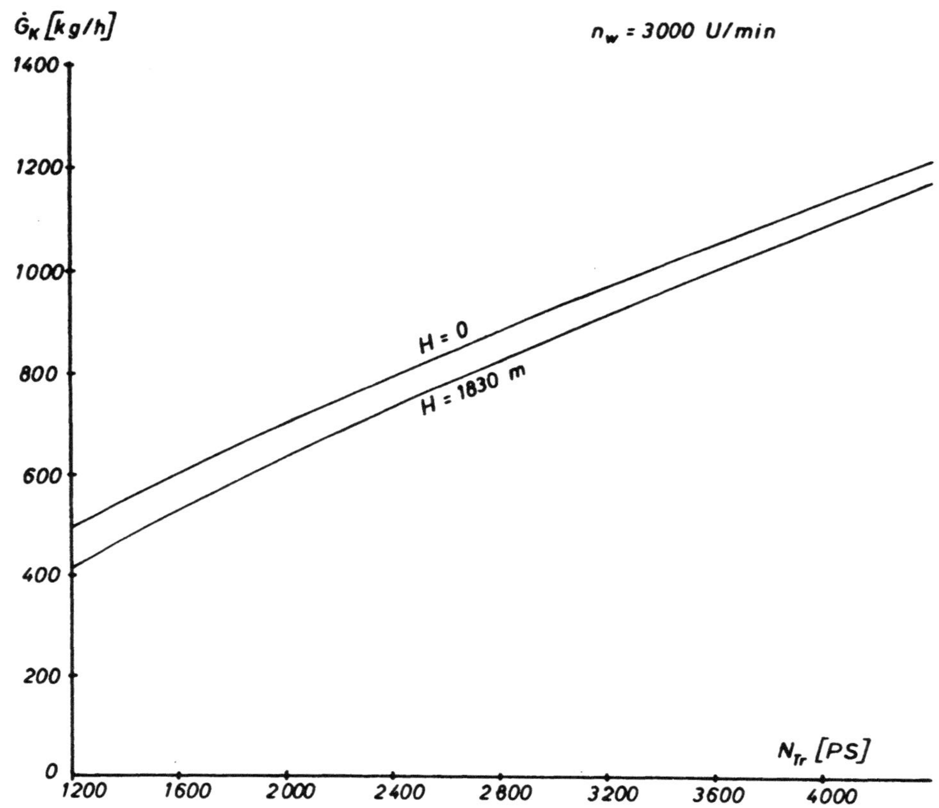

A b b i l d u n g 7

Kraftstoffverbrauch $\dot{G}_K$ über Turbinenleistung N_{Tr} für 2 "Gazelle" N.Ga.4

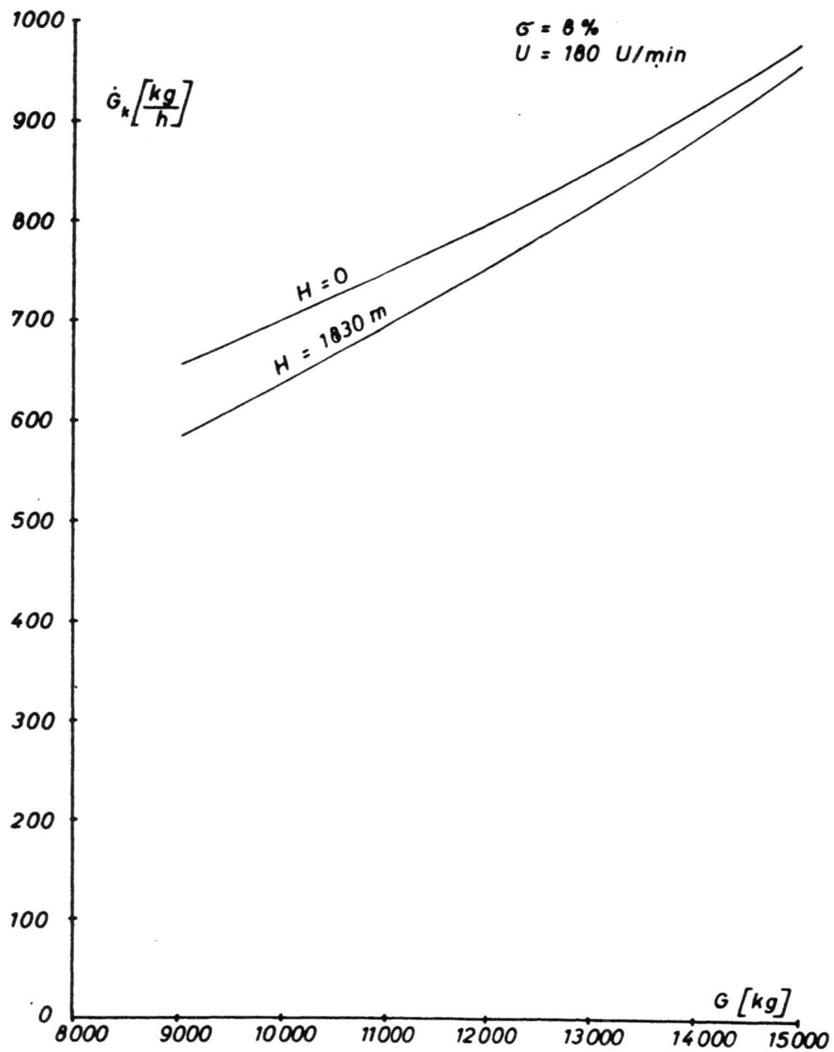

A b b i l d u n g 8

Kraftstoffverbrauch $\dot{G}_K$ über Fluggewicht G für Schwebeflug. 2 "Gazelle" N.Ga.4

wobei

G_A = Anfangsgewicht [kg]
G_E = $G_A - G_K$ = Endgewicht [kg]
G_K = gesamter Kraftstoffvorrat [kg]

Der Verlauf des Kraftstoffverbrauchs über dem Fluggewicht für H = 0 (Abb. 8) läßt sich abschnittsweise durch folgende Geraden ersetzen:

$$(3) \quad \begin{aligned} G &= 9000 \div 12000 \text{ kg}: & \dot{G}_K &= 220 + 0{,}0483\, G \\ G &= 12000 \div 15000 \text{ kg}: & \dot{G}_K &= 100 + 0{,}0483\, G \end{aligned}$$

Mit diesen linearen Ansätzen läßt sich Gl. (2) integrieren, und man erhält mit dem ersten der beiden Ausdrücke (3)

$$(4) \qquad T_F = \frac{1}{0{,}0483} \cdot \ln \frac{220 + 0{,}0483\, G_A}{220 + 0{,}0483\, G_E}$$

bzw.

$$(5) \quad T_F = \frac{1}{0{,}0483} \cdot \ln \frac{1}{1 - \frac{0{,}0483\, G_K}{220 + 0{,}0483\, G_A}} \approx \frac{1}{0{,}0483} \cdot \ln \left(1 + \frac{0{,}0483\, G_K}{220 + 0{,}0483\, G_K}\right)$$

Wegen $\ln(1+\varepsilon) \approx \varepsilon$ kann man für die Flugdauer in guter Annäherung auch schreiben

für G = 9000 - 12000 kg:

$$(6) \qquad T_F = \frac{G_K}{220 + 0{,}0483\, G_A}$$

und für G = 12000 - 15000 kg:

$$(7) \qquad T_F = \frac{G_K}{100 + 0{,}0584\, G_A}$$

Nach diesen Formeln wurde die Schwebeflugdauer für die Kraftstoffmengen

G_K = 900 kg = halbe Tankfüllung
G_K = 1800 kg = normale Tankfüllung
G_K = 2700 kg = normale Tankfüllung + Zusatztank

nach Gl. (6) und (7) berechnet und in Abbildung 9 über dem Abfluggewicht aufgetragen. Durch die Festlegung des Leergewichtes, vermehrt um das Gewicht der beiden Piloten, gibt es für jede Kraftstoffmenge ein

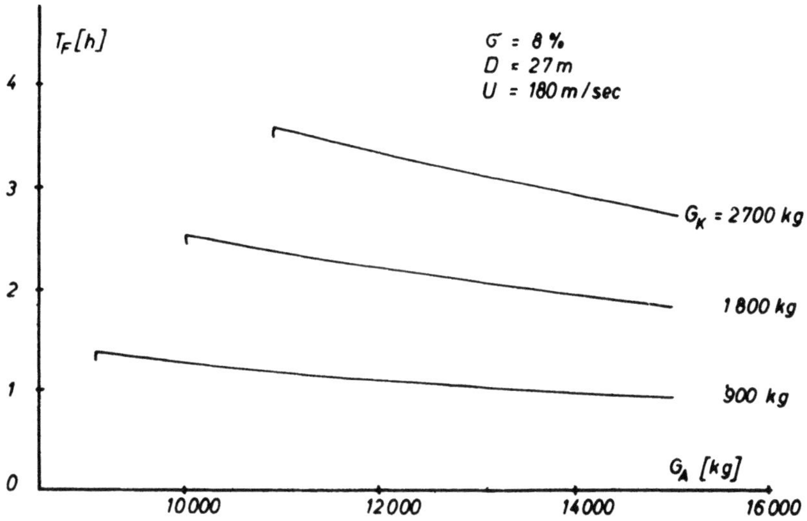

A b b i l d u n g 9

Schwebeflugdauer T_F über Abfluggewicht G_A

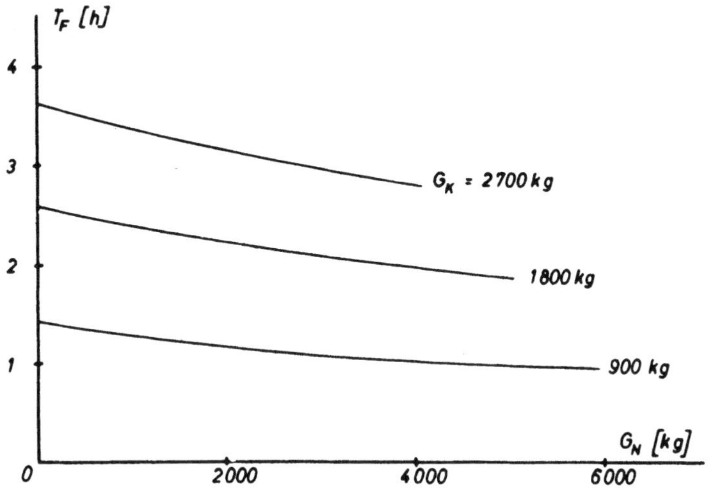

A b b i l d u n g 10

Schwebeflugdauer T_F über Nutzlast G_N
für Arbeitshubschrauber L-51

kleinstes Abfluggewicht, s. Diagramm. Abbildung 10 zeigt die Abhängigkeit der Schwebeflugdauer von der Nutzlast G_N, die man aus der Auftragung der Abbildung 9 erhält.

Der Zusammenhang zwischen Nutzlast, Kraftstoffmenge und Schwebeflugdauer T_F wurde in Abbildung 11 noch in anderer Weise, und zwar mit T_F als Parameter, dargestellt, um daraus die für jeden Einsatzfall benötigte Kraftstoffmenge ablesen zu können.

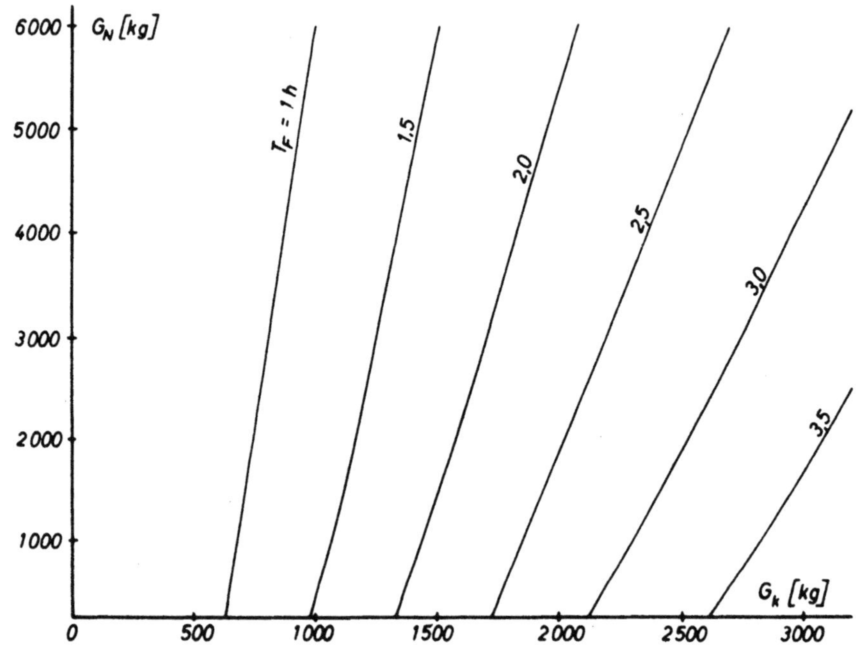

A b b i l d u n g 11

Nutzlast G_N über Kraftstoffmenge G_K für L-51

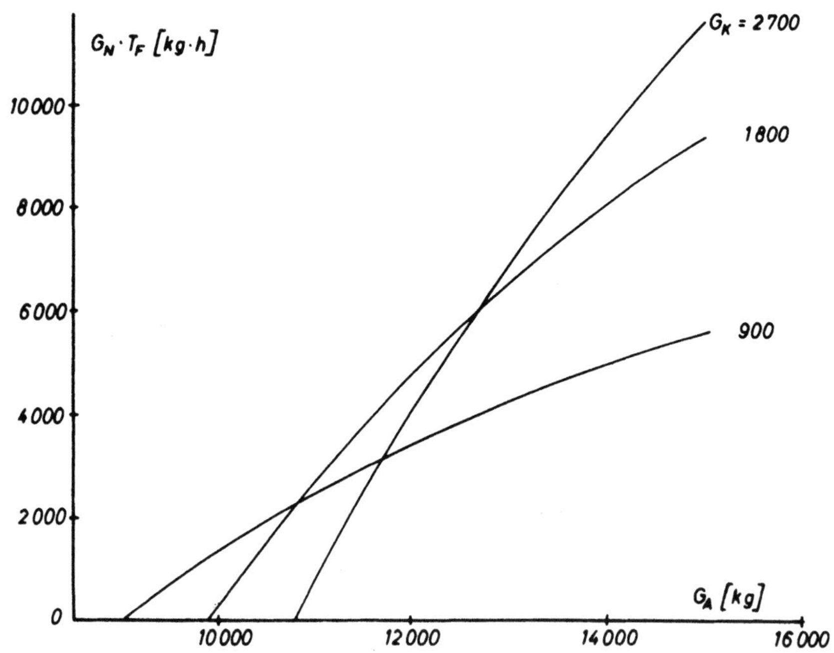

A b b i l d u n g 12

Produkt Nutzlast x Schwebeflugdauer über G_A für L-51

Das Produkt $G_N \cdot T_F$ von Nutzlast und Schwebeflugdauer ist ein Maß für die wirtschaftliche Leistungsfähigkeit eines Lastenhubschraubers, das sich mit dem im Luftverkehr verwendeten Produkt von Nutzlast und Reichweite ("Tonnenkilometer") vergleichen läßt. Die Größe $G_N \cdot T_F$ wurde daher in Abbildung 12 über dem Abfluggewicht für verschiedene Kraftstoffmengen aufgetragen. Nach dieser Betrachtung ist der Kraftstofftank mit Normalfüllung nur im Gewichtsbereich 10800 bis 12600 kg lohnend. Bei höherem Fluggewicht ist die Verwendung eines Zusatzbehälters, durch welchen die Kraftstoffmenge auf 2700 kg gesteigert wird, rentabler. Oft wird aber eine mäßige Vergrößerung der Nutzlast wichtiger sein als eine erhebliche Steigerung der Flugdauer, so daß für viele Verwendungszwecke der Normaltank ausreicht.

Halbe Füllung des Kraftstofftanks (G_K = 900 kg) ist nach Abbildung 12 nur für Abfluggewichte unter 10800 kg, also für eine Nutzlast unter 2600 kg, wirtschaftlich überlegen.

2.3 Schub und Leistung des Heckrotors

Nicht nur für den Hauptrotor, sondern auch für den zum Drehmomentenausgleich notwendigen Heckrotor ist eine Leistungsrechnung durchzuführen, wobei zunächst nur der Schwebeflug betrachtet werden soll. Im ersten Teilbericht wurden für den Heckrotor folgende aerodynamischen Daten festgelegt:

Heckrotordurchmesser	D_{HR} =	5 m
Heckrotorkreisfläche	F_{HR} =	19,6 m^2
Blattanzahl	z_{HR} =	4
Flächendichte	σ_{HR} =	18 %
Blattiefe	t_{HR} =	0,354 m
Umfangsgeschwindigkeit	U_{HR} =	180 m/sec
Rotordrehzahl	n_{HR} =	687 U/min

Für die Berechnung von Schub und Leistungsbedarf des Heckrotors werden wieder die Rotorbeiwerte k_n und k_d für Schwebeflug und, daraus abgeleitet, der Leistungsgütegrad

(1) $$\zeta_L = \frac{k_n^{3/2}}{2\,k_d}$$

benötigt. Diese Größen werden für unverwundenes Rechteckblatt und 18 % Flächendichte ermittelt und in Abbildung 13 bis 16 aufgetragen. Wie man aus der Auftragung von k_n über dem Blatteinstellwinkel ersieht, tritt in diesem Fall sehr hoher Flächendichte das Abreißen erst bei $\vartheta_{0,7} = 26,7^\circ$ ein. Bei einem mittleren Einstellwinkel von etwa 10° bleibt also noch ein ziemlich großer Winkelbereich für die Steuerung des Hubschraubers um seine Hochachse.

Der bei einem bestimmten Fluggewicht des Hubschraubers im Schwebeflug notwendige Heckrotorschub richtet sich nach dem jeweiligen Rotordrehmoment. Dieses Drehmoment M_{Ro} ist in Abhängigkeit vom Fluggewicht G in Abbildung 5 gegeben. Nach der Bedingung für Momentengleichgewicht um die Hochachse des Hubschraubers

(2) $$M_{Ro} - S_{HR} \; r_{HR} = 0$$

ist für einen Abstand zwischen Hubschrauber-Schwerpunkt und Heckrotorachse von $r_{HR} = 17$ m der erforderliche Schub des Heckrotors

(3) $$S_{HR} = \frac{M_{Ro}}{17}$$

Der so ermittelte Heckrotorschub ist in Abbildung 17 über dem Fluggewicht aufgetragen.

Mit dem vom Heckrotorschub abhängigen k_n-Beiwert

(4) $$k_n = \frac{(S/F)_{HR}}{\varrho/2 \cdot U_{HR}^2}$$

kann man aus Abbildung 16 den betreffenden Leistungsgütegrad ζ_L ablesen. Die erforderliche Heckrotorleistung N_{HR} erhält man dann aus der Gleichung

(5) $$N_{HR} = \frac{S_{HR}}{\zeta_L \cdot 37{,}5} \cdot \sqrt{\frac{(S/F)_{HR}}{\varrho/\varrho_0}} \; [PS]$$

Wie Abbildung 18 angibt, werden zur Erzeugung des zum Drehmomentenausgleich erforderlichen Heckrotorschubs je nach Fluggewicht 130 bis 250 PS Antriebsleistung benötigt. Mit der Kurve für die Hauptrotorleistung im Schwebeflug (Abb. 4) ergibt sich, daß die Heckrotorleistung etwa 7,5 bis 8,5 % der jeweils notwendigen Antriebsleistung des Hubschraubers

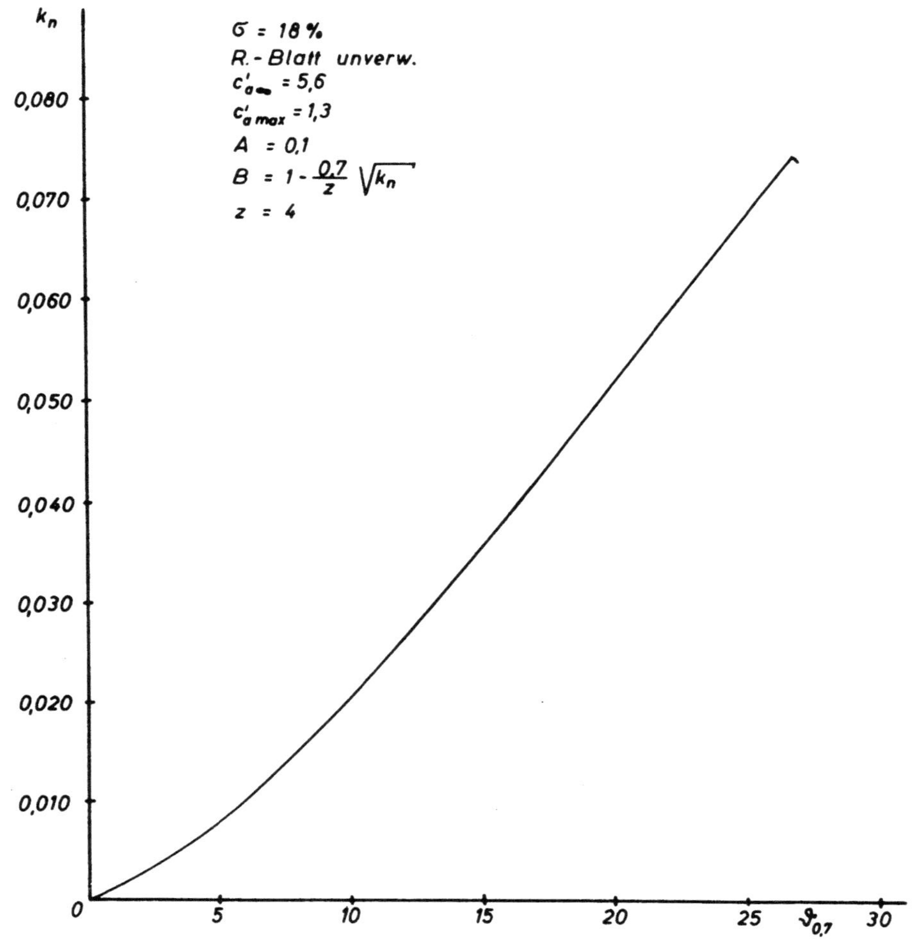

A b b i l d u n g 13

Schubbeiwert k_n über $\vartheta_{0,7}$ für Heckrotor im Schwebeflug

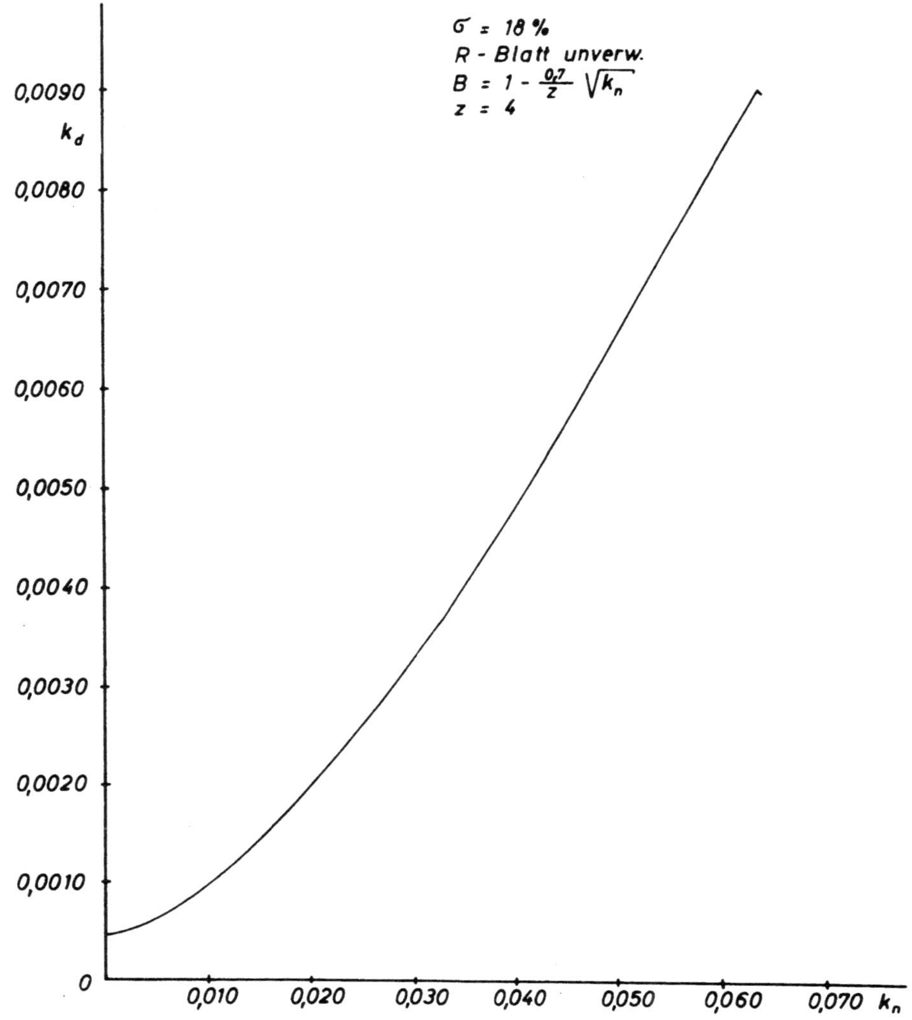

A b b i l d u n g 14

Drehmomentenbeiwert k_d über k_n für Heckrotor im Schwebeflug

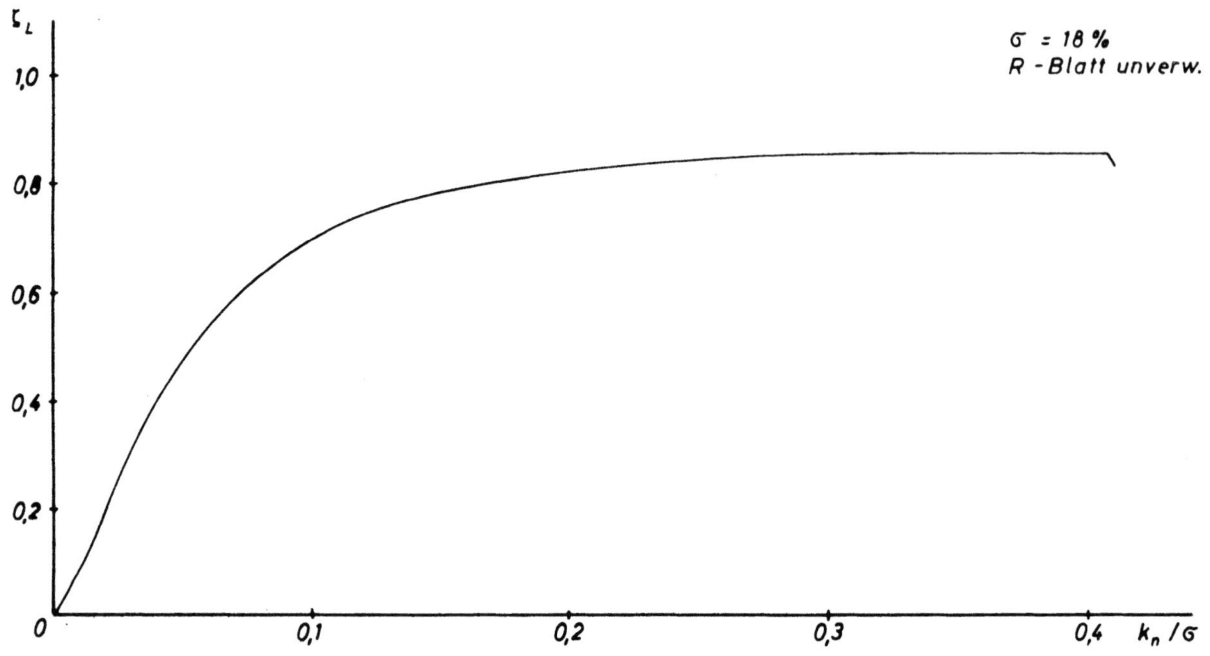

A b b i l d u n g 15

Gütegrad ζ_L über k_n/σ

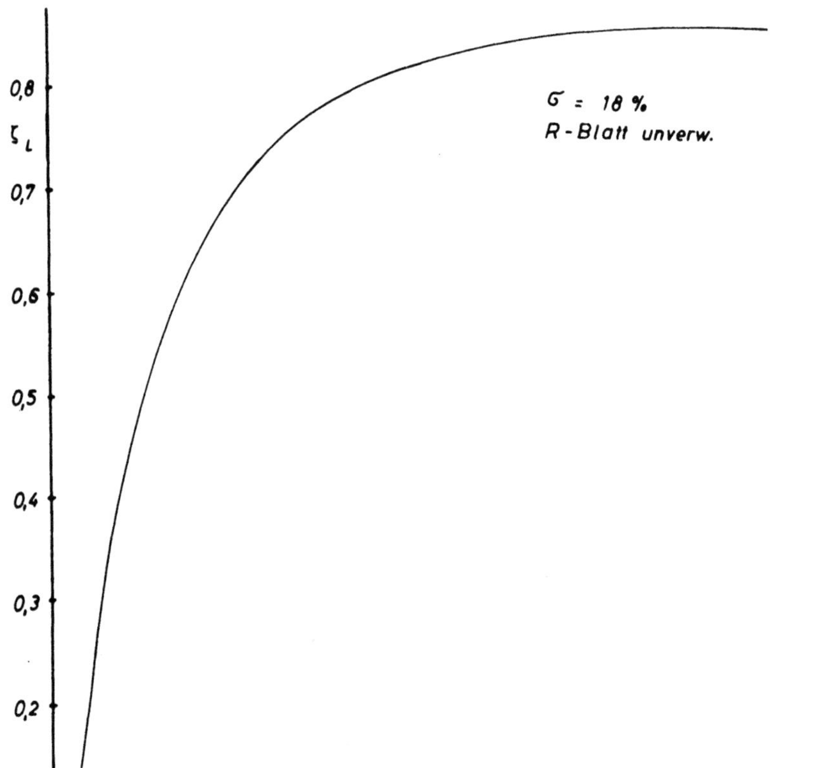

A b b i l d u n g 16

Gütegrad ζ_L über k_n

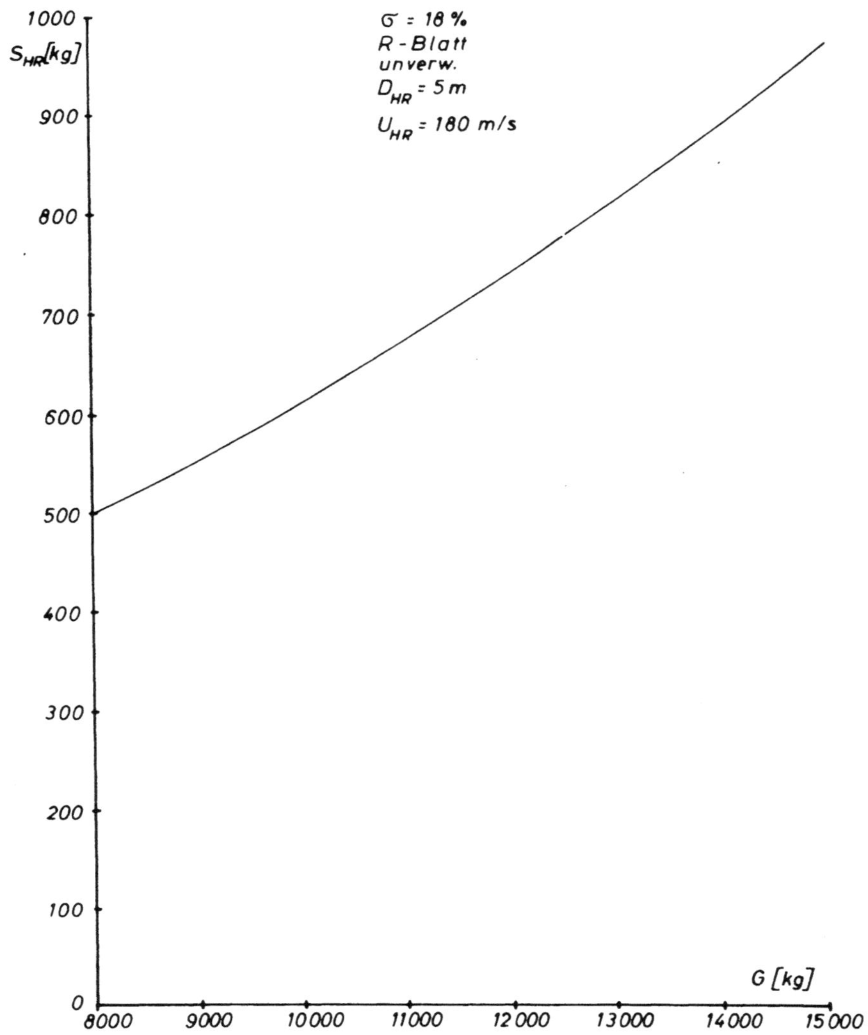

A b b i l d u n g 17

Heckrotorschub S_{HR} über Fluggewicht G

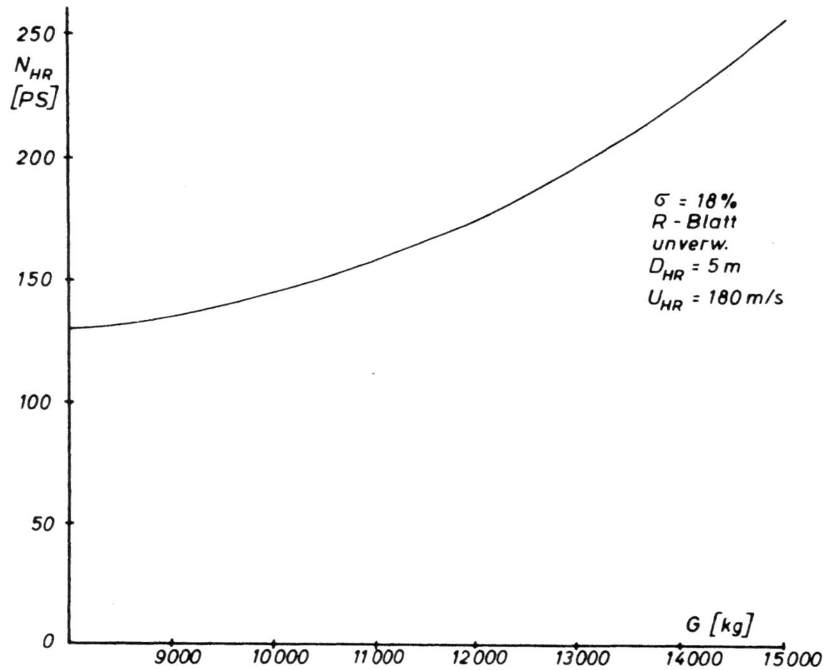

A b b i l d u n g 18

Heckrotorleistung N_{HR} über Fluggewicht G

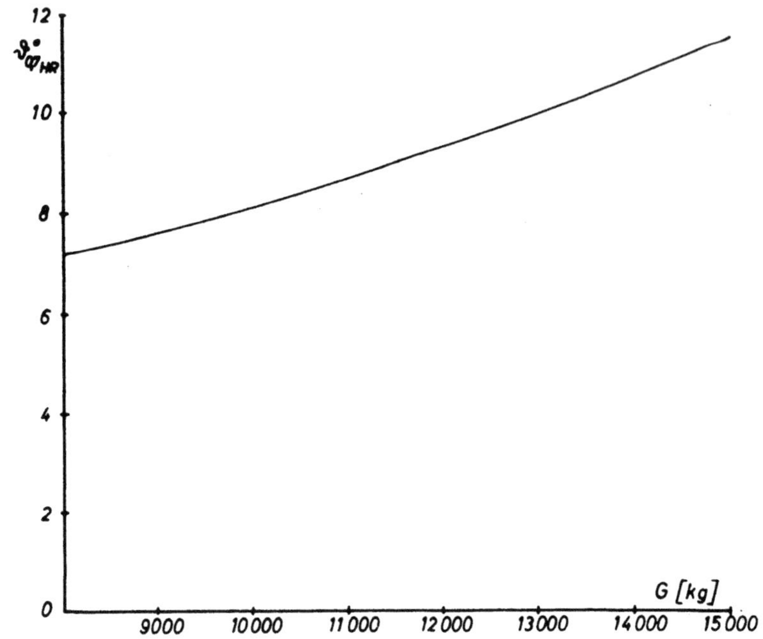

A b b i l d u n g 19

Blatteinstellwinkel $\vartheta_{0,7\,HR}$ über Fluggewicht G

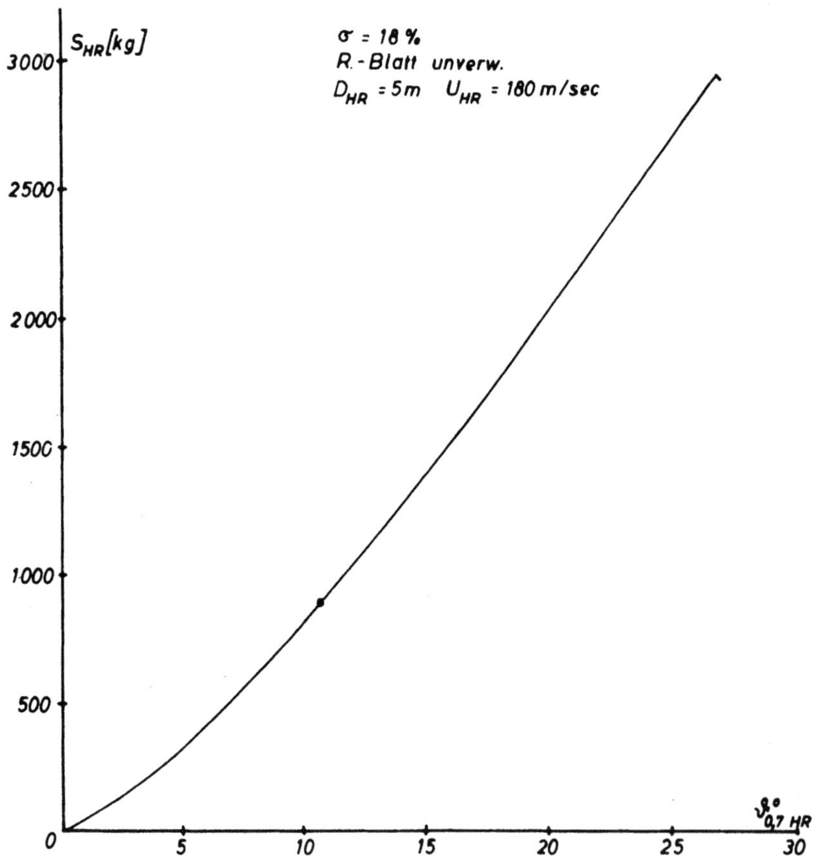

A b b i l d u n g 20

Heckrotorschub S_{HR} über Blatteinstellwinkel $\vartheta_{0,7\,HR}$

ausmacht. Bei einem Leistungsverlust im Getriebe von 2 bis 3 % bedeutet das, daß rund 90 % der Triebwerksleistung an der Rotornabe zur Verfügung stehen. Damit wird der Antriebsverlustfaktor η_v = 0,90 bestätigt, der bei der bisherigen Leistungsrechnung schon zugrundegelegt wurde.

Von Interesse ist auch der Blatteinstellwinkel $\vartheta_{0,7\ HR}$ des Heckrotors, der zur Herstellung von Momentengleichgewicht um die Hochachse angewendet werden muß. Man erhält ihn aus Abbildung 13 für den nach Gl. (4) berechneten Schubbeiwert k_n. Die Auftragung der Abbildung 19 zeigt, wie der Heckrotor - Einstellwinkel mit zunehmendem Fluggewicht steigt und daß er bei G = 14000 kg, dem maximalen Abfluggewicht, erst $\vartheta_{0,7\ HR}$ = $10{,}7^{\circ}$ erreicht.

Zur Einleitung von Drehbewegungen des Hubschraubers um seine Hochachse (Gieren) muß der Heckrotorschub von seinem zum Momentenausgleich erforderlichen Mittelwert um erhebliche positive oder negative Beträge verändert werden können. Die Abhängigkeit des Schubes von Einstellwinkel des Heckrotorblattes wird für den ganzen positiven Bereich in Abbildung 20 gezeigt. Der eingetragene Wert S_{HR} = 890 kg gilt für Drehmomentenausgleich bei 14000 kg Fluggewicht. Wie man sieht, ist für diesen Fall bis zur Abreißgrenze noch ein ausreichend großer Zusatzschub verfügbar. In entgegengesetzter Richtung läßt sich der gleiche Schubbetrag bei Anwendung negativer Blattwinkel erzeugen.

3. Senkrechter Steigflug

3.1 Rotorbeiwerte

Auch zur Leistungsrechnung für den senkrechten Steigflug werden wieder die Rotorbeiwerte k_n und k_d benötigt, wobei hier gegenüber dem Schwebeflug die Abhängigkeit vom Fortschrittsgrad λ berücksichtigt werden muß. Auf die Berechnung des Leistungsgütegrades für den Steigflug kann man verzichten.

Für den Schubbeiwert k_n gilt nach Bericht 3 der DSH, Kapitel 3, genau wie im Schwebeflug

(1) $$k_n = c'_{a_\infty} \cdot \sigma \left(\delta D_2 + \vartheta_1 D_4 + \vartheta_2 D_2 \right)$$

Dabei ist jedoch für den Durchflußgrad δ bei senkrechtem Steigflug zu setzen

$$\delta = -\frac{\lambda}{2} - \frac{1}{2}\sqrt{\lambda^2 + k_n}\,, \tag{2}$$

wobei der Fortschrittsgrad λ als Verhältnis von Steiggeschwindigkeit w zu Umfanggeschwindigkeit U definiert ist:

$$\lambda = \frac{w}{U} \tag{3}$$

Bei linear verwundenem Rotorblatt, d.h. $\vartheta_{0,7} = \vartheta_0 + 0{,}7 \cdot \vartheta_1$ und $\vartheta_2 = 0$, ergibt sich folgende Gleichung zwischen dem Blatteinstellwinkel $\vartheta_{0,7}$ und dem Schubbeiwert k_n

$$\vartheta_{0,7} = \frac{1}{D_3} \cdot \left[\frac{k_n}{c'_{a_\infty} \cdot \sigma} + \frac{D_2}{2}\left(\lambda + \sqrt{\lambda^2 + k_n}\right) - \vartheta_1 \cdot D_4\right] + \vartheta_1 \cdot 0{,}7 \tag{4}$$

Damit lassen sich für vorgegebene k_n und λ die Blatteinstellwinkel $\vartheta_{0,7}$ bestimmen. Das Ziel ist jedoch eine Auftragung von k_n über λ mit $\vartheta_{0,7}$ als Parameter. Man gelangt zu ihr, indem man zunächst $\vartheta_{0,7}$ über λ mit k_n als Parameter aufzeichnet und für ganzzahlige Blatteinstellwinkel horizontale Schnitte legt. Dadurch erhält man das gewünschte Diagramm Abbildung 21, das für 8 % Flächendichte und für Rechteckblatt mit - 4^0 linearer Verwindung gilt.

Die Gleichung für den Drehmomentenbeiwert lautet

$$k_d = \sigma\Big[\left(c_{w_2} - c'_{a_\infty}\right)\cdot \delta^2 D_2 + \left(2c_{w_2} - c'_{a_\infty}\right)\cdot\left(\vartheta_0 D_3 + \vartheta_1 D_4\right)\cdot \delta + c_{w_2}\left(\vartheta_0^2 D_4 + \vartheta_1^2 D_6 + 2\vartheta_0\vartheta_1 D_5\right) + c_{w_0} D'_4\Big] \tag{5}$$

wobei wieder der Durchflußgrad δ nach Gl. (2) einzusetzen ist. Der Beiwert k_d ist in Abbildung 22 analog zum Schubbeiwert k_n aufgetragen.

Wie man aus Abbildung 21 sieht, muß der Blatteinstellwinkel $\vartheta_{0,7}$ vergrößert werden, wenn unter Beibehaltung der Rotordrehzahl (k_n = konst.) die Steiggeschwindigkeit, also der Fortschrittsgrad λ , erhöht werden soll. Abbildung 22 gibt nun an, welcher vergrößerte k_d-Wert, d.h. erhöhte Leistungsbedarf, diesem neuen Wertepaar von $\vartheta_{0,7}$ und λ entspricht.

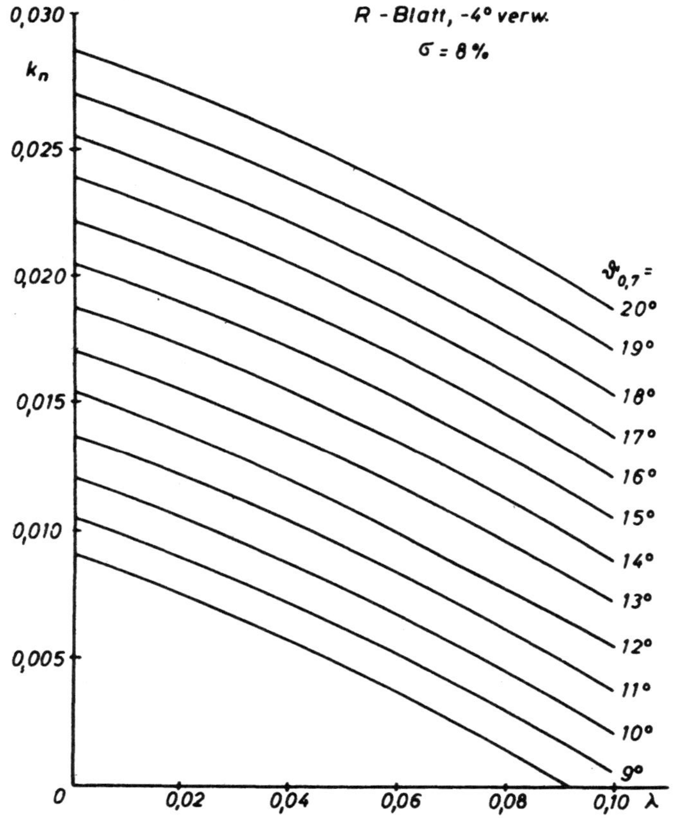

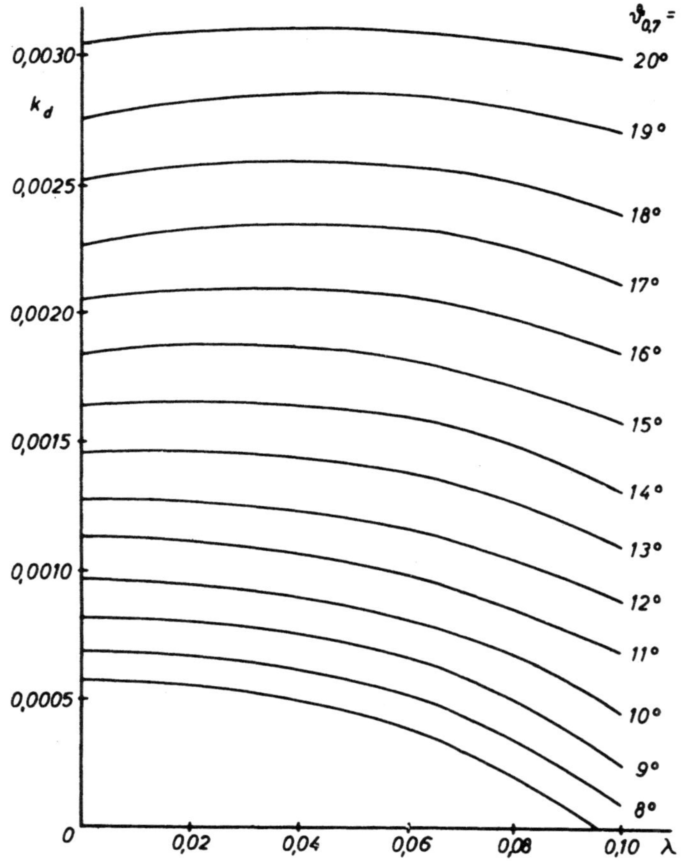

A b b i l d u n g 21 und 22

k_n- und k_d-Beiwerte für Senkrecht-Steigen

3.2 Steiggeschwindigkeit und Leistungsbedarf

Mit den in Abschnitt 3.1 ermittelten Rotorbeiwerten lassen sich nun die zur Erzielung gewünschter Steiggeschwindigkeiten erforderlichen Antriebsleistungen berechnen. Zunächst müssen wir aber noch die Tatsache berücksichtigen, daß der Hubschrauber einen von der Steiggeschwindigkeit abhängigen Luftwiderstand besitzt.

Im Schwebeflug geben nur die vom Rotorstrahl getroffenen Bauteile des Hubschraubers einen Abtrieb. Der Schub S, der dem Fluggewicht G das Gleichgewicht halten soll, ergibt sich für den Schwebeflug zu

(1) $$S = \frac{G}{\eta_E}$$

Den Einbauwirkungsgrad η_E erhält man nach Bericht 2 der DSH, Kapitel 2, aus der Gleichung

(2) $$\eta_E = 1 - 0{,}56 \frac{f_{ws\,Str}}{F}$$

wobei

$$f_{ws\,Str} = \sum_{Str} c_w \cdot f$$

für die im Rotorstrahl liegenden Bauteile des Hubschraubers. Für den Lastenhubschrauber ist $f_{ws\,Str}/F \approx 0{,}05$. Damit erhält man den Wert $\eta_E = 0{,}97$, mit dem schon bei Behandlung des Schwebefluges gerechnet wurde.

Im senkrechten Steigflug wird der wirksame Rotorschub $S \cdot \eta_E$ noch um den Luftwiderstand W_{St} infolge Steiggeschwindigkeit vermindert. Die Bedingung für das Gleichgewicht mit dem Fluggewicht G heißt also

(3) $$G = S \cdot \eta_E - W_{St}$$

Für den Widerstand W_{St} ist die Größe $f_{ws} = \Sigma c_w \cdot f$ aller Hubschrauberteile bei Anblasung von oben maßgebend. Mit w als Steiggeschwindigkeit haben wir deshalb:

(4) $$W_{St} = f_{ws\,ges} \cdot \varrho/2 \cdot w^2$$

Aus (3) und (4) erhalten wir den notwendigen Schub zu

(5) $$S = \frac{G + f_{ws\,ges} \cdot \rho/\rho_0 \cdot w^2/16}{\eta_E}$$

und mit Zahlenwerten für den Lastenhubschrauber

(6) $$S = \frac{G}{0{,}97} + 1{,}42 \cdot w^2$$

Der Einfluß der Steiggeschwindigkeit ist also wie zu erwarten gering.

Nach diesen Vorbereitungen kann mit der eigentlichen Leistungsrechnung begonnen werden. Dabei wird der Blatteinstellwinkel vorgegeben, weil er in den Diagrammen für die Rotorbeiwerte als Parameter dient. Als zweite Vorgabegröße kann wegen des nach Gl. (6) bestehenden Zusammenhanges weder der Schubbeiwert k_n noch der Fortschrittsgrad $\lambda = \frac{w}{U}$ dienen. Es ist daher zweckmäßig, für gewählte Werte von $\vartheta_{0,7}$ und G den Schub nach Gl. (6) zunächst für eine geschätzte Steiggeschwindigkeit w zu berechnen, den zugehörigen Wert $k_n = \frac{S}{\rho/2 \cdot U^2 \cdot F}$ in Abbildung 21 aufzusuchen und dafür λ bzw. den wirklichen Wert von w zu ermitteln. Bei einem zweiten Iterationsschritt läßt sich wegen des geringen Einflusses der Steiggeschwindigkeit auf den erforderlichen Schub Übereinstimmung zwischen geschätztem und ermitteltem w erzielen. Für $\vartheta_{0,7}$ und λ kann man nun in Abbildung 22 den k_d-Beiwert ablesen und den zugehörigen Leistungsbedarf

(7) $$N_{Ro} = \frac{k_d}{75} \cdot \rho/2 \cdot U^3 \cdot F \quad [PS]$$

berechnen.

Damit gelangt man zu einer Auftragung der Rotorleistung über der Steiggeschwindigkeit mit dem Fluggewicht als Parameter (s. Abb. 23). Daraus läßt sich leicht ein Diagramm mit w als Parameter (Abb. 24) gewinnen.

Das Rotorelement M_{Ro} erhält man aus der Gleichung

(8) $$75 \cdot N_{Ro} = M_{Ro} \cdot \omega \quad ; \qquad \omega = U/R$$

für U = 180 m/sec und R = 13,5 m zu

(9) $$M_{Ro} = 5{,}62 \cdot N_{Ro}$$

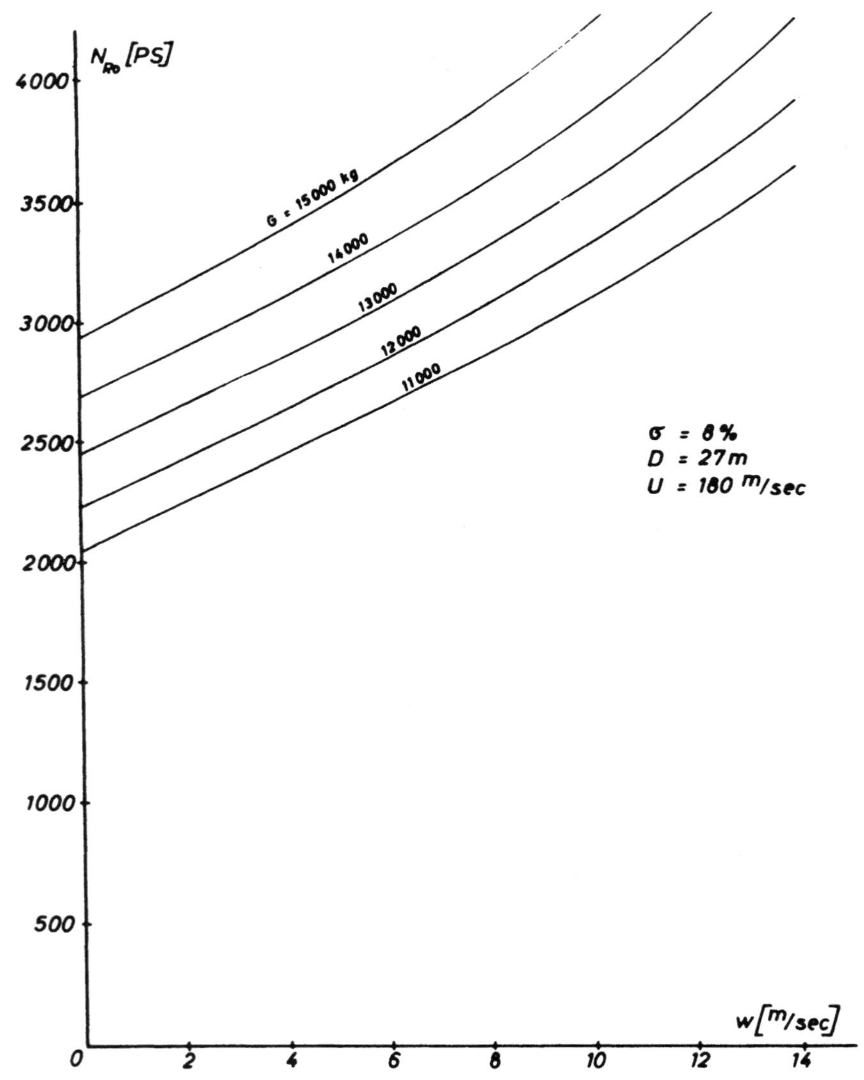

A b b i l d u n g 23

Rotorleistung N_{Ro} über Steiggeschw. w
im Senkrechtflug (H = 0)

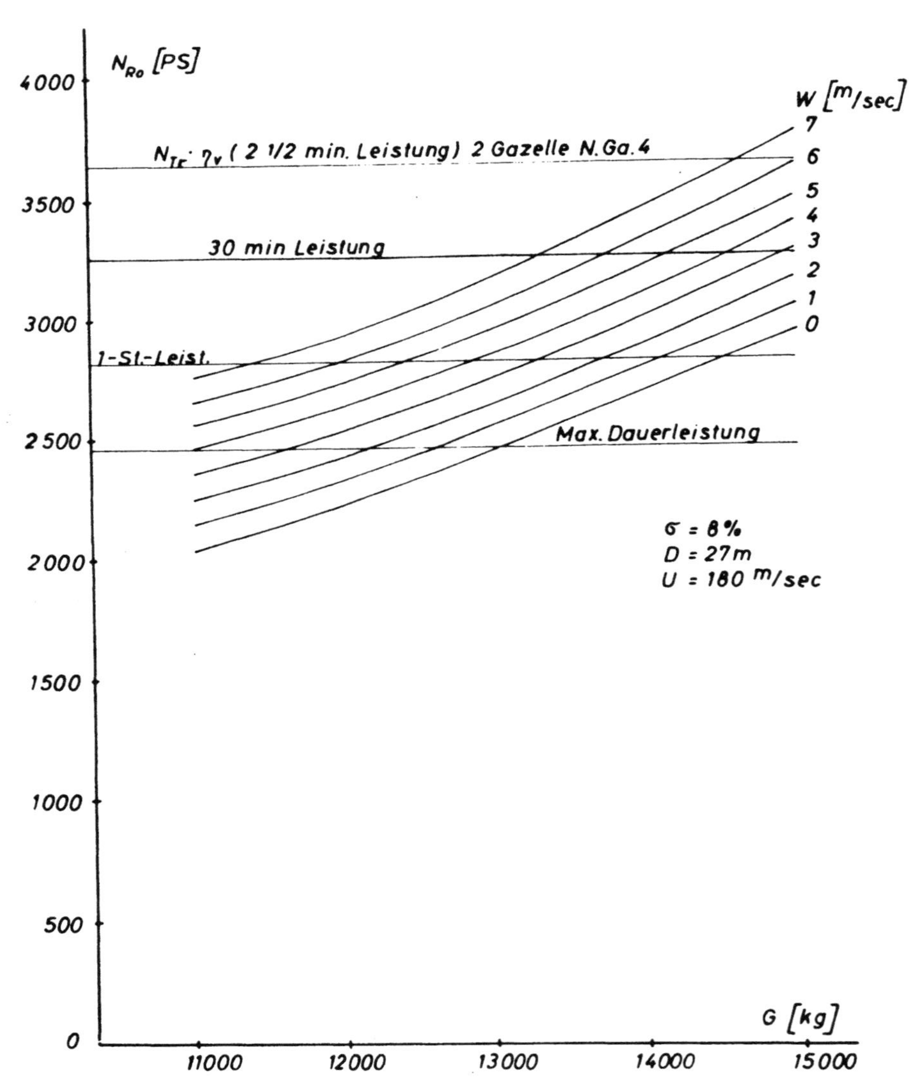

A b b i l d u n g 24

Rotorleistung für senkrechten Steigflug
(H = 0)

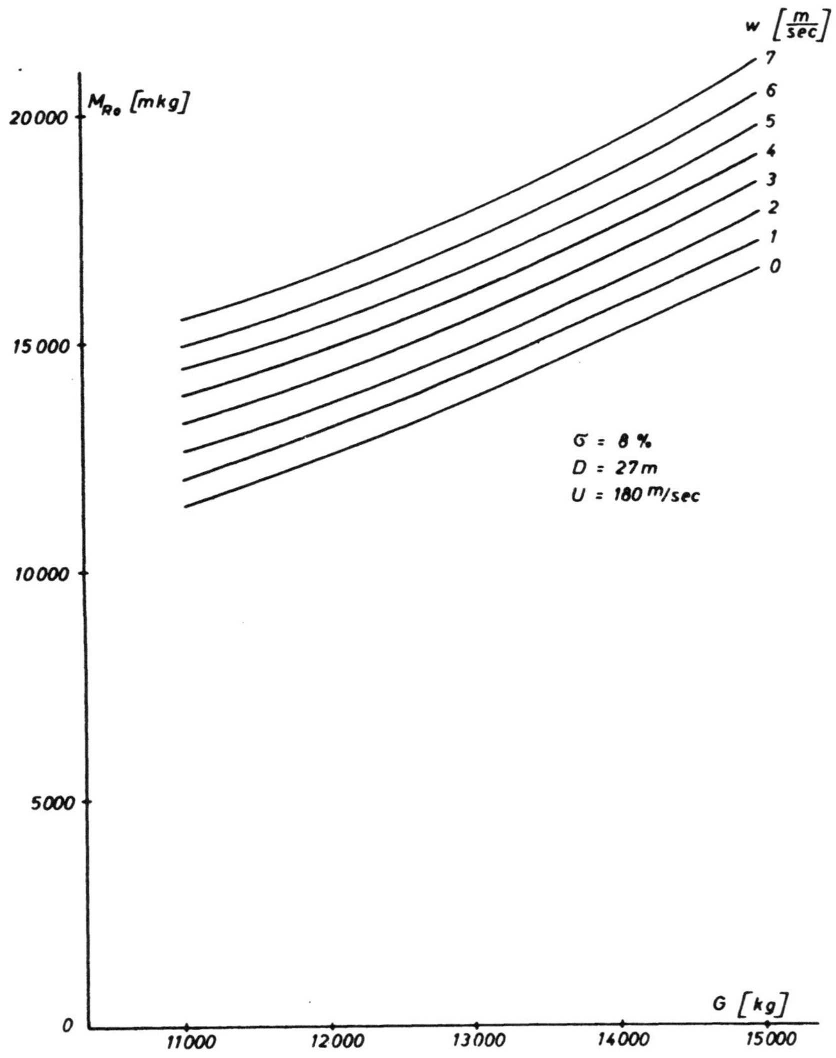

Abbildung 25

Rotordrehmoment M_{Ro} für senkrechten Steigflug

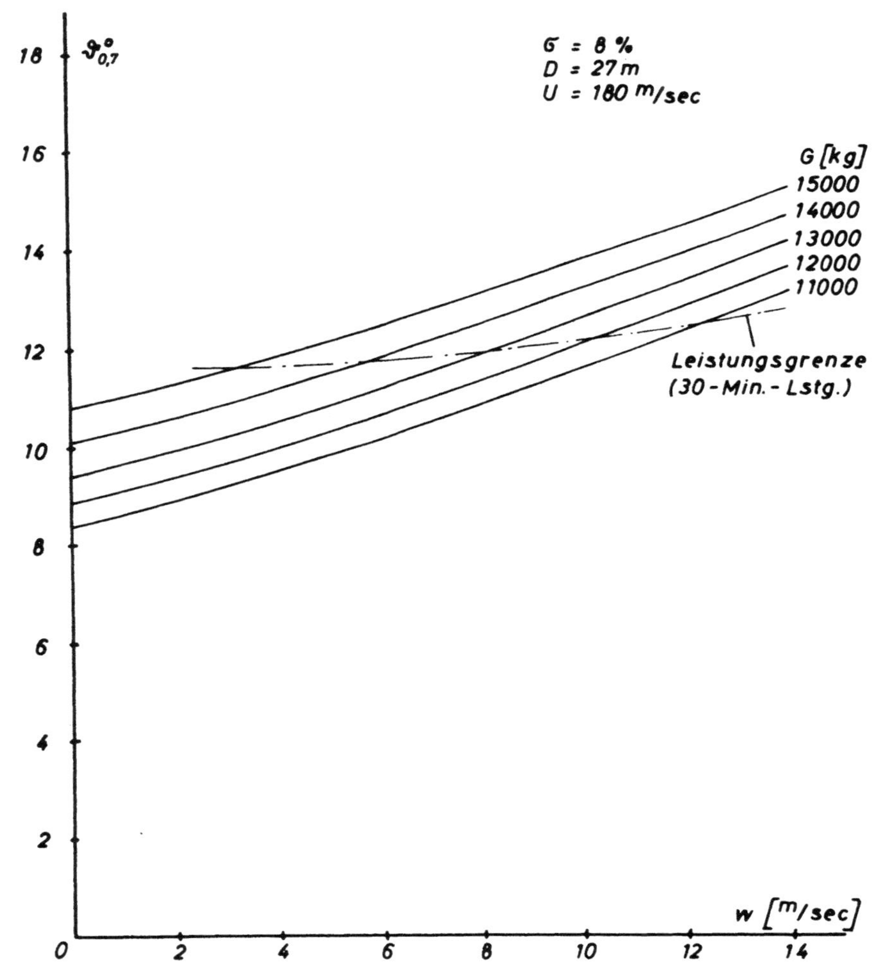

Abbildung 26

Blatteinstellwinkel $\vartheta_{0,7}$ über Steiggeschw. w im Senkrechtflug

M_{Ro} ist in Abbildung 25 in Abhängigkeit von Fluggewicht und Steiggeschwindigkeit angegeben.

Aus der beschriebenen Rechnung ergibt sich auch der Blatteinstellwinkel $\vartheta_{0,7}$, der zur Erzielung einer bestimmten Steiggeschwindigkeit erforderlich ist. Die eingetragene Leistungsgrenze gibt die bei 30-Min.-Leistung des Triebwerkes N.Ga.4 höchstens erreichbaren Geschwindigkeiten an (Abb. 26).

3.3 Gipfelhöhe und Steigzeit

In diesem Abschnitt sollen die Möglichkeiten für den senkrechten Steigflug in Abhängigkeit von der Flughöhe untersucht werden.

Der Leistungsbedarf des Lastenhubschraubers in verschiedenen Flughöhen wurde für den Schwebeflug in Abbildung 12 angegeben. Die entsprechenden Leistungsdiagramme für 0,5 und 1 m/s senkrechte Steiggeschwindigkeit zeigen die Abbildungen 27 und 28. Bei der Berechnung dieser Steigleistungen wurde genauso vorgegangen wie im vorhergehenden Abschnitt für den Fall Flughöhe H = 0, nur daß jetzt für ρ/ρ_0 die Werte nach DIN 5450 für die betreffenden Flughöhen eingesetzt werden:

(1) $$k_n = \frac{S/F}{\rho/\rho_0 \cdot 1/16 \cdot U^2}$$

(2) $$N_{Ro} = \frac{k_d}{75} \cdot \frac{\rho}{\rho_0} \cdot \frac{1}{16} \cdot U^3 \cdot F \quad [PS]$$

Das Steigleistungsdiagramm für w = 0,5 m/s ist deshalb von Bedeutung, weil die Dienstgipfelhöhe als diejenige Flughöhe definiert ist, in der ein Hubschrauber noch mit 0,5 m/s senkrecht steigen kann. Dabei legen wir die 30-Min.-Leistung des Triebwerkes zugrunde und erhalten die Dienstgipfelhöhen aus Abbildung 27 als Schnittpunkte der 30-Min.-Kurve mit den Rotorleistungen für die einzelnen Fluggewichte. Das Ergebnis ist in Abbildung 28 aufgetragen. Da von der Turbine N.Ga.4 nur die Leistung in 1830 m Höhe bekannt ist und der lineare Leistungsabfall mit der Flughöhe nur auf einer Annahme beruht, sind die für größere Flughöhen errechneten Werte nur als Schätzungen zu betrachten.

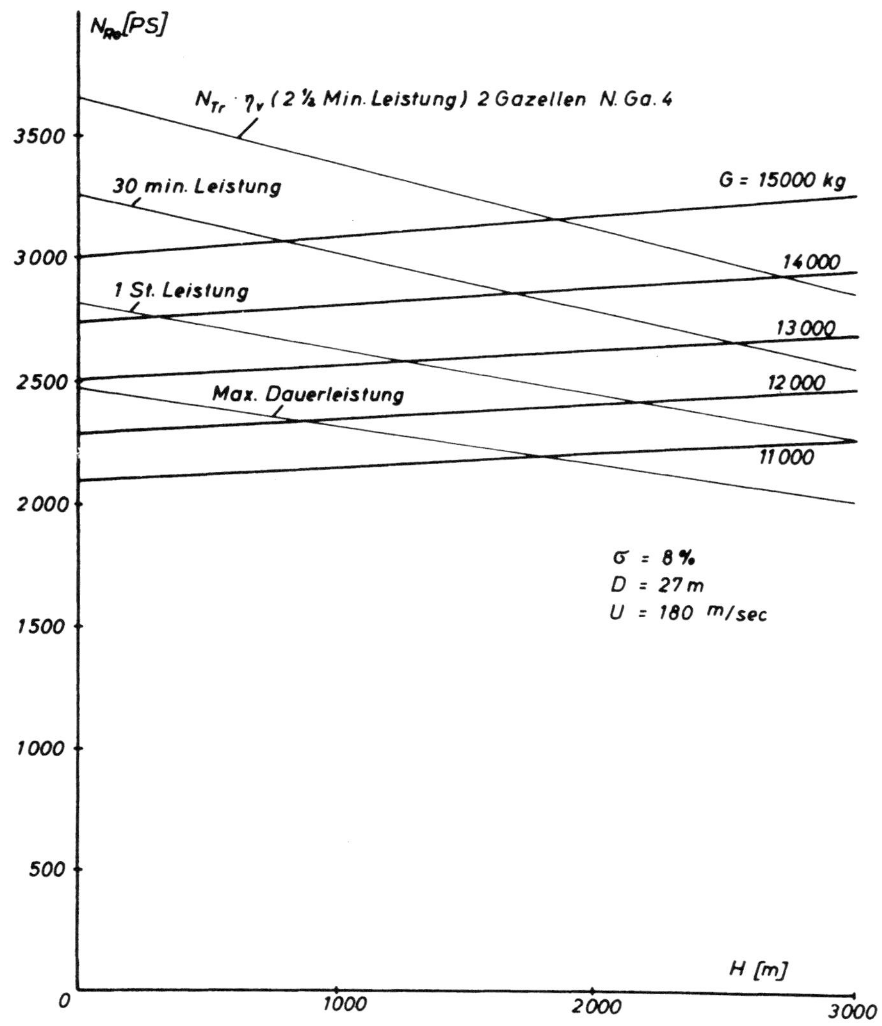

A b b i l d u n g 27

Rotorleistung über Flughöhe für senkr. Steigflug mit w = 0,5 m/sec

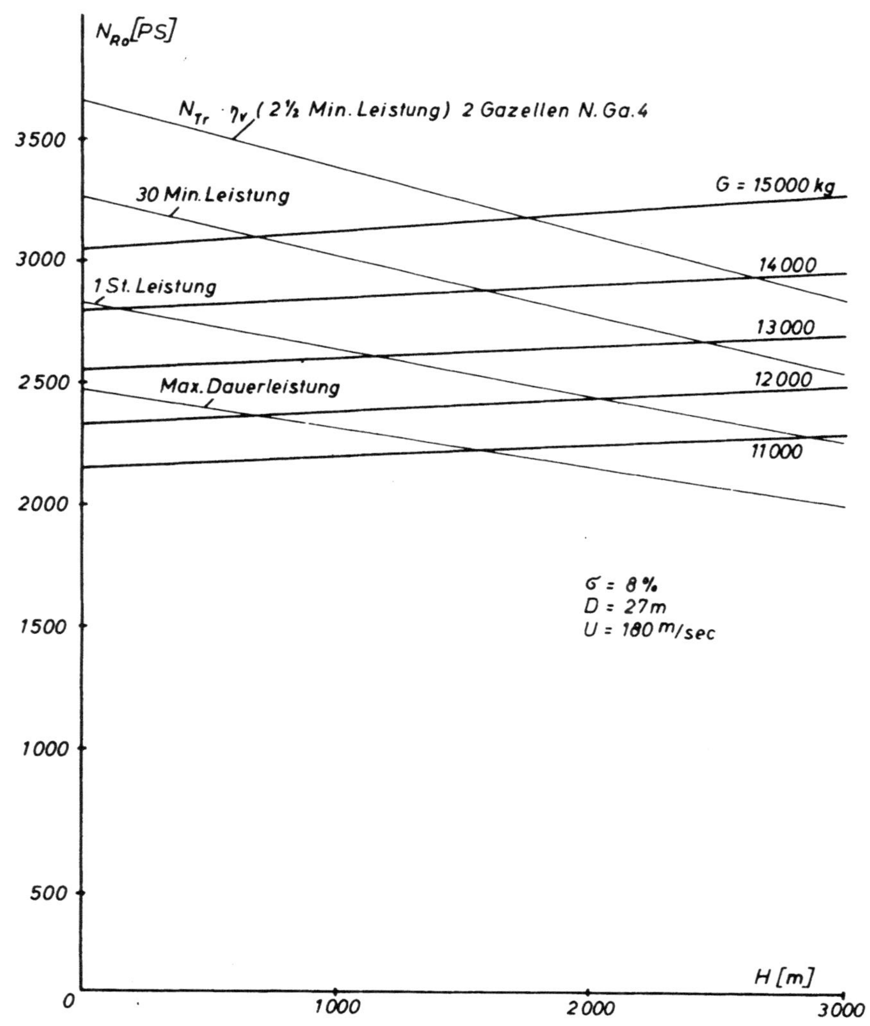

A b b i l d u n g 28

Rotorleistung über Flughöhe für senkr. Steigflug mit w = 1 m/sec

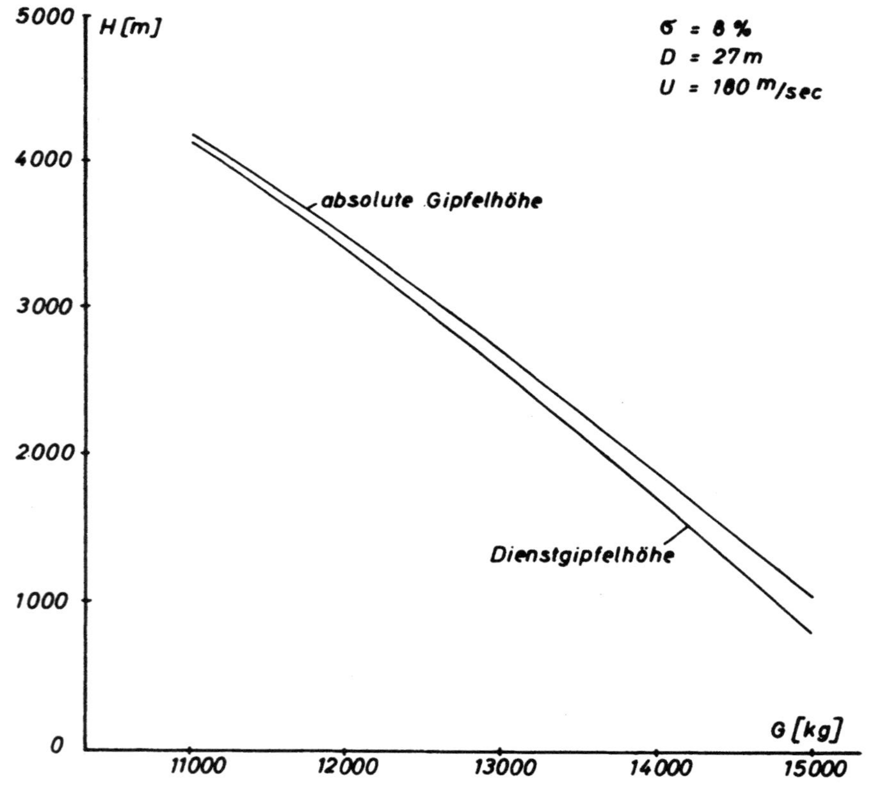

A b b i l d u n g 29

Gipfelhöhe im senkrechten Steigflug

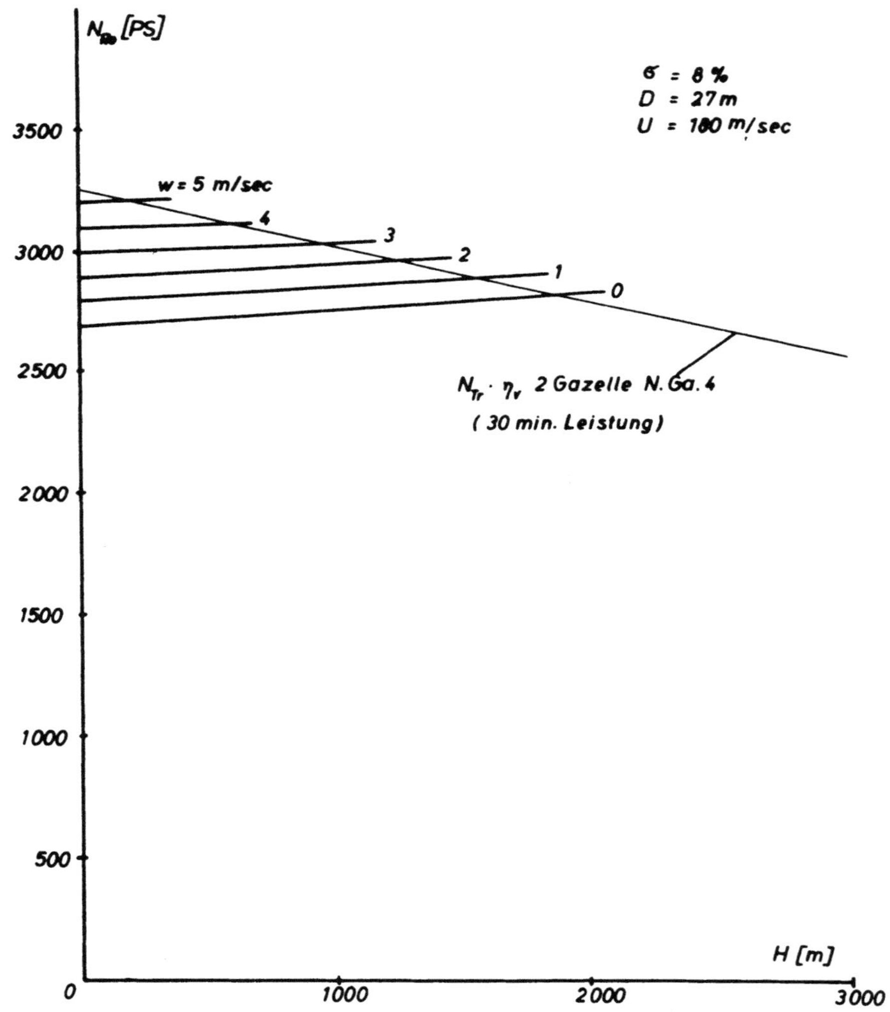

A b b i l d u n g 30

Rotorleistung über Flughöhe für Fluggewicht

G = 14000 kg

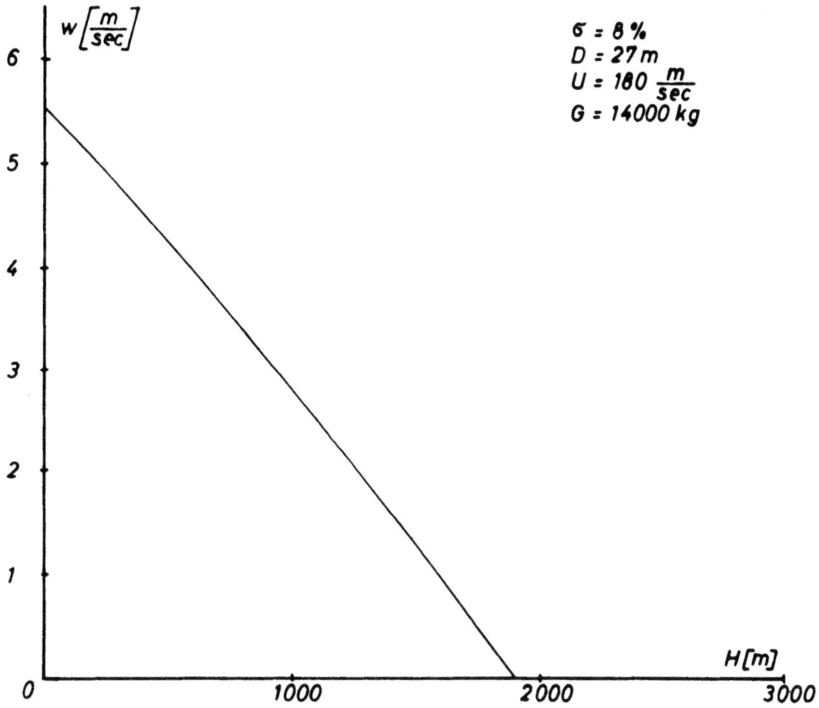

A b b i l d u n g 31
Steiggeschwindigkeit über Flughöhe bei 30-Min.-Leistung der Turbine und G = 14000 kg

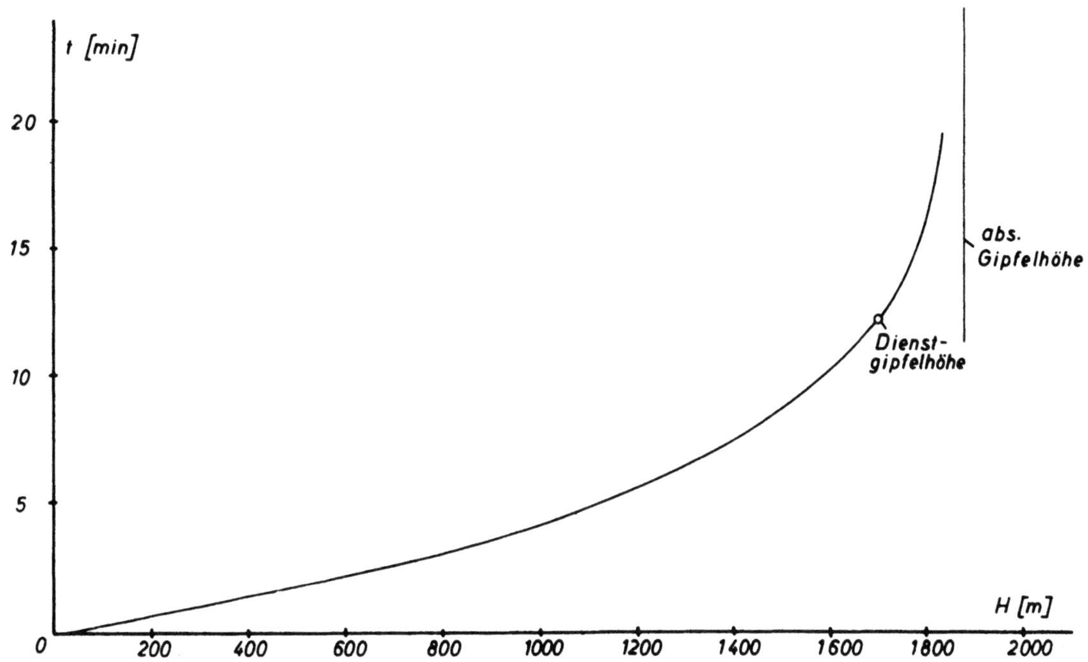

A b b i l d u n g 32
Steigzeit im Senkrechtflug für Fluggewicht G = 14000 kg

In Abbildung 28 ist auch eine Kurve für die absolute Gipfelhöhe angegeben. Sie wurde als diejenige Höhe ermittelt, in welcher der Hubschrauber bei 2 1/2-Min.-Leistung des Triebwerks gerade noch schweben kann.

Abbildung 30 zeigt eine Auftragung der Rotorleistung über der Flughöhe für verschiedene Steiggeschwindigkeiten und ein Fluggewicht von 14000 kg. Als Leistungsgrenze wurde wieder die 30-Min.-Kurve eingezeichnet. Dieses Diagramm dient als Grundlage für die Bestimmung der Steigzeit t im Senkrechtflug. Aus ihm wurden die Schnittpunkte der Leistungskurven für die einzelnen Steiggeschwindigkeiten entnommen und in Abbildung 31 aufgetragen.

Diese Abhängigkeit der bei 30-Min.-Leistung der Turbine möglichen Steiggeschwindigkeit w von der Flughöhe H ist ungefähr linear und läßt sich für G = 14000 kg durch die Gleichung

(3) $$w = 5{,}7 - 2{,}97 \frac{H}{1000} \left[\frac{m}{sec}\right]$$

ausdrücken. Damit ergibt sich die Steigzeit t zu

(4) $$t = \int_0^H \frac{1}{w} \cdot dH = \int_0^H \frac{dH}{5{,}7 - 2{,}97 \frac{H}{1000}} \quad [sec]$$

Die Steigzeit braucht also hier nicht durch schrittweise Rechnung ermittelt zu werden, sondern man kann integrieren

(5) $$t = - 5{,}61 \cdot \ln \left(1 - 0{,}521 \frac{H}{1000}\right) \quad [min]$$

Diese bis zum Erreichen einer bestimmten Steighöhe verstreichende Zeit t, wenn immer mit der 30-Min.-Leistung geflogen wird, ist für G = 14000 kg in Abbildung 32 angegeben. Die Dienstgipfelhöhe nach Abbildung 28 wird nach 12 Minuten erreicht. Die absolute Gipfelhöhe ist als Asymptote eingetragen.

4. Horizontalflug

4.1 Energiemethode

Die Leistungsrechnung für den Vorwärtsflug wollen wir nach der sog. Energiemethode durchführen. Dabei geht man davon aus, daß im zunächst behandelten Fall des Horizontalfluges am Hubschrauber folgende Widerstände auftreten:

Schädlicher Widerstand aller Flugzeugteile außer Rotor	W_s
Induzierter Widerstand des Rotors	W_i
Profilwiderstand der Rotorblätter	W_p

Machen wir diese Widerstandsanteile mit dem Auftrieb A des Rotors dimensionslos, dann gelten nach Bericht 2 der DSH folgende Beziehungen:

Schädlicher Widerstand

(1) $$\frac{W_s}{A} = \frac{c_{w_s}}{c_a}$$

Induzierter Widerstand

(2) $$\frac{W_i}{A} = \frac{c_a}{4}$$

Profilwiderstand

(3) $$\frac{W_p}{A} = \frac{c_{w_p}}{c_a} \cdot \frac{\sigma}{4} \cdot \left(\frac{1}{\lambda^3} + \frac{3}{\lambda}\right)$$

wobei

$$c_a = \frac{G}{\varrho/2 \cdot v^2 \cdot F}$$ = Auftriebsbeiwert des Rotors

$$c_{w_p} = 0{,}010 + 0{,}0128 \cdot \bar{c}_a^2$$ = Profilwiderstandsbeiwert

$$\bar{c}_a = 3{,}2 \cdot \frac{k_n}{\sigma}$$ = mittlere Blattbelastung

$$\lambda = \frac{v}{U}$$ = Fortschrittsgrad

Mit diesen Widerstandsanteilen erhält man die Gesamtwiderstandsleistung $N_{w\,ges}$ zu

(4) $$N_{w\,ges} = \frac{W_{ges} \cdot v}{75} = \frac{A \cdot v}{75} \cdot \left(\frac{W_s}{A} + \frac{W_i}{A} + \frac{W_p}{A}\right) \; [PS]$$

Bevor sie berechnet werden kann, müssen wir erst noch den Beiwert c_{w_s} des schädlichen Widerstandes abschätzen und die Erhöhung des Profilwiderstandes durch Abreiß- und Machzahleffekte berücksichtigen, was in den nächsten beiden Abschnitten geschehen soll.

4.2 Schädlicher Widerstand

Da noch keine Modellmessungen zur Ermittlung des schädlichen Widerstandes der beiden Ausführungen des projektierten Lastenhubschraubers unternommen werden konnten, sollen rechnerische Abschätzungen durchgeführt werden. Das Baumuster L-41 mit Rumpf in Schalenbauweise läßt sich hinsichtlich Form und Flächenbelastung am ehesten mit dem Hubschrauber Sikorsky S-58 vergleichen. Zunächst soll daher der Beiwert des schädlichen Widerstandes dieses im Einsatz befindlichen Baumusters aus Angaben der Höchstgeschwindigkeit und der Triebwerksleistung ermittelt werden.

Schädlicher Widerstand der S-58

Vom Baumuster S-58 sind folgende Daten bekannt:

Fluggewicht	G	=	5900 kg
Rotordurchmesser	D	=	17,06 m
Rotorkreisfläche	F	=	229 m^2
Flächenbelastung	G/F	=	25,76 kg/m^2
Rotorkreisflächendichte	σ	=	6 %
max. Dauerleistung	N_{Mo}	=	1295 PS
Höchstgeschwindigkeit	V_{max}	=	213 km/h;
			v_{max} = 59,2 m/sec

Die Rotorumfangsgeschwindigkeit sei zu $U = 180$ m/sec angenommen. Damit wird

Fortschrittsgrad $\lambda_{max} = \frac{v_{max}}{U} = 0{,}329$

Schubbeiwert $k_n = \frac{G/F}{\rho/2 \cdot U^2} = 0{,}0127$

Auftriebsbeiwert $c_a = k_n / \lambda^2 = 0{,}118$

Mittlere Blattbelastung $\bar{c}_a = 3{,}2 \frac{k_n}{\sigma} = 0{,}677$

Profilwiderstandsbeiwert $c_{wp} = 0{,}010 + 0{,}0128 \cdot \bar{c}_a^2 = 0{,}016$

Für die Rotorleistung erhält man mit einem Antriebsverlustfaktor $\eta_v = 0{,}80$

$$N_{RO} = N_{Mo} \quad \eta_v = 1037 \text{ PS}$$

Die bei Höchstgeschwindigkeit v_{max} benötigte Rotorleistung ergibt sich nach der Energiemethode aus der Gleichung

(5) $$\frac{N_{Ro} \cdot 75}{v_{max} \cdot A} = \frac{W_s}{A} + \frac{W_p}{A} + \frac{W_i}{A}$$

Dabei beträgt der Anteil des Profilwiderstandes der Blätter

(6) $$\left(\frac{W_p}{A}\right)_0 = \frac{c_{wp} \cdot \sigma}{4 \cdot c_a} \cdot \left(\frac{1}{\lambda^3} + \frac{3}{\lambda}\right) = 0{,}075$$

Bei einem verhältnismäßig hohen Fortschrittsgrad $\lambda = 0{,}33$ ist mit einem teilweisen Abreißen der Strömung am rücklaufenden Blatt zu rechnen. Die damit verbundene Erhöhung des Profilwiderstandes läßt sich nach einem von K.B. AMER entwickelten Verfahren abschätzen, das in Abschnitt 4.3 dargelegt wird. Für den vorliegenden Fall erhält man einen Erhöhungsfaktor von 1,2 und damit

(7) $$\frac{W_p}{A} = 1{,}2 \cdot \left(\frac{W_p}{A}\right)_0 = 0{,}090$$

Für den induzierten Widerstand des Rotors ergibt sich

(8) $$\frac{W_i}{A} = \frac{c_a}{4} = 0{,}030$$

Wird nun in Gl. (5) für die Rotorleistung $N_{Ro} = 1037$ PS eingesetzt, dann bleibt für den schädlichen Widerstand des Rotors der Anteil

(9) $$\frac{W_s}{A} = 0{,}223 - 0{,}090 - 0{,}030 = 0{,}203 \quad .$$

Wegen

(10) $$\frac{W_s}{A} = \frac{c_{ws}}{c_a}$$

wird der Beiwert des schädlichen Widerstandes der S-58

$$c_{ws} = 0{,}024$$

c_{w_s} -Beiwerte der Lastenhubschrauber L-41 und L-51

Für das Baumuster L-41 mit verkleidetem Rumpf läßt sich der schädliche Widerstand der einzelnen Bauteile außer Rotor ermitteln. Dabei werden für Rumpf, Rotorkopf, Fahrwerk, Leitwerk usw. die nach Meßwerten geschätzten Widerstandsbeiwerte c_w und die jeweiligen Bezugsflächen f , als welche entweder die Stirn- oder die Oberflächen der Bauteile dienen, in einer Tabelle zusammengestellt. Der Beiwert des schädlichen Widerstandes ergibt sich, wenn man die Summe der Produkte $c_w \cdot f$ der Einzelbauteile auf die Rotorkreisfläche F bezieht, zu

$$c_{w_s} = \frac{\Sigma c_w \cdot f}{F} \tag{11}$$

Man erhält einen etwas geringeren Wert als für die S-58, da das größere Baumuster L-41 (Fluggewicht G = 14 to statt 5,9 to) sich aerodynamisch günstiger ausbilden läßt.

Für einen längs angeströmten Fachwerkrumpf, wie er bei der Ausführung L-51 vorliegt, läßt sich der schädliche Widerstand nur schwer abschätzen. Um einen Überblick zu erhalten, soll die Leistungsrechnung für die 3 Werte

$$c_{w_s} = 0{,}011 \quad 0{,}014 \quad 0{,}017$$

durchgeführt werden.

4.3 Der Einfluß von Abreiß- und Machzahleffekten auf den Leistungsbedarf

Im schnellen Vorwärtsflug eines Hubschraubers tritt am jeweils rücklaufenden Rotorblatt ein teilweises Abreißen der Strömung auf, das erhöhten Leistungsbedarf und Schwingungserscheinungen zur Folge hat. Diese Abreißeffekte sind abhängig vom Fortschrittsgrad $\lambda = v/U$, d.h., sie treten bei Wahl einer höheren Umfangsgeschwindigkeit U erst bei größerer Fluggeschwindigkeit v auf. Mit steigender Umfangsgeschwindigkeit wächst aber auch die Anströmgeschwindigkeit U + v an der vorwärtslaufenden Blattspitze, wobei bald Machzahlen von M = 0,7 und mehr erreicht werden. Sobald örtlich die sog. kritische Machzahl überschritten wird, die je nach Profildicke und Auftriebsbeiwert bei $M = 0{,}6 \dots 0{,}8$ liegt, steigen ebenfalls Profilwiderstand und Leistungsbedarf steil an.

Man hat im schnellen Vorwärtsflug also stets mit erhöhtem Leistungsbedarf infolge Abreißens, Macheffekt oder infolge gleichzeitigen Auftretens beider Erscheinungen zu rechnen. Bei einfachen Leistungsrechnungen, z.B. nach der Energiemethode, lassen sich diese Effekte nicht berücksichtigen. Dazu müssen der Anstellwinkel, die Machzahl der Anströmung und dafür die Luftkraftbeiwerte an einer Reihe von Blattschnitten bei verschiedenen Blattstellungen ermittelt werden. Durch Integration über das Blatt und über den Umlaufwinkel erhält man daraus die genauen Werte von Schub und Rotorleistung.

K.B. AMER [1] berechnete auf diese Weise mit Hilfe elektronischer Rechenautomaten die Profilwiderstandsleistung N_{w_p} für eine Anzahl von Fällen, bei denen Abreißen oder Macheffekte auftreten. Zum Vergleich ermittelte er für die gleichen Daten auch die Profilleistung nach der Energiemethode, die mit $N_{w_{po}}$ bezeichnet sei. Der Erhöhungsfaktor für die genauere Leistung N_{w_p} gegenüber dem Wert nach der einfachen Theorie ist dann

(1) $$f = \frac{N_{w_p}}{N_{w_{po}}}$$

AMER bestimmte den Leistungsmehraufwand getrennt für den Abreiß- und für den Macheffekt, so daß

(2) $$f = f_{Abr} + f_{Ma}$$

<u>Abreißeffekt</u>

Für die Leistungserhöhung f_{Abr} infolge Abreißens erwies sich eine Auftragung über dem Parameter

(3) $$k_{Abr} = \left[c_{w_p}\ (x = 1{,}0;\ \psi = 270°) - 0{,}02\right] \cdot (1-\mu)^3$$

als sinnvoll. Die in diesem Diagramm (s. Abb. 33) eingetragenen Ergebnisse der Vergleichsrechnung zeigten nur geringe Streuung. Die Größe k_{Abr} enthält den Profilwiderstandsbeiwert c_{w_p} am äußeren Ende des rücklaufenden Blattes in der Stellung $\psi = 270^\circ$. Die Zahl 0,02 ist etwa gleich dem Widerstandsbeiwert bei Beginn des Abreißens. Mit dem so erhaltenen Δc_{wp} läßt sich folgende Leistung bilden:

(4) $$\Delta N_{wp} = \Delta c_{wp} \cdot \rho/2 \cdot v_{res}^3 \cdot F \quad \left[\frac{mkg}{sec}\right]$$

Die resultierende Geschwindigkeit an der Stelle ($x = 1{,}0$; $\psi = 270^\circ$) des Rotors ist dabei die Umfangsgeschwindigkeit vermindert um die Komponente der Fluggeschwindigkeit

(5) $$v_{res} = U - v \cdot \cos\alpha = U \cdot (1 - \mu)\,; \qquad \mu = \frac{v}{U} \cdot \cos\alpha$$

Der Parameter k_{Abr} läßt sich also als Beiwert der Leistungserhöhung infolge Abreißens deuten:

(6) $$\Delta N_{wp} = k_{Abr} \cdot \rho/2 \cdot U^3 \cdot F$$

Machzahleffekt

Für den Leistungsmehrbedarf infolge Macheffektes verwendete AMER eine ähnliche Darstellung. Die Gefahr, daß die kritische Machzahl erreicht wird, besteht für das äußere Blattende nicht nur in der Stellung $\psi = 90^\circ$, wo die Anströmgeschwindigkeit ihren Größtwert

(7) $$v_{res} = U + v \cdot \cos\alpha = U\,(1 + \mu)$$

erreicht, sondern auch in der Gegend von $\psi = 0$ und 180°, wenn hier große effektive Anstellwinkel auftreten. Der Faktor f_{Ma} wurde daher über einem Parameter k_{Ma} aufgetragen, der die in den Stellungen ($x = 1{,}0$; $\psi = 90^\circ$) und ($x = 1{,}0$; $\psi = 0^\circ$) auftretenden Profilwiderstandsbeiwerte berücksichtigt:

(8) $$k_{Ma} = \left[c_{wp}(1{,}0;\,90^\circ) - 0{,}010\right] \cdot (1+\mu)^3 + \left[c_{wp}(1{,}0;\,0^\circ) - 0{,}015\right]$$

Die Auftragung von f_{Ma} über k_{Ma} zeigt Abbildung 34.

Um eine Korrektur der Profilwiderstandsleistung unter Verwendung der von AMER ermittelten Erhöhungsfaktoren durchzuführen, ist es also nur notwendig, die c_{wp}-Beiwerte für die drei genannten Stellungen des

Blattes zu bestimmen. Dazu ist es zunächst notwendig, die betreffenden Anstellwinkel α_{eff} zu ermitteln.

Den Winkel α_{eff} (1,0; 270°) kann man aus den von GESSOW und TAPSCOTT, [2], [3], berechneten Diagrammen für die vorliegenden Werte von $\frac{k_n}{G \cdot c'_{a\infty}}$ und des Blatteinstellwinkels $\vartheta_{0,75}$ ablesen. Die Größen für $\vartheta_1 = -4{,}44°$ erhält man dabei durch Interpolation aus den Kurven für 0 und - 8° lineare Verwindung. Aus einer Meßkurve c_{wp} über α_{eff} des verwendeten Profils, die den Anstellwinkelbereich 10 bis 20° umfaßt (s. Abb. 35), läßt sich nun der betreffende Profilwiderstandsbeiwert ablesen und damit aus Abbildung 33 die Größe f_{Abr} bestimmen.

Zur Berechnung von α_{eff} am Blattende für ψ = 0 und 90° verwenden wir die Beziehungen nach [4]:

(9) $$\alpha_{eff} = \vartheta_{1,0} = \frac{v_n}{v_t}$$

und

(10) $$\frac{v_t}{U} = x + \mu \cdot \sin\psi$$

$$\frac{v_n}{U} = \delta - x \cdot \frac{d\beta}{d\psi} - \mu \cdot \beta \cdot \cos\psi$$

Mit dem Reihenansatz für den Schlagwinkel β bis zur ersten Harmonischen:

(11) $$\beta = a_0 - a_1 \cdot \cos\psi - b_1 \cdot \sin\psi$$

$$\frac{d\beta}{d\psi} = a_1 \cdot \sin\psi - b_1 \cdot \cos\psi$$

ergibt sich daraus

(12) $$\alpha_{eff}\ (1{,}0\,;\ 0°) = \vartheta_{1,0} + \delta + b_1 - \mu\ (a_0 - a_1)$$

$$\alpha_{eff}\ (1{,}0;\ 90°) = \vartheta_{1,0} + \frac{\delta - a_1}{1+\mu}$$

Für diese Anstellwinkel läßt sich zunächst der Auftriebsbeiwert aus der $c_a - \alpha$ -Kurve des Profils NACA 0012 (s. Abb. 36) ablesen. Den Profilwiderstandsbeiwert c_{wp} für Anströmgeschwindigkeiten, die unter der kritischen Machzahl liegen, kann man aus der Polaren Abbildung 37 entnehmen.

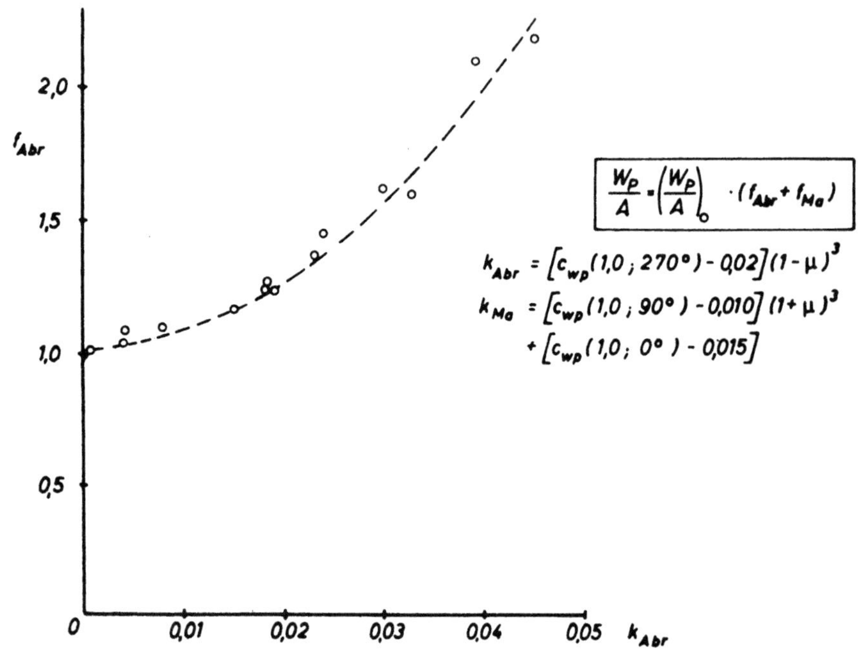

A b b i l d u n g 33
Einfluß des Abreißeffektes auf den Profilwiderstand
nach Vergleichsrechnungen von K.B. AMER [1]

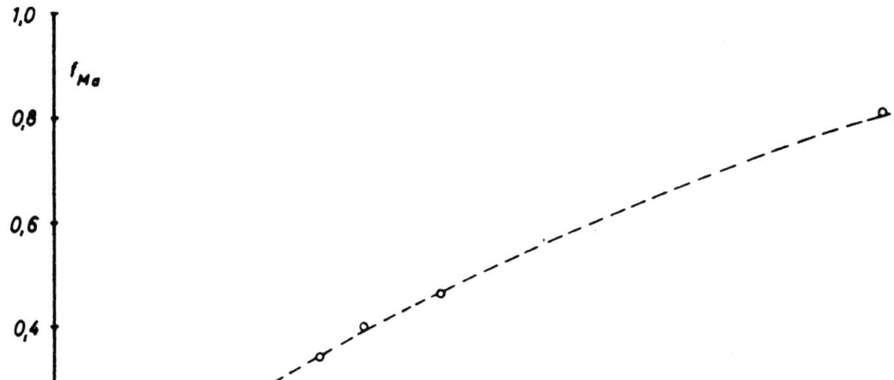

A b b i l d u n g 34
Einfluß des Machzahleffektes auf den
Profilwiderstand nach K.B. AMER [1]

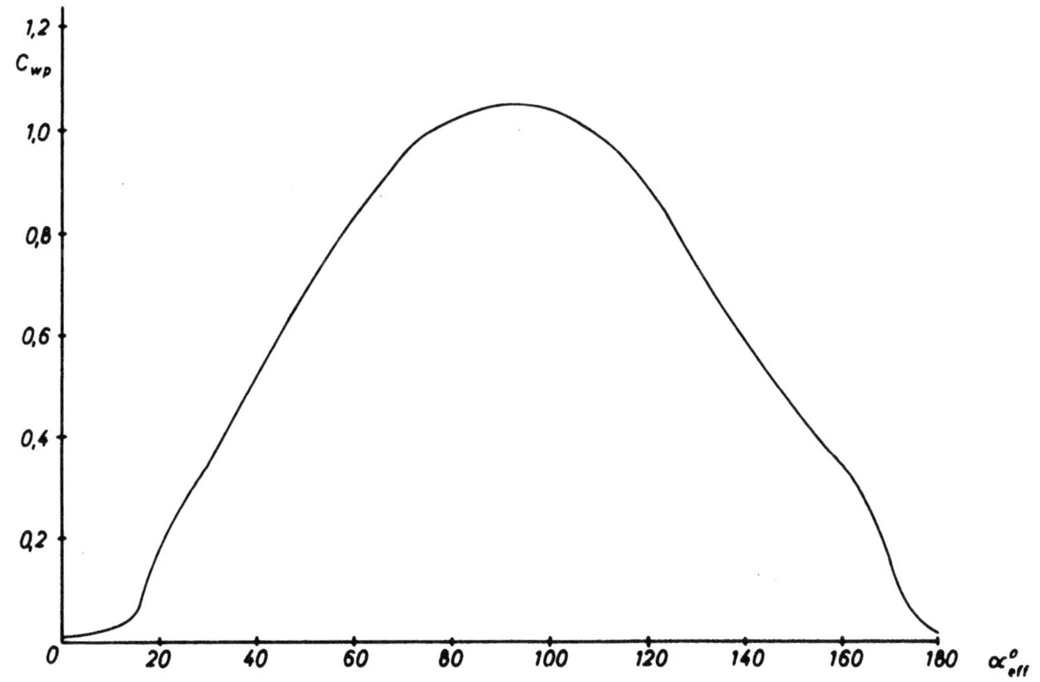

A b b i l d u n g 35

Widerstandsbeiwert c_{wp} über Anstellwinkel α^o_{eff} für Profil NACA 0012

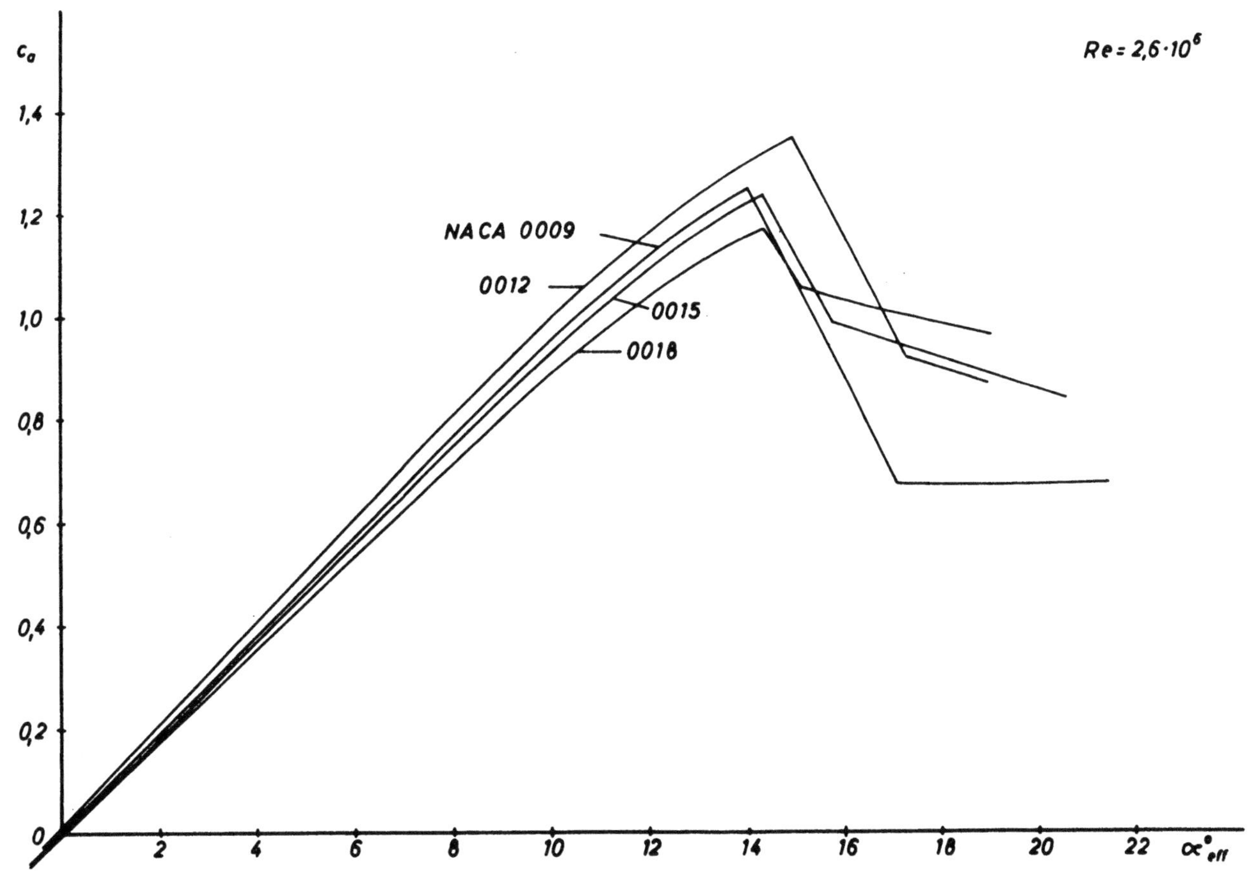

A b b i l d u n g 36

Auftriebsbeiwert c_a über Anstellwinkel α^o_{eff} für symmetrische Profile

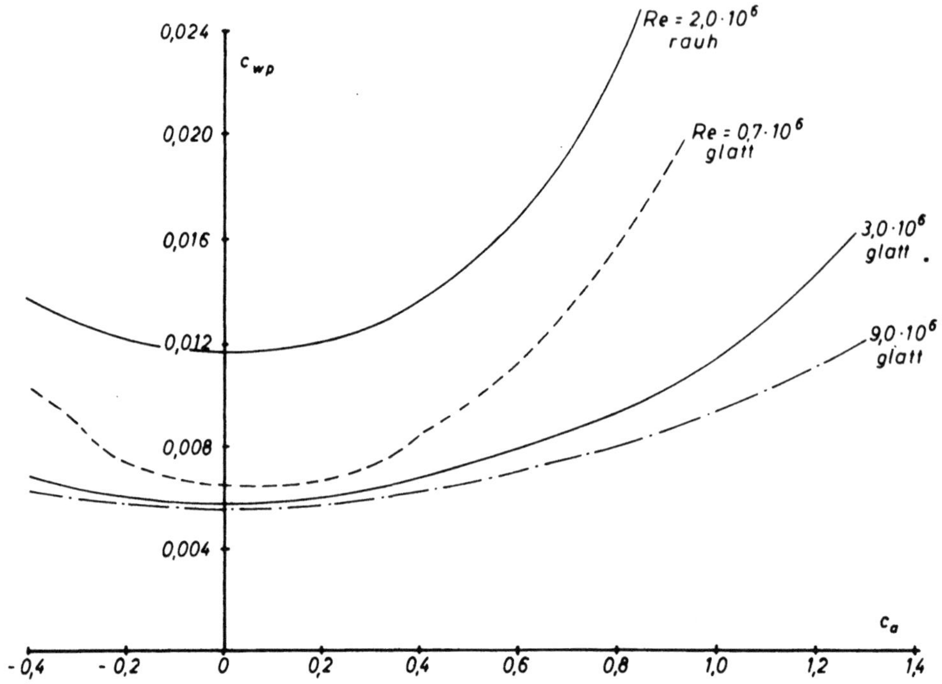

A b b i l d u n g 37
Polare des Profils NACA 0012 (nach NACA TN 1945)

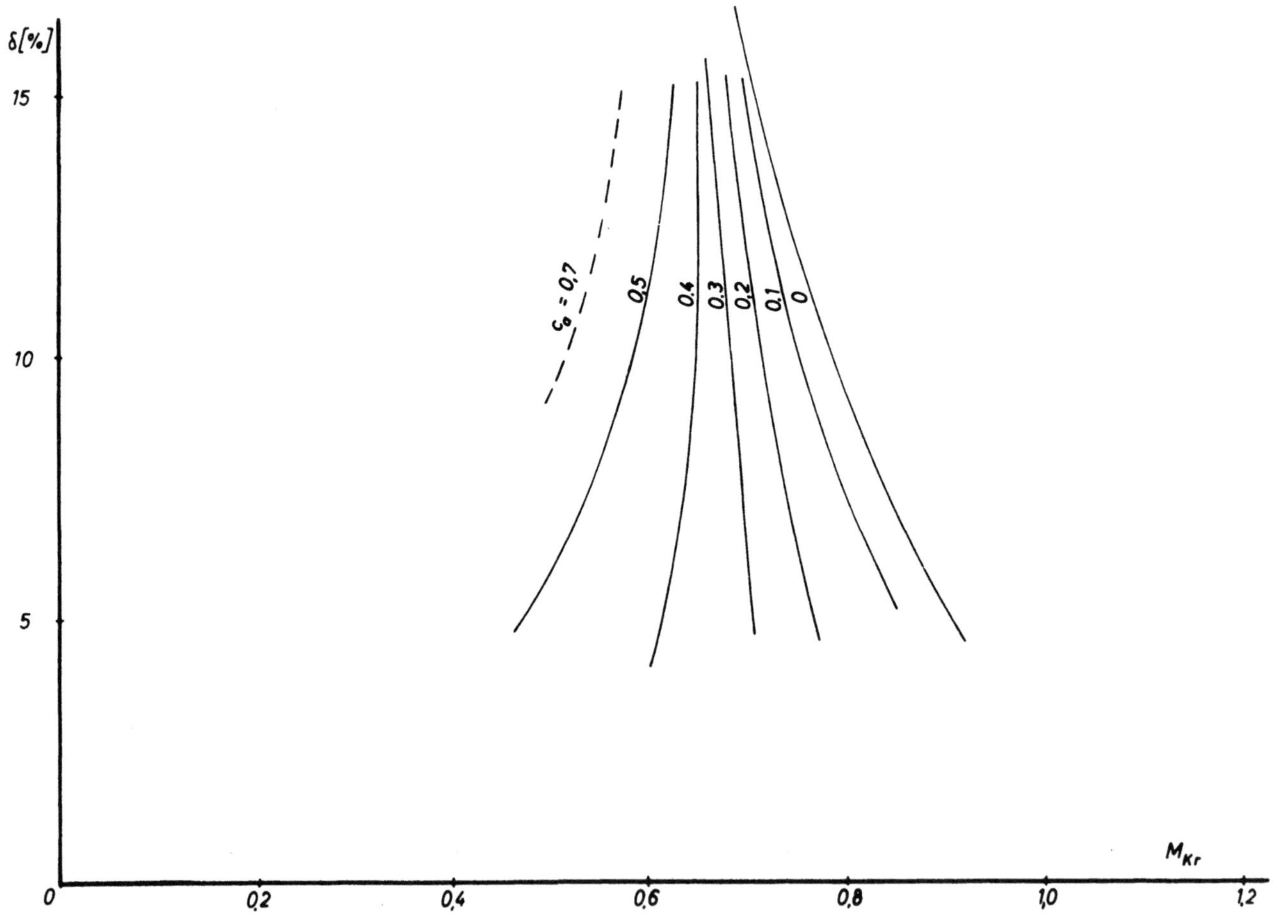

A b b i l d u n g 38
Dickenverhältnis **δ** [%] über krit.Machzahl M_{kr} für symm.Profile nach [5]

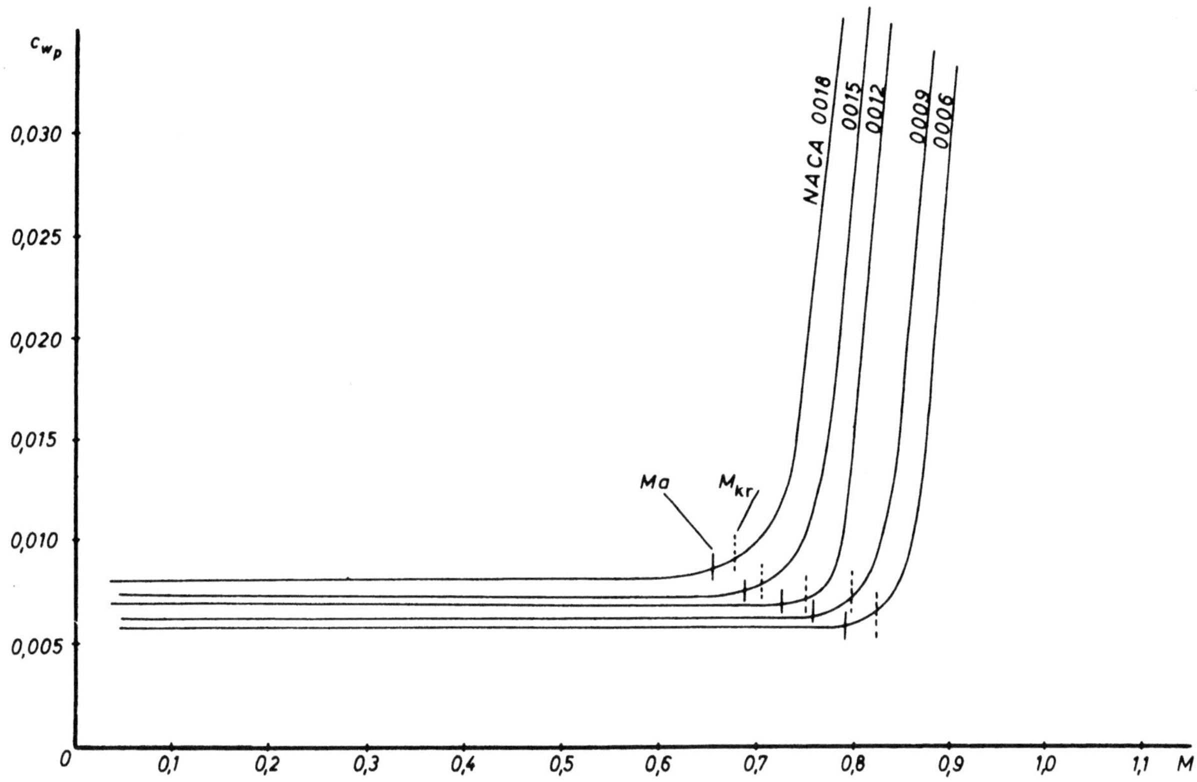

A b b i l d u n g 39

Widerstandsbeiwert c_{wp} über Machzahl M für symmetr. Profile für $c_a = 0$ nach W. JUST und K. SAHLIGER [5]

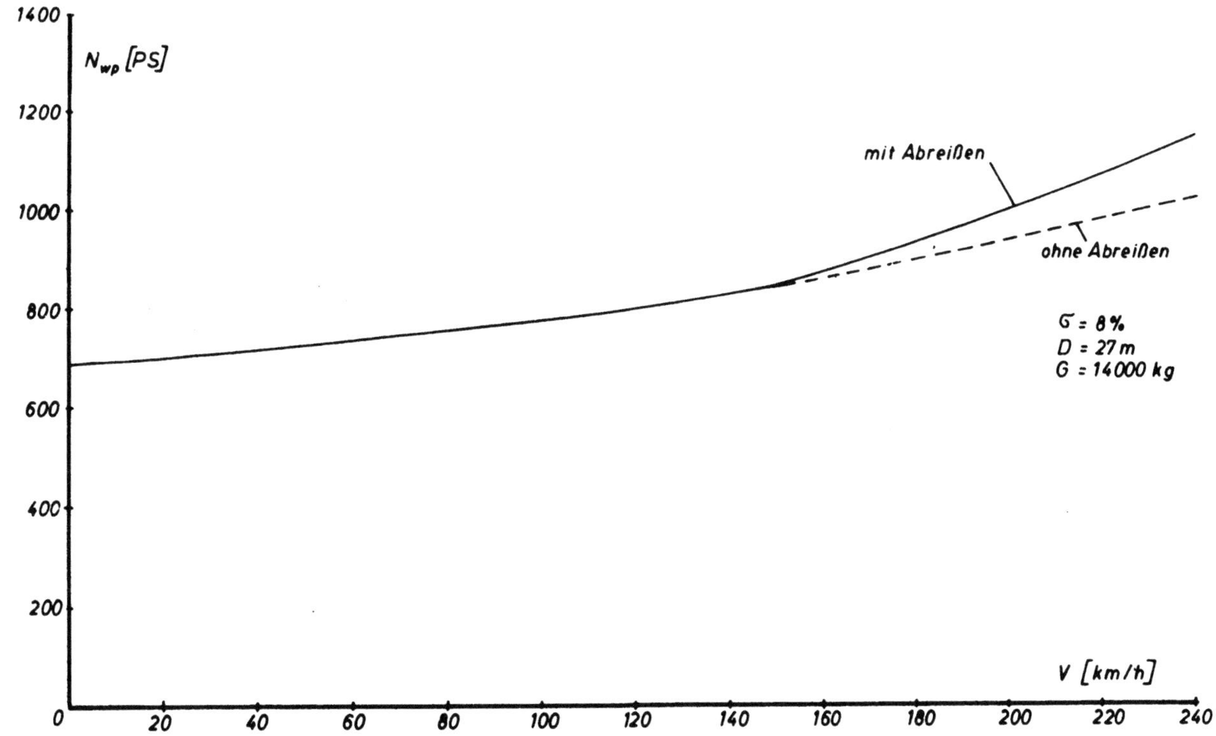

A b b i l d u n g 40

Profilwiderstandsleistung N_{wp} im Vorwärtsflug

Die Machzahl M der Anströmung erhält man zu

(13)
$$M(1{,}0;\,0^\circ) = \frac{U}{a}$$
$$M(1{,}0;\,90^\circ) = \frac{U}{a}(1+\mu)\,,$$

wobei a die Schallgeschwindigkeit ist, die bei Normatmosphäre in Bodennähe 340 m/sec beträgt.

Aus Abbildung 38 läßt sich nun feststellen, ob diese Machzahl M der Anströmung über oder unter der kritischen Machzahl M_{kr} für die Profildicke δ = 12 % bei dem betreffenden c_a-Beiwert liegt. Bei diesem von W. JUST und K. SAHLIGER [5] angegebenen Diagramm ist die praktische kritische Machzahl M_{kr} als diejenige Stelle der c_{wp} -Kurve über der Machzahl M definiert, die den Gradienten

$$\frac{\partial c_{wp}}{\partial M} = 0{,}02$$

besitzt. Über den weiteren Anstieg des Widerstandsbeiwertes mit der Machzahl gibt Abbildung 39, allerdings nur für c_a = 0, Auskunft.

Aus den Diagrammen 37 bis 39 lassen sich die gesuchten c_{wp} -Werte abschätzen. Mit Hilfe von Abbildung 34 kann man dann den Faktor für die Leistungserhöhung infolge Macheffektes bestimmen. Mit dem nach der Energiemethode Gl. 4.1 (3) berechneten Widerstandsanteil $\left(W_p/A\right)_0$ erhält man den genaueren Wert des Profilwiderstandes zu

(14)
$$\frac{W_p}{A} = \left(\frac{W_p}{A}\right)_0 \cdot \left(f_{Abr} + f_{Ma}\right)$$

Für die Daten des Lastenhubschraubers ergibt sich infolge Machzahleffektes keine Erhöhung des Profilwiderstandes. An der Stelle (x = 1,0; ψ = 90°) des Rotors werden bei einer Umfangsgeschwindigkeit U = 180 m/sec im Bereich in Frage kommender Fluggeschwindigkeiten Machzahlen bis M = 0,75 erreicht. Da jedoch der effektive Anstellwinkel nur bei etwa 0° liegt, wird M_{kr} nicht überschritten. Die Machzahl M (1,0; 0°) liegt nur bei 0,53. Wegen des verhältnismäßig hohen Auftriebsbeiwertes $c_a \approx 0{,}75$ an dieser Stelle ist die kritische Machzahl nur etwa M_{kr} = 0,55. Es tritt also auch hier gerade noch kein Widerstandsanstieg ein.

Die durch das Abreißen bedingte Leistungserhöhung ist in Abbildung 40 dargestellt. Sie beginnt für den Lastenhubschrauber mit 14 to Fluggewicht bei einer Fluggeschwindigkeit von etwa 150 km/h und macht bei 240 km/h schon 12 % der Profilwiderstandsleistung aus.

4.4 Höchstgeschwindigkeit

Die Gesamtwiderstandsleistung nach Gl. 4.1 (4) wurde unter Berücksichtigung des Abreißens nach Abschnitt 4.3 für die c_{ws} -Beiwerte 0,011, 0,014 und 0,017 und für 3 Fluggewichte berechnet und in den Abbildungen 41 bis 43 über Der Fluggeschwindigkeit aufgetragen. Die in den Diagrammen außerdem eingezeichneten Kurven für die Triebwerksleistung

$$N_{Tr} \cdot \eta_v + N_{Abg}$$

enthalten außer der Wellenleistung $N_{Tr} \cdot \eta_v$ der Turbine an der Rotornabe, die über der Geschwindigkeit konstant ist, noch die nutzbare Vortriebsleistung N_{Abg} des Abgasschubs der Turbine

$$N_{Abg} = \frac{S_{Abg} \cdot v}{75}$$

Aus den Schnittpunkten der Leistungskurven von Triebwerk und Hubschrauber erhält man die einzelnen Höchstgeschwindigkeiten. Sie liegen bei 1-Std.-Leistung der Turbine je nach Widerstandsbeiwert und Fluggewicht im Bereich von 180 bis 240 km/h.

4.5 Ausfall eines Triebwerkes

Im Leistungsdiagramm für den Vorwärtsflug läßt sich auch untersuchen, ob die nach Ausfall einer der beiden Gasturbinen verbleibende Antriebsleistung für den Weiterflug ausreicht. Wie man aus den Abbildungen 41 bis 43 sieht, verlaufen die Kurven für 2,5-Min.-Leistung und für 30-Min.-Leistung einer Gazelle N.Ga.4 im mittleren Geschwindigkeitsbereich über den Kurven für die Widerstandsleistung des Hubschraubers. Mit der verbleibenden Leistung einer Turbine kann also der Horizontalflug zum Aufsuchen eines Notlandegeländes fortgesetzt werden. Im Fluggeschwindigkeitsbereich von 100 bis 120 km/h sind mit der 30-Min.-Leistung des Triebwerkes auch schwache Steigflüge noch möglich. Wie die 2,5-Min.-Linie angibt, ist kurzzeitig auch noch eine höhere Überschußleistung verfügbar, was bei Ausfall einer Turbine während des Starts wichtig sein kann.

Die Berechnung der schrägen Steiggeschwindigkeit aus dem Leistungsüberschuß ΔN ist nach Bericht 2 der DSH [6] überschlägig mit folgender Formel möglich:

$$w_f = 75 \frac{\Delta N}{G} \cdot \eta_{wp} \; ; \qquad \eta_{wp} \approx 0{,}7$$

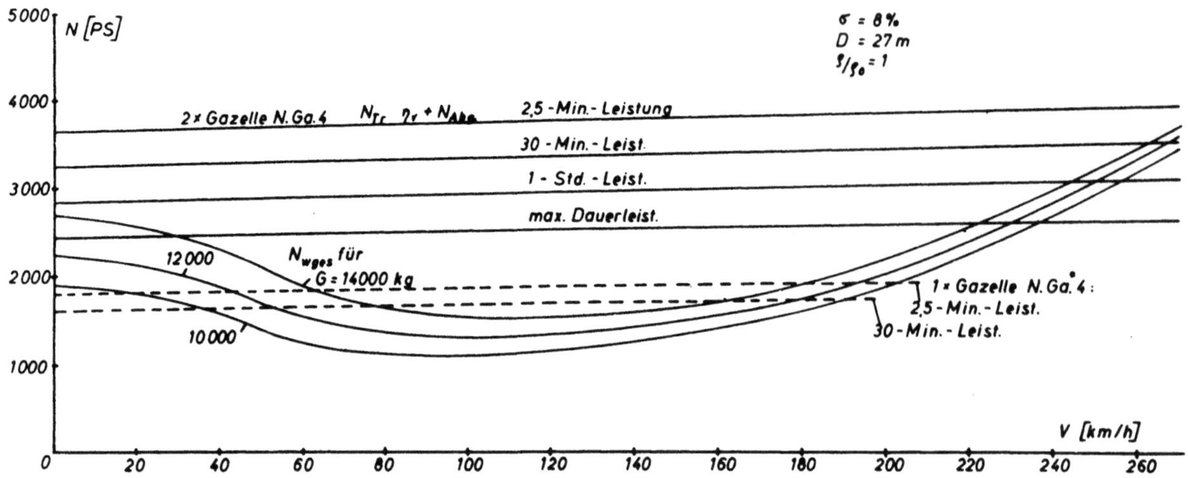

A b b i l d u n g 41

Leistung im Horizontalflug für c_{ws} = 0,011

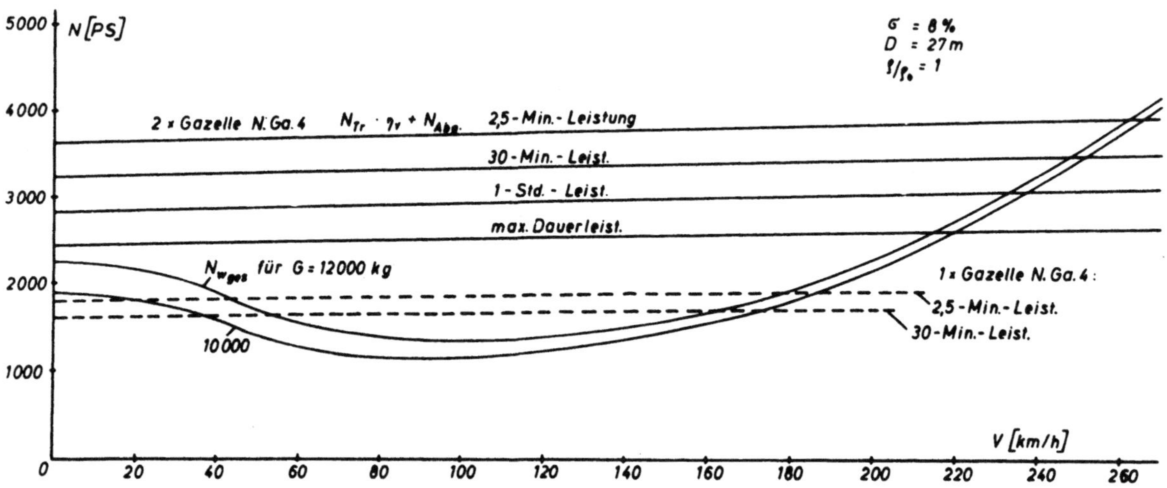

A b b i l d u n g 42

Leistung im Horizontalflug für c_{ws} = 0,014

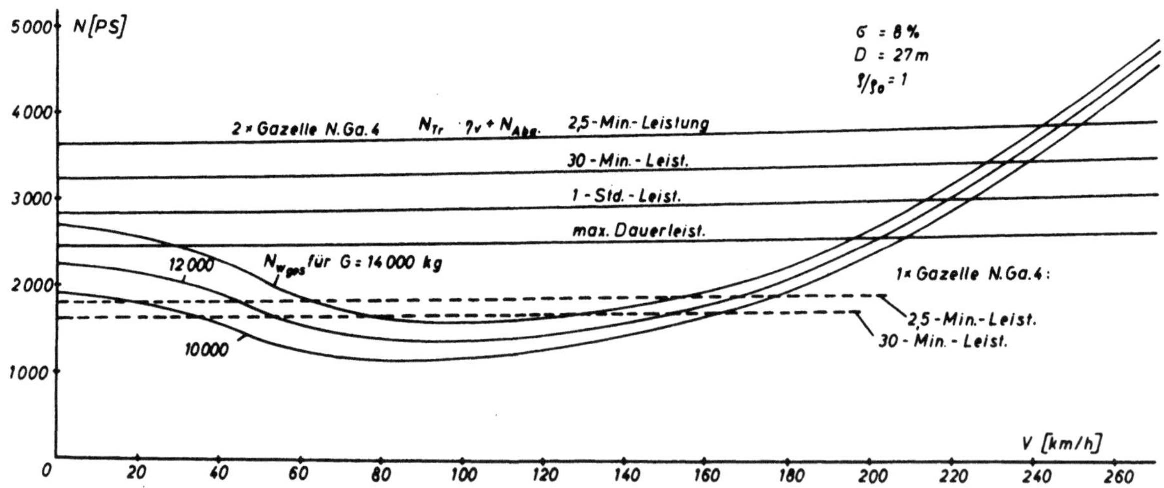

A b b i l d u n g 43

Leistung im Horizontalflug für c_{ws} = 0,017

Die größten Überschußleistungen ΔN wurden aus den Abbildungen 41 und 43 für c_{w_s} = 0,011 bzw. 0,017 jeweils bei der günstigsten Horizontalgeschwindigkeit abgelesen und daraus die maximalen Steiggeschwindigkeiten berechnet. Wie die Auftragungen der Abbildungen 44 und 45 zeigen, ist eine Steiggeschwindigkeit von 0,5 m/s auch bei voller Beladung noch erzielbar, während bei geringerem Fluggewicht Werte bis w = 5 m/s erreicht werden.

4.6 Reichweite

Für eine genaue Berechnung der Reichweite müssen der zeitliche Verlauf des Start- und des Landevorgangs und die Änderungen der Geschwindigkeit während des Fluges berücksichtigt werden. Hier soll jedoch zunächst der wesentlich einfachere Fall der Reichweite bei einem Flug mit konstanter Reisegeschwindigkeit behandelt werden. Man begeht dabei nur einen geringen Fehler, da man annehmen kann, daß sich der Kraftstoffverbrauch während der kurzen Zeitabschnitte hohen Leistungsbedarfs beim Start und geringeren Leistungsbedarfs bei langsamen Vorwärtsflug ungefähr ausgleicht.

Maßgebend für die Reichweite ist der stündliche Kraftstoffverbrauch $\dot{G}_K$ [kg/h], der mit der Abnahme des Kraftstoffgewichtes dG_K und des Fluggewichtes dG nach folgender Beziehung zusammenhängt:

(1)
$$dG = dG_K = \frac{dG_K}{dt} \cdot dt = \dot{G}_K \cdot dt$$

Die Flugstrecke setzt sich aus Streckenelementen ds [km] zusammen, die sich mit Hilfe der Fluggeschwindigkeit V [km/h] und des Zeitintervalls dt [h] ausdrücken lassen:

(2)
$$ds = V \cdot dt = V \cdot \frac{dG_K}{\dot{G}_K}$$

Dabei wird das Zeitintervall dt durch die Gewichtsabnahme und den Kraftstoffverbrauch nach Gl. (1) ausgedrückt.

Die Reichweite R erhält man als diejenige Flugstrecke, welche zurückgelegt wird, während die Kraftstoffmenge G_K verbraucht wird, also während das Gewicht vom Abfluggewicht G_A auf das Endgewicht $G_E = G_A - G_K$ abnimmt.

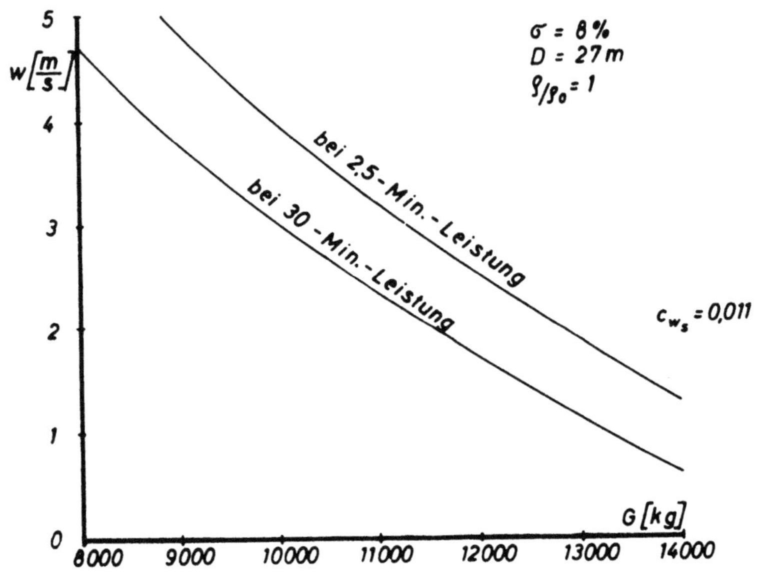

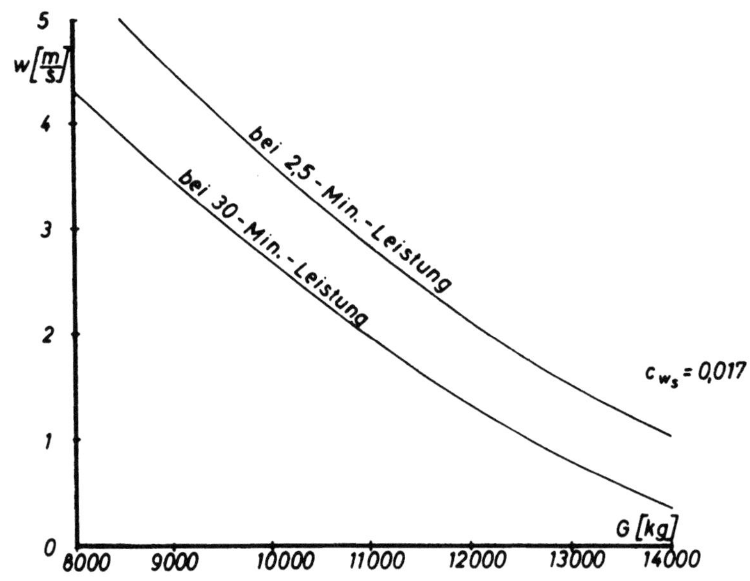

A b b i l d u n g 44 und 45

Max. Steiggeschwindigkeit w im Schrägflug mit optimaler Fluggeschwindigkeit nach Ausfall eines Triebwerkes

(3) $$R = \int_{G_E}^{G_A} ds = V \int_{G_E}^{G_A} \frac{dG_K}{\dot{G}_K}$$

Die Fluggeschwindigkeit V kann vor das Integral gesetzt werden, weil sie als konstant während des Fluges angenommen werden soll. Da sich mit der Abnahme des Fluggewichtes der Leistungsbedarf des Hubschraubers und damit der Kraftstoffverbrauch $\dot{G}_K$ vermindert, kann die Reichweite nur schrittweise berechnet werden. Die Kraftstoffmenge von 1800 kg sei in drei Teile von ΔG_K = 600 kg eingeteilt. Für das mittlere Fluggewicht G_i in jedem der 3 Intervalle

(4) $$G_i = G_A - \Delta G_K \left(i - \frac{1}{2}\right); \qquad i = 1; 2; 3$$

läßt sich für vorgegebene Fluggeschwindigkeiten V der Leistungsbedarf $N_{w\,ges}$ des Hubschraubers für c_{W_S} = 0,011 aus Abildung 41 ermitteln. Von diesem Leistungsbedarf muß man die Leistung N_{Abg} des Abgasschubes abziehen, um die für den Kraftstoffverbrauch maßgebende Rotorleistung N_{Ro} zu erhalten:

(5) $$N_{Ro} = N_{w\,ges} - N_{Abg} = N_{w\,ges} - \frac{S_{Abg} \cdot V}{270}$$

Den in dieser Gleichung vorkommenden Abgasschub S_{Abg} kann man aus Abbildung 46 ablesen, wo er über der Leistung $N_{w\,ges}$ aufgezeichnet ist. Man erhält diese Auftragung aus den Triebwerksdiagrammen der Abbildungen 1 und 2.

Für die nach Gl. (5) ermittelte Rotorleistung N_{Ro} kann man die Turbinenleistung $N_{Tr} = N_{Ro}/\eta_v$ berechnen und hierfür den stündlichen Kraftstoffverbrauch $\dot{G}_K$ aus Abbildung 8 bestimmen. Damit läßt sich nun die Reichweite R_i für jeden der drei Intervalle ermitteln:

(6) $$R_i = \frac{V \cdot \Delta G_K}{\dot{G}_K(V, G_i)}; \qquad i = 1; 2; 3 .$$

Die gesamte Reichweite R erhält man durch Summierung

(7) $$R = R_1 + R_2 + R_3$$

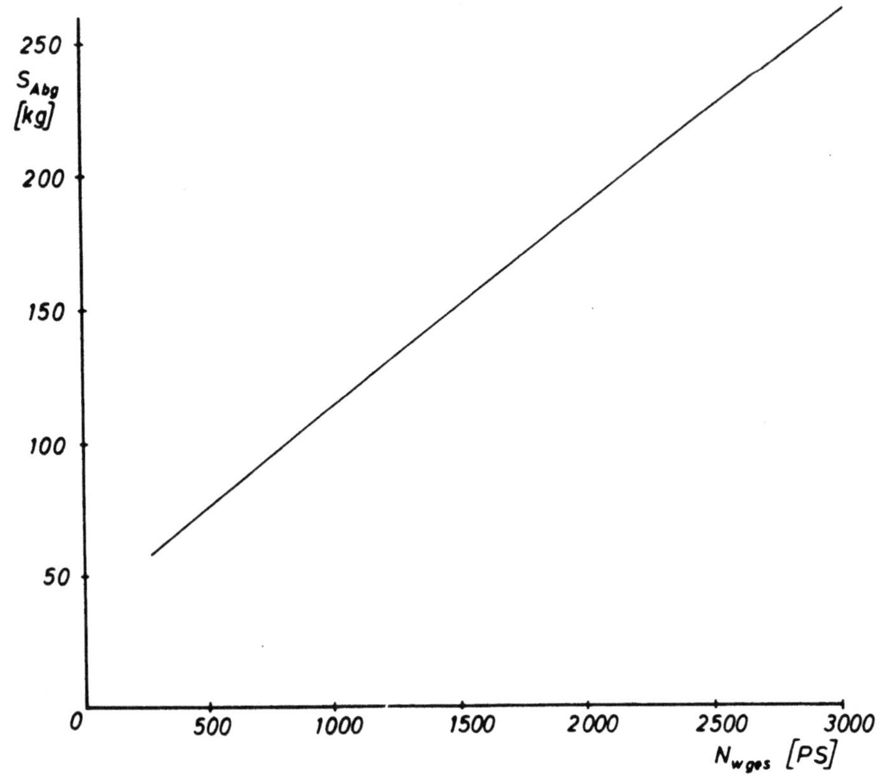

A b b i l d u n g 46

Abgasschub S_{Abg} über Widerstandsleistung $N_{w\ ges}$ für 2 Turbinen N.Ga.4

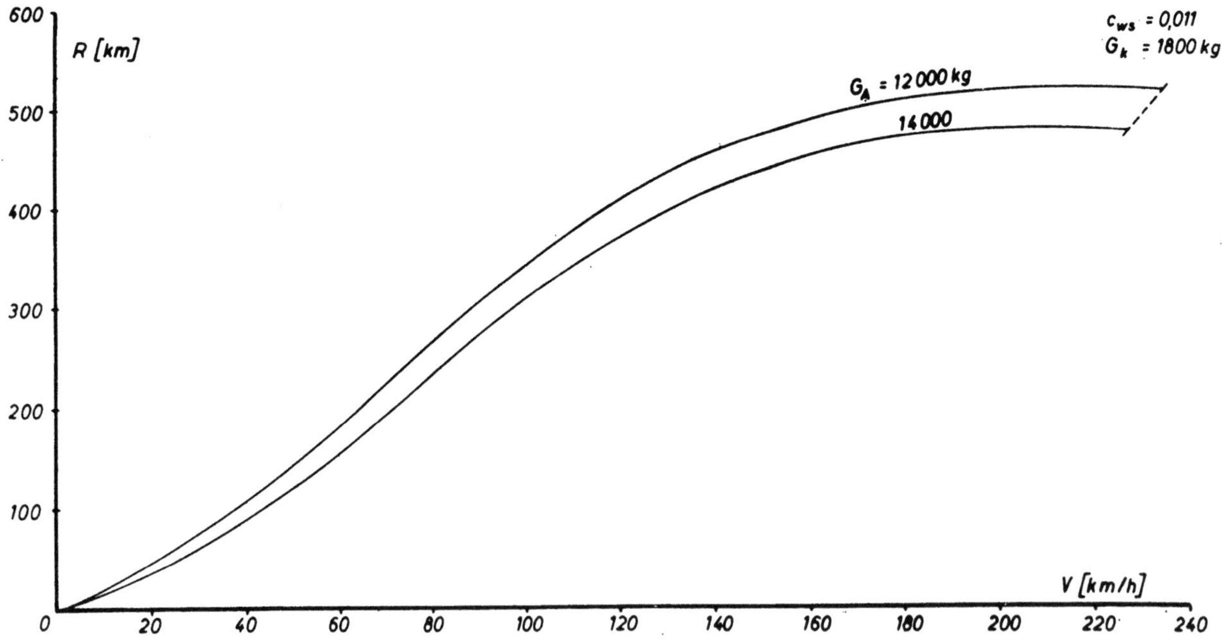

A b b i l d u n g 47

Reichweite im Horizontalflug mit konstanter Geschwindigkeit

Die auf diese Weise für den Lastenhubschrauber L-41 mit verkleidetem Rumpf, c_{WS} = 0,011, bestimmten Reichweiten sind für die Abfluggewichte G_A = 12000 und 14000 kg in Abbildung 47 über der Fluggeschwindigkeit aufgetragen. Die Kurven enden bei der durch die maximale Dauerleistung der Turbinen gegebenen Leistungsgrenze. Wie man sieht, besitzt der Hubschrauber bei Vollbeladung eine Reichweite von 475 bis 480 km, wenn er im Geschwindigkeitsbereich 190 bis 220 km/h fliegt. Bei geringerem Abfluggewicht G_A = 12000 kg liegt die größte Reichweite bei einer Reisegeschwindigkeit von etwa 215 km/h und beträgt 520 km.

Die Abnahme der Reichweite bei Erhöhung des c_{WS}-Beiwertes auf 0,017, der für das Muster L-51 mit angehängter Last gilt, zeigt Abbildung 48. Hierbei beträgt der Maximalwert nur noch 425 km und wird bei einem Flug mit 180 km/h erreicht.

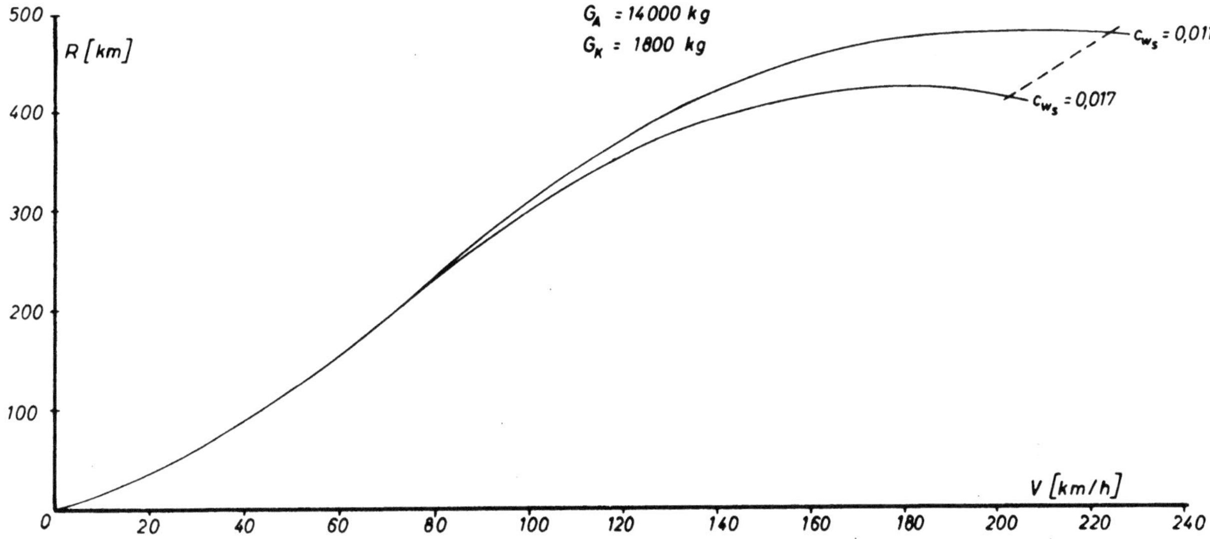

A b b i l d u n g 48

Reichweite im Horizontalflug mit konstanter Geschwindigkeit

4.7 Leistungsrechnung mit Hilfe der Rotorkomponenten

Der Leistungsbedarf des Hubschraubers im Horizontalflug wurde wie üblich nach der in Abschnitt 4.1 beschriebenen Energiemethode ermittelt. Bei diesem Verfahren wird der Profilwiderstand des Rotors etwas überschlägig mit Hilfe des mittleren Auftriebsbeiwertes des Blattes berechnet. Um die damit erreichte Genauigkeit festzustellen, soll noch eine Vergleichsrechnung auf Grund der Rotorkräfte und des Rotordrehmomentes durchgeführt werden.

Als Grundlage für diese Leistungsermittlung dienen die in Bericht 647 angegebenen Kurven für die Rotorbeiwerte. Im Horizontalflug müssen folgende Gleichgewichtsbedingungen erfüllt sein:

(1) $$A - G = 0$$

(2) $$-W_{Ro} + S_{Abg} - W_s = 0$$

wobei

$-W_{Ro}$ = Vortriebskomponente des Rotors in Bahnrichtung
S_{Abg} = Abgasschub der Triebwerke
W_s = Schädlicher Widerstand

In Gl. (1) für das Kräftegleichgewicht senkrecht zur Bahnrichtung werden Auftrieb A und Gewicht G gleichgesetzt; die geringe Auftriebsverminderung durch die im Rotorstrahl liegenden Bauteile wird also vernachlässigt.

Ersetzt man die Kräfte durch die entsprechenden dimensionslosen Beiwerte, dann erhält man an Stelle von (1) und (2)

(3) $$k_a = \frac{G}{\varrho/2 \cdot U^2 \cdot F}$$

(4) $$-k_{w_{Ro}} + k_{s_{Abg}} - k_{w_s} = 0$$

Dabei ist z.B. der Beiwert des Abgasschubes definiert zu

(5) $$k_{s_{Abg}} = \frac{S_{Abg}}{\varrho/2 \cdot U^2 \cdot F}$$

Der Abgasschub ist abhängig von der Turbinenleistung. Man kann S_{Abg} aus Abbildung 46 ablesen, wo es über der Rotorleistung $N_{w\ ges}$ aufgetragen ist. Im vorliegenden Fall einer Vergleichsrechnung können für $N_{w\ ges}$ die Ergebnisse der Energiemethode, Abschnitt 4.4, verwendet werden. Damit läßt sich der Beiwert $k_{s\ Abg}$ ausreichend genau ermitteln.

Den auf die Umfangsgeschwindigkeit U bezogenen Beiwert k_{w_s} des schädlichen Widerstandes erhält man aus dem mit der Fluggeschwindigkeit v definierten Beiwert c_{w_s} nach der Beziehung

(6) $$k_{w_s} = c_{w_s} \cdot \lambda^2 \qquad \lambda = \frac{v}{U}$$

Eingesetzt in Gl. (4) ergibt sich für den Widerstandsbeiwert des Rotors

(7) $$k_{w_{Ro}} = k_{s_{Abg}} - c_{w_s} \cdot \lambda^2 \; .$$

Durch die nach Gl. (3) und (7) zu ermittelnden Beiwerte k_a und $k_{w_{Ro}}$ ist für jede Fluggeschwindigkeit bzw. jeden Fortschrittsgrad λ der Betriebszustand des Rotors festgelegt. Aus den Auftragungen von k_a über $k_{w_{Ro}}$ mit den Parametern Blatteinstellwinkel $\vartheta_{0,7}$ und Rotoranstellwinkel α (s. Bericht 648) lassen sich nun für die einzelnen Fortschrittsgrade λ die Winkel $\vartheta_{0,7}$ und α bestimmen. Sie sind für den Lastenhubschrauber mit c_{w_s} = 0,011 und 14000 kg Fluggewicht in Abbildung 49 aufgetragen.

Für die dadurch festgelegten Betriebszustände des Rotors muß das Drehmoment M_z bzw. der Leistungsbedarf N_{Ro} bestimmt werden. Hierfür gilt

(8) $$M_z = k_{m_z} \cdot \frac{\varrho}{2} \cdot U^2 \cdot F \cdot R$$

(9) $$N_{Ro} = \frac{1}{75} \cdot M_z \cdot \omega \qquad \omega = \frac{U}{R}$$

also

(10) $$N_{Ro} = \frac{k_{m_z}}{75} \cdot \varrho/2 \cdot U^3 \cdot F \quad [PS]$$

Der Drehmomentenbeiwert k_{m_z} ist in Bericht 648 für feste Werte von $\vartheta_{0,7}$ mit $k_{z/G}$ als Parameter aufgetragen. Für Ablesungen aus diesen Kurven muß also zunächst der Schubbeiwert k_z bekannt sein, den man aus den berechneten Beiwerten k_a und k_w erhält zu

(11) $$k_z = k_a \cdot \cos\alpha + k_w \cdot \sin\alpha$$

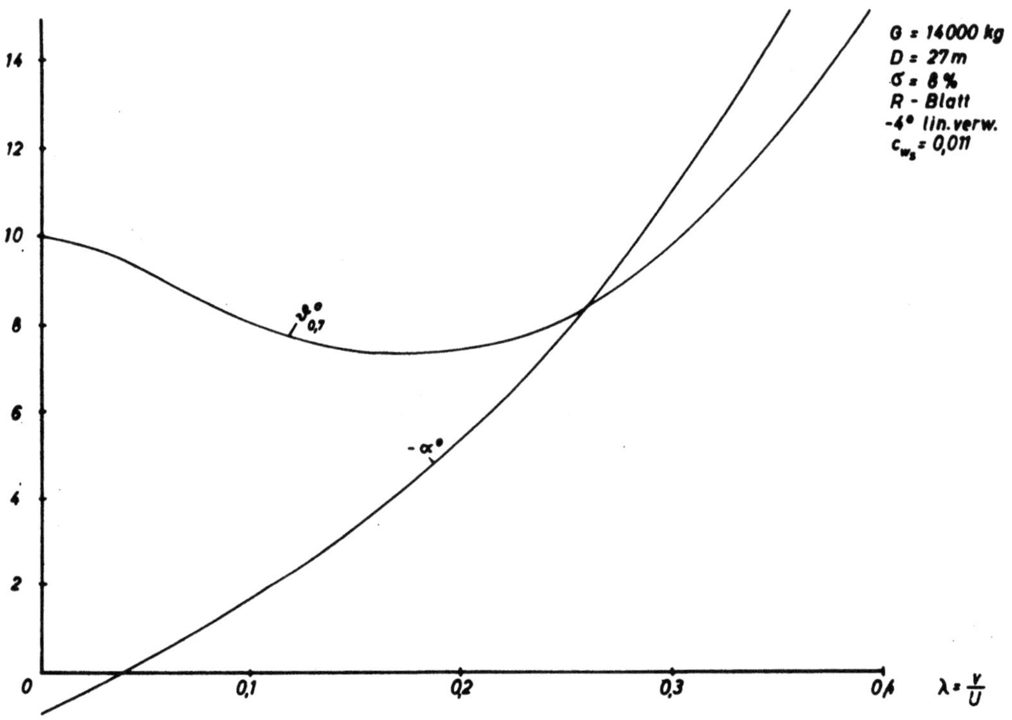

A b b i l d u n g 49

Blatteinstellwinkel $\vartheta_{0,7}$ und Rotoranstellwinkel α über Fortschrittsgrad λ

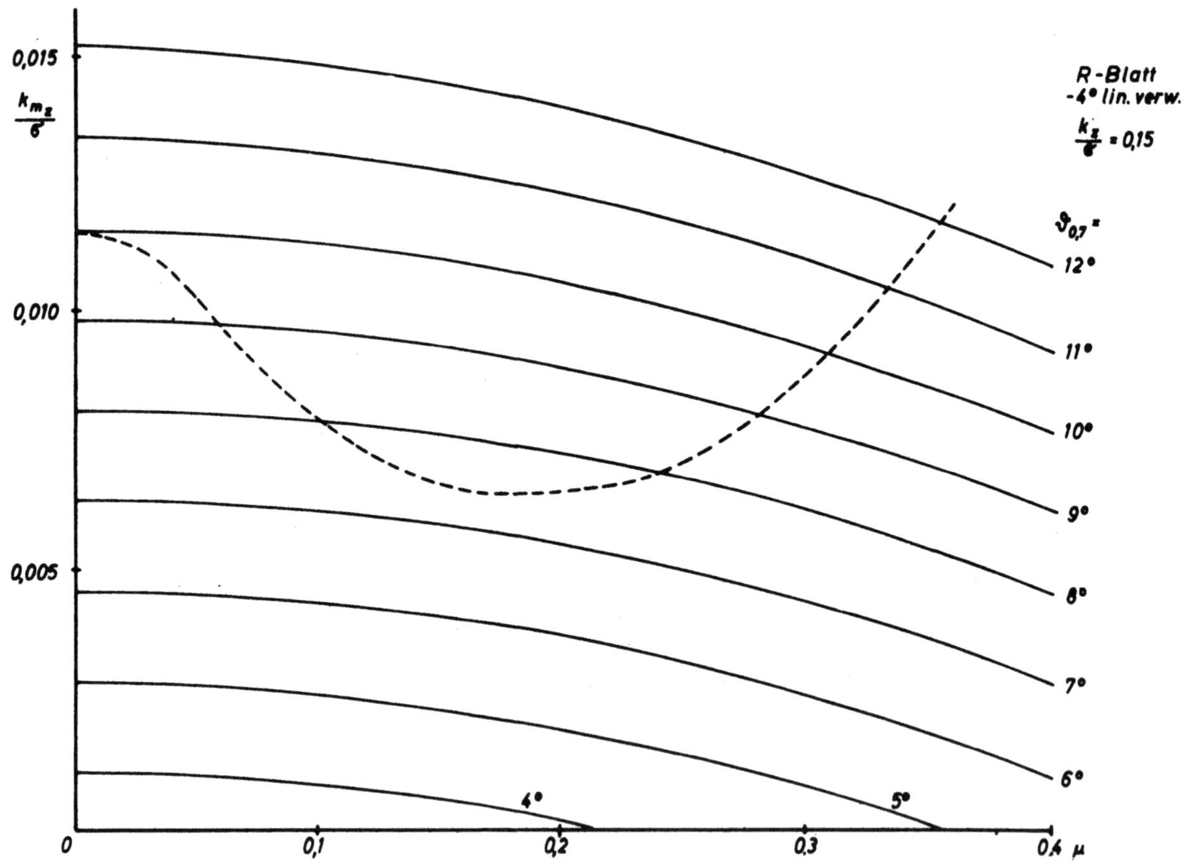

A b b i l d u n g 50

Drehmomentenbeiwert k_{m_z} über Fortschrittsgrad μ

Da sich der Auftriebsbeiwert k_a mit dem Fortschrittsgrad λ nicht ändert, nimmt $k_a \cdot \cos\alpha$ mit wachsendem λ etwas ab. Gleichzeitig wächst $k_w \sin\alpha$, so daß k_z fast konstant bleibt.

Im vorliegenden Fall werden daher die k_{m_z}-Kurven für $k_z/\sigma = 0{,}15$ aus Bericht 648 entnommen und in Abbildung 50 mit $\vartheta_{0,7}$ als Parameter aufgetragen. Als Abszisse dient der Fortschrittsgrad $\mu = \lambda \cdot \cos\alpha$. Mit den aus Abbildung 50 für Werte von $\vartheta_{0,7}$ und μ ermittelten k_{m_z}-Beiwerten erhält man die Rotorleistung N_{Ro} nach Gl. (10). In Abbildung 51 ist die Triebwerksleistung

(12) $$N_{Tr} = \frac{N_{Ro}}{\eta_v} ; \qquad \eta_v = 0{,}9$$

über der Fluggeschwindigkeit aufgezeichnet. Zum Vergleich sind auch die nach der Energiemethode erhaltenen Ergebnisse angegeben. Die nach der Energiemethode erhaltenen größeren Abweichungen bei kleinen Geschwindigkeiten werden bei der praktischen Anwendung (s. Abschnitt 4.4) korrigiert, da ja der Leistungsbedarf im Schwebeflug bekannt ist.

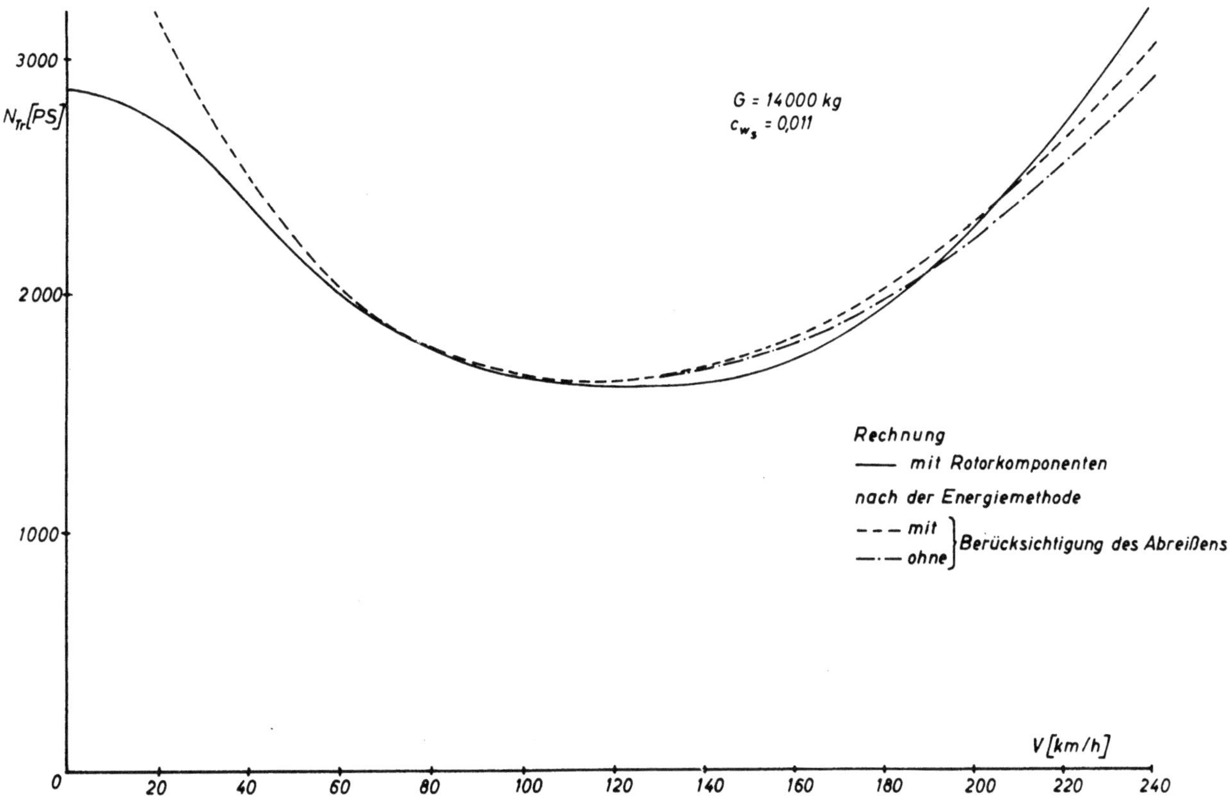

A b b i l d u n g 51

Erforderliche Triebwerksleistung N_{Tr} im Vorwärtsflug, Vergleich der Berechnungsmethoden

Die Vergleichsrechnung ergibt, daß die Leistungsrechnung mit Rotorkomponenten prinzipiell genauer ist, daß jedoch die dabei notwendigen Kurvenablesungen und Interpolationen Fehlerquellen enthalten können. Für Projektrechnungen ist die einfachere Energiemethode ausreichend, weil der Leistungsbedarf bei höheren Geschwindigkeiten stark von dem noch nicht genau bekannten Beiwert des schädlichen Widerstandes abhängt.

5. Schräger Steigflug

Die Leistungsrechnung für den schrägen Steigflug läßt sich nach der Energiemethode durchführen. Dabei kommt zu den schon im Horizontalflug berücksichtigten Widerstandsanteilen schädlicher Widerstand, induzierter Widerstand und Profilwiderstand noch der Steigwiderstand W_{St} hinzu, welcher gleich der in Bahnrichtung entfallenden Gewichtskomponente ist:

(1)
$$W_{St} = G \cdot \sin \gamma = \frac{A}{\cos \gamma} \cdot \sin \gamma$$

Die gesamte Widerstandsleistung ist dann gemäß Gl. 4.1 (4)

(2)
$$N_{w\,ges} = \frac{v \cdot A}{75} \cdot \left(\frac{W_s}{A} + \frac{W_i}{A} + \frac{W_p}{A} + \frac{W_{St}}{A} \right) \quad [PS]$$

wobei jetzt für den Auftrieb $A = G \cdot \cos \gamma$ zu setzen ist. Wir haben damit

(3)
$$N_{w\,ges} = N_{w\,Hor} \cdot \cos \gamma + \frac{v \cdot G}{75} \cdot \sin \gamma$$

mit

(4)
$$N_{w\,Hor} = \frac{v \cdot G}{75} \cdot \left(\frac{W_s}{A} + \frac{W_i}{A} + \frac{W_p}{A} \right) ,$$

also der für den Horizontalflug nach Gl. 4.1 (4) berechneten Widerstandsleistung.

Die Gesamtleistung $N_{w\,ges}$ nach Gl. (3) wurde für ein Fluggewicht G = 14000 kg und für c_{w_s} = 0,011 und 0,017 berechnet und für verschiedene Bahnwinkel γ in den Abbildungen 52 und 53 über der Bahngeschwindigkeit V des Hubschraubers aufgetragen.

Diese Kurven für die vom Hubschrauber benötigte Leistung werden mit den Leistungskurven des Triebwerkes zum Schnitt gebracht. Aus der Bahn-

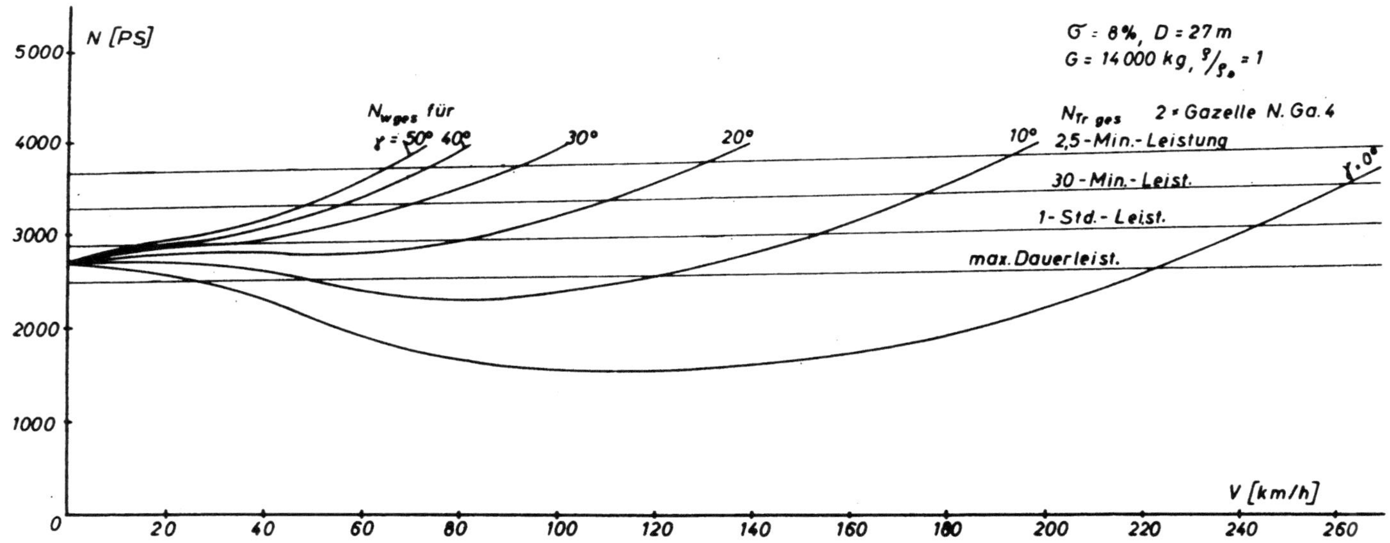

Abbildung 52

Schräger Steigflug für c_{w_s} = 0,011

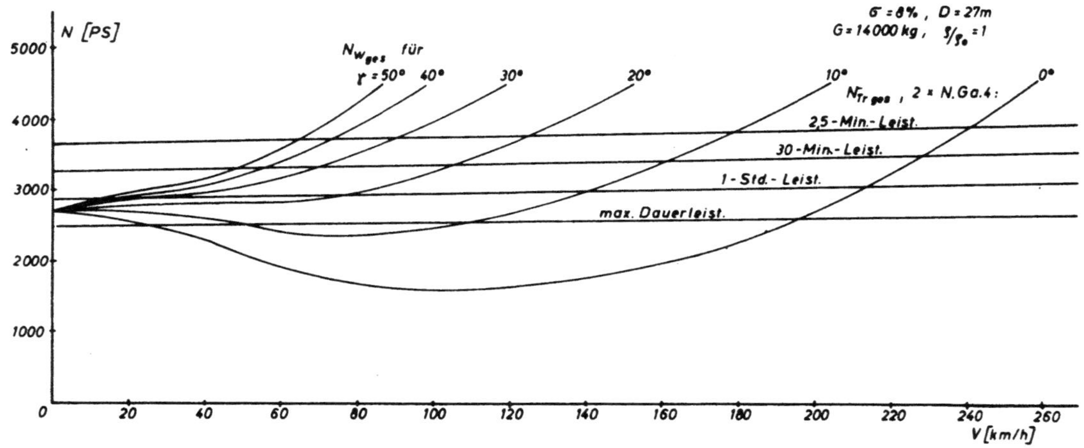

Abbildung 53

Schräger Steigflug für c_{w_s} = 0,017

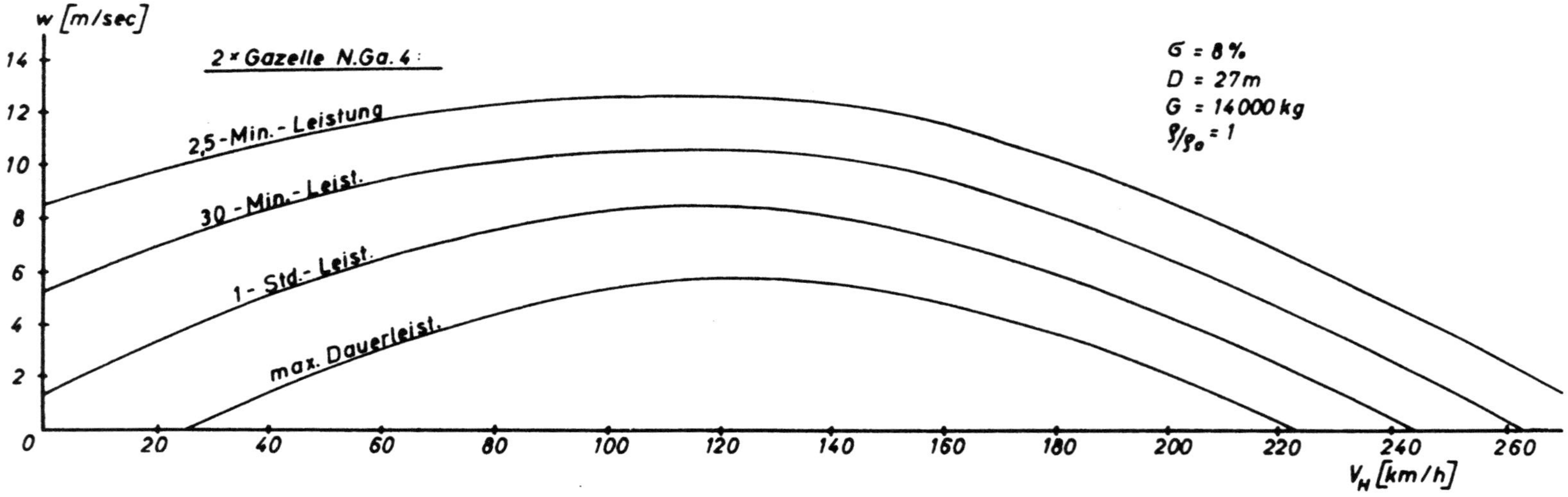

A b b i l d u n g 54

Steiggeschwindigkeiten im Schrägflug für c_{w_S} = 0,011

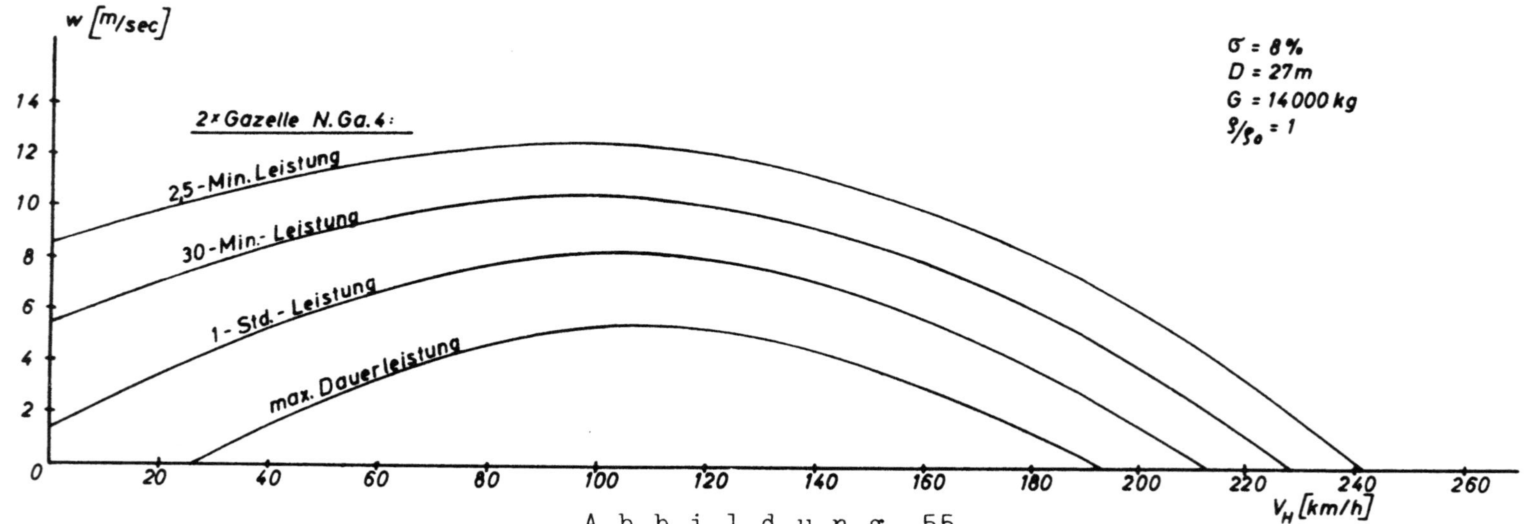

A b b i l d u n g 55

Steiggeschwindigkeiten im Schrägflug für c_{w_S} = 0,017

geschwindigkeit V [km/h] und dem Bahnwinkel γ in den Schnittpunkten erhält man die mit der betreffenden Triebwerksleistung erreichbare Steiggeschwindigkeit.

(5) $$w = \frac{V}{3{,}6} \cdot \sin\gamma \quad [m/sec]$$

und die zugehörige Horizontalgeschwindigkeit V_H

(6) $$V_H = V \cdot \cos\gamma \quad [km/h]$$

In den Abbildungen 54 und 55 sind die so erhaltenen Steiggeschwindigkeiten im Schrägflug über V_H für die c_{w_s}-Beiwerte 0,011 (verkleideter Rumpf) und 0,017 (Fachwerkrumpf und angehängte Last) angegeben. Wie man sieht, werden die maximalen Steiggeschwindigkeiten im Bereich von 90 bis 120 km/h Horizontalgeschwindigkeit erreicht und liegen für 30-Min.-Leistung der Triebwerke bei etwa 10 m/sec.

Die nach Ausfall einer der beiden Turbinen maximal noch erreichbaren Steiggeschwindigkeiten wurden bereits in Abschnitt 4.5 abgeschätzt.

Literaturverzeichnis

[1] AMER, K.B. Effect of Blade Stalling and Drag Divergence on Power Required by a Helicopter Rotor at High Forward Speed. Proceedings of the AHS Eleventh Annual Forum, 1955

[2] GESSOW, A. und R.J. TAPSCOTT Charts for Estimating Performance of High-Performance Helicopters. NACA TN 3323, 1955

[3] TAPSCOTT, R.J. und A. GESSOW Supplementary Charts for Estimating Performance of High-Performance Helicopters. NACA TN 3482, 1955

[4] JUST, W. und K. JAECKEL Aerodynamik der Hub- und Tragschrauber, Teil 2: Berechnung des Rotors. Bericht 3 der DSH, 1954

[5] JUST, W. und K. SAHLIGER Der Widerstand von Flugzeugen bei Annäherung an die Schallgeschwindigkeit. Interavia 1948/1

[6] JUST, W. und K. JAECKEL Aerodynamik der Hub- und Tragschrauber, Teil 1: Einführung, Leistungsrechnungen. Bericht 2 der DSH, 1954

FORSCHUNGSBERICHTE DES LANDES NORDRHEIN-WESTFALEN

Herausgegeben durch das Kultusministerium

LUFTFAHRT · FLUGWISSENSCHAFTEN

GPSR Compliance

The European Union's (EU) General Product Safety Regulation (GPSR) is a set of rules that requires consumer products to be safe and our obligations to ensure this.

If you have any concerns about our products, you can contact us on ProductSafety@springernature.com

In case Publisher is established outside the EU, the EU authorized representative is:

Springer Nature Customer Service Center GmbH
Europaplatz 3
69115 Heidelberg, Germany

Batch number: 10585057

Printed by Printforce, the Netherlands